MATHEMATICAL
BOOK REVIEW
INDEX
1800–1940

GARLAND REFERENCE LIBRARY
OF SOCIAL SCIENCE
(VOL. 527)

MATHEMATICAL BOOK REVIEW INDEX 1800–1940

Louise S. Grinstein

GARLAND PUBLISHING, INC. • NEW YORK & LONDON
1992

© 1992 Louise S. Grinstein
All rights reserved

Library of Congress Cataloging-in-Publication Data

Grinstein, Louise S.
    Mathematical book review index, 1800–1940 / Louise S. Grinstein.
        p.   cm. — (Garland reference library of social science ; vol. 527)
    Includes bibliographical references (p.) and index.
    ISBN 0-8240-4114-3 (alk. paper)
    1. Mathematics—Bibliography. I. Title. II. Series: Garland reference library of social science ; v. 527.
Z6651.G75   1992
[QA36]   91-37397
016.51—dc20   CIP

Printed on acid-free, 250-year-life paper
Manufactured in the United States of America

To Jack

and

In memory of

Brenda Michaels

CONTENTS

PREFACE ix

ACKNOWLEDGMENTS xiii

ABBREVIATIONS xv

DESCRIPTOR GLOSSARY AND
    ABBREVIATIONS xvii

PERIODICAL ABBREVIATIONS xxi

PUBLISHER/SERIES ABBREVIATIONS xxiii

WORKS AND REVIEWS A - Z 3

PERIODICALS SURVEYED 425

REFERENCES 427

SUBJECT INDEX 431

PREFACE

In the past, reviews of published mathematical works have been frequently inaccessible to researchers because they can be scattered among numerous periodicals in different fields. Standard reference sources such as *Book Review Index* and *Book Review Digest* for the most part do not deal with technical works nor do they cover the mathematical periodical literature. Farber's massive fifteen-volume *Combined Retrospective Index* provides coverage of numerous periodicals in many fields, but does not specifically concentrate on the mathematical sciences. Buros deals with a more limited time frame (1933 - 1950) and focuses primarily on statistical works.

This volume attempts to provide a central source for reviews of works appearing in the periodical literature of mathematics, science, philosophy, and education. As such it is designed to serve as a retrospective bibliographic tool for students, teachers, mathematical educators, scholars, and librarians seeking information on such material.

Works indexed are in English, published and/or distributed in the United States and/or Canada during the period 1800-1940. (Included also are works published in England in 1940 and then subsequently in the United States in 1941). These works deal with all aspects of mathematics and mathematic education. In addition, physical, statistical, philosophical, and logical works are listed which contain a large mathematical component. A total of over 3,200 textbooks, reference books, and books for the mathematical educator as well as for the general reader are cited.

Selected scientific, mathematical, and educational periodicals were surveyed. A list of these is appended to this volume. Reviews included are in English. They vary in length and in depth of coverage. No review included, however, is less than 30 words in length. No attempt has been made to assign a value judgment as to the quality of a cited review. Neither has any attempt been made to indicate whether or not a review is favorable. These reviews as a whole yield an insightful, historical perspective on published mathematical works.

Various limitations were imposed in order to keep the overall volume a reasonable length. Works had to have been published by 1940. This arbitrary date was selected since there has been an explosion of published material in the ensuing years. Unbound mimeographed notes as such are not cited. Works included have a minimum length of 50 pages. In addition, abbreviations have been utilized for publishers, series designations, and periodicals. These are listed separately in the volume for ready reference.

Several problems were encountered in the preparation of this index. In some instances bibliographic citations to a work were variously given in different reviews. Such discrepancies could range from typographical errors to different styles of referencing a work, to incomplete title citations. In an attempt to avoid reproduction of such errors, all entries were checked against such bibliographic sources as the *National Union Catalog*, the *British Library Catalog*, the *United States Catalog* and its supplements, the *Cumulative Book Index*, the *American Imprints...*, and the *American Catalogue*. Where there was a noted discrepancy between the publication data of a work as given in a review and that found in the consulted bibliographic sources, the publication data cited in this volume was that noted in the sources. Reviews were then collected under entries so validated.

The main body of this index consists of a listing of works in alphabetical order by the last name of the author (anonymous works are ordered by title). For each author, works are listed chronologically. Each entry includes publication data, topic and type descriptors as well as review information.

Publication data includes the author(s), title, year of publication, and publisher abbreviation. Where the work was part of a numbered series, this information is also supplied. If the work was published and/or distributed in England and in the United States, only the American publisher and/or distributer is given. Where the English

Preface xi

publication date preceded the American publication date, the English date is given first, in parentheses. When a work has been reprinted, the original publication date is given in square brackets, and subsequent publication dates are then listed.

Each entry cited is annotated by abbreviated keyword descriptors indicating the topics covered as well as the work type(s). This information is cited as (topic(s)/type(s)). To the left of the slash are found the topic descriptors reflecting the content of the work. Type descriptors, appearing on the right side of the slash, indicate the use to which the work can be placed. A glossary elsewhere in this volume gives both topic and type descriptors in full.

Type descriptors were standardized as texts, reference works, and supplementary works. Text categories, symbolized variously as Te (grades K-6), Tj (grades 7-9), Ts (grades 10-12), Tc (grades 13-16), and Tg (grades 17+), are perforce somewhat arbitrary since coverage in mathematics education has varied through the years. Works categorized as reference are those primarily intended for professional use. Typical of such works are American Mathematical Society Colloquium publications, National Council of Teachers of Mathematics yearbooks, dissertations, theses, and tables. The supplementary category was reserved for those works which essentially supplement classroom text material. Thus, typically, manuals, workbooks, review books, and problem books were placed in this category.

In summary, for example, a work which is annotated as (alg./Tj) indicates that the entry deals with algebra and can be used as a textbook in grades 7-9. On the other hand, a work annotated as (hist./R) deals with the history of mathematics and is primarily a reference book.

The number of reviews cited per entry ranges from one to fifteen. These reviews are listed alphabetically by reviewer, when the reviewer has been indicated. If no names or initials were given with the review, the reviews are cited as "Anon." For each reviewer, separate reviews are listed chronologically. The review citation includes a periodical abbreviation as well as volume, year, and pages. In certain instances, existing collections of reviews have included a particular work. In these cases, for completeness, a note follows the list of reviewers indicating where reviews in journals not surveyed can be found.

ACKNOWLEDGMENTS

Many people have contributed to the preparation and publication of this volume. To all those I would like to express my thanks and appreciation.

Specifically, I wish to acknowledge the assistance of all the librarians at Kingsborough Community College in the task of crosschecking and indexing citations. Both Professors Adele Schneider and Florence Houser were especially helpful. Their comments were always insightful and their criticisms constructive.

My thanks and appreciation are extended also to the librarians at Columbia University, Teachers College, and New York University. They offered much-needed help in answering bibliographic questions.

I wish to thank Dr. Philip Greenberg and Mr. Ganesh Nankoo of the Instructional Computing Staff at Kingsborough Community College for suggestions and advice with regard to word processing in general and the formatting of this volume in particular.

In addition Ms. Susan Stonehill of the Media Center at Kingsborough Community College provided much useful advice. Mr. Isaac Reid spent considerable time and effort in exploring layout possibilities with me.

Ms. Chuck Bartelt of Garland Publishing exhibited a great deal of patience and understanding in dealing with my endless questions on style and format.

Special recognition must be given to Ms. Marie Ellen Larcada of Garland Publishing who provided encouragement and invaluable guidance throughout the various stages of the book's development.

Finally, I wish to thank Serge Kovarsky for his skilled assistance in producing the final volume.

ABBREVIATIONS

abr.	abridged
Ag	August
alt.	alternate
Ann	Annual
Anon	Anonymous
Ap	April
b.a.	by author
bull.	bulletin
chap.	chapter
cmp./cmps.	compiler, compilers
coll.	colloquium
D	December
diss.	dissertation
distr.	distributor, distributors
ed./eds.	edition, edited by, editor/ editors
enl.	enlarged
F	February
introd.	introductory
Ja	January
Je	June
Jl	July
math.	mathematics, mathematical
Mr	March
My	May
N	November
n.d.	no date
n.p.	no publisher
n.s.	new series

O	October
p.p.	privately printed
pf.	portfolio, portfolios
Pr.	Press
prel.	preliminary
pt.	part, parts
publ.	published, publication, publications
R	reference
rept.	reported by
rev.	revised, revised by
S	September
sec.	section
ser.	serial
spec.	special
Supp.	Supplement
tr./trs.	translator/translators
trans.	translated by
U.	University, University of
ut.	unit, units
v.	volume, volumes

DESCRIPTOR GLOSSARY AND ABBREVIATIONS

abst. alg.	abstract algebra
act. sc.	actuarial science
adv. calc.	advanced calculus
aerodyn.	aerodynamics
affine geom.	affine geometry
alg.	algebra
alg. geom.	algebraic geometry
anal.	analysis
anal. geom.	analytic geometry
appl.	applications
arith.	arithmetic
astron.	astronomy
astrophys.	astrophysics
atomic phys.	atomic physics
autobiog.	autobiography
Bessel fcns.	Bessel functions
bibl.	bibliography
binomial thm.	binomial theorem
biog.	biography
biol.	biology
BolLob. geom.	Bolyai-Lobachevsky geometry
bus. arith.	business arithmetic
calc.	calculus
calc. of variations	calculus of variations
cardinal nos.	cardinal numbers
cartog.	cartography
celestial mech.	celestial mechanics
college geom.	college geometry
comb.	combinatorics

comp.	computation
complex nos.	complex numbers
complex var.	complex variables
conf. mapping	conformal mapping
conics	conic sections
conj. fcns.	conjugate functions
cont. frac.	continued fractions
cross ratio	cross ratio theory
cryst.	crystallography
descr. geom.	descriptive geometry
determ.	determinants
diff. eqns.	differential equations
diff. geom.	differential geometry
difference eqns.	difference equations
duod. arith.	duodecimal arithmetic
dyn.	dynamics
econ.	economics
educ.	education
elast.	elasticity
elec.	electricity
electrodyn.	electrodynamics
electromag.	electromagnetism
ell. fcns.	elliptic functions
ell. integrals	elliptic integrals
ellips. harm.	ellipsoidal harmonics
encycl.	encyclopedia
eqn. theory	equation theory
exp. fcns.	exponential functions
factor anal.	factor analysis
fcn. eqns.	functional equations
fcns.	functions
finance	mathematics of finance
fnds.	foundations
Fourier anal.	Fourier analysis
games	game theory
genl.	general mathematics
geodyn.	geodynamics
geog.	geography
geom.	geometry
geom. calc.	geometrical calculus
geom. drawing	geometrical drawing
geophys.	geophysics
goniom. ratios	goniometric ratios

Descriptor Glossary and Abbreviations   xix

graphics	graphic methods
graphs	graphing
gyro.	gyrodynamics
harm. anal.	harmonic analysis
Heav. calc.	Heaviside operational calculus
higher alg.	higher algebra
Hilb. space	Hilbert space theory
hist.	history
homogr. transf.	homographic transformations
hydr.	hydraulics
hydrodyn.	hydrodynamics
hydromech.	hydromechanics
hyperb. fcns.	hyperbolic functions
hyperb. ratios	hyperbolic ratios
hypergeom. series	hypergeometric series
index nos.	index numbers
induction	mathematical induction
inf. products	infinite products
inf. series	infinite series
integral eqns.	integral equations
interp.	interpolation theory
linear alg.	linear algebra
linear sub.	linear substitutions
logic	mathematical logic
logs.	logarithms
mag.	magnetism
meas.	measurement
mech.	mechanics
mech. drawing	mechanical drawing
mech. integ.	mechanical integration
mech. quadrature	mechanical quadrature
mensur.	mensuration
meteor.	meteorology
mod. geom.	modern geometry
multidim. geom.	multidimensional geometry
nature	nature of mathematics
navig.	navigation
no. theory	number theory
nomog.	nomography
non-Eucl. geom.	non-Euclidean geometry
non-Riem. geom.	non-Riemannian geometry
numerical anal.	numerical analysis
oper. calc.	operational calculus

orthog. polyn.	orthogonal polynomials
persp.	perspective
phil.	philosophy
photoelast.	photoelasticity
phys.	physics
posets	partially ordered sets
pot. theory	potential theory
precalc.	precalculus
prism. form.	prismoidal formulae
prob.	probability
proj. geom.	projective geometry
quadr. forms	quadratic forms
quantum mech.	quantum mechanics
R	reference
radact.	radioactivity
real var.	real variables
recr.	recreation
relat.	relativity
Riem. geom.	Riemannian geometry
shop math.	shop mathematics
spectra	spectral theory
spher. harm.	spherical harmonics
stat.	statistics
stat. mech.	statistical mechanics
str. mat.	strength of materials
Su	supplementary
surv.	surveying
tab. mach.	tabulating machines
Tc	text (grades 13-16)
Te	text (grades K-6)
tensor anal.	tensor analysis
testing	tests and examinations
Tg	text (grades 17+)
thermo.	thermodynamics
theta fcns.	theta functions
Tj	text (grades 7-9)
top.	topology
transf.	transformations
transfinite nos.	transfinite numbers
trig.	trigonometry
Ts	text (grades 10-12)
vector anal.	vector analysis
wave mech.	wave mechanics

PERIODICAL ABBREVIATIONS

AAEI	American Annals of Education and Instruction
AC	Academy
AE	American Education
AJAEI	American Journal and Annals of Education and Instruction
AJE	American Journal of Education
AJS	American Journal of Science
AM	Annals of Mathematics
AMM	American Mathematical Monthly
AMSB	American Mathematical Society Bulletin
AN	Analyst
BRD	Book Review Digest
CAAST	Connecticut Academy of Arts and Sciences Transactions
CSJ	Chicago Schools Journal
ED	Education
EDAS	Educational Administration and Supervision
ESJ	Elementary School Journal
EST	Elementary School Teacher
HSJ	High School Journal
HSQ	High School Quarterly
ISIS	Isis
JASA	Journal of the American Statistical Association
JE	Journal of Education
JER	Journal of Educational Research

JFI	Journal of the Franklin Institute
JP	Journal of Philosophy
JSL	Journal of Symbolic Logic
MG	Mathematical Gazette
MIND	Mind
MMAG	Mathematical Magazine
MMON	Mathematical Monthly
MON	Monist
MR	Mathematical Reviews
MT	Mathematics Teacher
MV	Mathematical Visitor
NAT	Nature
NATN	Nation
NEJE	New England Journal of Education
NMM	National Mathematics Magazine
NYE	New York Education
NYMSB	New York Mathematical Society Bulletin
PASA	Publications of the American Statistical Association
PHIL	Philosophy
PHYR	Physical Review
PR	Philosophical Review
QPASA	Quarterly Proceedings of the American Statistical Association
SA	Scientific American
SCI	Science
SCIIJ	Science: An Illustrated Journal
SCIWR	Science: A Weekly Record of Scientific Progress
SJ	School Journal
SM	Scripta Mathematica
SP	Science Progress
SR	School Review
SS	School and Society
SSCI	School Science
SSM	School Science and Mathematics
THO	Thought
ZM	Zentralblatt für Mathematik und ihre Grenzgebiete

PUBLISHER/SERIES ABBREVIATIONS

Adams	Adams, Columbus, Ohio
AEA	American Economic Association, Baltimore, Md.
AEA Publ.	American Economic Association Publications
AIWM	American Institute of Weights and Measures, New York
Albert	Albert, Scott, Chicago
Allyn	Allyn & Bacon, New York
AllynB	Allyn & Bacon, Boston
AMB	American Metric Bureau, Boston
AmBk	American Book, New York
AmBkC	American Book, Chicago
Ambrose	Ambrose, New York
AMS	American Mathematical Society, New York
AMSColl. Lect.	American Mathematical Society Colloquium Lectures
AMSColl. Publ.	American Mathematical Society Colloquium Publications
AMSSemicent. Publ.	American Mathematical Society Semicentennial Publications
AnnArb	Ann Arbor Press, Ann Arbor, Mich.
AnnMStud	Annals of Mathematics Studies
ANS	American Numismatic Society, New York
Appleton	Appleton, New York
AppletonC	Appleton-Century, New York

Publisher/Series Abbreviations

ASA	Actuarial Society of America, New York
Assoc	Association Press, New York
Atkinson	Atkinson, Mentzer, New York
AtkinsonC	Atkinson, Mentzer, Chicago
ATS	American Technical Society, Chicago
Audel	Audel, New York
BabExpPaCunTx	Babylonian Expedition of the University of Pennsylvania. Series A. Cuneiform Texts
Badger	Badger, Boston
Bankers	Bankers Encyclopedia, New York
Bardeen	Bardeen, Syracuse, New York
Barnes	Barnes, New York
BarnesB	Barnes & Burr, New York
Beckley	Beckley-Cardy, Chicago
Bell	Bell, St. Louis, Mo.
BellTele	Bell Telephone Laboratories, New York
Benedict	Benedict, New York
Benton	Benton, Hartford, Conn.
Berkeley	Berkeley, San Francisco, Calif.
Biddle	Biddle, Philadelphia, Pa.
Blakiston	Blakiston's, Philadelphia, Pa.
Bloomfield	Bloomfield, New York
Boardman	Boardman School, New Haven, Conn.
Bobbs	Bobbs-Merrill, Indianapolis, Ind.
Bogert	Bogert, Geneva, New York
Boni	Boni & Liveright, New York
Bradley	Bradley, Dayton, Boston
BradleyS	Bradley, Springfield, Mass.
Brookings	Brookings, Washington, D.C.
Brookmire	Brookmire Economic Service, New York
Brown	Brown, Evanston, Ill.
Bruce	Bruce, Milwaukee, Wis.
BruceH	Bruce Humphries, Boston
BurEd. Bull.	Bureau of Education Bulletin
BurEd. Circ.	Bureau of Education Circular of Information
Burnton	Burnton, New York
BurRefResStat., Publ.	Bureau of Reference, Research and Statistics Publications

Butler	Butler, Philadelphia, Pa.
Calif.	University of California Press, Berkeley, Calif.
CambEngTr	Cambridge Engineering Tracts
CambTrM&MP	Cambridge Tracts in Mathematics and Mathematical Physics
Canada	Canada, Toronto, Can.
Carey	Carey & Lea, Philadelphia, Pa.
CareyLB	Carey, Lea & Blanchard, Philadelphia, Pa.
Carleton	Carleton, San Antonio, Tex.
Carnegie	Carnegie Institution of Washington, Washington, D.C.
CarterHB	Carter, Hendee & Babcock, Boston
CarusMon	Carus Mathematical Monographs
CathEdResMon	Catholic University of America. Educational Research Monographs
Catholic	Catholic Education Press, Washington, D.C.
Century	Century, New York
Chapman	Chapman & Grimes, Boston
Chemical	Chemical, New York
ChemicalC	Chemical Catalog, New York
Chicago	University of Chicago, Chicago
ChicagoPr	University of Chicago Press, Chicago
ChicDecPubl	University of Chicago Decennial Publications
ChicDeptEd	University of Chicago, Department of Education, Chicago
ChicStatDeptEd	University of Chicago, Statistical Laboratory. Department of Education, Chicago
Christopher	Christopher, Boston
Cincinnati	Cincinnati University Press, Cincinnati, Ohio
Clark	Clark, Middleton, Conn.
Clarke	Clarke, Irwin, Toronto, Can.
ClarkM	Clark & Maynard, New York
Claxton	Claxton, Remsen & Haffelfinger, Philadelphia, Pa.
ClevBdEd	Cleveland Board of Education, Cleveland, Ohio
Codex	Codex, New York

Collegiate	Collegiate, Ames, Iowa
CollEnt	College Entrance, New York
CollEntBk	College Entrance Book, New York
CollEntExBdRes. Bull.	College Entrance Examination Board Research Bulletin
Collins	Collins & Hannay, New York
Colo	Colorado College, Colorado Springs, Colo.
ColoPubGenSer	Colorado College Publications. General Series.
Columbia	Columbia University Press, New York
Comstock	Comstock, New York
ContrEd	Contributions to Education
CoopRes	Department of Cooperative Research, Detroit, Mich.
Copp	Copp, Clark, Toronto, Can.
Cordon	Cordon, New York
Cornell	Cornell University Press, Ithaca, N.Y.
CornellStudPhil	Cornell Studies in Philosophy
Cowles	Cowles Commission for Research in Economics, Colorado Springs, Colo.
CowlesResEcMon	Cowles Commission for Research in Economics Monographs
Cowperthwait	Cowperthwait, Philadelphia, Pa.
Crawley	Crawley, Philadelphia, Pa.
Creighton	Creighton University Press, Omaha, Neb.
Crofts	Crofts, New York
Crowell	Crowell, New York
Cummings	Cummings, Cambridge, Mass.
CunnMem	Cunningham Memoirs
Dartmouth	Dartmouth College Publications Office, Hanover, N.H.
Davis	Davis, Boston
Day	Day, New York
DeptCommUSCGSur	Department of Commerce. U.S. Coast and Geodetic Survey.
DeptIntBurEd. Bull.	Department of Interior. Bureau of Education Bulletin
Derry	Derry-Collard, New York
Dixon	Dixon, Chicago
Dominion	Dominion, Chicago
Donnelly	Donnelly, Chicago

Publisher/Series Abbreviations

Donohue	Donohue & Henneberry, Chicago
Doubleday	Doubleday, Page, Garden City, N.Y.
Duke	Duke University Press, Durham, N.C.
DukeResEd	Duke University Research Studies in Education
DuluthPSc	Duluth Public Schools, Duluth, Minn.
Durrie	Durrie & Peck, New Haven, Conn.
Dutton	Dutton, New York
DuttonB	Dutton, Boston
Eastern	Eastern Educational Bureau, Boston
EdPsyMon	Educational Psychology Monographs
Edwards	Edwards, Ann Arbor, Mich.
Eldredge	Eldredge & Brother, Philadelphia, Pa.
ElecWd	Electrical World, New York
EngExpStat. Bull.	Engineering Experiment Station Bulletin
Engineering	Engineering News, New York
Falcon	Falcon, New York
Farrar	Farrar & Rinehart, New York
Finch	Finch, Ithaca, N.Y.
FinchA	Finch & Apgar, Ithaca, N.Y.
FineArts	Museum of Fine Arts, Boston
Fisher	Fisher & Schwatt, Philadelphia, Pa.
Flanagan	Flanagan, Chicago
Fortuny	Fortuny's, New York
Francis	Francis, New York
Frowde	Frowde, New York
Gage	Gage, Toronto, Can.
GERev	General Electric Review, Schenectady, N.Y.
Gideon	Gideon, Washington, D.C.
Gilbert	Gilbert, New York
Ginn	Ginn, Boston
GinnH	Ginn & Heath, Boston
Globe	Globe Book, New York
Gould	Gould, Kendall & Lincoln, Boston
GouldN	Gould & Newman, Andover, Mass.
GPO	U.S. Government Printing Office, Washington, D.C.
Gregg	Gregg, New York
Griggs	Griggs, Chicago
Hamilton	Hamilton, Lebanon, Ohio
Handbook	Handbook, Sandusky, Ohio

Hansell	Hansell, New Orleans, La.
Harcourt	Harcourt, Brace, New York
Harper	Harper, New York
Harter	Harter, Cleveland, Ohio
Harvard	Harvard University Press, Cambridge, Mass.
HarvardSem	Harvard Semitic Series
Heath	Heath, Boston
HeathNY	Heath, New York
Henley	Henley, New York
Hickling	Hickling, Swan & Brown, Boston
Hilliard	Hilliard, Gray, Little & Wilkins, Boston
HilliardM	Hilliard & Metcalf, Cambridge, Mass.
Hinds	Hinds & Noble, New York
HindsHE	Hinds, Hayden & Eldredge, New York
Holt	Holt, New York
Houghton	Houghton Mifflin, Boston
Hudson	Hudson-Kimberly, Kansas City, Mo.
Hutchinson	Hutchinson, Utica, N.Y.
Ill.	University of Illinois, Urbana, Ill.
Ill. Bull.	University of Illinois Bulletin
IllBurEdRes. Bull.	University of Illinois. College of Education. Bureau of Educational Research Bulletin
IllPr	University of Illinois Press, Urbana, Ill.
Ind. Bull.	Indiana University Bulletin
IndBurCoopRes	Indian University. Bureau of Cooperative Research, Bloomington, Ind.
IndSchEd. Bull.	Indiana University. School of Education Bulletin
IndStud	Indiana University Studies
Industrial	Industrial, New York
Inland	Inland, Terre Haute, Ind.
Inor	Inor, New York
Intsci	Interscience, New York
Iowa	Iowa University Press, Des Moines, Iowa
IowaStClScMon	Iowa State College. Division of Industrial Science. Monographs

Publisher/Series Abbreviations

IowaStPr	Iowa State College Press, Ames, Iowa
IowaSup	Iowa Supply, Iowa City, Iowa
Iroquois	Iroquois, Syracuse, N.Y.
IvisonBT	Ivison, Blakeman, Taylor, New York
Jefferson	Jefferson Laboratory of Physics, Philadelphia, Pa.
Jennings	Jennings & Graham, Cincinnati, Ohio
Johns	Johns Hopkins Press, Baltimore, Md.
Johnson	Johnson, Richmond, Va.
JohnsStudEd	Johns Hopkins University Studies in Education
JonesSav	Jones & Savage, Southington, Conn.
Judd	Judd, New York
K&E	Keuffel & Esser, New York
Kellogg	Kellogg, New York
Key	Key, Mielke & Biddle, Philadelphia, Pa.
Keystone	Keystone, Berwick, Pa.
Kibler	Kibler, Springfield, Mo.
KiblerC	Kibler, Cokely, Kidder, Mo.
Knopf	Knopf, New York
La	Louisiana State University Press, Baton Rouge, La.
LabSchChic. Publ.	Laboratory Schools of the University of Chicago Publications
Laidlaw	Laidlaw, Chicago
Lancaster	Lancaster, Lancaster, Pa.
Laurel	Laurel, Chicago
Leach	Leach, Shewell & Sanborn, Boston
Lee	Lee & Shepard, Boston
Lincoln	Lincoln & Edmands, Boston
Lippincott	Lippincott, Philadelphia, Pa.
Lithocraft	Lithocraft, Hastings, Mich.
Little	Little, Brown, Boston
Long	Long & Smith, New York
Longmans	Longmans, Green, New York
Lovell	Lovell, New York
Lyons	Lyons & Carnahan, Chicago
MAA	Mathematical Association of America, Oberlin, Ohio
McBride	McBride, New York
McClurg	McClurg, Chicago
McGraw	McGraw-Hill, New York

Maclachlan	Maclachlan, Boston
Macmillan	Macmillan, New York
MacmillanT	Macmillan, Toronto, Can.
Magee	Magee, Philadelphia, Pa.
Manual	Manual Arts, Peoria, Ill.
Marsh	Marsh, Capen & Lyon, Boston
Marshall	Marshall Jones, Boston
Masons	Masons, Cleveland, Ohio
MathBk	Mathematical Book, Kansas City, Mo.
Maynard	Maynard, New York
MemAPS	Memoirs of the American Philosophical Society
Mentzer	Mentzer, Bush, New York
MentzerC	Mentzer, Bush, Chicago
Merriam	Merriam, Springfield, Mass.
Merrill	Merrill, New York
MerrillM	Merrill, St. Paul, Minn.
MichBurBusRes	University of Michigan, Bureau of Business Research, Ann Arbor, Mich.
MichBurEdRefRes. Bull.	University of Michigan. Bureau of Educational Reference and Research Bulletin
MichBusStud	University of Michigan Business Studies
MichPr	University of Michigan Press, Ann Arbor, Mich.
MichSc	University of Michigan Science Series
MichSchEd	University of Michigan, School of Education, Ann Arbor, Mich.
MIT	Massachusetts Institute of Technology Publications Office, Cambridge, Mass.
MITPr	Massachusetts Institute of Technology Press, Cambridge, Mass.
Mo.	University of Missouri, Columbia, Mo.
Moore	Moore, Concord, N.H.
Morse	Morse, New York
MoStud	University of Missouri Studies
Munn	Munn, New York
Murphy	Murphy, Baltimore, Md.
Mussey	Mussey, Boston
Myers	Myers, Harrisburg, Pa.
NASMem	National Academy of Sciences Memoirs

NatSurSecEdMon	National Survey of Secondary Education Monographs
NBER	National Bureau of Economic Research, New York
NBSCpLab	U.S. National Bureau of Standards Computation Laboratory
NC	University of North Carolina Press, Chapel Hill, N.C.
NCTM Yrbk.	National Council of Teachers of Mathematics Yearbook
Nelson	Nelson, New York
Neomon	Neomon, Austin, Tex.
NewEra	New Era Printing, Lancaster, Pa.
Newson	Newson, New York
Nichols	Nichols, Lynn, Mass.
Nordemann	Nordemann, New York
Norton	Norton, New York
Norwood	Norwood, Norwood, Mass.
Notre	Notre Dame University Press, Notre Dame, Ind.
NRC	National Research Council of the National Academy of Sciences, Washington, D.C.
NRC Bull.	National Research Council of the National Academy of Sciences Bulletin
NSSE Yrbk.	National Society for the Study of Education Yearbook
NumN&Mon	Numismatic Notes and Monographs
NwSch	Northwestern School Supply, Minneapolis, Minn.
NwSchEd	Northwestern University. School of Education, Evanston, Ill.
NYBdEd	New York City Board of Education, New York
Odyssey	Odyssey, New York
OhioCollEng	Ohio State University, College of Engineering, Columbus, Ohio
OhioStudEng	Ohio State University Studies. Engineering Series.
Okla.	University of Oklahoma, Norman, Okla.
Open	Open Court Publishing, Chicago

OpenClSc&Ph	Open Court Series of Classics of Science and Philosophy
Or.	University of Oregon Press, Eugene, Or.
Or. Publ.	University of Oregon Publications
Orthovis	Orthovis, Chicago
Oxford	Oxford University Press, New York
PaDeptArch	University of Pennsylvania. Department of Archaelogy, Philadelphia, Pa.
Palmer	Palmer, Boston
PaPr	University of Pennsylvania Press, Philadelphia, Pa.
PaPubMat	University of Pennsylvania Publications. Mathematics Series
Parker	Francis W. Parker School Press, Chicago
Partridge	Partridge, Philadelphia, Pa.
PaStSchEd	Pennsylvania State College. School of Education. State College, Pa.
Peirce	Peirce, Boston
Penington	Penington, Philadelphia, Pa.
Perkins	Perkins, Philadelphia, Pa.
PerkinsP	Perkins & Purves, Philadelphia, Pa.
Pitman	Pitman, New York
Plymouth	Plymouth, Chicago
PollFdnEcRes.	Pollak Foundation for Economic Research, Newton, Mass.
PollPam	Pollak Pamphlet
Porter	Porter & Coates, Philadelphia, Pa.
Potter	Potter, Philadelphia, Pa.
Practical	Practical Textbook, Cleveland, Ohio
Pratt	Pratt, Oakley, New York
Prentice	Prentice-Hall, New York
Prentiss	Prentiss, Keene, N.H.
Princeton	Princeton University Press, Princeton, N.J.
PrincetonLib.	Princeton University Library, Princeton, N.J.
Principia	Principia, Bloomington, Ind.
PsyMon	Psychometric Monographs
Public	Public School Publishing, Bloomington, Ill.

Putnam	Putnam's Sons, New York
Rand	Rand McNally, Chicago
RecCivSrStud	Records of Civilization: Sources and Studies
Register	Register, Ann Arbor, Mich.
ReptCommEd	Report of the Commissioner of Education
Research	Research Service, Los Angeles, Calif.
Review	Review Book, New York
Reynal	Reynal & Hitchcock, New York
Richardson	Richardson, Smith, New York
RichardsonL	Richardson and Lord, Boston
RichardsonLG	Richardson, Lord, and Goodrich, Boston
Riverdale	Riverdale Press, Boston
RochBdEd	Rochester Board of Education, Rochester, N.Y.
Ronald	Ronald, New York
Ropp	Ropp, Bloomington, Ill.
Row	Row, Peterson, Chicago
RowE	Row, Peterson, Evanston, Ill.
Rumford	Rumford, Concord, N.H.
Russell	Russell, Odiorne and Metcalf, Boston
Rutgers	Rutgers University Press, New Brunswick, N.J.
Sadler	Sadler, Baltimore, Md.
Sanborn	Sanborn, Boston
SanbornC	Sanborn, Portland, Me.
SanbornCh	Sanborn, Chicago
Saunders	Saunders, Philadelphia, Pa.
SchEdSer	School of Education Series
School Yrbk.	School Yearbook
SciAm	Scientific American, New York
Science	Science, New York
ScienceL	Science, Lancaster, Pa.
SciSer	Science Series
Scott	Scott, Foresman, Chicago, Ill.
Scribner	Scribner's Sons, New York
ScribnerA	Scribner, Armstrong, New York
Scripta	Scripta Mathematica, Yeshiva College, New York
ScrMatLib	Scripta Mathematica Library
ScrMatStud	Scripta Mathematica Studies

Shaw	Shaw, Chicago
Sheldon	Sheldon, New York
Sherwood	Sherwood, Chicago
Sibley	Sibley, Boston
Silver	Silver, Burdett, New York
SilverB	Silver, Burdett, Boston
SilverNJ	Silver, Burdett, Newark, N.J.
Simmons	Simmons, New York
Simon	Simon & Schuster, New York
Simplified	Simplified Series, San Francisco, Calif.
Small	Small, Boston
Smith	Smith, New York
SmithA	Smith, Lansing, Mich.
Smithsonian	Smithsonian Institution, Washington, D.C.
Sower	Sower, Philadelphia, Pa.
SowerP	Sower, Potts, Philadelphia, Pa.
Spectator	Spectator, New York
SPEESelPap	Society for the Promotion of Engineering Education Selected Papers
Spon	Spon & Chamberlain, New York
Stackpole	Stackpole, Harrisburg, Pa.
Stanford	Stanford University Press, Stanford, Calif.
StanPubSerM&A	Stanford University Publications. University Series. Mathematics and Astronomy
StBon	St. Boniface Franciscan Friary, San Francisco, Calif.
Stechert	Stechert, New York
Stratford	Stratford, Boston
StudEd	Studies in Education
StudSer	Study Series
Sumner	Sumner, Hartford, Conn.
SunJob	Sun Job, Baltimore, Md.
SuppEdMon	Supplementary Educational Monographs
Supplement	Supplement, Boston
Taintor	Taintor, New York
Taylor	Taylor-Holden, Springfield, Mass.

Teachers	Bureau of Publications, Teachers College, Columbia University, New York
TeachersNeb.	University of Nebraska. Teachers College and University Extension Div., Lincoln, Neb.
Tech	Technology Press, Massachusetts Institute of Technology, Cambridge, Mass.
TechPubMphMon	Bell Telephone System. Technical Publications. Mathematical Physics Monographs
TechSup	Technical Supply, Scranton, Pa.
Tex.	University of Texas, Austin, Tex.
Tex. Bull.	University of Texas Bulletin
Thompson	Thompson, Boston
Tiernan	Tiernan-Dart, Kansas City, Mo.
Toronto	University of Toronto Press, Toronto, Can.
Towar	Towar & Hogan, Philadelphia, Pa.
Tracy	Tracy, Gibbs, Madison, Wis.
Truman	Truman, Cincinnati, Ohio
U. Pr	University Press, Cambridge, Mass.
U. Publ.	University Publishing, New York
USBurEd. Bull.	U.S. Bureau of Education Bulletin
USDeptAgrGS	U.S. Dept. of Agriculture, Graduate School, Washington, D.C.
USOffEd. Bull.	U.S. Office of Education Bulletin
Vail	Vail, Newark, N.J.
VanAnt	Van Antwerp, Bragg, Cincinnati, Ohio
VanNos	Van Nostrand, New York
Wadsworth	Wadsworth, New Haven, Conn.
Wahr	Wahr, Ann Arbor, Mich.
Waldteufel	Waldteufel, San Francisco, Calif.
Walton	Walton, Chicago
WarDept. Doc.	War Department Document
Warwick	Warwick & York, Baltimore, Md.
WashStudScTech	Washington University Studies. Science and Technology
Watson	Thomas J. Watson Astronomical Computing Bureau, Columbia University, New York
WatsonA	Watson, Woodstock, Vt.

Wells	Wells, Boston
Werner	Werner, Chicago
WernerS	Werner School Book, Chicago
Westermann	Westermann, New York
Whitaker	Whitaker & Ray, San Francisco, Calif.
White	White Book & Supply, New York
Wiley	Wiley & Sons, New York
WileyMatMon	Wiley Mathematical Monographs
Williams	Williams & Wilkins, Baltimore, Md.
Wilson	Wilson, Hinkle, Cincinnati, Ohio
WilsonN	Wilson, New York
Winchell	Winchell, Chicago
Winston	Winston, Philadelphia, Pa.
Wis	University of Wisconsin Press, Madison, Wis.
WisBurEdRes. Bull.	University of Wisconsin. Bureau of Educational Research Bulletin
WrldBk	World Book, Yonkers-on-Hudson, N.Y.
WrldMet	World Metric Standardization Council, San Francisco, Calif.
YalePr	Yale University Press, New Haven, Conn.

Mathematical
Book Review
Index
1800–1940

A

1. **Abbe, Cleveland, tr.** 1891. *The Mechanics of the Earth's Atmosphere...* Smithsonian. (phys./R)

    Woodward, R.S. 1893. *NYMSB* 2 (Je): 199-203.

2. **Abro, A. d'.** 1927. *The Evolution of Scientific Thought from Newton to Einstein.* Boni. (non-Eucl. geom., phys., relat./R)

    Benton, T.C. 1928. *AMSB* 34 (N/D): 789-90.

3. ———. 1939. *The Decline of Mechanism (in Modern Physics).* VanNos. (relat., quantum mech./R)

    Reeve, W.D. 1941. *MT* 34 (Mr): 137-8.
    Synge, H.L. 1940. *AMSB* 46 (S): 720-3.

4. **Actuarial Society of America. Educational Committee.** 1921. *Problems and Solutions. Associateship Examinations, Parts 1,2. 1915-1919.* 1921. ASA. (arith., alg., precalc., calc., prob., finite differences/Su)

    Anon. 1921. *AMM* 28 (Ag/S): 313-4.

5. **Adams, Daniel.** 1827. *Arithmetic...* Prentiss. (arith./Te, Tj)

    Anon. 1827. *AJE* 2 (D): 751.

6. **Adams, Oscar S.** 1919. *General Theory of Polyconic Projections.* DeptCommUSCGSur., ser. #110, spec. publ. #57. GPO. (proj. geom./R)

    Dowling, L.W. 1921. *AMSB* 27 (Ap): 332-3.
    Whittemore, J.K. 1920. *AMM* 27 (O): 369-72.

7. ———. 1921. *Latitude Developments Connected with Geodosy and Cartography...* DeptCommUSCGSur., ser. #143, spec. publ. #67. GPO. (trig., appl./R)

   Anon. 1921. *AMM* 28 (N/D): 454.
   Dowling, L.W. 1922. *AMSB* 28 (D): 473.

8. ———. 1925. *Elliptic Functions Applied to Conformal World Maps.* DeptCommUSCGSur., ser. #297, spec. publ. #112. GPO. (ell. fcns., appl./R)

   Sisam, C.H. 1926. *AMSB* 32 (Mr/Ap): 172.

9. Adams, Roy E. 1930. *A Study of the Comparative Value of Two Methods of Improving Problem Solving Ability in Arithmetic.* U. Pa. thesis. Philadelphia, Pa.: n.p. (educ., arith./R)

   Anon. 1930. *JER* 22 (N): 330.

10. Airy, George B. (1870) 1871. *A Treatise on Magnetism...* Macmillan. (mag./Tc)

    Stuart, J. 1871. *NAT* 5 (D 14): 120.

11. Aitken, Alexander C. 1939. *Determinants and Matrices.* Intsci. (determ., matrices/Tc)

    Todd, J.A. 1940. *NAT* 146 (N 23): 665-6.

12. ———. 1939. *Statistical Mathematics.* Intsci. (prob., stat./Tc)

    Wilks, S.S. 1941. *JASA* 36 (Mr): 148-9.
    For additional reviews see Buros 1941, 1-4; and Buros 1951, 5-6.

13. Al-Khowarizmi, Muhammad ibn Musa. 1915. *Robert of Chester's Latin Translation of the Algebra of Al-Khowarizmi.* Trans., ed. L.C. Karpinski. Macmillan. (hist./R)

    Anon. 1916. *MT* 8 (Mr): 160.
    Cajori, F. 1916. *AMM* 23 (Ap): 116-7.
    Cobb, H.E. 1916. *SSM* 16 (Ap): 374.
    Smith, D.E. 1916. *SCI* 43 (Mr 17): 389-91.
    For additional reviews see Farber 1981.

14. Albert, Abraham A. 1937. *Modern Higher Algebra.* ChicagoPr. (abst. alg./Tc, Tg)

    Brinkmann, H.W. 1938. *AMSB* 44 (Jl): 471-3.
    Broadbent, T.A.A. 1938. *MG* 22 (D): 528.
    Richardson, A.R. 1938. *MG* 22 (Jl): 306-7.

15. ———. 1939. *Structure of Algebras*. AMSColl. Publ., v. 24. AMS. (abst. alg./R)
   Anon. 1940. *NAT* 145 (Mr 30 Supp.): 498.
   Baer, R. 1940. *AMSB* 46 (Jl): 587-91.
   Ore, O. 1940. *MR* 1 (Ap): 99.
   Richardson, A.R. 1940. *MG* 24 (F): 67-8.

16. **Aldis, William S.** 1887. *A Text Book of Algebra*. Macmillan. (alg./Tj, Ts)
    Anon. 1888. *SCI* 11 (Mr 2): 107.

17. **Alexander, Georgia.** 1914. *The Alexander-Dewey Arithmetic*. Ed. J. Dewey. Longmans. (arith./Te, Tj)
    Anon. 1915. *ESJ* 16 (S): 19-21.

18. ———. 1921. *The Alexander-Dewey Arithmetic*. Ed. J. Dewey. 3 v. Longmans. (arith./Te, Tj)
    Anon. 1921. *ESJ* 22 (S): 73.
    ———. 1921. *MT* 14 (N): 411.

19. **Aley, Robert J., and David A. Rothrock.** 1904. *The Essentials of Algebra*... Silver. (alg./Ts)
    Klunder, A.E. 1905. *AMM* 12 (Ap): 100.

20. **Allcock, Charles H.** 1904. *Theoretical Geometry for Beginners*. Pt. 4. Macmillan. (geom./Ts, Tc)
    H., H. 1904. *MG* 3 (D): 114.

21. **Allcock, Harold J., and John R. Jones.** 1938. *The Nomogram*... 2d ed. Pitman. (nomog./R)
    Anon. 1939. *NAT* 144 (Ag 26 Supp.): 369-70.
    For additional reviews see Buros 1941, 4.

22. **Allen, Edward S.** 1925. *Six-Place Tables*. McGraw. (logs., trig., calc., tables/R)
    Kinney, J.M. 1926. *SSM* 26 (Ap): 444.

23. ———. 1929. *Six-Place Tables*. 3d ed. McGraw. (logs., trig., calc., tables/R)
    Johnson, R.A. 1929. *AMM* 36 (O): 447.
    Warner, G.W. 1929. *SSM* 29 (D): 1012.

24. ———. 1936. *Plane Trigonometry*. McGraw. (trig./Ts)

Adams, L.J. 1937. *NMM* 11 (My): 404-5.
Bakst, A. 1938. *MT* 31 (F): 85-6.
Corliss, J.J. 1938. *SSM* 38 (F): 235.
O'Mara, A.P. 1937. *SSM* 37 (O): 877, 878.
Pearce, J.H. 1937. *MG* 21 (F): 76.

25. **Allen, Herbert S., and R.S. Maxwell.** (1939) 1940. *A Text-book of Heat.* V. 2. Macmillan. (heat/Tc)

    Pearce, J.H. 1940. *MG* 24 (Jl): 231.

26. **Allen, Roy G.D.** 1938. *Mathematical Analysis for Economists.* Macmillan. (econ., calc. of variations, diff. eqns./Tc)

    Davis, H.T. 1939. *NMM* 14 (O): 60-1.
    Elderton, W.P. 1938. *NAT* 142 (Jl 2): 6-7.
    James, M.M., and D. Brown. 1939. *BRD* 35 (Ann): 16.
    Tintner, G. 1938. *AMM* 45 (O): 544-5.
    Yntema, T.O. 1940. *JASA* 35 (Je): 427-8.
    For additional reviews see Buros 1938, 4; and Buros 1941, 4-8.

27. **Alliston, Norman.** 1936. *Mathematical Snack Bar.* Chemical (distr.). (no. theory, geom., trig., recr./R, Su)

    Georges, J.S. 1937. *SSM* 37 (N): 1009.
    Neville, E.H. 1938. *MG* 22 (My): 206-7.
    Oakley, C.O. 1938. *AMM* 45 (Ap): 241-2.

28. **Ames, Joseph S., and Francis D. Murnaghan.** 1929. *Theoretical Mechanics...* Ginn. (mech./Tc)

    Cleveland, T.K. 1929. *JFI* 208 (N): 687-8.
    Franklin, P. 1929. *AMM* 36 (D): 534-6.

29. **Anderegg, Frederick, and Edward D. Roe, Jr.** 1896. *Trigonometry...* Ginn. (trig./Ts)

    Anon. 1896. *ED* 16 (Mr): 445.
    Finkel, B.F. 1896. *AMM* 3 (Mr): 93.

30. ———. 1913. *Trigonometry.* Rev. F. Anderegg. Ginn. (trig./Ts)

    Anon. 1914. *AE* 17 (F): 374.
    ———. 1914. *MT* 6 (Mr): 184.
    Bradshaw, J.W. 1913. *AMM* 20 (D): 309-10.
    Cobb, H.E. 1914. *SSM* 14 (Ja): 94.
    Keyser, C.J. 1914. *SCI* 40 (O 16): 559-62.

31. **Anderson, Robert F.** 1921. *The Anderson Arithmetic.* 3 v. Silver. (arith./Te, Tj)

Anon. 1921. *MT* 14 (N): 411.
———. 1922. *AE* 35 (Ja): 230-1.
Sherman, A. 1922. *ESJ* 22 (My): 716-7.

32. ———, and George N. Cade. 1931. *Arithmetic for Today.* 3 v. Silver. (arith., bus. arith., mensur./Te, Tj)

Anon. 1933. *MT* 26 (F): 118.
John, L. 1932. *SSM* 32 (Mr): 334.
Laughlin, B. 1932. *CSJ* 15 (S/D): 40.

33. Anderson, William E. 1933. *A First Course in College Mathematics.* Harper. (precalc./Ts, Tc)

Frink, O. Jr. 1935. *AMM* 42 (F): 106-7.

34. Andrade, Edward N. da C. 1926. *The Structure of the Atom.* 3d ed. Harcourt. (quantum mech./Tc, Tg)

P., L.E. 1928. *JFI* 205 (Mr): 443-4.

35. Andrews, F. Emerson. 1935. *New Numbers...* Harcourt. (alg., recr., no. theory, hist./R, Su)

Anon. 1936. *MT* 29 (Ja): 50.
Ingalls, A.G. 1936. *SA* 154 (Ja): 54.
Lovitt, W.V. 1936. *JASA* 31 (Je): 425-6.
Schaaf, W.L. 1938. *SM* 5 (Ja): 53-7.
Wilson, W.A. 1936. *AMM* 43 (F): 98.

36. Andrews, George A. 1896. *Composite Geometrical Figures.* Ginn. (geom./R, Su)

Anon. 1896. *ED* 17 (S): 63.
Colaw, J.M. 1897. *AMM* 4 (Mr): 98.

37. Andrews, William S., et al. 1908. *Magic Squares and Cubes.* Open. (recr./R, S)

Ball, W.W.R. 1908. *MG* 4 (O): 339-40.
Cobb, H.E. 1908. *SSM* 8 (D): 797.
Miller, G.A. 1909. *AMSB* 16 (N): 85-7.

38. Anthony, Gardner C., and George F. Ashley. 1909. *Descriptive Geometry.* Heath. (descr. geom./Tc)

Anon. 1910. *MG* 5 (D): 374.

39. Appleby, Mark. 1939. *Elementary Statics...* Macmillan. (statics/Tc)

Bickley, W.G. 1940. *MG* 24 (My): 139-40.

> Franklin, P. 1940. *MR* 1 (Ap): 122.
> Miller, F.H. 1940. *AMM* 47 (Ap): 228-9.

40. **Archibald, Raymond C.** (1915) 1916. *Euclid's Book on Divisions of Figures*. Putnam. (hist., geom./R)

    > Anon. 1916. *MT* 9 (S): 66.
    > Smith, D.E. 1916. *AMSB* 22 (Je): 463-5.

41. ———. 1932. *Outline of the History of Mathematics*. SPEESelPap., #18. Lancaster. (hist./R)

    > Anon. 1933. *MT* 26 (My): 315.
    > Broadbent, T.A.A. 1932. *MG* 16 (D): 367-8.
    > Mitchell, U.G. 1932. *AMSB* 38 (S): 625.
    > Simons, L.G. 1932. *AMM* 39 (Ag/S): 422-3.

42. ———. 1934. *Outline of the History of Mathematics*. 2d ed. MAA. (hist./R)

    > Broadbent, T.A.A. 1935. *MG* 19 (F): 64.

43. ———. 1938. *A Semicentennial History of the American Mathematical Society 1888-1938*. AMSSemicent. Publ., v. 1. AMS. (hist./R)

    > Broadbent, T.A.A. 1939. *MG* 23 (My): 237-8.
    > Cohen, I.B. 1940. *ISIS* 31 (2): 473-5.
    > Fort, T. 1939. *AMSB* 45 (Ja): 50.
    > Rees, M. 1940. *SM* 7 (1-4): 121-5.

44. ———. 1939. *Outline of the History of Mathematics*. 4th ed. MAA. (hist./R)

    > Lester, C.A. 1940. *AMM* 47 (Ja): 43.
    > Prag, A. 1941. *MG* 25 (O): 263.
    > Simons, L.G. 1939. *SM* 6 (Mr): 42-3.

45. ———, et al. 1918. *The Training of Teachers of Mathematics for the Secondary Schools...* USBurEd. Bull. #27. GPO. (educ./R)

    > Cobb, H.E. 1919. *SSM* 19 (O): 668.
    > Karpinski, L.C. 1920. *AMSB* 26 (Ja): 179-80.

46. **Arkin, Herbert, and Raymond R. Colton.** 1936. *Graphs...* Harper. (stat., graphics/R, Su)

    > Croxton, F.E. 1936. *JASA* 31 (S): 625-7.
    > Good, C.V. 1937. *JER* 30 (Ap): 606-8.
    > For additional reviews see Buros 1937, 51; Buros 1938, 5; and Buros 1941, 10.

47. ———. 1940. *Graphs...* Rev. ed. Harper. (stat., graphics/R, Su)
   Reeve, W.D. 1941. *MT* 34 (Mr): 141.
   For additional reviews see Buros 1941, 10.

48. **Armstrong, Caroline, and Willis W. Clark.** 1926. *Los Angeles Diagnostic Tests, Fundamentals of Arithmetic.* Research. (arith., educ./R)
   Geyer, D.L. 1926. *CSJ* 9 (S): 31-6.

49. **Armstrong, Henry F.** 1915. *Descriptive Geometry...* Wiley. (descr. geom./Tc)
   Snyder, V. 1916. *AMSB* 22 (F): 251-5.

50. **Arnold, Leon V.** 1908. *Supplemental Problems in Arithmetic.* Amsterdam, N.Y.: b.a. (arith./Su)
   Anon. 1908. *AE* 11 (Mr): 360.

51. **Aryabhata.** 1930. *The Aryabhatiya of Aryabhata...* Trans. W.E. Clark. ChicagoPr. (hist./R)
   Kinney, J.M. 1930. *SSM* 30 (D): 1082.
   Sarton, G. 1931. *ISIS* 15 (1): 173-4.
   Smith, D.E. 1930. *MT* 23 (O): 396-8.

52. **Ashton, Charles H.** 1901. *Plane and Solid Analytic Geometry...* Scribner. (anal. geom./Ts, Tc)
   Anon. 1901. *ED* 21 (Ap): 510.
   Finkel, B.F. 1901. *AMM* 4 (Ap): 106.

53. ———, **and Walter R. Marsh.** 1902. *Plane and Spherical Trigonometry.* Scribner. (trig./Ts)
   Dickson, L.E. 1902. *AMM* 9 (O): 242.

54. ———. 1907. *College Algebra.* Scribner. (alg./Ts, Tc)
   Keyser, C.J. 1907. *SCI* 26 (O 4): 437-9.
   M. 1907. *SSM* 7 (N): 713-4.

55. **Askwith, Edward H.** 1903. *A Course of Pure Geometry.* Macmillan. (geom./Tc)
   Anon. 1904. *MG* 3 (Mr): 19.

56. **Association for Education in Citizenship.** 1936. *Education for Citizenship in Secondary Schools.* Oxford. (bus. arith., stat./Su)

Siddons, A.W. 1936. *MG* 20 (My): 167.

57. **Atwood, George E.** 1894. Complete Graded *Arithmetic*. 2 v. Heath. (arith./Te, Tj)
    Anon. 1894. *ED* 14 (F): 381.
    Finkel, B.F. 1894. *AMM* 1 (F): 60.
    Sisson, E.P. 1894. *SR* 2 (Mr): 176.

58. ———. 1897-1898. *Standard School Algebra*. Morse. (alg./Tj)
    Anon. 1897. *ED* 18 (O): 129.
    Colaw, J.M. 1899. *AMM* 6 (N): 291.

59. ———. 1901. *Higher Algebra*. Morse. (alg./Ts, Tc)
    Anon. 1901. *AE* 55 (N): 181.
    ———. 1901. *ED* 22 (D): 255.

60. **Auerbach, Matilda.** 1910. *An Elementary Course in Graphic Mathematics*. AllynB. (graphics, alg./Ts)
    Cobb, H.E. 1911. *SSM* 11 (Ap): 392.

61. ———, and Charles B. Walsh. 1920. *Plane Geometry*. Lippincott. (geom./Ts)
    Anon. 1920. *MT* 12 (Je): 172.

62. **Austin, Charles M., et al, eds.** 1926. *A General Survey of Progress in the Last Twenty-Five Years*. NCTM Yrbk., #1. Teachers. (hist., educ., fnds./R)
    Johnson, J.T. 1926. *MT* 19 (N): 434-41.

63. **Austin, Frank E.** 1917. *Preliminary Mathematics*. Hanover, N.H.: b.a. (arith., alg./Te, Tj)
    Anon. 1917. *MT* 9 (Je): 221.
    Cobb, H.E. 1917. *SSM* 17 (O): 651.
    Picolet, L.E. 1917. *JFI* 184 (Jl): 128-9.

64. **Austin, William A.** 1926. *A Laboratory Plane Geometry*. Scott. (geom./Ts)
    Kinney, J.M. 1927. *SSM* 27 (Ja): 102.
    Scott, B.L. 1926. *MT* 19 (N): 444-5.
    Stone, C.A. 1926. *SR* 34 (D): 795-6.

65. **Avery, John A.** 1903. *Plane Geometry by the Suggestive Method*. Sanborn. (geom./Ts)

Finkel, B.F. 1903. *AMM* 10 (Ap): 117.

66. **Avery, Royal A.** 1925. *Plane Geometry*. Allyn. (geom./Ts)
Refior, S.R. 1925. *MT* 18 (N): 442.

B

67. **Badanes, Julie E., and Saul Badanes.** 1930. *A Child's Second Number Book*. 2 v. Macmillan. (arith./Te)

   Anon. 1930. *ED* 51 (D): 256.

68. **Badanes, Saul.** 1931. *A Child's Third Number Book*. 2 v. Macmillan. (arith./Te)

   Laughlin, B. 1932. *CSJ* 15 (S/D): 40.

69. **Baehne, George W.,** ed. 1935. *Practical Applications of the Punched Card Method...* Columbia. (stat., tab. mach./Su)

   Anon. 1935. *NAT* 136 (S 14): 415.
   Brouwer, D. 1936. *SCI* 83 (My 1): 415-6.
   Brunsman, H.G. 1935. *JASA* 30 (D): 773-4.
   For additional reviews see Buros 1937, 52; Buros 1938, 5; and Buros 1941, 11-2.

70. **Bailey, Elsie L., and Lou B. Stevens.** 1940. *School Days; Intermediate Arithmetic Problems*. Newson. (arith./Su)

   M., R. 1940. *CSJ* 22 (S/O): 44.

71. **Bailey, Frederick H., and Frederick S. Woods.** 1897. *Plane and Solid Analytical Geometry*. Ginn. (anal. geom./Ts, Tc)

   Bôcher, M. 1897. *AMSB* 3 (Je): 351-2.
   Colaw, J.M. 1897. *AMM* 4 (Je/Jl): 196.
   Finkel, B.F. 1897. *AMM* 4 (N): 294.

72. **Bailey, John H.S.** 1936. *Elementary Analytical Conics*. Oxford. (anal. geom., conics/Ts, Tc)

   Anon. 1937. *NAT* 139 (Mr 13 Supp.): 461.
   Brown, B.H. 1937. *AMM* 44 (Je/Jl): 379.
   Robson, A. 1937. *MG* 21 (My): 175-6.

73. **Bailey, Middlesex A.** 1892. *American Mental Arithmetic.* AmBk. (arith./Te, Tj)
   Anon. 1893. *ED* 13 (Ja): 323.

74. ———. 1897. *American Comprehensive Arithmetic.* AmBk. (arith./Te, Tj)
   Anon. 1899. *ED* 19 (Mr): 447.
   ———. 1899. *NYE* 2 (Ja): 313.

75. ———. 1898. *American Elementary Arithmetic.* AmBk. (arith./Te, Tj)
   Anon. 1899. *ED* 19 (Ja): 321.
   Colaw, J.M. 1900. *AMM* 7 (Mr): 90.

76. ———. 1902. *High School Algebra.* AmBk. (alg./Tj, Ts)
   Anon. 1902. *AE* 6 (O): 116.
   ———. 1902. *ED* 23 (O): 124.

77. **Bailey, Wilfred N.** 1935. *Generalized Hypergeometric Series.* CambTrM&MP., #32. Macmillan. (hypergeom. series/R)
   Piaggio, H.T.H. 1935. *NAT* 136 (O 12 Supp.): 595-6.

78. **Bailey, William B., and John Cummings.** 1917. *Statistics.* McClurg. (stat./R)
   Meriam, L. 1918. *QPASA* 16 (Mr): 955.
   For additional reviews see Farber 1981.

79. **Baird, Samuel W.** 1897-1902. *Graded Work in Arithmetic.* 8 v. AmBk. (arith./Te, Tj)
   Anon. 1898. *ED* 18 (Je): 643.
   ———. 1902. *AE* 5 (My): 565.
   ———. 1902. *ED* 22 (Ap): 521.
   Colaw, J.M. 1900. *AMM* 7 (My): 150.

80. **Baker, Alfred.** 1903. *Elementary Plane Geometry...* Ginn. (geom./Ts)
   Anon. 1904. *EST* 4 (Ja): 336.
   ———. 1905. *ED* 25 (My): 572.

81. **Baker, Arthur L.** 1890. *Elliptic Functions...* Wiley. (ell. fcns./Tg)
   Anon. 1890. *JE* 32 (Ag 28): 139.
   ———. 1890. *MMAG* 2 (Ap): 31.
   ———. 1890. *SCI* 16 (O 10): 207.
   X. 1891. *AM* 6 (1): 20.

82. ——. 1893. *The Elements of Solid Geometry*. Ginn. (geom./Ts)
   Anon. 1893. *ED* 14 (N): 191.
   Colaw, J.M. 1894. *AMM* 1 (My): 179.

83. ——. 1905. *The Art of Geometry*... Sibley. (geom./Su)
   Ames, A.F. 1906. *SR* 14 (O): 615-6.
   Anon. 1906. *ED* 26 (Je): 634.
   Myers, G.W. 1906. *SSM* 6 (Je): 539-41.

84. Baker, Bevan B., and Edward T. Copson. 1939. *The Mathematical Theory of Huygens' Principle*. Oxford. (wave mech., light/Tc)
   Bateman, H. 1940. *MR* 1 (O): 315-6.
   Chapman, S. 1940. *MG* 24 (My): 131-2.
   Piaggio, H.T.H. 1940. *NAT* 145 (Ap 6): 531-2.

85. Baker, Henry F. 1907. *An Introduction to the Theory of Multiply Periodic Functions*. Putnam. (anal., ell. fcns./R, Su)
   Dixon, A.C. 1908. *MG* 4 (Je): 294.
   Hutchinson, J.I. 1910. *AMSB* 16 (Jl): 516-21.

86. ——. 1922-1933. *Principles of Geometry*. 6 v. Macmillan. (college geom., anal. geom., non-Eucl. geom., proj. geom., multidim. geom., alg. geom./Tc, Tg, R)
   Brown, B.H. 1926. *AMSB* 32 (Mr/Ap): 173-4.
   Hodge, W.V.D. 1934. *MG* 18 (Je): 203-5.
   Hudson, H.P. 1922. *MG* 11 (Jl): 128.
   ——. 1923. *MG* 11 (My): 316.
   ——. 1924. *MG* 12 (Mr): 67.
   ——. 1926. *MG* 13 (Ja): 38-9.
   M., W.P. 1934. *NAT* 133 (F 3): 155-7.
   ——. 1934. *NAT* 134 (S 22): 437-8.
   Woods, F.S. 1925. *AMSB* 31 (Jl): 370-1.

87. Baker, Howard B. 1923. *A First Book in Algebra*. Appleton. (alg./Tj)
   Cobb, H.E. 1923. *SSM* 23 (D): 912.
   Goff, R.R. 1923. *ED* 44 (O): 131.
   Miller, G.R., Jr. 1927. *EDAS* 13 (My): 350.

88. ——. 1926. *A Second Book in Algebra*. Appleton. (alg./Ts)
   Georges, J.S. 1927. *SR* 35 (Mr): 234-5.

89. **Baker, Richard P.** 1911. *The Problem of the Angle-Bisectors.* ChicagoPr. (geom./R, Su)
   Cobb, H.E. 1911. *SSM* 11 (Je): 575.
   Finkel, B.F. 1911. *AMM* 18 (Ap): 96.

90. **Bakst, Aaron.** 1937. *Approximate Computation.* NCTM Yrbk. #12. Teachers. (educ., meas., numerical anal./R)
   Georges, J.S. 1938. *SSM* 38 (Ap): 472.
   Inman, S. 1937. *MG* 21 (D): 428-30.
   Schlauch, W.S. 1938. *SM* 5 (Ap): 128-30.
   Sears, W.P., Jr. 1937. *ED* 58 (O): 124.
   Smith, D.E. 1937. *MT* 30 (O): 299-300.

91. **Baldwin, James.** 1891. *The Industrial Primary Arithmetic.* Ginn. (arith./Te, Tj)
   Anon. 1892. *ED* 12 (Ja): 321.

92. **Ball, Katherine F., and Miriam E. West.** 1920. *Household Arithmetic.* Lippincott. (arith., appl./Te, Tj)
   Anon. 1920. *MT* 12 (Je): 173.
   ———. 1921. *SR* 29 (F): 158-9.
   Cobb, H.E. 1920. *SSM* 20 (O): 664.

93. **Ball, Walter W.R.** 1888. *A Short Account of the History of Mathematics.* Macmillan. (hist./R)
   Anon. 1888. *SCI* 12 (D 7): 272-3.

94. ———. 1895. *A Primer of the History of Mathematics.* Macmillan. (hist./Tc, Su)
   Finkel, B.F. 1896. *AMM* 3 (Ja): 27.

95. ———. 1905. *Mathematical Recreations and Essays.* 4th ed. Macmillan. (recr./R, Su)
   Greenstreet, W.J. 1905. *MG* 3 (D): 256-7.

96. ———. 1939. *Mathematical Recreations and Essays.* Rev. H.S.M. Coxeter. 11th ed. Macmillan. (recr./R, Su)
   Anon. 1940. *SSM* 40 (My): 496.
   Davis, H.T. 1940. *NMM* 14 (Mr): 357-8.
   Frame, J.S. 1940. *AMSB* 46 (Mr): 211-3.
   Haldane, J.B.S. 1940. *NAT* 145 (Mr 23): 444-5.
   Reeve, W.D. 1940. *MT* 33 (Ja): 46.
   Simons, L.G. 1941. *SM* 8 (Je): 120-1.
   White, F.P. 1939. *MG* 23 (O): 422.

97. **Ballantine, John P.** 1938. *Essentials of Engineering Mathematics.* Prentice. (anal. geom., calc./Ts, Tc)
   Allen, E.B. 1939. *AMM* 46 (Ja): 43-4.
   Hefner, R.A. 1939. *NMM* 13 (Ja): 208-9.
   Kinney, J.M. 1938. *SSM* 38 (O): 831.
   Oppermann, R.H. 1938. *JFI* 225 (Je): 771.

98. **Ballantine, William G.** 1896. *Inductive Logic.* Ginn. (logic/Tc)
   Anon. 1896. *JE* 44 (Jl 16): 82.
   Mu Kappa Rho Kappa. 1896. *MON* 6 (Jl): 619-20.

99. **Barber, Harry C.** 1924. *Teaching Junior High School Mathematics.* Houghton. (educ., arith., alg., geom./R, Su)
   Anon. 1925. *MT* 18 (Ja): 61-2.
   ———. 1926. *AE* 30 (D): 130.
   Breslich, E.R. 1925. *ESJ* 25 (My): 718.
   ———. 1925. *SR* 33 (Je): 476.
   Goff, R.R. 1925. *ED* 45 (F): 380.
   Kinney, J.M. 1925. *SSM* 25 (My): 554.
   Morton, R.L. 1925. *JER* 12 (N): 317-8.

100. ———. 1925. *Everyday Algebra...* Houghton. (alg./Tj)
   Goff, R.R. 1926. *ED* 46 (Mr): 448-9.
   Kinney, J.M. 1926. *SSM* 26 (Ap): 444.
   Stone, C.A. 1926. *SR* 34 (F): 155-6.

101. ———. 1930. *A Second Course in Algebra.* Houghton. (alg./Ts)
   Anon. 1931. *ED* 51 (F): 384.
   Hawkins, G.E. 1930. *SSM* 30 (D): 1086.
   Munch, H.F. 1930. *HSJ* 13 (D): 442-3.

102. ———, and **Gertrude Hendrix.** 1937. *Plane Geometry...* Harcourt. (geom./Ts)
   Urbancek, J.J. 1938. *SSM* 38 (O): 832.

103. **Barber, Harry C.,** and **Elsie P. Johnson.** 1935. *First Course in Algebra.* Houghton. (alg./Tj)
   Anon. 1936. *MT* 29 (Ja): 50.
   Georges, J.S. 1936. *SR* 44 (Mr): 233.
   Kinert, B.B. 1936. *SSM* 36 (My): 560, 562.

104. **Barber, Harry C.,** with **Helen M. Connelly** and **Elsie V. Karlson.** 1927. *Junior High School Mathematics.* 2 v. Houghton. (alg., geom./Tj, Ts)

Kinney, J.M. 1927. *SSM* 27 (N): 891-2.

105. **Barker, Eugene H.** 1913. *Computing Tables and Mathematical Formulas...* Ginn. (logs., trig., geom., tables/R)

    Anon. 1914. *AE* 17 (F): 374.
    Cobb, H.E. 1914. *SSM* 13 (Ja): 96.
    Karpinski, L.C. 1913. *AMM* 20 (N): 282.

106. ———. 1917. *Plane Trigonometry...* Blakiston. (trig./Ts)

    Anon. 1919. *AE* 22 (Mr): 332.
    Cobb, H.E. 1918. *SSM* 18 (O): 670.
    Keyser, C.J. 1918. *SCI* 47 (My 31): 539-42.
    Wells, M.E. 1918. *AMSB* 24 (Jl): 491-3.

107. ———. 1920. *Applied Mathematics...* AllynB. (bus. arith., mensur., alg./Tj, Ts)

    Anon. 1920. *MT* 12 (Je): 173.
    Breslich, E.R. 1920. *SR* 28 (S): 557.
    Cobb, H.E. 1920. *SSM* 20 (O): 666.

108. ———, **and Frank M. Morgan.** 1939. *Mathematics in Daily Life.* Houghton. (bus. arith., arith., geom., appl./Tj, Ts)

    Carnahan, W.H. 1939. *SSM* 39 (N): 796.
    Morton, R.L. 1940. *ESJ* 40 (Ja): 391-3.
    W., E. 1939. *MT* 32 (O): 285.

109. **Barlow, Peter.** 1930. *Tables of Squares, Cubes...* Ed. L.J. Comrie. 3d ed. Spon. (tables, comp./R)

    Stokely, J. 1931. *JFI* 211 (Ja): 130-1.

110. **Barnard, Francis P.** 1916. *The Casting-Counter and the Counting Board...* Oxford. (hist./R, Su)

    Smith, D.E. 1918. *SCI* 47 (F 8): 144-5.
    ———. 1920. *AMSB* 27 (D): 129-31.
    For an additional review see Farber 1981.

111. **Barnard, Frederick A.P.** 1872. *The Metric System of Weights and Measures.* 2d ed. VanNos. (metric system, arith./Su)

    Anon. 1872. *NAT* 6 (O 10): 472.
    S., B. 1872. *AJS* 3 (Je): 482.

112. **Barnard, Samuel, and James M. Child.** 1904. *A New Geometry for Junior Forms.* Macmillan. (geom./Tc)

    Anon. 1904. *MG* 3 (Mr): 18.

H., H. 1905. *MG* 3 (My): 188.

113. ———. 1908. *A New Algebra.* V. 1. Macmillan. (alg./Tj)

    Milne, J.J. 1908. *MG* 4 (D): 392-4.

114. ———. (1936) 1937. *Higher Algebra.* Macmillan. (calc., eqn. theory, determ., no. theory, finite differences/Tc)

    Anon. 1937. *NAT* 138 (Ap 3): 569.
    Dockeray, N.R.C. 1937. *MG* 21 (D): 430-2.
    Georges, J.S. 1937. *SSM* 37 (N): 1008.
    Grove, C.C. 1939. *AMM* 46 (Ja): 42-3.
    Parker, W.V. 1937. *NMM* 12 (O): 56.

115. ———. (1939) 1940. *Advanced Algebra.* Macmillan. (homogr. transf., cross ratio, invariants, inf. series, cont. frac., complex var./Tc, Su)

    Carmichael, R.D. 1940. *MR* 1 (Jl): 193.
    Ferrar, W.L. 1940. *MG* 24 (My): 145-6.
    Friedman, B. 1940. *SSM* 40 (My): 492.
    Hellinger, E.D. 1940. *NMM* 15 (D): 154.
    Todd, J.A. 1940. *NAT* 146 (N 23): 665-6.

116. Barnett, Isaac A. 1926. *Plane Analytic Geometry.* Wiley. (anal. geom./Ts, Tc)

    Stephens, R.P. 1928. *AMM* 35 (My): 257-8.
    Warner, G.W. 1927. *SSM* 27 (O): 766.
    White, F.P. 1927. *SP* 22 (O): 326.

117. Barnhart, Wilbur S., and Leslie B. Maxwell. 1934. *Social-Business Arithmetic...* Mentzer. (bus. arith./Tj, Ts)

    Reeve, W.D. 1938. *MT* 31 (My): 255.

118. Barrow, Isaac. 1916. *The Geometrical Lectures of Isaac Barrow.* Trans. J.M. Child. OpenClSc&Ph., #3. Open. (hist./Su)

    Anon. 1918. *MT* 10 (Je): 211.
    Cajori, F. 1919. *AMM* 26 (Ja): 15-20.
    Dresden, A. 1918. *AMSB* 24 (Je): 454-6.

119. Bartlett, Dana P. 1915. *General Principles of the Method of Least Squares...* 3d ed. Maclachlan. (least squares, stat./Tc)

    Grove, C.C. 1918. *AMSB* 24 (F): 258.

120. Bartlett, Frank W., and Theodore W. Johnson. 1910. *Engineering Descriptive Geometry.* Wiley. (descr. geom./Tc)

Finkel, B.F. 1911. *AMM* 18 (Ja): 25.

121. **Bartlett, Josiah**, et al. 1928. *Algebra Review Exercises*. Ginn. (alg./Su)

    Goff, R.R. 1928. *ED* 49 (S): 60.
    Warner, G.W. 1928. *SSM* 28 (N): 910.

122. **Barton, Arthur W.** 1933. *A Text Book on Heat*. Longmans. (heat/Tc)

    Bligh, N.M. 1934. *NAT* 134 (Jl 7): 8-9.

123. **Barton, Edwin H.** 1924. *Analytical Mechanics*... 2d ed. Longmans. (mech./Tc)

    Longley, W.R. 1925. *AMSB* 31 (My/Je): 276-7.
    Roberts, W.M. 1924. *MG* 12 (D): 260-1.

124. **Barton, Samuel M.** 1899. *An Elementary Treatise on the Theory of Equations*. Heath. (eqn. theory, determ./Tc)

    Finkel, B.F. 1899. *AMM* 6 (Ag/S): 217.
    Maclay, J. 1900. *AMSB* 6 (Je): 400-2.

125. ———. 1904. *Elements of Plane Surveying*. Heath. (surv., trig., appl./Ts)

    Jackson, C.S. 1904. *MG* 3 (D): 111-2.
    Myers, G.W. 1905. *SR* 13 (Ja): 85-6.

126. **Bass, Edgar W.** 1896. *Elements of Differential Calculus*. Wiley. (calc./Ts, Tc)

    Finkel, B.F. 1896. *AMM* 3 (N): 293.
    Fiske, T.S. 1898. *AMSB* 4 (Mr): 280-1.

127. **Batchelder, Paul M.** 1927. *An Introduction to Linear Difference Equations*. Harvard. (difference eqns., complex var./Tc, R)

    Carmichael, R.D. 1929. *AMM* 36 (Ap): 225-7.
    Howland, R.C.J. 1929. *SP* 24 (O): 337.
    Kinney, J.M. 1929. *SSM* 29 (Mr): 307.
    Williams, K.P. 1930. *AMSB* 36 (Ja): 13-5.

128. **Bateman, Harry.** 1915. *The Mathematical Analysis of Electrical and Optical Wave-Motion*... Putnam. (diff. eqns., electromag./Tc)

    Carmichael, R.D. 1916. *AMSB* 22 (Ja): 201-4.

129. ———. 1918. *Differential Equations*. Longmans. (diff. eqns./Tc)

Carmichael, R.D. 1920. *AMSB* 27 (O): 36-8.
Jourdain, P.E.B. 1919. *SP* 13 (Ap): 668-9.

130. ———. 1932. *Partial Differential Equations of Mathematical Physics*. Macmillan. (diff. eqns., phys./Tc)

Ince, E.L. 1932. *MG* 16 (O): 282-4.
Moore, C.N. 1933. *AMM* 40 (D): 599-600.
Walsh, J.L. 1933. *AMSB* 39 (Mr): 178-80.

131. Baten, William D. 1934. *Correlation and Sampling*. Edwards. (stat./Tc)

Moore, L.T. 1935. *AMM* 42 (Je): 390-l.

132. ———. 1938. *Elementary Mathematical Statistics*. Wiley. (stat./Tc)

Burgess, R.W. 1939. *AMM* 46 (N): 592-4.
M., K. 1939. *NAT* 143 (Je 10): 960.
McDiarmid, J.O. 1939. *JASA* 34 (Mr): 209-10.
Robinson, H.A. 1938. *NMM* 13 (Ja): 207-8.
Sandon, F. 1939. *MG* 23 (F): 115-6.
For additional reviews see Buros 1941, 23-6.

133. Bates, Edward L., and Frederick Charlesworth. 1910. *Practical Mathematics and Geometry*. VanNos. (geom., appl./Ts)

Anon. 1912. *ED* 33 (O): 125.

134. ———. 1912. *Practical Geometry and Graphics*... VanNos. (geom., graphics, descr. geom./Ts, Tc)

Anon. 1913. *ED* 34 (O): 129.
Cobb, H.E. 1913. *SSM* 13 (O): 643.
Lefschetz, S. 1913. *AMM* 20 (My): 163-4.

135. ———. 1912. *Practical Mathematics*... VanNos. (alg., geom., trig., vector anal., calc./Ts, Tc)

Cobb, H.E. 1913. *SSM* 13 (O): 643.
Lefschetz, S. 1913. *AMM* 20 (My): 163-4.

136. Bauer, George N. 1929. *Mathematics Preparatory to Statistics and Finance*. Macmillan. (alg., finance, stat./Ts, Tc)

Forsyth, C.H. 1930. *AMM* 37 (F): 90-1.
Huhn, R.v. 1930. *JASA* 25 (Mr): 125.
Kinney, J.M. 1929. *SSM* 29 (D): 1014.

137. ———, and **William E. Brooke**. 1917. *Plane and Spherical Trigonometry...* 2d ed. Heath. (trig./Ts)

Frumveller, A.F. 1918. *AMM* 25 (My): 212-4.

138. ———. 1932. *Plane and Spherical Trigonometry...* 3d ed. Heath. (trig./Ts)

Campbell, A.D. 1933. *AMM* 40 (F): 101.

139. **Bayes, Thomas**. 1940. *Facsimiles of Two Papers by Bayes.* USDeptAgrGS. (prob., stat./Su)

Anon. 1941. *MR* 2 (Mr): 108.
Curtiss, J.H. 1941. *AMM* 48 (Je/Jl): 402-3.
Lidstone, G.J. 1941. *MG* 25 (Jl): 177-80.

140. **Bayley, Paul L., and Charles C. Bidwell**. 1936. *An Advanced Course in General College Physics.* Macmillan. (phys./Tc)

Oppermann, R.H. 1936. *JFI* 222 (D): 759-60.

141. **Bayliss, Reginald W.** 1914. *A First School Calculus.* Longmans. (calc./Ts, Tc)

Cobb, H.E. 1915. *SSM* 15 (D): 842.
Ponzer, E.W. 1916. *AMSB* 22 (My): 405-6.

142. **Bayma, Joseph**. 1889. *Elements of Infinitesimal Calculus.* Waldteufel. (calc./Ts, Tc)

Anon. 1890. *MMAG* 2 (O): 67.

143. **Beatty, Samuel, and James T. Jenkins**. 1938. *Introduction to the Calculus.* Toronto. (calc./Ts, Tc)

Burchnall, J.L. 1939. *MG* 23 (Jl): 327-9.

144. **Becker, George F., and Charles E. Van Orstand**. 1909. *Smithsonian Mathematical Tables. Hyperbolic Functions.* Publ. #1871. Smithsonian. (tables, trig., hyperb. fcns., logs./R)

Shaw, J.B. 1911. *AMSB* 17 (Mr): 319-20.

145. **Beecher, Catherine E.** 1835. *The Lyceum Arithmetic.* Peirce. (arith./Te, Tj)

Anon. 1835. *AAEI* 5 (Je): 288.

146. **Beetle, Ralph D., ed.** 1933. *The McGraw-Hill Five-Place Logarithmic and Trigonometric Tables.* McGraw. (tables, logs., trig./R)

Anon. 1933. *MT* 26 (N): 445.

147. *The Beginner's Arithmetic*. 1905. Pupil's ed. Heath. (arith./Te, Tj)
Anon. 1905. *AE* 9 (O): 119.
———. 1905. *ED* 26 (D): 250.

148. **Beighey, D. Clyde, and Elmer E. Spanabel.** 1936. *First Studies in Business with Correlated Arithmetic*. Ginn. (arith., bus. arith./Tj, Ts)
Munch, H.F. 1936. *HSJ* 19 (O): 222.

149. **Belfield, Henry H., and Sarah C. Brooks.** 1899. *Rational Elementary Arithmetic*. Scott. (arith./Te, Tj)
Colaw, J.M. 1900. *AMM* 7 (My): 148.

150. **Bell, Eric T.** 1927. *Algebraic Arithmetic*. AMSColl. Publ., v. 7. AMS. (no. theory/R)
Anon. 1928. *AMM* 35 (Mr): 137-8.
Carmichael, R.D. 1928. *AMM* 35 (Ag/S): 367-8.
Dickson, L.E. 1928. *AMSB* 34 (Jl/Ag): 511-2.
Turnbull, H.W. 1928. *MG* 14 (My): 153-5.

151. ———. [1931] 1938. *The Queen of the Sciences*. Williams. Reprint. Stechert. (hist., nature, non-Eucl. geom., abst. alg., no. theory/R, Su)
Anon. 1932. *SA* 146 (F): 127.
Bacon, L.R. 1932. *JFI* 213 (My): 576-7.
Broadbent, T.A.A. 1932. *MG* 16 (D): 368.
Kinney, J.M. 1938. *SSM* 38 (O): 831.
Linehan, P.H. 1932. *AMM* 39 (My): 296-7.
Smith, D.E. 1932. *MT* 25 (Ap): 238.

152. ———. 1933. *Numerology*. Williams. (numerology, recr., logic/R, Su)
Adams, C.R. 1933. *AMM* 40 (Je/Jl): 350-1.
Greenwood, T. 1934. *NAT* 133 (Ja 20): 80-1.
Hughes, J.C. 1933. *SM* 1 (Je): 344-5.
Ingalls, A.G. 1933. *SA* 148 (My): 304.

153. ———. 1934. *The Search for Truth*. Williams. (logic, phil., hist./Su)
Braithwaite, R.B. 1935. *MG* 19 (Jl): 239.
Bronstein, D.J. 1936. *PR* 45 (Mr): 220.
Chapin, F.S. 1935. *JASA* 30 (S): 631-2.

G., T. 1935. *NAT* 136 (S 28): 493-4.
Ingalls, A.G. 1935. *SA* 153 (Ag): 110.
Rees, M.S. 1936. *SM* 4 (Ja): 79-80.
For additional reviews see Buros 1938, 6-8.

154. ———. 1937. *The Handmaiden of the Sciences.* Williams. (appl., anal., phys., hist., groups, matrices/Su)

Franklin, P. 1937. *AMM* 44 (O): 530-2.
Ginsburg, A.M. 1937. *MT* 30 (Mr): 141.
Miller, G.A. 1937. *NMM* 12 (N): 102-3.
Nedelsky, L. 1938. *SM* 5 (Jl): 195-8.
Oppermann, R.H. 1937. *JFI* 223 (My): 670-1.
Pidduck, F.B. 1938. *MG* 22 (F): 92-3.

155. ———. 1937. *Men of Mathematics.* Simon. (hist., biog./Su)

Anon. 1937. *NAT* 140 (S 25): 535.
Broadbent, T.A.A. 1937. *MG* 21 (O): 311-2.
Church, A. 1937. *JSL* 2 (Je): 95.
Dunnington, G.W. 1937. *NMM* 11 (My): 406-7.
Munch, H.F. 1937. *HSJ* 20 (O): 243-4.
Reeve, W.D. 1938. *MT* 31 (F): 85.
Sarton, G. 1938. *ISIS* 28 (2): 510-3.
Sears, W.P., Jr. 1937. *ED* 57 (My): 581.
Simons, L.G. 1938. *AMM* 45 (Ja): 43-4.
For an additional review see Farber 1981.

156. ———. 1940. *The Development of Mathematics.* McGraw. (hist./R, Su)

Bennett, A.A. 1941. *SM* 8 (Mr): 43-5.
Broadbent, T.A.A. 1941. *MG* 25 (Jl): 198-9.
Church, A. 1940. *JSL* 5 (D): 152-3.
Cohen, I.B. 1941. *ISIS* 33 (2): 291-3.
Curtiss, D.R. 1941. *NMM* 15 (My): 435-8.
Dunnington, G.W. 1942. *NMM* 16 (My): 415-6.
Jones, B.W. 1941. *AMM* 48 (F): 140-1.
Read, C.B. 1941. *SSM* 41 (Mr): 304.
Struik, D.J. 1941. *MR* 2 (Ap): 113.

157. ———, et al. 1938. *Semicentennial Addresses of the American Mathematical Society.* AMSSemicent. Publ., v. 2. AMS. (alg., anal., top., hist., calc. of variations, phys./R)

Broadbent, T.A.A. 1939. *MG* 23 (My): 237-8.
Cohen, I.B. 1940. *ISIS* 31 (2): 473-5.
Dresden, A. 1939. *AMSB* 45 (Ja): 50-1.
Rees, M. 1940. *SM* 7 (1-4): 121-5.

158. **Bell, Robert J.T.** (1912) 1914. *An Elementary Treatise on Coordinate Geometry of Three Dimensions.* 2d ed. Macmillan. (anal. geom./Ts, Tc)

   Greenstreet, W.J. 1913. *MG* 7 (My): 125.

159. ———. 1938. *Coordinate Solid Geometry.* Macmillan. (anal. geom., proj. geom./Ts, Tc)

   Anon. 1938. *NAT* 142 (N 19): 895.
   Broadbent, T.A.A. 1938. *MG* 22 (D): 521.
   Byrne, W.E. 1939. *NMM* 13 (F): 255.
   Carnahan, W.H. 1939. *SSM* 39 (Je): 591.

160. **Bell, William O.** 1915. *Practical Short Methods in Rapid Calculation.* Tiernan. (bus. arith./Su)

   Anon. 1916. *MT* 9 (D): 132.

161. **Bellows, Charles F.R.** 1874. *A Treatise on Plane and Spherical Trigonometry.* Sheldon. (trig./Ts)

   Anon. 1875. *NEJE* 1 (F 20): 96.

162. ———. 1888. *Elements of Geometry...* Potter. (geom./Ts)

   Anon. 1891. *JE* 33 (Ap 30): 283.

163. **Beman, Wooster W., and David E. Smith.** 1895. *Plane and Solid Geometry.* Ginn. (geom./Ts)

   Anon. 1896. *ED* 16 (Mr): 446.
   Finkel, B.F. 1895. *AMM* 2 (D): 377.
   Hathaway, A.S. 1896. *AMSB* 3 (D): 108-10.
   ———. 1896. *SR* 4 (My): 334-6.

164. ———. 1897. *Higher Arithmetic.* Ginn. (arith./Te, Tj)

   Finkel, B.F. 1897. *AMM* 4 (O): 261.

165. ———. 1899. *New Plane and Solid Geometry.* 2d ed. Ginn. (geom./Ts)

   Finkel, B.F. 1899. *AMM* 6 (O): 253.
   McCormack, T.J. 1900. *MON* 10 (Ap): 473-4.

166. ———. 1902. *Academic Algebra.* Ginn. (alg./Tj)

   Anon. 1902. *AE* 5 (Je): 622.
   ———. 1903. *ED* 23 (Ja): 320.

167. **Benedict, Harry Y., and John W. Calhoun.** 1912. *The Teaching of Plane Geometry.* Tex. Bull. #248. Tex. (geom., educ./R, Su)

> **Cobb, H.E.** 1913. *SSM* 13 (Ja): 86.

168. **Benedict, Suzan R.** 1916. *A Comparative Study of the Early Treatises Introducing into Europe the Hindu Art of Reckoning.* U. Mich. thesis. Rumford. (hist./R, Su)

> **Jourdain, P.E.B.** 1917. *SP* 12 (Jl): 161.

169. **Benjamin, Abram C.** 1937. *An Introduction to the Philosophy of Science.* Macmillan. (nature, logic/Tc)

> **Ingalls, A.G.** 1938. *SA* 158 (F): 127.
> For additional reviews see Farber 1981.

170. **Bennett, Albert A., and Charles A. Baylis.** 1939. *Formal Logic...* Prentice. (logic/Tc)

> **Curry, H.B.** 1941. *AMSB* 47 (My): 354-7.
> **McKinsey, J.C.C.** 1940. *NMM* 14 (Ja): 226-8.
> **Nelson, E.J.** 1939. *JSL* 4 (Je): 94-6.
> **Rosser, B.** 1939. *SM* 6 (D): 230-2.

171. **Bennett, Henry G., Napoleon Conger, and Gladys P. Conger.** 1934. *Guided Steps in Arithmetic.* 3 v. AmBk. (arith./Te, Tj)

> **Osburn, W.J.** 1935. *ESJ* 35 (My): 716-7.

172. **Benny, Leonard B.** 1927-1929. *Mathematics for Students of Technology.* 2 v. Oxford. (arith., alg., precalc., geom., calc./Tj, Ts, Tc)

> **Bickley, W.G.** 1928. *MG* 14 (Mr): 87.
> **Child, J.M.** 1929. *MG* 14 (D): 578-9.

173. **Benson, Charles B. with Arthur I. Jensen.** 1929. *Arithmetic Practice...* V. 5,6. Macmillan. (arith./Su)

> **Good, C.V.** 1929. *JER* 19 (My): 358-9.

174. **Benson, Lawrence S.** 1875. *Philosophic Reviews...* Burnton. (geom., circle squaring/Su)

> **Schaaf, W.L.** 1939. *SM* 6 (Mr): 52-3.

175. **Bentley, Arthur F.** 1932. *Linguistic Analysis of Mathematics.* Principia. (logic, phil., fnds./Su)

> **Carmichael, R.D.** 1933. *AMM* 40 (Je/Jl): 352-3.
> **Dresden, A.** 1934. *SM* 2 (Ag): 353-6.

Forder, H.G. 1933. *MG* 17 (My): 133-4.
Lenzen, V.F. 1933. *ISIS* 20 (2): 491-2.
For an additional review see Farber 1981.

176. **Berg, Ernst J.** 1936. *Heaviside's Operational Calculus...* 2d ed. McGraw. (Heav. calc./Tc, Tg)
    Broadbent, T.A.A. 1937. *MG* 21 (O): 309-10.

177. **Bergstresser, Clinton A., and Elmer Schuyler.** 1930. *Elementary Algebra.* HindsHE. (alg./Tj)
    Anon. 1931. *ED* 51 (Ap): 510.
    Smith, W.A. 1931. *SSM* 31 (Je): 772.

178. **Berkeley, Hastings.** 1910. *Mysticism in Modern Mathematics.* Frowde. (nature/Su)
    Jourdain, P.E.B. 1910. *MG* 5 (D): 364-6.
    Keyser, C.J. 1915. *AMSB* 21 (Ja): 199-200.

179. **Berkeley, Lancelot M.** 1925. *Great Circle Sailing.* White. (trig., appl./Su)
    Capron, P. 1927. *AMM* 34 (F): 93-7.

180. ———. 1930. *Addition-Subtraction Logarithms...* White. (tables, logs./R)
    Comrie, L.J. 1932. *SP* 26 (Ja): 516-8.
    Johnson, R.A. 1931. *AMM* 38 (Ap): 226-7.

181. **Bernard, David M.** 1927. *Plane Geometry.* Ed. A.W. Philips. Johnson. (geom./Ts)
    Clawson, J.W. 1928. *AMM* 35 (Mr): 141-2.
    Kinney, J.M. 1927. *SSM* 27 (D): 1003.

182. ———. 1932. *Solid Geometry.* Ed. A.W. Philips. Johnson. (geom./Ts)
    Stone, C.A. 1932. *SSM* 32 (D): 1034.

183. **Berwick, William E.H.** 1927. *Integral Bases.* CambTrM&MP., #22. Macmillan. (no. theory/R)
    Carmichael, R.D. 1928. *AMM* 35 (Mr): 142-3.
    Mordell, L.J. 1928. *MG* 14 (O): 244-5.
    Ore, O. 1928. *AMSB* 34 (My/Je): 378-9.

184. **Besicovitch, Abram S.** 1932. *Almost Periodic Functions.* Macmillan. (real var., complex var., harm. anal., Fourier anal./R, Su)

   Basoco, M.A. 1933. *AMM* 40 (F): 104-5.
   Wiener, N. 1932. *MG* 16 (O): 275-7.

185. **Betz, William.** 1918. *Geometry for Junior High Schools.* RochBdEd. (geom./Ts)

   Anon. 1918. *ESJ* 19 (N): 227-9.
   ———. 1918. *MT* 11 (D): 100.

186. ———. 1918. *Introductory Algebra Exercises.* RochBdEd. (alg./Tj)

   Anon. 1918. *ESJ* 19 (N): 227-9.
   ———. 1919. *MT* 11 (Mr): 142.

187. ———. 1929-1931. *Algebra for Today.* 2 v. Ginn. (alg./Tj, Ts)

   Anon. 1933. *MT* 26 (F): 122.
   Kinney, J.M. 1929. *SSM* 29 (N): 890.
   Urbancek, J.J. 1931. *SSM* 31 (N): 1008.

188. ———. 1933-1935. *Junior Mathematics for Today.* 3 v. Ginn. (arith., bus. arith., geom., alg., trig./Tj, Ts)

   Georges, J.S. 1933. *SSM* 33 (D): 1022.
   Silverman, H.D. 1936. *SSM* 36 (Mr): 332, 334.
   Stone, C.A. 1935. *SSM* 35 (Ja): 106.
   Troxel, O.L. 1933. *SR* 41 (D): 793-4.
   ———. 1935. *SR* 43 (Ja): 76-7.

189. ———. 1937-1938. *Algebra for Today.* 2 v. Ginn. (alg., precalc., anal. geom./Tj, Ts, Tc)

   Carnahan, W.H. 1939. *SSM* 39 (Ja): 95.
   K., W. 1938. *CSJ* 19 (F): 144.
   Reeve, W.D. 1937. *MT* 30 (N): 348.
   Urbancek, J.J. 1938. *SSM* 38 (Ap): 471-2.

190. ———, and **Harrison E. Webb,** with **Percey F. Smith.** 1912. *Plane Geometry.* Ginn. (geom./Ts)

   Anon. 1912. *MT* 5 (D): 137.
   ———. 1914. *SR* 22 (Je): 426.
   Cobb, H.E. 1912. *SSM* 12 (D): 824.
   Finkel, B.F. 1912. *AMM* 19 (O/N): 179.

191. ———. 1916. *Plane and Solid Geometry.* Ginn. (geom./Ts)

   Anon. 1916. *MT* 9 (D): 131.

Cobb, H.E. 1917. *SSM* 17 (Ja): 94.

192. ———. 1916. *Solid Geometry*. Ginn. (geom./Ts)

    Anon. 1916. *MT* 8 (Je): 220.
    Breslich, E.R. 1916. *SR* 24 (S): 564-5.
    Cobb, H.E. 1916. *SSM* 16 (Je): 564.
    Richardson, R.G.D. 1916. *AMSB* 22 (Jl): 507-10.

193. Bickley, William G. 1925. *Engineering Applications of Mathematics*. Pitman. (calc., appl./Ts, Tc)

    Roberts, W.M. 1926. *MG* 13 (Mr): 94.

194. Bigelow, Anson H., and William A. Arnold. 1911. *Elements of Business Arithmetic*. Macmillan. (bus. arith./Tj, Ts)

    Cobb, H.E. 1911. *SR* 19 (Ap): 281.

195. Biggs, Henry F. 1927. *Wave Mechanics...* Oxford. (quantum mech./R, Su)

    Adams, E.P. 1928. *AMM* 35 (Je/Jl): 309-10.
    Lennard-Jones, J.E. 1927. *MG* 13 (D): 460-1.

196. ———. 1934. *The Electromagnetic Field*. Oxford. (electromag./Tc)

    S., E.C. 1934. *NAT* 133 (Mr 10 Supp.): 372.
    Swirles, B. 1934. *MG* 18 (Je): 207-8.

197. Bird, James M., ed. 1921. *Einstein's Theories of Relativity and Gravitation...* SciAm. (relat./Su)

    Anon. 1922. *AMM* 29 (F): 67-8.

198. Birkhoff, Garrett. 1940. *Lattice Theory*. AMSColl. Publ., v. 25. AMS. (lattices, abst. alg./R)

    Albert, A. 1940. *SCI* 92 (D 27): 606.
    Frink, O. 1940. *MR* 1 (N): 325-7.
    Vaughan, H.E. 1940. *JSL* 5 (D): 155-7.
    Wilcox, L.R. 1941. *AMSB* 47 (Mr): 194-6.

199. Birkhoff, George D. 1925. *The Origin, Nature, and Influence of Relativity*. Macmillan. (relat./Su)

    Carmichael, R.D. 1926. *AMSB* 32 (N/D): 705-7.
    Whittaker, E.T. 1926. *MG* 13 (O): 207-8.

200. ———. 1927. *Dynamical Systems*. AMSColl. Publ., v. 9. AMS. (dyn., mech./R)

Bartky, W. 1928. *AMM* 35 (D): 561-3.
Cherry, T.M. 1928. *MG* 14 (Jl): 198-9.
Koopman, B.O. 1930. *AMSB* 36 (Mr): 162-6.

201. ———. 1933. *Aesthetic Measure*. Harvard. (appl., geom./R, Su)

Garabedian, C.A. 1934. *AMSB* 40 (Ja): 7-10.
Lehmer, D.N. 1933. *SM* 2 (N): 55-9.

202. ———, with Rudolf E. Langer. 1923. *Relativity and Modern Physics*. Harvard. (relat./R, Su)

Eisenhart, L.P. 1923. *SCI* 58 (D 28): 539-41.
Manning, H.P. 1925. *AMM* 32 (Ap): 185-201.
Piaggio, H.T.H. 1924. *MG* 12 (Mr): 63-5.
Veblen, O. 1924. *AMSB* 30 (Jl): 365-7.

203. Birtwistle, George. 1925. *The Principles of Thermodynamics*. Macmillan. (thermo./Tc)

Marshall, J. 1926. *MG* 13 (Ja): 37.

204. ———. 1926. *The Quantum Theory of the Atom*. Macmillan. (quantum mech./R, Su)

Adams, E.P. 1927. *AMSB* 33 (My/Je): 368.
Cherry, T.M. 1926. *MG* 13 (O): 208.

205. ———. (1927) 1929. *The Principles of Thermodynamics*. 2d ed. Macmillan. (thermo./Tc)

Thomas, L.H. 1928. *MG* 14 (O): 247.

206. ———. 1928. *The New Quantum Mechanics*. Macmillan. (quantum mech./R, Su)

Gronwall, T.H. 1929. *AMSB* 35 (S/O): 736.
Struik, D.J. 1930. *AMM* 37 (Ja): 32-4.

207. Bisacre, Frederick F.P. 1921. *Applied Calculus...* VanNos. (calc., phys./Ts, Tc)

Cobb, H.E. 1922. *SSM* 22 (O): 692.

208. Bishop, Florence, and Manley E. Irwin. 1932. *Instructional Tests in Plane Geometry*. WrldBk. (geom., testing/R)

Hawkins, G.E. 1932. *SSM* 32 (Mr): 332.
Munch, H.F. 1932. *HSJ* 15 (Mr): 143.

209. Bishop, Morris G. 1936. *Pascal...* Reynal. (biog./Su)

Ingalls, A.G. 1937. *SA* 156 (Mr): 207.
Oppermann, R.H. 1937. *JFI* 224 (Jl): 127-8.
Rockwood, R.E. 1937. *PR* 46 (4) Jl): 447.
Smith, D.E. 1937. *AMM* 44 (My): 325-7.
Watson, E.C. 1938. *ISIS* 29 (1): 117-8.
For additional reviews see Farber 1981.

210. **Black, Max.** 1934. *The Nature of Mathematics...* Harcourt. (fnds., logic, phil./R, Su)

Abel, T. 1934. *JASA* 29 (Je): 235-6.
Greenwood, T. 1935. *NAT* 135 (My 25): 852-5.
Smith, P.A. 1934. *AMSB* 40 (S): 646.
Struik, D.J. 1934. *SM* 2 (Ag): 359-61.
Wisdom, J.T. 1934. *MIND* 43 (O): 529-30.

211. **Blackett, Olin W., and Winifred P. Wilson.** 1938. *A Method of Isolating Sinusoidal Components in Economic Time Series.* MichBusStud., v. 8, #4. MichBurBusRes. (stat./R)

Nagelberg, M.S. 1939. *JASA* 34 (Mr): 207-8.
For additional reviews see Buros 1941, 39-40.

212. **Blackhurst, J. Herbert.** 1928. *Principles and Methods of Junior High School Mathematics.* Century. (educ./R)

Anon. 1928. *AE* 32 (S): 34.

213. ———. 1934. *Humanized Geometry...* Des Moines, Iowa.: b.a. (geom./Ts)

Anon. 1935. *MT* 28 (Ap): 250.
Edwards, A.S. 1935. *EDAS* 21 (F): 158-9.
Hawkins, G.E. 1935. *SR* 43 (O): 633-5.

214. ———. 1935. *Humanized Geometry...* Iowa. (geom./Ts)

MacLane, S. 1936. *SCI* 84 (O 23): 375.

215. **Blackwood, Oswald H., et al.** 1933. *An Outline of Atomic Physics.* Wiley. (atomic phys./Tc, Tg)

Cleveland, T.K. 1933. *JFI* 216 (S): 404.

216. ———. 1937. *An Outline of Atomic Physics.* 2d ed. Wiley. (atomic phys./Tc, Tg)

Gardner, G.S. 1937. *JFI* 224 (S): 399-400.

217. **Blaikie, James A., and W. Thompson.** 1891. *A Textbook of Geometrical Deductions...* Longmans. (geom./Ts)

Anon. 1891. *JE* 34 (O 22): 267.

218. **Blaine, Robert G.** 1909. *The Calculus and Its Applications...* VanNos. (calc./Ts, Tc)

    Anon. 1910. *ED* 30 (F): 404.
    ———. 1910. *MT* 2 (Mr): 127.
    Cobb, H.E. 1910. *SSM* 10 (Mr): 275.
    Finkel, B.F. 1910. *AMM* 17 (Ja): 24.

219. **Blair, Vevia.** 1933. *The New Day Junior Mathematics.* V. 3. Merrill. (arith., alg., geom., trig., stat./Tj, Ts)

    Anon. 1934. *MT* 27 (F): 106-7.
    Hawkins, G.E. 1934. *SSM* 34 (Mr): 328.

220. **Blichfeldt, Hans F.** 1917. *Finite Collineation Groups...* ChicagoPr. (groups/Tg, R)

    Anon. 1917. *ED* 38 (S): 65.
    Blichfeldt, H.F. 1918. *AMSB* 24 (Jl): 484-7.
    Cobb, H.E. 1917. *SSM* 17 (N): 756.
    Jourdain, P.E.B. 1918. *SP* 12 (Ap): 684-5.
    Mitchell, H.H. 1918. *AMSB* 24 (F): 243-52.

221. **Bliss, Gilbert A.** 1925. *Calculus of Variations.* CarusMon., #1. Open. (calc. of variations/R)

    Barnett, I.A. 1925. *AMM* 32 (Ag/S): 380-2.
    Berry, A. 1925. *MG* 12 (D): 511-4.
    Dresden, A. 1925. *AMSB* 31 (N/D): 551-4.
    Kinney, J.M. 1925. *SSM* 26 (O): 778.
    Murnaghan, F.D. 1925. *SCI* 61 (My 1): 470.
    Slaught, H.E. 1925. *MT* 18 (Mr): 183-4.
    White, F.P. 1927. *SP* 22 (O): 325-6.

222. ———. 1933. *Algebraic Functions.* AMSColl. Publ., v. 16. AMS. (anal., top./R)

    Hodge, W.V.D. 1934. *MG* 18 (Je): 206.
    Ritt, J.F. 1935. *AMSB* 41 (Ja): 9-10.

223. **Bloch, Eugene.** 1924. *The Kinetic Theory of Gases.* Trans. P.A. Smith. Dutton. (kinetics/R)

    Picolet, L.E. 1925. *JFI* 200 (N): 702-3.

224. **Blodgett, May A.** 1911. *New Exercises and Problems in Elementary Algebra.* NwSch. (alg./Su)

    Smith, C.H. 1911. *SSM* 11 (Je): 576.

225. **Bloomfield, Leonard.** 1939. *International Encyclopedia of Unified Science.* V. 1, #4. *Linguistic Aspects of Science.* ChicagoPr. (logic/R)

   Ducasse, C.J. 1939. *JSL* 4 (S): 118-9.

226. **Blumenthal, Leonard M.** 1938. *Distance Geometries...* MoStud., v. 13, #2. Mo. (diff. geom., top./R)

   Todd, J.A. 1938. *MG* 22 (D): 516-7.
   Tompkins, C.B. 1939. *NMM* 14 (N): 116-8.

227. **Blythe, William H.** 1905. *On Models of Cubic Surfaces.* Macmillan. (geom./Su)

   Langley, E.M. 1909. *MG* 5 (Je/Jl): 109-10.

228. **Bôcher, Maxime.** 1909. *An Introduction to the Study of Integral Equations.* CambTrM&MP., #10. Putnam. (integral eqns./R)

   Bliss, G.A. 1910. *AMSB* 16 (Ja): 207-13.
   Hardy, G.H. 1910. *MG* 5 (Mr, Pt. 1): 208-9.

229. ———. 1915. *Plane Analytic Geometry...* Holt. (anal. geom., calc./Ts, Tc)

   Cobb, H.E. 1916. *SSM* 16 (F): 188.
   Safford, F.H. 1916. *AMSB* 23 (N): 102.
   Swift, E. 1916. *AMM* 23 (Ja): 17-8.

230. ———, **with Edmund P.R. Duval.** 1907. *Introduction to Higher Algebra.* Macmillan. (matrices, invariants, linear alg., higher alg., quadr. forms/Tc)

   Anon. 1908. *ED* 28 (Ja): 334.
   Elliott, E.B. 1908. *MG* 4 (Je): 291-3.
   Finkel, B.F. 1908. *AMM* 15 (Ja): 23-4.
   Miller, G.A. 1908. *SCI* 27 (Ap 3): 535-6.
   Ranum, A. 1910. *AMSB* 16 (Jl): 521-3.

231. **Bôcher, Maxime, and Harry D. Gaylord.** 1914. *Trigonometry...* Holt. (trig./Ts)

   Anon. 1914. *MT* 7 (D): 76.
   Cobb, H.E. 1915. *SSM* (F): 182.
   Rayworth, J.C. 1915. *AMM* 22 (Ja): 15-6.

232. **Bodley, George R., et al.** 1934-1936. *Mastery Arithmetic.* 3 v. Heath. (arith./Te, Tj)

   Anon. 1936. *MT* 29 (My): 262.

———. 1937. *MT* 30 (Ja): 38.
John, L. 1935. *SSM* 35 (My): 552, 554.
Taylor, E.H. 1935. *ESJ* 36 (S): 73-4.

233. **Bohr, Niels H.D.** (1922) 1923. *The Theory of Spectra and Atomic Constitution.* Macmillan. (spectra/Su)

    Piaggio, H.T.H. 1923. *MG* 11 (My): 318.

234. ———. 1934. *Atomic Theory and the Description of Nature.* Macmillan. (quantum mech./R)

    Dingle, H. 1934. *NAT* 133 (Je 30): 962-4.
    Ingalls, A.G. 1934. *SA* 151 (N): 278.
    McCrea, W.H. 1934. *MG* 18 (O): 279-80.

235. **Bolton, Lyndon.** 1921. *An Introduction to the Theory of Relativity.* Dutton. (relat./Su)

    Young, J.W. 1922. *AMSB* 28 (N): 416.

236. **Bolyai, John.** 1896. *The Science Absolute of Space.* Trans. G.B. Halsted. NeomSer., v. 3. 4th ed. Neomon. (non-Eucl. geom., hist./Su)

    Finkel, B.F. 1896. *AMM* 3 (F): 62.

237. **Bolza, Oskar.** 1904. *Lectures on the Calculus of Variations.* ChicDec. Publ., 2d s., v. 14. ChicagoPr. (calc. of variations/Tc, Tg, R)

    Bromwich, T.J.I'A. 1905. *MG* 3 (My): 177.
    Hedrick, E.R. 1905. *AMSB* 12 (N): 80-90.
    ———. 1905. *SCI* 22 (D 29): 865-8.

238. **Bond, Elias A.** 1934. *The Professional Treatment of the Subject Matter of Arithmetic...* ContrEd., #525. Teachers. (educ., hist., arith./R)

    Buswell, G.T. 1936. *JER* 30 (S): 54-5.
    Nyberg, J.A. 1935. *SSM* 35 (Ap): 442, 444.
    Shuster, C.N. 1935. *MT* 28 (Mr): 192.
    Wilson, G.M. 1934. *ED* 55 (N): 190-1.

239. **Bond, Wilfred N.** 1935. *Probability and Random Errors.* Longmans. (prob./R)

    Anon. 1936. *NAT* 137 (My 16): 802.
    Sandon, F. 1936. *MG* 20 (My): 163-4.
    For additional reviews see Buros 1938, 10-1; and Buros 1941, 43.

240. **Bonola, Roberto.** 1912. *Non-Euclidean Geometry...* Trans. H.S. Carslaw. Open. (hist., non-Eucl. geom./R)
  Anon. 1913. *MT* 5 (Mr): 186.
  Cobb, H.E. 1913. *SSM* 13 (Mr): 268.
  Finkel, B.F. 1912. *AMM* 19 (My): 111-2.
  Halsted, G.B. 1912. *SCI* 36 (N 1): 595-7.
  Jourdain, P.E.B. 1913. *MG* 7 (Ja): 20.
  Ranum, A. 1912. *AMSB* 19 (O): 22-3.
  Wilczynski, E.J. 1912. *SR* 20 (N): 632.

241. **Bonser, Frederick G.** 1910. *The Reasoning Ability of Children...* ContrEd., #37. Teachers. (educ./R)
  Grupe, M.A. 1911. *EST* 11 (Je): 547-9.

242. **Bookman, Clarence M.** 1914. *Business Arithmetic.* AmBk. (bus. arith./Tj, Ts)
  Anon. 1915. *AE* 18 (F): 376.
  ———. 1916. *EDAS* 2 (N): 596.
  Cobb, H.E. 1914. *SSM* 14 (D): 826.

243. **Boole, George.** 1916. *Collected Logical Works.* V. 2. New ed. Open. (logic, hist./R)
  Anon. 1918. *EDAS* 4 (S): 388.

244. **Boole, Mary E.** 1903. *Lectures on the Logic of Arithmetic.* Oxford. (logic, arith., educ./R, Su)
  Anon. 1904. *MG* 3 (Mr): 18.

245. **Boon, Frederick C.** 1924. *A Companion to Elementary School Mathematics.* Longmans. (educ., geom., complex nos., induction, paradoxes, fallacies/R)
  Kinney, J.M. 1925. *SSM* 25 (F): 220.
  Tuckey, C.O. 1925. *MG* 12 (Mr): 354-5.

246. **Borger, Robert L.** 1928. *Analytic Geometry.* McGraw. (anal. geom./Ts, Tc)
  Funk, J.C. 1929. *AMM* 36 (Je/Jl): 332-4.
  Kinney, J.M. 1928. *SSM* 28 (N): 906.

247. **Born, Max.** 1926. *Problems of Atomic Dynamics.* MITPr. (atomic phys., quantum mech./R)
  Brown, E.W. 1928. *AMSB* 34 (My/Je): 370-1.

248. **Botham, P.E. Bates.** 1832. *The Common School Arithmetic.*
Benton. (arith./Te, Tj)

   Anon. 1832. *AAEI* 2 (Je 15): 303-4.

249. **Bothezat, Georges de.** 1936. *Back to Newton...* Stechert.
(relat./Su)

   Franklin, P. 1936. *AMM* 43 (O): 487.
   Ingalls, A.G. 1936. *SA* 155 (Jl): 55.
   Piaggio, H.T.H. 1937. *MG* 21 (My): 173-4.

250. **Bowden, Joseph.** 1903. *Elements of the Theory of Integers.*
Macmillan. (no. theory, fnds./Tc, Tg)

   Finkel, B.F. 1904. *AMM* 11 (Je/Jl): 149.
   Lehmer, D.N. 1904. *AMSB* 10 (My): 412-3.
   Mathews, G.B. 1904. *MG* 3 (Mr): 14.

251. ———. 1931. *Elements of the Theory of Integers.* Rev. ed. Garden City, N.Y.: b.a. (no. theory, fnds./Tc, Tg)

   Bennett, A.A. 1932. *AMM* 39 (Mr): 172-3.
   Engstrom, H.T. 1933. *AMSB* 39 (My): 334.
   Reeve, W.D. 1939. *MT* 32 (My): 240.

252. ———. 1936. *Special Topics in Theoretical Arithmetic.* Garden City, N.Y.: b.a. (recr., induction, no. theory/Tc)

   Bush, L.E. 1937. *NMM* 12 (D): 155-7.
   Kempner, A.J. 1937. *AMM* 44 (My): 327.
   Reeve, W.D. 1939. *MT* 32 (My): 240.

253. **Bowley, Arthur L.** 1913. *A General Course of Pure Mathematics...*
Oxford. (alg., anal. geom., trig., calc./Ts, Tc)

   Carmichael, R.D. 1914. *AMSB* 21 (O): 39-40.
   Child, J.M. 1913. *MG* 7 (D): 214-5.

254. ———. 1924. *The Mathematical Groundwork of Economics...*
Oxford. (econ./Tc, R)

   Persons, W.M. 1925. *AMSB* 31 (O): 469.
   Sheppard, W.F. 1925. *MG* 12 (Ja): 292.
   Young, A.A. 1925. *JASA* 20 (Mr): 133-5.

255. **Bowman, Frank.** 1938. *Introduction to Bessel Functions.*
Longmans. (Bessel fcns./Tc, Tg, R)

   B., F.G.W. 1939. *NAT* 143 (Mr 4): 356.
   Lange, L. 1940. *SSM* 40 (Ja): 95.
   McLachlan, N.W. 1939. *MG* 23 (F): 116-7.

256. **Bowser, Edward A.** 1880. *An Elementary Treatise on the Differential and Integral Calculus...* VanNos. (calc./Ts, Tc)
  Anon. 1881. *MV* 1 (Ja): 196.

257. ———. 1884. *An Elementary Treatise on Analytical Mechanics...* VanNos. (mech./Tc)
  Anon. 1884. *MMAG* 1 (Jl): 226.

258. ———. 1885. *An Elementary Treatise on Hydromechanics...* VanNos. (hydromech./Tc)
  Anon. 1884. *MMAG* 1 (Jl): 226.

259. ———. 1888. *Academic Algebra...* VanNos. (alg./Ts)
  Anon. 1888. *ED* 9 (O): 147.
  ———. 1888. *JE* 28 (S 13): 178.
  ———. 1890. *MMAG* 2 (Ap): 32.

260. ———. 1888. *College Algebra...* VanNos. (alg./Ts, Tc)
  Anon. 1888. *ED* 9 (O): 147.
  ———. 1888. *JE* 28 (Ag 30): 146.
  ———. 1890. *MMAG* 2 (Ap): 32.

261. ———. 1890. *The Elements of Plane and Solid Geometry...* VanNos. (geom./Ts)
  Anon. 1890. *JE* 32 (Ag 21): 123.

262. ———. 1891. *Academic Algebra...* Heath. (alg./Ts)
  Anon. 1892. *ED* 12 (Ap): 512.

263. ———. 1892. *A Treatise on Plane and Spherical Trigonometry...* Heath. (trig./Ts)
  Anon. 1892. *SCI* 20 (N 25): 306-7.
  Finkel, B.F. 1894. *AMM* 1 (My): 177-8.

264. ———. 1898. *A Treatise on Roofs and Bridges...* VanNos. (phys., appl./Tc)
  Finkel, B.F. 1898. *AMM* 5 (D): 308.

265. **Boyce, George A., and Willard W. Beatty.** 1936. *Mathematics of Everyday Life.* 5 v. Inor. (alg., bus. arith./Tj)
  Reeve, W.D. 1937. *MT* 30 (Mr): 138.

266. **Boyd, Elizabeth N.** 1940. *A Diagnostic Study of Students' Difficulties in General Mathematics...* ContrEd., #798. Teachers. (educ., genl./R)

   Hellmich, E.W. 1942. *NMM* 16 (F): 271-2.
   Kinney, J.M. 1941. *SSM* 41 (Mr): 301.
   Morgan, F.M. 1942. *AMM* 49 (D): 676.
   Wilson, G.M. 1941. *ED* 62 (N): 191.

267. **Boyd, James H.** 1900. *College Algebra.* Scott. (alg./Ts, Tc)

   Finkel, B.F. 1901. *AMM* 8 (Ag/S): 182.

268. **Boyd, Paul P., Joseph M. Davis, and Elijah L. Rees.** 1922. *A Course in Analytic Geometry.* VanNos. (anal. geom./Ts, Tc)

   Cobb, H.E. 1923. *SSM* 23 (Mr): 296.
   Field, S.E. 1923. *AMM* 30 (My/Je): 201-3.

269. **Boyden, Wallace C.** 1894. *A First Book in Algebra.* Silver. (alg./Tj)

   Anon. 1894. *ED* 14 (Ap): 511.
   ———. 1894. *JE* 39 (Mr 22): 187.
   Colaw, J.M. 1894. *AMM* 1 (Je): 216.

270. **Boyer, Carl B.** 1939. *The Concepts of the Calculus.* Columbia. (calc., hist./R, Su)

   B., F.G.W. 1939. *NAT* 144 (N 11): 802-3.
   Byrne, W.E. 1940. *NMM* 14 (Ap): 427.
   Cohen, I.B. 1940 (publ. 1947). *ISIS* 32 (1): 205-10.
   Read, C.B. 1939. *SSM* 39 (N): 793-4.
   Schaaf, W.L. 1939. *MT* 32 (O): 284.
   Walker, E. 1939. *SM* 6 (O): 169-70.

271. **Boyer, Lee E.** 1939. *College General Mathematics for Prospective Secondary School Teachers.* StudEd., #17. PaStSchEd. (educ., genl./R)

   Lester, C.A. 1940. *AMM* 47 (F): 103-4.
   M., R. 1940. *CSJ* 21 (Ja/F): 183.
   Taylor, E.H. 1940. *EDAS* 26 (D): 710-1.

272. **Boyer, Philip A., William W. Cheyney, and Holman White.** 1940. *The New Progress Arithmetics.* 5 v. Macmillan. (arith./Te, Tj)

   Reeve, W.D. 1941. *MT* 34 (F): 94.

273. **Bradbury, William F.** 1877. *An Elementary Geometry...* Thompson. (geom./Ts)

Anon. 1877. *NEJE* 6 (Ag 23): 81.

274. ———, ed. 1889. *Algebra Examination Papers...* Thompson. (alg./R)

Anon. 1890. *ED* 10 (F): 400.
———. 1890. *JE* 31 (Ja 30): 74.

275. ———. 1892-1893. *The Academic Geometry*. 2 v. Thompson. (geom./Ts)

Anon. 1892. *ED* 13 (O): 124.
Colaw, J.M. 1894. *AMM* 1 (Mr): 105.
Sisson, E.P. 1894. *SR* 2 (F): 114.

276. ———, and Grenville C. Emery. 1889. *The Academic Algebra*. Thompson. (alg./Tj, Ts)

Anon. 1889. *ED* 10 (O): 141.
———. 1889. *JE* 30 (S 19): 187.
———. 1890. *MMAG* 2 (O): 67.

277. ———. 1894. *Algebra for Beginners*. Thompson. (alg./Tj)

Anon. 1894. *ED* 14 (My): 575.
———. 1894. *JE* 34 (Ap 5): 219.

278. **Bradley, A. Day.** 1933. *The Geometry of Repeating Design...* ContrEd., #549. Teachers. (geom., appl., hist., educ./R)

Anon. 1933. *MT* 26 (N): 446-7.
Benz, H.E. 1933. *SR* 41 (N): 715-6.
Breslich, E.R. 1933. *JER* 27 (N): 226.
Hawkins, G.E. 1935. *SSM* 35 (Ja): 104.
Orleans, J.B. 1934. *SM* 2 (F): 173-4.
Wells, M.E. 1934. *AMM* 41 (F): 99-100.

279. **Brand, Louis.** 1930. *Vectorial Mechanics*. Wiley. (vector anal., phys./Tc)

Longley, W.R. 1932. *AMSB* 38 (N): 794.
Murnaghan, F.D. 1932. *AMM* 39 (Je/Jl): 357-8.

280. **Branford, Benchara.** 1908. *A Study of Mathematical Education...* Oxford. (educ./Su)

Jourdain, P.E.B. 1909. *MG* 5 (Je/Jl): 105-6.
Wilson, J.L., and C.E. Fanning. 1909. *BRD* 5 (Ann): 52.

281. ———. 1921. *A Study of Mathematical Education...* Rev. ed. Oxford. (educ./Su)

Anon. 1934. *MG* 18 (D): 351-2.
Lytle, E.B. 1923. *AMSB* 29 (F): 90.

282. **Branson, John W., and Jaspar O. Hassler.** 1937. *Trigonometry.* Holt. (trig./Ts)

   Adams, L.J. 1938. *NMM* 12 (Ja): 205.
   Corliss, J.J. 1938. *SSM* 38 (F): 235.
   Northrup, E.P. 1938. *AMM* 45 (Ja): 40-1.

283. **Brasch, Frederick E., ed.** 1928. *Sir Isaac Newton, 1727-1927...* Williams. (biog., hist., phys./R)

   Anon. 1929. *SSM* 36 (F): 91.
   Leffmann, H. 1928. *JFI* 206 (Jl): 125-6.
   Sanford, V. 1930. *AMM* 37 (Je/Jl): 308-10.
   Sarton, G. 1928. *ISIS* 11 (2): 387-93.
   Warner, G.W. 1928. *SSM* 28 (O): 788.

284. **Breckenridge, William E.** 1920. *The Mannheim & Polyphase Slide Rule.* K&E. (slide rules/Su)

   Anon. 1921. *MT* 14 (Ja): 54.

285. ———, **Samuel F. Mersereau, and Charles F. Moore.** 1910. *Shop Problems in Mathematics.* Ginn. (arith., mensur., alg., geom., trig., appl./Tj, Ts)

   Anon. 1910. *AMM* 17 (Ag/S): 180.
   Cobb, H.E. 1910. *SSM* 10 (N): 752.
   Craig, C.F. 1911. *AMSB* 17 (Ap): 376.

286. **Brenke, William C.** 1910. *A Text-Book on Advanced Algebra and Trigonometry...* Century. (alg., trig., anal. geom./Ts, Tc)

   Anon. 1910. *ED* 31 (D): 273.
   ———. 1911. *MT* 4 (S): 41.
   Cobb, H.E. 1910. *SSM* 10 (N): 750.
   ———. 1911. *SR* 19 (Ap): 280.
   Dresden, A. 1911. *AMSB* 17 (Jl): 540-2.
   Finkel, B.F. 1910. *AMM* 17 (Ag/S): 179.

287. ———. 1917. *Advanced Algebra.* Century. (alg./Ts, Tc)

   Anon. 1918. *MT* 10 (Je): 213.
   Cobb, H.E. 1918. *SSM* 18 (O): 670.
   Cowley, E.B. 1920. *AMSB* 26 (Ap): 323-9.

288. ———. 1917. *Elements of Trigonometry...* Century. (trig./Ts)

   Anon. 1918. *MT* 10 (Je): 212.

289. **Breslich, Ernst R.** 1915. *First Year Mathematics for Secondary Schools.* ChicagoPr. (alg./Tj)
   Anon. 1916. *MT* 8 (Mr): 162.
   Banting, G.O. 1915. *SR* 23 (N): 644-6.
   Cobb, H.E. 1916. *SSM* 16 (Ja): 88-9.
   Smith, D.E. 1915. *AMSB* 22 (D): 136-9.

290. ———. 1916. *Second-Year Mathematics for Secondary Schools.* ChicagoPr. (alg., geom., trig./Ts)
   Anon. 1916. *MT* 9 (D): 130.
   Cobb, H.E. 1917. *SSM* 17 (Mr): 276-7.
   Slocum, S.E. 1917. *AMSB* 23 (Ap): 328-30.

291. ———. 1917. *Logarithmic and Trigonometric Tables and Mathematical Formulas.* ChicagoPr. (tables, logs., trig./R)
   Anon. 1917. *MT* 10 (D): 120-1.
   ———. 1918. *ED* 39 (N): 190.
   Cobb, H.E. 1918. *SSM* 18 (Ja): 96-8.

292. ———. 1917. *Third-Year Mathematics for Secondary Schools.* ChicagoPr. (alg., trig., geom./Ts)
   Anon. 1917. *MT* 10 (D): 120-1.
   ———. 1917. *SR* 25 (D): 762-5.
   ———. 1918. *CSJ* 1 (S): 31.
   Cobb, H.E. 1918. *SSM* 18 (Ja): 96-8.

293. ———. 1919. *Correlated Mathematics...* ChicagoPr. (alg., anal. geom., calc./Ts, Tc)
   Anon. 1919. *MT* 12 (S): 34.
   ———. 1920. *EDAS* 6 (Ja): 58.
   ———. 1921. *ED* 41 (Ap): 545.
   Breslich, E.R. 1921. *SR* 29 (N): 714-6.
   Cobb, H.E. 1920. *SSM* 20 (Mr): 278.

294. ———. 1924-1925. *Junior Mathematics.* 3 v. Macmillan. (arith., alg., geom., trig., comp./Tj, Ts)
   Anon. 1925. *AE* 28 (Ap): 380.
   ———. 1925. *AE* 29 (S): 40.
   ———. 1926. *AE* 29 (Je): 471-2.
   Buswell, G.T. 1924. *ESJ* 25 (D): 315-6.
   Goff, R.R. 1925. *ED* 45 (F): 380.
   ———. 1926. *ED* 46 (My): 574.
   Kinney, J.M. 1925. *SSM* 25 (O): 778.
   ———. 1926. *SSM* 26 (F): 214.
   ———. 1926. *SSM* 26 (D): 1016.

Roberts, W.M. 1925. *SR* 33 (Je): 474-5.

295. ———. 1927-1929. *Senior Mathematics*. 3 v. ChicagoPr. (alg., geom., trig./Tj, Ts, Tc)

Anon. 1928. *ED* 49 (N): 192.
———. 1929. *HSJ* 12 (D): 334.
Kinney, J.M. 1928. *SSM* 28 (O): 792.
Nick, W.V. 1928. *SR* 36 (N): 712-4.
Warner, G.W. 1928. *SSM* 28 (Ap): 438.

296. ———. 1929. *Solid Geometry*. ChicagoPr. (geom./Ts)

Anon. 1929. *HSJ* 12 (D): 334.

297. ———. 1929-1930. *Seventh Year, Eighth Year, and Ninth Year Mathematics*. 3 v. Rev. ed. Macmillan. (arith., alg., geom./Tj, Ts)

Anon. 1930. *ED* 50 (My): 580.
———. 1930. *ED* 50 (Je): 644.
———. 1930. *ED* 51 (O): 127.
Kinney, J.M. 1930. *SSM* 30 (Je): 706.
Munch, H.F. 1930. *HSJ* 13 (Ja): 45.

298. ———. 1930-1933. *The Teaching of Mathematics in Secondary Schools*. 3 v. ChicagoPr. (educ., arith., alg., geom./R)

Anon. 1934. *MT* 27 (F): 106.
Benz, H.E. 1931. *SR* 39 (N): 708-9.
———. 1934. *SR* 42 (Ap): 314-6.
Christofferson, H.C. 1930. *JER* 22 (D): 418-20.
Georges, J.S. 1934. *SSM* 34 (Mr): 320-1.
Kinney, J.M. 1931. *SSM* 31 (D): 1138.
Munch, H.F. 1932. *HSJ* 15 (O): 299.
Nyberg, J.A. 1930. *SSM* 30 (Je): 704, 706.
Reeve, W.D. 1934. *AMM* 41 (Ap): 259-60.
Smith, R.R. 1932. *EDAS* 18 (F): 156-8.
Taylor, E.H. 1930. *SR* 38 (N): 709-10.
Williamson, R.S. 1932. *MG* 16 (My): 139-40.

299. ———. 1939. *Algebra, an Interesting Language*. Orthovis. (alg./Su)

Carnahan, W.H. 1939. *SSM* 39 (Je): 591.
K., W. 1939. *CSJ* 21 (S/O): 47.

300. ———, and Charles A. Stone. 1928. *Trigonometry...* ChicagoPr. (trig./Ts)

Anon. 1928. *AE* 32 (S): 35.
Kinney, J.M. 1928. *SSM* 28 (N): 906.

301. ———. 1940. *Trigonometry*... Laidlaw. (trig./Ts)
   O'Quinn, R.L. 1941. *NMM* 15 (Mr): 326.

302. **Brewster, George W.** 1923. *Commonsense of the Calculus.* Oxford. (calc./Ts, Tc, Su)
   Anon. 1923. *MT* 16 (N): 447.
   Breslich, E.R. 1924. *SR* 32 (Ja): 68.
   Dobbs, W.J. 1923. *MG* 11 (O): 391.

303. **Bridge, Bewick.** 1832. *A Treatise on the Elements of Algebra.* Key. (alg./Tj)
   Anon. 1833. *AAEI* 3 (Je): 288.

304. **Bridgman, Percy W.** 1922. *Dimensional Analysis.* YalePr. (phys./Su)
   Murnaghan, F.D. 1924. *AMSB* 30 (My/Je): 277.
   Neville, E.H. 1923. *MG* 11 (O): 393.

305. ———. 1934. *The Thermodynamics of Electrical Phenomena in Metals.* Macmillan. (thermo./Tc, Tg)
   F., A. 1934. *NAT* 134 (O 20 Supp.): 619.

306. ———. 1936. *The Nature of Physical Theory.* Princeton. (nature/Su)
   Milne, E.A. 1936. *MG* 20 (D): 340-2.

307. **Briggs, George R.** 1903. *The Elements of Plane Analytic Geometry.* Rev. M. Bôcher. 7th ed. Wiley. (anal. geom./Ts, Tc)
   Dickson, L.E. 1903. *AMM* 10 (Mr): 86.

308. **Briggs, William, and George H. Bryan.** 1897. *The Tutorial Trigonometry.* Hinds. (trig./Ts)
   Anon. 1897. *ED* 18 (D): 256.
   Colaw, J.M. 1897. *AMM* 4 (D): 325.

309. **Brink, Raymond W.** 1924. *Analytic Geometry.* Century. (anal. geom./Ts, Tc)
   Anon. 1926. *AMM* 33 (O): 428.
   MacInnes, C.R. 1926. *AMM* 33 (Je/Jl): 332.

310. ———. 1928. *Plane Trigonometry.* Century. (trig./Ts)

Glazier, H.E. 1929. *AMM* 36 (F): 92-4.

311. ———. 1933. *College Algebra*. Century. (alg./Ts, Tc)
   Anon. 1933. *MT* 26 (N): 444-5.
   Foster, M. 1934. *AMM* 41 (Mr): 184.

312. ———. 1935. *Analytic Geometry*. Rev. ed. AppletonC. (anal. geom./Ts, Tc)
   Anon. 1936. *MT* 29 (F): 99-100.
   Dye, L.A. 1935. *AMM* 42 (O): 505.

313. ———. 1935. *Intermediate Algebra...* AppletonC. (alg./Ts, Tc)
   Anon. 1936. *MT* 29 (F): 96.
   Stone, C.A. 1936. *SSM* 36 (Mr): 334, 336.

314. ———. 1937. *A First Year of College Mathematics*. AppletonC. (alg., anal. geom., trig./Ts, Tc)
   McCoy, D. 1937. *NMM* 12 (N): 103-4.

315. ———. 1939. *Essentials of Analytic Geometry*. AppletonC. (anal. geom./Ts, Tc)
   Gouwens, C. 1939. *AMM* 46 (Ag/S): 444-5.

316. ———. 1940. *Plane Trigonometry*. Rev. ed. AppletonC. (trig./Ts)
   Dobbie, J.M. 1941. *NMM* 15 (F): 263-4.
   Snyder, V. 1941. *AMM* 48 (F): 141.

317. ———, and Ella Thorp. 1931. *Tutorial Exercises in Trigonometry*. Century. (trig./Su)
   Griffin, H. 1931. *AMM* 38 (O): 451.

318. **Brinton, Willard C.** 1939. *Graphic Presentation*. New York: b.a. (graphics, appl., stat./Su)
   McHugh, F.D. 1940. *SA* 163 (N): 295.
   Nagelberg, M.S. 1940. *JASA* 35 (Mr): 185.
   Worstall, E. 1940. *MT* 33 (Ja): 47.
   For additional reviews see Buros 1941, 44-7.

319. **Briot, Charles A.A., and Jean C. Bouquet.** 1896. *Briot and Bouquet's Elements of Analytical Geometry of Two Dimensions*. Trans., ed. J.H. Boyd. 14th ed. WernerS. (anal. geom./Ts, Tc)
   Finkel, B.F. 1897. *AMM* 4 (Ja): 33.
   Fiske, T.S. 1897. *AMSB* 3 (Ap): 256.

320. **Britton, Karl.** 1939. *Communication; a Philosophical Study of Language*. Harcourt. (logic/R)

 Langford, C.H. 1939. *JSL* 4 (S): 132-3.

321. **Brodetsky, Selig.** 1920. *A First Course in Nomography*. Open. (nomog./Ts, Tc)

 Childs, J.M. 1921. *MON* 31 (O): 635-6.

322. **Broglie, Louis de.** 1930. *An Introduction to the Study of Wave Mechanics*. Trans. H.T. Flint. Dutton. (wave mech./Tc)

 Ingalls, A.G. 1930. *SA* 143 (O): 330.

323. ———. 1939. *Matter and Light...* Trans. W.H. Johnston. Norton. (phys./Su)

 Ingalls, A.G. 1940. *SA* 162 (Ja): 57.

324. **Bromwich, Thomas J.I'A.** (1906) 1907. *Quadratic Forms and their Classifications...* Putnam. (no. theory, quadr. forms/R)

 Bôcher, M. 1908. *AMSB* 14 (Ja): 194-5.

325. ———. 1908. *An Introduction to the Theory of Infinite Series*. Macmillan. (inf. series/Tc, Tg)

 Berry, A. 1908. *MG* 4 (O): 336-8.

326. ———, **with Thomas M. MacRobert.** 1926. *An Introduction to the Theory of Infinite Series*. 2d ed. Macmillan. (inf. series/Tc, Tg)

 Lovitt, W.V. 1928. *AMM* 35 (Je/Jl): 318.
 Moore, C.N. 1928. *AMSB* 34 (Mr/Ap): 244.
 Mordell, L.J. 1926. *MG* 13 (D): 254-5.

327. **Brooke, William E., and Hugh B. Wilcox.** 1938. *Intermediate Algebra*. Farrar. (alg./Ts)

 Carnahan, W.H. 1938. *SSM* 38 (N): 950-1.
 Kenney, J.F. 1938. *NMM* 13 (N): 106.

328. **Brookman, Thirmuthis A.** 1914. *Family Expense Account*. Heath. (bus. arith./Tj, Ts)

 Anon. 1914. *MT* 7 (D): 75-6.
 Cobb, H.E. 1914. *SSM* 14 (D): 826.
 Fanning, C.E., M. Jackson, and M.K. Reely. 1915. *BRD* 11 (Ann): 61.

329. ———. 1915. *A Practical Algebra for Beginners*. Scribner. (alg., geom./Tj, Ts)
   Anon. 1916. *MT* 8 (Je): 219.
   Breslich, E.R. 1915. *SR* 24 (S): 563.
   Cobb, H.E. 1916. *SSM* 16 (Ja): 90.

330. Brooks, Edward. 1876. *The Normal Higher Arithmetic*... Sower. (arith., bus. arith./Tj, Ts)
   Anon. 1877. *NEJE* 5 (Mr 8): 119.

331. ———. 1876. *The Philosophy of Arithmetic*... SowerP. (hist., arith./R, Su)
   Anon. 1879. *MV* 1 (Ja): 85.

332. ———. 1889. *Plane and Solid Geometry*... Sower. (geom./Ts)
   Anon. 1890. *ED* 10 (Ja): 335.
   ———. 1890. *MMAG* 2 (Jl): 47.

333. Brooks, Ernest E., and Arthur W. Poyser. 1912. *Magnetism and Electricity. A Manual*... Longmans. (elec., mag./Su)
   Greenstreet, W.J. 1913. *MG* 7 (My): 124.

334. Brooks, Harry. 1923. *First Book in Arithmetic*... Little. (arith./Te)
   Cobb, H.E. 1924. *SSM* 24 (F): 216, 218.

335. ———. 1923. *Junior High School Arithmetic*... Little. (arith./Tj)
   Cobb, H.E. 1924. *SSM* 24 (F): 218.

336. ———. 1923. *Problem Arithmetic*... Little. (arith./Su)
   Breslich, E.R. 1923. *ESJ* 24 (S): 73-4.
   Cobb, H.E. 1923. *SSM* 23 (D): 912.
   Laughlin, B. 1923. *CSJ* 6 (N): 118.

337. Brooksmith, John, and E.J. Brooksmith. 1890. *Arithmetic for Beginners*. Macmillan. (arith./Te)
   Anon. 1890. *JE* 31 (Ap 17): 250.

338. Brown, Bancroft H. 1925. *Plane Trigonometry and Logarithms*. Ed. J.W. Young. Houghton. (trig./Ts)
   Kinney, J.M. 1926. *SSM* 26 (N): 900.

339. Brown, Ernest W. 1896. *An Introductory Treatise on the Lunar Theory*. Macmillan. (celestial mech./R)

Moulton, F.R. 1903. *AMSB* 9 (F): 254-63.

340. ———, and **Dirk Brouwer**. 1933. *Tables for the Development of the Disturbing Function*... Macmillan. (tables, phys., harm. anal./R)

Milne-Thompson, L.M. 1934. *NAT* 133 (Mr 10 Supp.): 369-70.

341. **Brown, Ernest W., and Clarence A. Shook.** 1933. *Planetary Theory*. Macmillan. (celestial mech./Tc)

Smart, W.M. 1934. *MG* 18 (F): 58-9.

342. **Brown, Frederick G.W.** 1926. *Higher Mathematics*... Macmillan. (trig., alg., anal. geom., calc./Ts, Tc)

Gibbins, N.M. 1926. *MG* 13 (Jl): 177.

343. **Brown, Joseph C., and Lotus D. Coffman.** 1914. *How to Teach Arithmetic*. Row. (educ., arith./R)

Karpinski, L.C. 1915. *SS* 2 (D): 893-4.

344. **Brown, Joseph C., and Albert C. Eldredge.** 1924. *The Brown-Eldredge Arithmetics*. 3 v. Row. (arith., alg., geom./Te, Tj, Ts)

Hinkle, E.C. 1924. *MT* 17 (D): 501-2.

345. **Brown, Joseph C., et al.** 1931-1932. *Champion Arithmetics*. 3 v. RowE. (arith./Te, Tj)

Grossnickle, F.E. 1934. *ESJ* 35 (D): 316-7.

346. **Brown, Ralph.** 1933. *Mathematical Difficulties of Students of Educational Statistics*. ContrEd., #569. Teachers. (educ., stat./R)

Edgerton, H.A. 1935. *JER* 28 (Ap): 633.
For additional reviews see Buros 1937, 59.

347. **Brown, Theodore H.** 1931. *Problems in Business Statistics*. Ed. D.H. Leavens. McGraw. (stat./Su)

Kreps, T.J. 1932. *JASA* 27 (S): 343-4.

348. ———, **Richmond F. Bingham, and Vladimir A. Temnomeroff.** 1931. *Laboratory Handbook of Statistical Methods*... McGraw. (stat./R)

Hinrichs, A.F. 1932. *JASA* 27 (Je): 229-30.

349. **Brown, Wensel L.** 1932. *Related Mathematics...* Wiley. (alg./Tj)
    Broadbent, T.A.A. 1933. *MG* 17 (F): 64.

350. **Browne, Robert T.** 1919. *The Mystery of Space...* Dutton. (non-Eucl. geom./Su)
    Anon. 1920. *AMM* 17 (Ap): 173.
    Dowling, L.W. 1920. *AMSB* 26 (Jl): 460-2.

351. **Brownell, William A.** 1928. *The Development of Children's Number Ideas...* SuppEdMon., #35. ChicagoPr. (educ., arith./R, Su)
    Good, C.V. 1929. *EDAS* 15 (Ja): 72-3.
    Johnson, J.T. 1929. *CSJ* 12 (S): 33-4.
    Osburn, W.J. 1928. *ESJ* 29 (D): 307-8.

352. ———, **with Lorena B. Stretch.** 1931. *The Effect of Unfamiliar Settings on Problem-Solving.* DukeResEd., #1. Duke. (educ./R)
    White, H.M. 1934. *ED* 54 (Ap): 505.

353. **Brueckner, Leo J.** 1930. *Diagnostic and Remedial Teaching in Arithmetic.* Winston. (educ., arith./Tc, Tg)
    Anon. 1931. *ED* 51 (F): 384.
    ———. 1931. *MT* 24 (O): 401.
    Kinney, J.M. 1931. *SSM* 31 (F): 244.
    Osburn, W.J. 1931. *ESJ* 31 (Ja): 391-2.

354. ———, **et al.** 1928. *The Triangle Arithmetics.* 6 v. Winston. (arith./Te, Tj)
    Anon. 1929. *CSJ* 12 (N): 127.

355. ———. 1931. *Mathematics for Junior High Schools.* 3 v. Winston. (arith., appl., bus. arith./Tj)
    Anon. 1932. *MT* 25 (D): 493.
    Stone, C.A. 1931. *SSM* 31 (My): 632.

356. ———. 1934. *How We Use Numbers: A Second Grade Number Book. The Triangle Arithmetics.* Winston. (arith./Te)
    Taylor, E.H. 1935. *ESJ* 36 (S): 73-4.

357. ———. 1935. *The New Curriculum Arithmetics.* 6 v. Rev. ed. Winston. (arith./Te, Tj)
    Morton, R.L. 1936. *ESJ* 36 (My): 714-6.

358. ———. 1935. *The New Triangle Arithmetics.* 6 v. Rev. ed. Winston. (arith./Te, Tj)

   Morton, R.L. 1936. *ESJ* 36 (My): 714-6.

359. **Bruff, T.C., C.H. Hayden, and L.E. Watkins.** 1915. *Lippincott's Practical Primary Arithmetic...* 2 v. Lippincott. (arith./Te)

   Anon. 1918. *AE* 21 (Ja): 285.
   Palmer, F.H. 1916. *ED* 37 (O): 141.
   ———. 1917. *ED* 37 (Mr): 472.

360. **Brunt, David.** 1917. *The Combination of Observations.* Putnam. (stat., least squares/Tc)

   Rietz, H.L. 1917. *SCI* 46 (D 14): 588-9.

361. ———. (1931) 1932. *The Combination of Observations.* 2d ed. Macmillan. (stat., least squares/Tc)

   Huhn, R.v. 1934. *JASA* 29 (Je): 227-8.
   Wishart, J. 1932. *MG* 16 (O): 288-9.

362. ———. (1934) 1935. *Physical and Dynamical Meteorology.* Macmillan. (appl., meteor./Tc, Tg)

   Bjerknes, J. 1935. *NAT* 136 (Ag 17): 240-1.
   Shaw, W.N. 1935. *MG* 19 (Jl): 224-7.

363. ———. 1939. *Physical and Dynamical Meteorology.* 2d ed. Macmillan. (appl., meteor./Tc, Tg)

   Durst, C.S. 1939. *MG* 23 (O): 414-5.

364. **Bubb, Frank W.** 1935-1936. *Descriptive Geometry.* Also, *Problem Book.* Macmillan. (descr. geom./Tc, Su)

   Anon. 1936. *MT* 29 (F): 99.
   Littauer, S.B. 1937. *AMM* 44 (Ja): 39-40.
   Mayo, B.D. 1937. *NMM* 11 (Mr): 285.

365. **Buchanan, Andrew H.** 1907. *Plane and Spherical Trigonometry.* Wiley. (trig./Ts)

   Finkel, B.F. 1908. *AMM* 15 (Ja): 24.

366. **Buchanan, Herbert E., and Lloyd C. Emmons.** 1925. *A Brief Course in Advanced Algebra.* Ed. J.W. Young. Houghton. (alg./Ts, Tc)

   Kinney, J.M. 1926. *SSM* 26 (Ap): 444.
   Landis, W.W. 1927. *AMM* 34 (Je/Jl): 328-9.

Stone, C.A. 1925. *SR* 33 (N): 718.

367. ———. 1937. *A Brief Course in Advanced Algebra*. Ed. J.W. Young. Rev. ed. Houghton. (alg./Ts, Tc)

Reeve, W.D. 1937. *MT* 30 (N): 349-50.

368. **Buchanan, Herbert E., and Pauline Sperry.** 1926. *Plane Trigonometry.* Johnson. (trig./Ts)

Fraleigh, P.A. 1928. *AMM* 35 (Mr): 144-5.
Kinney, J.M. 1927. *SSM* 27 (O): 776.

369. **Buchanan, Herbert E., and Gustaf E. Wahlin.** 1937. *The Elements of Analytic Geometry.* Farrar. (anal. geom./Ts, Tc)

Adams, L.J. 1937. *NMM* 12 (D): 158-9.
Ott, E.R. 1938. *AMM* 45 (Ag/S): 468-9.

370. **Buchanan, Scott M.** 1929. *Poetry and Mathematics.* Day. (phil., fnds./Su)

Barber, H.C. 1930. *MT* 23 (O): 396.
Kinney, J.M. 1930. *SSM* 30 (O): 846.
Mitchell, E.T. 1931. *PR* 40 (Jl): 398.
Young, M.M. 1930. *AMM* 37 (Mr): 148-50.
For additional reviews see Farber 1981.

371. **Buckingham, Burdette R., and Worth J. Osburn.** 1927. *The Buckingham-Osburn Searchlight Arithmetics.* 3 v. Ginn. (educ., arith./Te, Tj)

Anon. 1927. *EDAS* 13 (My): 357.
De Busk, B.W. 1927. *JER* 15 (My): 389-90.
Kinney, J.M. 1927. *SSM* 27 (Je): 662, 664.
Myers, G.C. 1927. *ESJ* 28 (O): 150-2.

372. **Buckingham, Catharinus P.** 1875. *Elements of the Differential and Integral Calculus...* Griggs. (calc./Ts, Tc)

Tucker, F. 1877. *NAT* 16 (My 10): 21-2.

373. ———. 1880. *Elements of the Differential and Integral Calculus...* Rev. ed. Griggs. (calc./Ts, Tc)

Anon. 1883. *MMAG* 1 (O): 138.

374. **Buckingham, Earle.** 1935. *Manual of Gear Design.* Sec. 1. Industrial. (tables, trig., no. theory/R)

Miller, J.C.P. 1942. *MG* 26 (D): 226-30.

375. **Buckingham, Edgar.** 1900. *An Outline of the Theory of Thermodynamics.* Macmillan. (thermo./R, Su)
   Hall, E.H. 1902. *AMSB* 9 (D): 173-5.

376. **Buckingham, Guy E., et al.** 1933. *Diagnostic and Remedial Teaching in First Year Algebra.* ContrEd. SchEdSer., #11. NwSchEd. (educ., alg./R)
   Anon. 1934. *MT* 27 (F): 108.

377. **Bullard, James A., and Arthur Kiernan.** 1922. *Plane and Spherical Trigonometry...* Heath. (trig./Ts, Tc)
   Dobbs, W.J. 1923. *MG* 11 (O): 391-2.

378. **Bulmer-Thomas, Ivor, ed., tr.** 1939. *Selections Illustrating the History of Greek Mathematics...* Harvard. (hist./Su)
   Neugebauer, O. 1940. *MR* 1 (F): 33.
   Robinson, R. 1940. *AMM* 47 (Ja): 42-3.

379. **Burgess, Robert W.** 1927. *Introduction to the Mathematics of Statistics.* Ed. J.W. Young. Houghton. (stat./Tc)
   Forsyth, C.H. 1928. *AMSB* 34 (My/Je): 372-3.
   Rietz, H.L. 1928. *AMM* 35 (N): 484-5.
   Schultz, H. 1928. *JASA* 23 (Je): 215-6.

380. **Burington, Richard S., cmp.** 1933. *Handbook of Mathematical Tables and Formulas.* Handbook. (tables, anal./R)
   Anon. 1933. *SA* 149 (O): 191.
   ———. 1934. *MT* 27 (F): 108.
   Johnson, R.A. 1933. *AMM* 40 (N): 554.

381. ———, cmp. 1940. *Handbook of Mathematical Tables and Formulas.* 2d ed. Handbook. (tables, anal./R)
   Johnson, R.A. 1941. *AMM* 48 (Ja): 55.
   McHugh, F.D. 1941. *SA* 164 (F): 119.
   P., W. 1940. *JFI* 230 (D): 791.
   For additional reviews see Buros 1941, 52.

382. ———, **and Charles C. Torrance.** 1939. *Higher Mathematics...* McGraw. (adv. calc., higher alg., diff. eqns., vector anal., calc. of variations, diff. geom./Tc, Tg)
   Anon. 1940. *NAT* 145 (Ap 27 Supp.): 659.
   Benton, T.C. 1940. *AMM* 47 (Ap): 234-5.
   Byrne, W.E. 1939. *NMM* 13 (My): 401.
   Read, C.B. 1939. *SSM* 39 (O): 694.

Rosenhead, L. 1939. *MG* 23 (Jl): 312-4.

383. **Burkett, Charles W., and Karl D. Swartzel.** 1913. *Farm Arithmetic...* Judd. (arith., appl./Te, Tj)
 Anon. 1914. *AE* 17 (Ja): 310.
 ——. 1914. *AE* 18 (D): 252.

384. **Burkhardt, Heinrich.** 1913. *Theory of Functions of a Complex Variable.* Trans. S.E. Rasor. Heath. (complex var./Tc, Tg)
 Anon. 1914. *MT* 6 (Mr): 182.
 Brenke, W.C. 1914. *AMM* 21 (Ap): 118.

385. **Burnett, Earl J., and William E. Batzler.** 1939. *Learning Activities in Plane Geometry.* CollEntBk. (geom./Su)
 Read, C.B. 1940. *SSM* 40 (Ap): 398.
 W., E. 1940. *MT* 33 (Ja): 46-7.

386. **Burnett, Earl J., and Regina Grosswege.** 1939. *Learning Activities in Elementary Algebra.* CollEntBk. (alg./Su)
 Read, C.B. 1940. *SSM* 40 (Ap): 398.
 W., E. 1940. *MT* 33 (Ja): 46-7.

387. **Burnham, Charles G.** 1837. *A New System of Arithmetic on the Cancelling Plan...* Marsh. (arith./Te, Tj)
 Anon. 1838. *AAEI* 3 (Ap): 175-7.

388. **Burnham, Reuben W.** 1915. *Mathematics for Machinists.* Ed. J.M. Jamison. Wiley. (arith., appl./Tj, Ts)
 Anon. 1916. *EDAS* 2 (N): 596.
 Cobb, H.E. 1915. *SSM* 15 (D): 844, 846.

389. **Burnside, William.** 1897. *Theory of Groups of Finite Order.* Macmillan. (groups/Tc, Tg)
 Miller, G.A. 1899. *AMSB* 5 (F): 249-51.
 ——. 1900. *AMSB* 6 (Je): 390-8.

390. ——. 1928. *Theory of Probability.* Macmillan. (prob./Tc)
 Campbell, N. 1928. *MG* 14 (D): 271-3.
 Dodd, E.L. 1929. *AMSB* 35 (My/Je): 410-1.
 Molina, E.C. 1929. *AMM* 36 (F): 94-6.

391. **Buros, Oscar K.** 1937. *Educational, Psychological, and Personality Tests of 1936.* Rutgers. (educ./R)
 Jordan, A.M. 1938. *HSJ* 21 (Mr): 115.

392. ———, ed. 1938. *The 1938 Mental Measurements Yearbook.* Rutgers. (stat., bibl./R)

Easley, H. 1939. *ESJ* 40 (O): 154-5.
Good, C.V. 1939. *JER* 33 (O): 139-40.
Jordan, A.M. 1939. *HSJ* 22 (My): 211.
Smith, C.E. 1939. *MG* 23 (My): 222.
Wilson, G.M. 1939. *ED* 59 (My): 583.

393. ———, ed. [1938] 1938. *Research and Statistical Methodology: Books and Reviews, 1933-1938.* Reprint. Rutgers. (stat., bibl./R)

Curtiss, J.H. 1939. *AMM* 46 (Je/Jl): 355-6.
Freeman, F.S. 1939. *PR* 48 (S): 555.
Hughes, J.M. 1940. *NMM* 14 (Ja): 231-2.
Oppermann, R.H. 1939. *JFI* 227 (Ap): 572.
Phelps, H.A. 1940. *JASA* 35 (Mr): 185-6.
Wishart, J. 1939. *MG* 23 (My): 221-2.
For additional reviews see Buros 1941, 52-8.

394. Burton, William W. 1931. *Plane Trigonometry...* Crowell. (trig./Ts)

Anon. 1933. *MT* 26 (F): 119.
Kinney, J.M. 1931. *SSM* 31 (My): 630.

395. ———. 1938. *Analytic Geometry.* Harcourt. (anal. geom./Ts, Tc)

Stephens, R.P. 1938. *AMM* 45 (My): 311-2.

396. Bush, Vannevar. 1929. *Operational Circuit Analysis.* Wiley. (diff. eqns., appl., Fourier anal., complex var./Tc, Tg)

Gronwall, T.H. 1930. *AMSB* 36 (Ja): 37.
Murnaghan, F.D. 1930. *AMM* 37 (Ja): 36-7.
P., L.E. 1929. *JFI* 208 (Jl): 132-3.
Wheeler, L.P. 1930. *SCI* 71 (My 9): 484-5.

397. Bush, Walter N., and John B. Clarke. 1905. *The Elements of Geometry.* Silver. (geom./Ts)

Anon. 1905. *AE* 9 (O): 116.
———. 1905. *ED* 26 (D): 246.
Comstock, C.E. 1906. *SR* 14 (S): 546-7.
Klunder, A.E. 1905. *AMM* 12 (Ag/S): 167.
Myers, G.W. 1906. *SSM* 6 (Je): 539-41.

398. Buswell, Guy T., and Lenore John. 1926. *Diagnostic Studies in Arithmetic.* SuppEdMon., #30. ChicagoPr. (arith., educ./R)

Anon. 1927. *CSJ* 9 (Ja): 198-9.
Knight, F.B. 1927. *JER* 15 (Ja): 65.
Osburn, W.J. 1926. *ESJ* 27 (N): 232-4.

399. ———. 1931. *The Vocabulary of Arithmetic.* SuppEdMon., #38. ChicagoPr. (educ., arith./R)

Buckingham, B.R. 1931. *ESJ* 32 (S): 67-9.
K., A. 1931. *CSJ* 13 (Je): 495-6.

400. **Buswell, Guy T., and Charles H. Judd.** 1925. *Summary of Educational Investigations Relating to Arithmetic.* SuppEdMon., #27. ChicagoPr. (educ., arith./R)

Anon. 1926. *CSJ* 8 (F): 237.
Brown, J.C. 1925. *ESJ* 26 (O): 148-9.
Good, C.V. 1926. *EDAS* 12 (Mr): 210-1.
Osburn, W.J. 1926. *JER* 13 (Ap): 298-9.

401. **Byerly, William E.** 1879. *Elements of the Differential Calculus...* GinnH. (calc./Ts, Tc)

Anon. 1880. *AN* 7 (Ja): 32.
———. 1880. *MV* 1 (Ja): 119.
———. 1880. *NAT* 22 (S 30): 509.

402. ———. 1882. *Elements of the Integral Calculus...* GinnH. (calc./Ts, Tc)

Anon. 1882. *MV* 2 (Ja): 29.

403. ———. 1889. *Elements of the Integral Calculus...* 2d ed. Ginn. (calc./Ts, Tc)

Anon. 1889. *JE* 29 (Mr 7): 155.

404. ———. 1893. *An Elementary Treatise on Fourier's Series and Spherical, Cylindrical, Ellipsoidal Harmonics...* Ginn. (anal., phys., Fourier anal./Tc, R)

Finkel, B.F. 1894. *AMM* 1 (Ag): 292.
Webster, A.G. 1894. *NYMSB* 3 (Jl): 245-8.
Woodward, R.S. 1893-1894. *AM* 8 (6): 189-91.

405. ———. 1895. *Problems in Differential Calculus...* Ginn. (calc./Su)

Finkel, B.F. 1896. *AMM* 3 (Ja): 26.

406. ———. 1916. *An Introduction to the Use of Generalized Coördinates in Mechanics and Physics.* Ginn. (phys., calc. of variations/Tc, Tg)

Anon. 1916. *MT* 9 (S): 67.
Jourdain, P.E.B. 1917. *SP* 12 (O): 346.

407. **Byrnes, James C., Julia Richman, and John S. Roberts.** 1909-1913. *The Pupils' Arithmetic.* 6 v. Macmillan. (arith., bus. arith./Te, Tj)
Anon. 1910. *AE* 13 (F): 285.
———. 1911. *ED* 31 (Je): 706.
———. 1914. *AE* 17 (My): 573, 576.
Cobb, H.E. 1909. *SSM* 9 (D): 934.
———. 1910. *SSM* 1 (Ja): 91.
———. 1911. *SSM* 11 (O): 670.
———. 1913. *SSM* 13 (N): 744.
———. 1914. *SSM* 14 (Ja): 94.

C

408. **Cain, William.** 1884. *Symbolic Algebra...* VanNosSc., #73. VanNos. (alg., geom./Su)

   Anon. 1885. *SCI* 5 (Ja 23): 77-8.

409. **Cairns, George J.** 1931. *An Analytical Study of Mathematical Abilities.* CathEdResMon., v. 6, #3. Catholic. (educ./R)

   Anon. 1932. *JER* 26 (3): 228-9.
   ———. 1933. *MT* 26 (Ap): 249.
   Breslich, E.R. 1933. *SR* 41 (F): 153-5.

410. **Cajori, Florian.** 1890. *The Teaching and History of Mathematics in the United States.* BurEd. Circ., #3. GPO. (educ., hist./R)

   Anon. 1890. *MMAG* 2 (Jl): 48.

411. ———. 1894. *A History of Mathematics.* Macmillan. (hist./R)

   Anon. 1894. *AMM* 1 (Ap): 138.
   ———. 1894. *JE* 40 (Jl 12): 67.
   Halsted, G.B. 1894. *NYMSB* 3 (Jl): 248-50.
   McCormack, T.J. 1895. *MON* 5 (Jl): 629-30.
   Smith, D.E. 1894. *NYMSB* 3 (My): 190-7; 3 (Jl): 250-51.
   Taylor, J.M. 1894. *SR* 2 (O): 513-4.

412. ———. 1896. *A History of Elementary Mathematics...* Macmillan. (hist., educ./R)

   Anon. 1896. *NATN* 63 (N 26): 408-9.
   Finkel, B.F. 1896. *AMM* 3 (O): 262.

413. ———. 1904. *An Introduction to the Modern Theory of Equations.* Macmillan. (eqn. theory, groups/Tc)

   Dickson, L.E. 1904. *AMSB* 11 (D): 163-4.
   Finkel, B.F. 1904. *AMM* 11 (D): 242.
   Pierpont, J. 1905. *SCI* 21 (Ja 20): 101-2.

414. ———. 1909. *A History of the Logarithmic Slide Rule and Allied Instruments.* Engineering. (hist., slide rules/R)
    Karpinski, L.C. 1910. *SCI* 32 (N 11): 666-8.

415. ———. 1914-1915. *School Arithmetics.* 3 v. Macmillan. (arith./Te, Tj)
    Anon. 1915. *AE* 18 (Je): 627-8.
    ———. 1915. *SR* 23 (D): 734.
    ———. 1916. *ED* 36 (Ja): 344.
    ———. 1916. *SSM* 16 (F): 192.
    ———. 1917. *AE* 20 (Je): 628.
    ———. 1917. *AE* 20 (F): 374.
    Cobb, H.E. 1914. *SSM* 14 (D): 825.
    ———. 1915. *SSM* 15 (D): 842.

416. ———. 1916. *William Oughtred...* Open. (hist., biog./R)
    Anon. 1918. *MT* 10 (Je): 211-2.
    Karpinski, L.C. 1917. *AMM* 24 (Ja): 29-30.
    ———. 1918. *SS* 8 (D 21): 741, 749.

417. ———. 1917. *A History of Elementary Mathematics...* Rev. ed. Macmillan. (hist., educ./R)
    Anon. 1917. *ED* 37 (Je): 661.
    Smith, D.E. 1918. *AMSB* 24 (Mr): 309-12.
    Vivian, R.H. 1917. *AMM* 24 (O): 385-7.

418. ———. 1919. *A History of Mathematics.* 2d ed. Macmillan. (hist./R)
    Anon. 1920. *ED* 40 (Mr): 461-2.
    Miller, G.A. 1919. *AMSB* 26 (N): 79-85.
    ———. 1919. *SSM* 19 (N): 768, 770.
    Smith, D.E. 1920. *AMM* 27 (Mr): 120-7.

419. ———. 1919. *A History of the Conceptions of Limits and Fluxions in Great Britain...* OpenClSc&Ph., #5. Open. (hist., calc./R)
    Child, J.M. 1921. *MON* 31 (Ap): 319-20.
    ———. 1922. *MG* 11 (Ja): 26-30.
    Smith, D.E. 1921. *AMSB* 27 (Je/Jl): 468-70.

420. ———. 1928. *The Early Mathematical Sciences in North and South America.* Badger. (hist./R)
    Karpinski, L.C. 1929. *ISIS* 12 (1): 163-5.
    Mitchell, U.G. 1929. *AMSB* 35 (Mr/Ap): 277-8.
    Simons, L.G. 1928. *AMM* 35 (N): 486-7.

Warner, G.W. 1928. *SSM* 28 (D): 1020.

421. ———. 1928-1929. *A History of Mathematical Notations.* 2 v. Open. (hist./R)

Greenstreet, W.J. 1930. *MG* 15 (Jl): 170-1.
Jervis, S.D. 1930. *SP* 25 (Jl): 134-6.
———. 1932. *SP* 26 (Ja): 518.
Kinney, J.M. 1929. *SSM* 29 (Je): 672.
Sarton, G. 1929. *ISIS* 12 (2): 332-6.
———. 1929. *ISIS* 13 (1): 129-30.
Simons, L.G. 1929. *AMM* 36 (Ap): 230-2.
———. 1930. *AMM* 37 (Ap): 193-5.

422. ———. 1928. *Mathematics in Liberal Education...* Christopher. (educ., hist./R)

Beatley, R. 1929. *AMSB* 35 (Ja/F): 135.
Greenstreet, W.J. 1928. *MG* 14 (O): 250-1.
Kinney, J.M. 1928. *SSM* 28 (D): 1018.
Stephens, R.P. 1929. *AMM* 36 (Ap): 227-8.
For an additional review see Farber 1981.

423. ———. 1929. *The Chequered Career of Ferdinand Rudoph Hassler...* Christopher. (biog./R)

Adams, O.S. 1929. *AMM* 36 (My): 283-285.
McClenon, R.B. 1930. *AMSB* 36 (Mr): 178.
Sarton, G. 1929. *ISIS* 13 (1): 119-21.

424. ———, and Letitia R. Odell. 1915-1916. *Elementary Algebra.* 2 v. Macmillan. (alg./Tj, Ts)

Cobb, H.E. 1916. *SSM* 16 (Ja): 88.
———. 1917. *SSM* 17 (Mr): 276.

425. Calhoun, John W., Edmund V. White, and Thomas M. Simpson, Jr. 1930. *Algebra...* Johnson. (alg./Tj, Ts)

Urbancek, J.J. 1930. *SSM* 30 (O): 848.

426. Callender, Benjamin F. 1836. *Geometry...* Francis. (geom., mensur./Ts)

Anon. 1837. *AAEI* 7 (Ja): 47.

427. Camp, Burton H. 1931. *The Mathematical Part of Elementary Statistics...* 1931. Heath. (stat., prob./Tc)

Craig, C.C. 1932. *AMSB* 38 (My): 332.
Davenport, D.H. 1932. *JASA* 27 (Je): 222-3.
Kinney, J.M. 1932. *SSM* 32 (F): 215.

Wilson, W.A. 1931. *AMM* 38 (D): 577-9.
For an additional review see Farber 1981.

428. **Campbell, Alan D.** 1938. *Advanced Analytic Geometry.* Wiley. (affine geom., proj. geom./Tc)

   Byrne, W.E. 1938. *NMM* 13 (O): 53.
   Court, N.A. 1939. *AMSB* 45 (My): 347-8.
   Kinney, J.M. 1939. *SSM* 39 (Je): 587.
   Robson, A. 1939. *MG* 23 (D): 492.

429. **Campbell, Donald F.** 1904. *The Elements of the Differential and Integral Calculus...* Macmillan. (calc./Ts, Tc)

   Finkel, B.F. 1904. *AMM* 11 (O): 198.
   Keyser, C.J. 1905. *SCI* 22 (Jl 28): 113-6.

430. ———. 1906. *A Short Course on Differential Equations.* Macmillan. (diff. eqns./Tc)

   Anon. 1907. *ED* 28 (O): 128.
   Finkel, B.F. 1906. *AMM* 13 (N): 220.
   MacInnes, C.R. 1907. *AMSB* 13 (Jl): 513-4.

431. **Campbell, George A., and Ronald M. Foster.** 1931. *Fourier Integrals for Practical Applications.* TechPubMPhMon. B-584. BellTele. (Fourier anal./R)

   Lamond, J.K. 1932. *AMSB* 38 (Jl): 477.

432. **Campbell, John E.** 1903. *Introductory Treatise on Lie's Theory of Finite Continuous Transformation Groups.* Oxford. (Lie groups/Tg)

   Elliott, E.B. 1904. *MG* 3 (Mr): 13-4.

433. ———. 1926. *A Course of Differential Geometry.* Ed. E.B. Elliott. Oxford. (diff. geom./Tc, Tg)

   Hodge, W.V.D. 1927. *MG* 13 (O): 425-6.
   Stouffer, E.B. 1927. *AMSB* 33 (S/O): 625-6.

434. **Campbell, John W.** 1929. *An Introduction to Mechanics.* Houghton. (mech./Tc)

   Hunt, G.H. 1930. *AMM* 37 (F): 91-2.

435. ———. 1929. *Numerical Tables of Hyperbolic and Other Functions.* Houghton. (hyperb. fcns., trig., tables/R)

   Hunt, G.H. 1930. *AMM* 37 (F): 92.

436. **Campbell, Margaret M.** 1924. *Workaday Arithmetic...* Century. (arith., bus. arith./Tj, Ts)
   Anon. 1924. *ED* 44 (Je): 646.
   Breed, F.S. 1924. *ESJ* 35 (N): 233-4.

437. **Campbell, Norman R.** (1921-1923) 1922-1923. *Modern Electrical Theory.* Chap. 15, 16. Macmillan. (spectra, relat./R)
   Neville, B.M. 1922. *MG* 11 (My): 92.
   Piaggio, H.T.H. 1923. *MG* 11 (O): 393-4.

438. **Campbell, William T.** 1899. *Observational Geometry.* Harper. (geom./Ts)
   Colaw, J.M. 1899. *AMM* 6 (N): 292.

439. **Candler, Albert C.** 1937. *Atomic Spectra and the Vector Model.* 2 v. Macmillan. (quantum mech., atomic phys./Tc, Tg)
   Oppermann, R.H. 1937. *JFI* 224 (Jl): 128.

440. **Candy, Albert L.** 1900. *The Elements of Analytic Geometry.* Lincoln, Neb.: b.a. (anal. geom./Ts, Tc)
   Finkel, B.F. 1901. *AMM* 8 (Ja): 24.

441. ———. 1904. *The Elements of Plane and Solid Analytical Geometry.* Heath. (anal. geom./Ts, Tc)
   Anon. 1905. *ED* 25 (My): 572.
   Keyser, C.J. 1905. *SCI* 22 (Jl 28): 113-6.

442. ———. 1937. *Construction, Classification and Census of Magic Squares of an Even Order.* Edwards. (magic squares, recr./R, Su)
   Lehmer, D.N. 1937. *AMM* 44 (O): 528.

443. ———. 1938. *Construction, Classification and Census of Magic Squares of Order Five.* Lincoln, Neb.: b.a. (magic squares, recr./R, Su)
   Raynor, G.E. 1938. *AMM* 45 (Je/Jl): 381.

444. ———. 1939. *Construction, Classification and Census of Magic Squares of Order Five.* 2d ed. Lincoln, Neb.: b.a. (magic squares, recr./R, Su)
   Raynor, G.E. 1939. *AMM* 46 (N): 591-2.

445. ———. 1940. *Pandiagonal Magic Squares of Prime Order.* Lincoln, Neb.: b.a. (recr., magic squares/R, Su)

Coxeter, H.S.M. 1940. *MR* 1 (O): 289-320.
Raynor, G.E. 1940. *AMM* 47 (O): 563-4.

446. **Cantor, Georg.** 1915. *Contributions to the Founding of the Theory of Transfinite Numbers.* Trans. P.E.B. Jourdain. OpenClSc&Ph., #1. Open. (transfinite nos., hist./R)

   Anon. 1918. *MT* 10 (Je): 211.
   Carmichael, R.D. 1916. *AMSB* 22 (Je): 461-3.
   Hildebrandt, T.H. 1916. *AMM* 23 (D): 381-3.
   Keyser, C.J. 1916. *SCI* 44 (Jl 7): 25-8.
   Phi. 1916. *MON* 26 (O): 638-9.

447. **Capito, Charles A.A.** 1913. *A Text-Book of Mathematics and Mechanics...* Lippincott. (anal. geom., calc., mech./Ts, Tc)

   Anon. 1913. *MT* 5 (Mr): 187.
   ———. 1913. *MT* 5 (Je): 248.
   Cobb, H.E. 1913. *SSM* 13 (Je): 549.
   Newkirk, B.L. 1914. *AMM* 21 (S): 223-6.

448. **Carathéodory, Constantin.** 1932. *Conformal Representation.* Trans. B.M. Wilson and M.D. Kennedy. CambTrM&MP., #28. Macmillan. (non-Eucl. geom., conf. mapping/R)

   Fraser, P. 1933. *MG* 17 (My): 130.

449. **Cardan, Jerome.** 1930. *The Book of My Life.* Trans. J. Stoner. Dutton. (hist., autobiog., eqn. theory/Su)

   Simons, L.G. 1933. *SM* 2 (N): 50-5.
   For additional reviews see Farber 1981.

450. **Carey, Frank S.** [1917-1918] 1919. *Infinitesimal Calculus.* 2 sec. Longmans. Reissue. Longmans. (calc./Ts, Tc)

   Anon. 1917. *MT* 10 (D): 121.
   ———. 1918. *MT* 10 (Je): 211.
   Cobb, H.E. 1917. *SSM* 17 (D): 858.
   ———. 1918. *SSM* 18 (O): 672-4.
   ———. 1920. *SSM* 20 (O): 666.
   Jourdain, P.E.B. 1918. *SP* 13 (Jl): 148.
   Morgan, F.M. 1919. *AMSB* 25 (Jl): 472-3.

451. ———, **and Joseph Proudman.** 1925. *The Elements of Mechanics.* Longmans. (mech./Tc)

   Lodge, A. 1926. *MG* 13 (Ja): 40.
   MacInnes, C.R. 1926. *AMSB* 32 (Mr/Ap): 172.

452. **Carey, Richard M.** 1936. *A School Algebra.* Pt. 1,2. Longmans. (alg./Ts)
 Daltry, C.T. 1938. *MG* 22 (My): 213-4.
 Hart, W.L. 1937. *AMM* 44 (N): 590-1.
 Reeve, W.D. 1937. *MT* 30 (N): 348.

453. **Carhart, Daniel.** 1888. *A Treatise on Plane Surveying.* Ginn. (surv., appl./Ts)
 Anon. 1888. *JE* 27 (My 3): 282.

454. ———. 1893. *A Treatise on Plane Surveying.* Ginn. (surv., appl./Ts)
 Finkel, B.F. 1894. *AMM* 1 (Ag): 292.

455. **Carll, Lewis B.** 1881. *A Treatise on the Calculus of Variations.* Wiley. (calc. of variations/Tc, Tg)
 Anon. 1881. *AN* 8 (N): 200.
 ———. 1882. *MV* 2 (Ja): 29.

456. **Carmichael, Robert D.** 1913. *The Theory of Relativity.* WileyMatMon., #12. Wiley. (relat./R)
 Anon. 1913. *MT* 6 (S): 53.
 ———. 1915. *MT* 8 (D): 106.
 Sommerville, D.M.Y. 1914. *MG* 7 (Mr): 303-4.
 Wilson, E.B. 1914. *SCI* 39 (F 13): 251-2.

457. ———. 1914. *The Theory of Numbers.* WileyMatMon., #13. Wiley. (no. theory/R)
 Anon. 1914. *MT* 7 (S): 34-5.
 Cobb, H.E. 1914. *SSM* 14 (D): 827-8.
 Dickson, L.E. 1916. *AMSB* 22 (Mr): 303-10.
 Kempner, A.J. 1915. *AMM* 22 (Ja): 14-5.

458. ———. 1915. *Diophantine Analysis.* WileyMatMon., #16. Wiley. (no. theory/R)
 Anon. 1915. *MT* 8 (D): 105.
 Cobb, H.E. 1916. *SSM* 16 (Ap): 384.
 Dickson, L.E. 1916. *AMSB* 22 (Mr): 303-10.
 Keyser, C.J. 1916. *SCI* 44 (Jl 7): 25-8.
 Lehmer, D.N. 1916. *AMM* 23 (My): 166-8.

459. ———. 1920. *The Theory of Relativity.* WileyMatMon., #12. 2d ed. Wiley. (relat./R)
 Anon. 1921. *AMM* 28 (Ap): 175.

Birkhoff, G.D. 1922. *AMSB* 28 (Ap/My): 215-21.

460. ———. 1930. *The Logic of Discovery*. Open. (logic, phil./R)

    Davis, H.T. 1931. *ISIS* 15 (2): 373-6.
    Northrop, F.S.C. 1931. *AMSB* 37 (N): 807-8.
    Paine, E.T. 1932. *PR* 41 (Mr): 227.
    Perkins, F.W. 1931. *AMM* 38 (O): 458-60.
    For an additional review see Farber 1981.

461. ———. 1937. *Introduction to the Theory of Groups of Finite Order*. Ginn. (groups/Tc, Tg)

    Griffiths, L.W. 1939. *NMM* 13 (Ap): 353-4.
    Weisner, Louis. 1938. *AMSB* 44 (Mr): 178.

462. ———, and Edwin R. Smith. 1930. *Plane and Spherical Trigonometry*. Ginn. (trig./Ts)

    Mitchell, U.G. 1931. *AMM* 38 (O): 452-3.
    Royce, G.L. 1931. *SSM* 31 (N): 1010.

463. ———. 1931. *Mathematical Tables and Formulas*. Ginn. (tables/R)

    Anon. 1932. *MT* 25 (D): 491-3.
    Johnson, R.A. 1932. *AMM* 39 (Ja): 41.
    Kinney, J.M. 1931. *SSM* 31 (Je): 780.

464. Carmichael, Robert D., and James H. Weaver. 1927. *The Calculus*. Ginn. (calc./Ts, Tc)

    Kinney, J.M. 1928. *SSM* 18 (My): 542.
    Lamson, K.W. 1928. *AMM* 35 (O): 442-3.
    Seidlin, Joseph. 1929. *MT* 22 (Ap): 242.

465. ———, and Lincoln Lapaz. 1937. *The Calculus*. Rev. ed. Ginn. (calc./Ts, Tc)

    Byrne, W.E. 1938. *NMM* 12 (Ja): 201-3.
    Kinney, J.M. 1938. *SSM* 38 (F): 231-2.

466. Carmichael, Robert D., et al. 1927. *A Debate on the Theory of Relativity*. Open. (relat./Su)

    Anon. 1930. *MON* 40 (O): 639.
    Hassè, H.R. 1928. *MG* 14 (Jl): 203.
    Kinney, J.M. 1927. *SSM* 27 (D): 1003.
    Struik, D.J. 1930. *AMSB* 36 (Ja): 39-40.
    Weaver, W. 1929. *AMM* 36 (Ja): 38-42.

467. **Carnap, Rudolf.** 1937. *The Logical Syntax of Language.* Trans. A. Smeaton. Harcourt. (logic/R)

   Kleene, S.C. 1939. *JSL* 4 (Je): 82-7.
   Leonard, Henry S. 1938. *ISIS* 29 (1): 163-7.
   MacLane, S. 1938. *AMSB* 44 (Mr): 171-6.

468. ———. 1939. *International Encyclopedia of Unified Science.* V. 1, #3. *Foundations of Logic and Mathematics.* ChicagoPr. (fnds., logic/R, Su)

   Church, A. 1939. *AMSB* 45 (N): 821-2.
   Fitch, F.B. 1940. *PR* 49 (N): 678-80.
   Kokoszynska, M. 1939. *JSL* 4 (S): 117-8.

469. **Carr, Evander M.** 1899. *Advanced Arithmetic...* Johnson. (arith./Tj)

   Colaw, J.M. 1900. *AMM* 7 (Mr): 89.

470. ———. 1899. *A Primary Arithmetic...* Johnson. (arith./Te)

   Colaw, J.M. 1900. *AMM* 7 (Mr): 89.

471. **Carslaw, Horatio S.** 1906. *Introduction to the Theory of Fourier's Series and Integrals and the Mathematical Theory of the Conduction of Heat.* Macmillan. (heat, Fourier anal./Tc, Tg)

   Bryan, G.H. 1908. *MG* 4 (D): 390-2.
   Wright, J.E. 1909. *AMSB* 15 (Ja): 196-7.

472. ———. 1909. *Plane Trigonometry...* Macmillan. (trig., inf. series/Ts, Tc)

   Anon. 1910. *MG* 5 (Mr, Pt. 1): 215-6.

473. ———. 1912. *An Introduction to the Infinitesimal Calculus...* 2d ed. Longmans. (calc./Ts, Tc)

   Hardy, G.H. 1913. *MG* 7 (Ja): 21-4.
   Kenyon, A.M. 1914. *AMSB* 20 (Ja): 204-6.

474. ———. (1914) 1915. *The Teaching of Mathematics in Australia...* Oxford. (educ./R)

   Archibald, R.C. 1915. *AMSB* 22 (N): 94-100.

475. ———. 1916. *The Elements of Non-Euclidean Plane Geometry and Trigonometry.* Longmans. (non-Eucl. geom., trig./Tc)

   Carslaw, H.S. 1917. *AMSB* 24 (D): 159.
   Coolidge, J.L. 1917. *AMSB* 23 (Jl): 461-7.

476. ———. (1921) 1922. *Introduction to the Mathematical Theory of the Conduction of Heat in Solids.* 2d ed. Macmillan. (heat, integral eqns./Tc, Tg)

 Moore, C.N. 1923. *AMSB* 29 (Jl): 326-7.
 Piaggio, H.T.H. 1922. *MG* 11 (My): 95-6.

477. ———. 1921. *Introduction to the Theory of Fourier's Series and Integrals.* 2d ed. Macmillan. (Fourier anal./Tc, Tg)

 Bailey, W.N. 1921. *MG* 10 (O): 336-7.
 Moore, C.N. 1922. *AMSB* 28 (Je): 266-70.

478. ———. 1930. *Introduction to the Theory of Fourier's Series and Integrals.* 3d ed. Macmillan. (Fourier anal./Tc, Tg)

 Burkill, J.C. 1930. *MG* 15 (D): 274.
 Fort, T. 1930. *AMM* 37 (O): 444-5.

479. ———. 1930. *Plane Trigonometry...* 3d ed. Macmillan. (trig./Ts, Tc)

 Neville, E.H. 1931. *MG* 15 (Ja): 305-7.
 Trimble, C.J.A. 1931. *MG* 15 (Ja): 304-5.

480. **Carson, George E.S.L., and David E. Smith.** 1914. *Elements of Algebra.* Pt. 1. Ginn. (alg./Tj)

 Anon. 1914. *MG* 7 (D): 430-1.
 Milne, W.P. 1914. *MG* 7 (D): 429-30.

481. **Carter, Hobart C.** 1936. *College Algebra.* Prentice. (alg./Ts, Tc)

 Barrow, D.F. 1937. *AMM* 44 (D): 655.
 Bush, L.E. 1936. *NMM* 11 (N): 112-4.
 Corliss, J.J. 1937. *SSM* 37 (Mr): 367.

482. **Carus, Paul.** 1908. *The Foundations of Mathematics...* Open. (fnds., geom., non-Eucl. geom./Su)

 Cobb, H.E. 1909. *SSM* 9 (Mr): 320-1.
 Finkel, B.F. 1908. *AMM* 15 (N): 216.
 Owens, F.W. 1910. *AMSB* 16 (Jl): 541-2.
 Russell, B. 1909. *MG* 5 (Je/Jl): 103-4.

483. ———. 1913. *The Principle of Relativity...* Open. (relat., phil./Su)

 Jourdain, P.E.B. 1914. *MG* 7 (My): 341-2.

484. **Casey, John.** 1889. *A Treatise on Spherical Trigonometry...* Longmans. (trig./Ts)

 Anon. 1889. *SCI* 13 (Je 14): 468.

485. **Caskey, Lacey D.** 1922. *Geometry of Greek Vases.* FineArts. (geom./Su)

   McClenon, R.B. 1924. *AMM* 31 (Ja): 46.

486. **Cassirer, Ernst.** 1923. *Substance and Function and Einstein's Theory of Relativity.* Trans. W.C. Swabey and M.C. Swabey. Open. (relat., fnds./R, Su)

   Moore, H.R. 1924. *MON* 34 (Jl): 478-80.

   Reynolds, C.N. Jr. 1924. *AMSB* 30 (O): 470.

487. **Castelfranchi, Gaetano.** 1932. *Recent Advances in Atomic Physics.* Trans. W.S. Stiles and J.W.T. Walsh. 2 v. 3d ed. Blakiston. (atomic phys., quantum mech./Tc, Tg)

   Cleveland, T.K. 1934. *JFI* 218 (N): 644.

488. **Castle, Frank.** 1903. *A Manual of Practical Mathematics.* Macmillan. (alg., calc./Ts, Tc)

   Anon. 1904. *MG* 3 (Mr): 20.

489. **Cathcart, William L., and Jonathan I. Chaffee.** 1910. *The Elements of Graphic Statics and of General Graphic Methods.* VanNos. (statics, graphics/Tc)

   Anon. 1912. *JFI* 173 (Mr): 305.

490. **Cattell, James M., ed.** 1906. *American Men of Science...* ScienceL. (biog./R)

   Miller, G.A. 1906. *AMSB* 13 (O): 33-4.

491. ———, **and Jaques Cattell, eds.** 1933. *American Men of Science...* 5th ed. Science. (biog./R)

   Kofoid, C.A. 1934. *ISIS* 22 (1): 259-61.

492. **Caunt, George W.** 1914. *An Introduction to Infinitesimal Calculus...* Oxford. (calc./Ts, Tc)

   Mason, T.E. 1916. *AMSB* 22 (Ja): 194-5.

493. ———. (1939) 1940. *Elementary Calculus.* Oxford. (calc./Ts, Tc)

   Kellaway, F.W. 1940. *MG* 24 (My): 132-3.

   Rasmussen, R.B. 1941. *SSM* 41 (Ja): 96.

494. **Chace, Arnold B., with Henry P. Manning, trs.** 1927-1929. *The Rhind Mathematical Papyrus.* 2 v. (V. 2 also with Ludlow

Bull and Stephen R.K. Glanville). Bibliography by Raymond C. Archibald. MAA. (hist./R)

Cajori, F. 1930. *AMM* 37 (Ap): 189-91.
Peet, T.E. 1930. *MG* 15 (D): 266-8.
Sarton, G. 1930. *ISIS* 14 (1): 251-5.
Slaught, H.E. 1931. *MT* 24 (N): 460-1.
Smith, D.E. 1930. *AMSB* 36 (Mr): 166-70.

495. **Chaddock, Robert E.** 1925. *Principles and Methods of Statistics*. Houghton. (stat./Tc)

    Thorp, W.L. 1926. *JASA* 21 (Mr): 96-9.

496. **Chadsey, Charles E., and James H. Smith.** 1917. *Efficiency Arithmetics*. 3 v. AtkinsonC. (arith./Te, Tj)

    Anon. 1918. *CSJ* 1 (S): 31-2.

497. **Chambers, George G.** 1925. *An Introduction to Statistical Analysis*. Crofts. (stat./Tc)

    Glover, J.W. 1927. *AMM* 34 (Ja): 43-4.
    Lufkin, H.M. 1927. *AMM* 34 (Je/Jl): 331.

498. **Chancellor, William E.** 1904. *Arithmetic...* AmBk. (arith./Te, Tj)

    Anon. 1904. *ED* 25 (N): 191.

499. ———. 1907. *Graded City Arithmetic*. V. 1. Macmillan. (arith./Te)

    Anon. 1907. *JE* 66 (D 19): 672.
    ———. 1908. *AE* 11 (Mr): 360.

500. **Chandler, George H.** 1907. *Elements of the Infinitesimal Calculus*. 3d ed. Wiley. (calc./Ts, Tc)

    Finkel, B.F. 1907. *AMM* 14 (My): 113.
    Keyser, C.J. 1907. *SCI* 26 (O 4): 437-9.

501. **Chapman, Charles H.** 1892. *An Elementary Course in the Theory of Equations*. Wiley. (eqn. theory/Tc)

    Fiske, T.A. 1892. *NYMSB* 2 (O): 11-2.

502. **Chapman, Frank M., and Paul Henle.** 1933. *The Fundamentals of Logic*. Scribner. (logic/Tc)

    Dotterer, R.H. 1934. *PR* 43 (My): 324.
    S., L.S. 1934. *MIND* 43 (Ja): 127-8.

503. **Chapman, Sydney, and Julius Bartels.** 1940. *Geomagnetism.* 2 v. Oxford. (geophys./R)

   Newton, H.W. 1941. *MG* 25 (F): 62-3.

504. **Chapman, Sydney, and Thomas G. Cowling.** (1939) 1940. *The Mathematical Theory of Non-Uniform Gases...* Macmillan. (kinetics/R)

   Bateman, H. 1940. *MR* 1 (Je): 187.
   Fowler, R.H. 1939. *NAT* 144 (D 16): 993-5.
   James, M.M., D. Brown, and S. Brachfeld. 1940. *BRD* 36 (Ann): 165.
   Oppermann, R.H. 1941. *JFI* 231 (F): 198-9.
   Pidduck, F.B. 1939. *MG* 23 (D): 488-9.

505. **Charter, Herbert R.** 1928. *Practical Measurement as an Introduction to Science.* Longmans. (meas./Su)

   Boon, F.C. 1929. *MG* 14 (My): 470.

506. **Chase, Stephen.** 1849. *A Treatise on Algebra...* Appleton. (alg./Ts, Tc)

   Anon. 1850. *AJS* 110 (Jl): 147.

507. **Châteauneuf, Amy O.** 1929-1930. *Changes in the Content of Elementary Algebra Since the Beginning of the High School Movement...* U. Pa. diss. Philadelphia, Pa.: p.p. (educ., alg./R)

   Anon. 1930. *JER* 22 (N): 330.
   Breslich, E.R. 1931. *SR* 39 (Mr): 229-30.
   Simons, L.G. 1931. *MT* 24 (Ja): 58-9.

508. **Chauvenet, Regis.** 1912. *Chemical Arithmetic and Calculation of Furnace Charges.* Lippincott. (arith., appl./Tj, Ts)

   Bradbury, R.H. 1912. *JFI* 174 (S): 337.

509. **Chauvenet, William.** 1843. *Binomial Theorem and Logarithms.* PerkinsP. (logs., binomial thm./Ts)

   Anon. 1843. *AJS* 45 (Ap/Je): 218-20.

510. ———. 1850. *A Treatise on Plane and Spherical Trigonometry.* Perkins. (trig./Ts)

   Anon. 1850. *AJS* 10 (S): 300-1.

511. ———. 1870. *A Treatise on Elementary Geometry.* Lippincott. (geom., mod. geom./Ts, Tc)

Newton, H.A. 1870. *AJS* 50 (N): 437.

512. **Cherry, Floyd H.** 1933. *Descriptive Geometry...* Macmillan. (descr. geom./Tc)

   Anon. 1934. *MT* 27 (F): 108.
   Kinney, J.M. 1933. *SSM* 33 (N): 908-9.

513. **Chicago. University.** 1925. *Abstracts of Theses.* SciSer. V. 1. ChicagoPr. (alg., fnds., real var., calc. of variations/R)

   Anon. 1926. *MG* 13 (Jl): 167-9.

514. ———. **Department of Mathematics.** 1931-1937. *Contributions to the Calculus of Variations.* 3 v. ChicagoPr. (calc. of variations/R)

   Dresden, A. 1932. *AMSB* 38 (S): 617-21.
   ———. 1933. *AMSB* 39 (S): 641-4.
   ———. 1938. *AMSB* 44 (S): 604-9.
   Whitehead, J.H.C. 1934. *MG* 18 (F): 50-2.
   ———. 1938. *MG* 22 (O): 415-6.

515. **Chicago. University. School of Education. University High School. Department of Mathematics.** 1940. *Mathematics Instruction in the University High School.* LabSchChic. Publ., #8. ChicagoPr. (educ./R)

   F., F.O. 1941. *CSJ* 22 (Ap/Je): 184-5.
   Nyberg, J.A. 1941. *SSM* 41 (Mr): 302.
   Reeve, W.D. 1941. *MT* 34 (Mr): 141-2.

516. **Chignell, Norman J., and William E. Paterson.** (1913-1914) 1914. *Arithmetic.* 2 pt. Oxford. (arith./Te, Tj)

   Child, J.M. 1914. *MG* 7 (O): 408-10.

517. **Child, James M.** 1933. *Elements of Coordinate Geometry.* Macmillan. (anal. geom./Ts, Tc)

   Robson, A. 1933. *MG* 17 (D): 343-4.
   Rupp, C.A. 1935. *AMM* 42 (F): 103-4.

518. **Chivers, George T.** 1904. *Elementary Mensuration.* Longmans. (mensur./Te, Tj)

   Anon. 1904. *ED* 25 (O): 123.

519. **Christiansen, Christian.** 1897. *Elements of Theoretical Physics.* Trans. W.F. Magie. Macmillan. (phys./R)

   Mackenzie, A.S. 1898. *AMSB* 4 (Mr): 276-7.

520. **Christman, John M.** 1922. *Shop Mathematics*. Macmillan. (arith., mensur., geom., trig., appl./Tj, Ts)

   Anon. 1923. *AE* 26 (My): 426.
   Breslich, E.R. 1923. *SR* 31 (Je): 473-4.
   Cobb, H.E. 1923. *SSM* 23 (Ap): 406.
   Mustard, F.C. 1924. *MG* 12 (Ja): 27.

521. **Christofferson, Halbert C.** 1933. *Geometry Professionalized for Teachers*. Oxford, Ohio: b.a. (geom., educ./Su)

   Smith, D.E. 1934. *MT* 27 (O): 316-8.

522. **Church, Albert E.** 1851. *Elements of Analytical Geometry*. Putnam. (anal. geom./Ts, Tc)

   Anon. 1851. *AJS* 12 (N): 449.
   H., E.B. 1852. *AJS* 13 (Ja): 147-9.

523. ———. 1860. *Elements of the Differential and Integral Calculus*. Rev. ed. BarnesB. (calc., calc. of variations/Tc)

   Anon. 1861. *MMON* 3 (Je): 289-90.

524. ———, **and George M. Bartlett**. 1911. *Elements of Descriptive Geometry...* AmBk. (descr. geom./Tc)

   Anon. 1911. *ED* 31 (Je): 710.
   ———. 1911. *JFI* 172 (Jl): 95.
   ———. 1911. *MT* 3 (Je): 220.
   Keyser, C.J. 1912. *SCI* 35 (F 23): 304-6.
   Snyder, V. 1914. *AMSB* 20 (F): 253-8.

525. **Churchman, Charles W.** 1940. *Elements of Logic and Formal Science*. Lippincott. (logic/Tc)

   McKinsey, J.C.C. 1941. *JSL* 6 (D): 169-70.

526. **Clapham, Charles B.** 1917. *Arithmetic for Engineers...* Dutton. (arith., alg., mensur., graphics, slide rules/R)

   Jackson, M., and M.K. Reely. 1917. *BRD* 13 (Ann): 104.

527. ———. 1922. *Metric System for Engineers*. Dutton. (metric system/R)

   Leffmann, H. 1922. *JFI* 193 (My): 721-3.

528. **Clapp, Frank L., et al.** 1937. *The Master Key Arithmetic*. 6 v. Houghton. (arith./Te, Tj)

   Olander, H.T. 1938. *ESJ* 38 (Mr): 553-5.

W., L.C. 1938. *CSJ* 20 (S/O): 48.

529. **Clark, James G.** 1875. *Elements of the Infinitesimal Calculus...* Wilson. (calc./Ts, Tc)

   Anon. 1875. *NEJE* 2 (N 27): 252.
   ———. 1876. *AN* 3 (Ja): 32.
   Tucker, R. 1877. *NAT* 16 (My 10): 21-2.

530. **Clark, John J.** 1909. *The Slide Rule...* TechSup. (slide rules/R)

   Cajori, F. 1910. *AMSB* 16 (Mr): 327-8.
   Finkel, B.F. 1909. *AMM* 16 (N): 196.

531. **Clark, John R., and Arthur S. Otis.** 1927. *Modern Plane Geometry.* WrldBk. (geom./Ts)

   Christofferson, H.C. 1927. *MT* 20 (My): 300-1.
   Clawson, J.W. 1928. *AMM* 35 (Mr): 141-2.
   Kinney, J.M. 1927. *SSM* 27 (O): 774.

532. ———. 1928. *Modern Solid Geometry.* WrldBk. (geom./Ts)

   Anon. 1928. *AE* 32 (S): 35.
   Kinney, J.M. 1928. *SSM* 28 (O): 794.

533. ———. 1932-1933. *Modern Solid Geometry.* Rev. ed. WrldBk. (geom./Ts)

   Anon. 1933. *MT* 26 (N): 444.
   Hawkins, G.E. 1933. *SSM* 33 (Je): 691.

534. ———, **and Caroline Hatton.** 1929. *Modern-School Arithmetic.* 2 v. WrldBk. (arith./Te, Tj)

   Anon. 1931. *ED* 51 (Mr): 442.

535. ———. 1939. *Primary Arithmetic Through Experience.* WrldBk. (arith., educ./Te)

   Anon. 1940. *ED* 61 (N): 191.
   Young, R.V. 1940. *ESJ* 40 (Ap): 633-4.

536. **Clark, John R., and Rolland R. Smith, with Raleigh Schorling.** 1938. *Modern-School Geometry.* WrldBk. (geom., trig., anal. geom./Ts)

   Hawkins, G.E. 1939. *SR* 47 (Mr): 233-5.
   Munch, H.F. 1939. *HSJ* 22 (Ja): 42.
   Wilcox, M.S. 1938. *SSM* 38 (D): 1051.

537. **Clark, M.G.** 1919. *Arithmetic Habituated: Series A,B.* Laurel. (arith./Su)
 Anon. 1920. *ESJ* 21 (O): 159.

538. **Clark, William A.** 1893. *Arithmetic.* Hamilton. (educ., arith./R)
 Anon. 1893. *ED* 14 (S): 63.

539. **Claudel, Joseph.** 1906. *Hand-book of Mathematics for Engineers...* Trans. O.A. Kenyon. McGraw. (arith., alg., geom., trig., anal. geom., calc./R)
 P., L.E. 1908. *JFI* 166 (S): 240.

540. **Clay, Charles M.** 1905. *Examples in Algebra.* Macmillan. (alg./Su)
 Anon. 1905. *AMM* 12 (Je/Jl): 147.
 ———. 1905. *ED* 26 (S): 60.
 ———. 1906. *AE* 9 (Mr): 423.

541. **Clayton, Albert E.** 1923. *An Introduction to the Study of Alternating Currents.* Longmans. (elec./Tc)
 Child, J.M. 1924. *MG* 12 (My): 121.

542. **Clements, Guy R., and Levi T. Wilson.** 1935. *Analytical and Applied Mechanics.* McGraw. (mech./Tc)
 Campbell, J.W. 1937. *AMM* 44 (O): 532-4.

543. ———. 1937. *Manual of Mathematics and Mechanics.* McGraw. (calc., diff. eqns., vector anal., phys., tables/R)
 Lowry, H.V. 1938. *MG* 22 (F): 96.
 Reynolds, J.B. 1938. *AMM* 45 (Je/Jl): 383-4.
 Warner, G.W. 1938. *SSM* 38 (Mr): 342.

544. **Clifford, William K., Richard C. Rowe, and Karl Pearson.** 1885. *The Common Sense of the Exact Sciences.* Appleton. (nature, geom., logs., phys./R)
 Anon. 1886. *SJ* 31 (My 22): 332.

545. **Cobb, Herbert E.** 1911. *Elements of Applied Mathematics.* Ginn. (arith., alg., geom./Tj, Ts, Su)
 Anon. 1912. *AMM* 19 (F): 40.
 ———. 1912. *MT* 5 (S): 36.
 Collins, J.V. 1912. *SR* 20 (F): 137-8.
 Lytle, E.B. 1915. *AMSB* 21 (F): 255-6.
 Millis, J.F. 1912. *SSM* 12 (F): 164.

546. **Cobb, Lyman.** 1832. *Cobb's Explanatory Arithmetick.* V. 1. Collins. (arith./Te, Tj)
  Anon. 1832. *AAEI* 2 (Ap 15): 256.

547. **Coble, Arthur B.** 1929. *Algebraic Geometry and Theta Functions.* AMSColl. Publ., v. 10. AMS. (alg. geom., theta fcns./R)
  Ferrar, W.L. 1930. *SP* 24 (Ap): 699.
  Hudson, H.P. 1929. *MG* 14 (D): 582.
  Zariski, O. 1930. *AMSB* 36 (Jl): 452-4.

548. **Cockshott, Arthur, and F.B. Walters.** 1889. *A Treatise on Geometrical Conics.* Macmillan. (conics/Ts, Tc)
  Anon. 1889. *JE* 30 (O 31): 283.

549. **Coe, Carl J.** 1938. *Theoretical Mechanics...* Macmillan. (vector anal., mech./Tc)
  Anon. 1940. *NAT* 145 (Ja 27 Supp.): 141-2.
  Bennett, A.A. 1939. *SCI* 90 (Ag 4): 111.
  Cell, J.W. 1939. *NMM* 13 (My): 398-9.
  Oppermann, R.H. 1939. *JFI* 227 (Mr): 430-1.
  Reynolds, J.B. 1939. *AMSB* 45 (My): 346.
  Street, R.O. 1939. *MG* 23 (Jl): 314-5.

550. **Coffin, Joseph G.** 1909. *Vector Analysis...* Wiley. (vector anal./Tc)
  Anon. 1909. *AMM* 16 (Ag/S): 148.
  K., C.G. 1910. *MG* 5 (My): 284-8.
  Phillips, H.B. 1910. *AMSB* 17 (N): 100-4.

551. ———. 1911. *Vector Analysis...* 2d ed. Wiley. (vector anal./Tc)
  Finkel, B.F. 1911. *AMM* 18 (N): 217.
  Shaw, J.B. 1912. *AMSB* 19 (O): 18-9.

552. **Cogswell, Francis.** 1890. *Lessons in Number.* Thompson. (arith., educ./Te, Tj, Su)
  Anon. 1890. *ED* 11 (O): 128.
  ———. 1890. *JE* 32 (O 23): 267.

553. **Cohen, Abraham.** 1906. *An Elementary Treatise on Differential Equations.* Heath. (diff. eqns./Tc)
  M. 1907. *SSM* 7 (N): 712-3.
  MacInnes, C.R. 1907. *AMSB* 13 (Jl): 515-6.

554. ———. 1911. *An Introduction to the Lie Theory of One-Parameter Groups...* Heath. (Lie groups, diff. eqns., groups/Tg, R)

    Miller, G.A. 1911. *SCI* 34 (D 29): 924.
    Wilczynski, E.J. 1912. *AMSB* 18 (Jl): 514-5.

555. ———. 1925. *Differential and Integral Calculus.* Heath. (calc./Ts, Tc)

    Lamson, K.W. 1928. *AMM* 35 (O): 442-3.

556. ———. 1933. *An Elementary Treatise on Differential Equations.* 2d ed. Heath. (diff. eqns./Tc)

    Anon. 1934. *MT* 27 (F): 109.
    Gehman, H.M. 1934. *AMM* 41 (Mr): 182-3.
    Kinney, J.M. 1934. *SSM* 34 (Mr): 330.

557. ———. 1940. *Elements of Calculus.* Heath. (calc./Ts, Tc)

    Camp, C.C. 1941. *AMM* 48 (My): 332-3.
    Miser, W.L. 1941. *NMM* 15 (Ap): 386-7.
    Read, C.B. 1941. *SSM* 41 (My): 505.

558. **Cohen, Louis.** 1928. *Heaviside's Electrical Circuit Theory.* McGraw. (phys., Heav. calc./Tc, Tg)

    P., L.E. 1928. *JFI* 206 (D): 866-7.

559. **Cohen, Morris R., and Ernest Nagel.** 1934. *An Introduction to Logic and Scientific Method.* Harcourt. (logic/Tc)

    Anon. 1935. *NAT* 135 (Ja 12): 51.
    Dotterer, R.H. 1935. *PR* 44 (Jl): 411-2.
    Good, C.V. 1934. *JER* 23 (N): 212-3.
    Mâlek, C. 1935. *ISIS* 23 (1): 284-7.
    Stebbing, L.S. 1934. *MIND* 43 (O): 527-9.
    Turner, J.S. 1935. *AMSB* 41 (Ja): 6-7.

560. **Coit, James M.** 1886. *The Elements of Chemical Arithmetic...* Heath. (appl., arith./Su)

    Anon. 1886. *AC* 1 (Je): 196.
    ———. 1886. *SJ* 32 (Jl 17): 44.

561. **Coker, Ernest G., and Louis N.G. Filon.** (1931) 1932. *A Treatise on Photo-Elasticity.* Macmillan. (photoelast./Tc, Tg)

    Southwell, R.V. 1932. *MG* 16 (O): 277-9.

562. **Colaw, John M., and John K. Ellwood.** 1900-1901. *School Arithmetic.* 2 v. and teachers' manual. Johnson. (arith./Te, Tj, R)

    Finkel, B.F. 1900. *AMM* 7 (Ag/S): 203.
    ———. 1900. *AMM* 7 (O): 236.
    ———. 1901. *AMM* 8 (Ap): 105.

563. ———. 1903. *School Algebra.* Johnson. (alg./Tj, Ts)

    Anon. 1904. *MG* 3 (Mr): 20.
    Finkel, B.F. 1904. *AMM* 11 (Je/Jl): 148.

564. **Colburn, Warren.** 1891. *Warren Colburn's First Lessons. Intellectual Arithmetic...* Rev. ed. Houghton. (arith./Te, Tj)

    Colaw, J.M. 1896. *AMM* 3 (My): 157.

565. **Coleman, Silas E.** 1898. *An Algebraic Arithmetic...* Macmillan. (arith., alg./Tj)

    Anon. 1898. *ED* 18 (Je): 644.
    Finkel, B.F. 1898. *AMM* 5 (Ja): 33.

566. **Colin, Alfred.** 1876. *The Universal Metric System.* Appleton. (arith./Su)

    Anon. 1876. *AJS* 12 (D): 477.

567. *College Board and Regents Questions and Answers in Geometry.* 1922. CollEnt. (geom., testing/R)

    Anon. 1923. *MT* 16 (O): 382-3.

568. **College Entrance Examination Board.** 1926. *The Work of the College Entrance Examination Board, 1901-1925.* Ginn. (educ., hist./R)

    Longley, W.R. 1927. *AMM* 34 (Ap): 206-8.

569. **Collins, Joseph V.** 1893. *Text-book of Algebra...* Albert. (alg./Tj)

    Anon. 1896. *ED* 16 (Mr): 448.
    Finkel, B.F. 1895. *AMM* 2 (S/O): 295.

570. ———. 1908. *Practical Elementary Algebra.* AmBk. (alg., appl./Tj)

    Anon. 1909. *ED* 29 (F): 406.
    Brookman, T.A. 1910. *SR* 18 (Ja): 63.
    Cobb, H.E. 1909. *SSM* 9 (Ja): 99-100.
    Finkel, B.F. 1908. *AMM* 15 (O): 194.

571. ———. 1910-1911. *Practical Algebra*. 2 v. AmBk. (alg., appl./Tj, Ts)

    Anon. 1910. *ED* 31 (N): 206-7.
    ———. 1911. *ED* 32 (D): 259.
    ———. 1911. *MT* 4 (S): 44.
    ———. 1913. *AE* 17 (O): 122.
    Cobb, H.E. 1910. *SSM* 10 (D): 844.
    ———. 1911. *SSM* 11 (N): 768.
    Finkel, B.F. 1910. *AMM* 17 (Ag/S): 180.
    ———. 1912. *AMM* 19 (F): 39.
    Lytle, E.B. 1914. *AMSB* 21 (D): 137-8.
    Walsh, C.B. 1911. *SR* 19 (F): 133.

572. ———. 1913. *Advanced Algebra*. AmBk. (alg./Ts, Tc)

    Anon. 1913. *MT* 6 (D): 119.
    ———. 1914. *ED* 34 (Mr): 469.
    Cobb, H.E. 1913. *SSM* 13 (D): 838.
    Hartwell, G.W. 1914. *AMM* 21 (Ap): 117-8.
    Keyser, C.J. 1914. *SCI* 40 (O 16): 559-62.

573. Columbia University. 1932. *Catalogue of an Exhibition at Columbia University to Commemorate the One Hundredth Anniversary of the Birth of Lewis Carroll...* Columbia. (hist., educ., recr./R)

    Archibald, R.C. 1933. *AMSB* 39 (N): 846-8.
    Simons, L.G. 1932. *AMM* 39 (Ag/S): 420-2.

574. Colvin, Fred H., and Walter L. Cheney. 1902. *Machine Shop Arithmetic*. 3d ed. Derry. (arith., appl./Te, Tj)

    Anon. 1903. *ED* 24 (O): 125.

575. Colwell, Lewis W. 1913. *Illustrated Arithmetic on a Constructive Basis*. Dixon. (arith./Te, Tj)

    Anon. 1915. *ESJ* 16 (S): 19.

576. Committee for the Calculation of Mathematical Tables. 1937. *British Association for the Advancement of Science. Mathematical Tables. V. 6. Bessel Functions*. Pt. 1. Macmillan. (anal., Bessel fcns., tables/R)

    Clements, G.R. 1938. *AMSB* 44 (N): 766-7.
    Greville, T.N.E. 1938. *JASA* 33 (D): 752-3.
    For additional reviews see Buros 1941, 48-9.

577. **Committee on the Teaching of Mathematics to the Students of Engineering,** cmp. 1912. *Syllabus of Mathematics.* NewEra. (educ., alg., geom., trig., precalc., calc./R)

    Cobb, H.E. 1913. *SSM* 13 (Ja): 82.
    Lytle, E.B. 1917. *AMSB* 23 (Ja): 180-2.
    Millis, J.F. 1914. *SR* 22 (Mr): 210.

578. **Compton, Alfred G.** 1881. *A Manual of Logarithmic Computation...* Wiley. (logs./Su)

    Anon. 1882. *MMAG* 1 (Ja): 16.

579. **Comstock, Clarence E.** 1907. *Elementary Algebra.* Pt. 1. Peoria, Ill.: b.a. (alg./Tj)

    M. 1907. *SSM* 7 (O): 623-4.

580. ———, **and Mabel Sykes.** 1922. *Beginners' Algebra.* Rand. (alg./Tj)

    Cobb, H.E. 1922. *SSM* 22 (O): 692.
    Smith, H.D. 1923. *CSJ* 5 (Ap): 337.

581. **Comstock, George C.** 1890. *An Elementary Treatise Upon the Method of Least Squares...* Ginn. (least squares/R)

    Anon. 1890. *JE* 31 (Mr 27): 202.

582. ———. 1919. *The Sumner Line...* Wiley. (appl., navig./Ts)

    Slocum, F. 1919. *AMM* 26 (D): 454.

583. **Conant, Levi L.** 1896. *The Number Concept...* Macmillan. (hist./Su)

    Finkel, B.F. 1896. *AMM* 3 (Ja): 28.

584. ———. 1905. *Original Exercises in Plane and Solid Geometry.* AmBk. (geom./Su)

    Anon. 1906. *ED* 26 (Je): 633-4.

585. ———. 1909. *Plane and Spherical Trigonometry with Tables.* AmBk. (trig./Ts)

    Anon. 1909. *MT* 2 (D): 80.
    ———. 1910. *AE* 13 (F): 282.
    ———. 1910. *ED* 30 (F): 401.
    Finkel, B.F. 1910. *AMM* 17 (Ja): 24.

586. **Condon, Edward U., and Philip M. Morse.** 1929. *Quantum Mechanics.* McGraw. (quantum mech./Tc, Tg)

Cleveland, T.K. 1930. *JFI* 209 (F): 280.

587. **Condon, Edward U., and George H. Shortley.** 1935. *The Theory of Atomic Spectra.* Macmillan. (quantum mech., atomic phys./Tc, Tg)

   Oppermann, R.H. 1935. *JFI* 220 (O): 520-1.

588. **Cone, Ada L.** 1889. *Perspective...* Comstock. (persp./Ts, Tc)

   Anon. 1889. *JE* 30 (D 26): 410.

589. **Congdon, Allan R.** 1930. *Training in High School Mathematics...* ContrEd., #403. Teachers. (educ./R)

   Wilson, W.K. 1931. *JER* 23 (Ja): 64-5.
   Zant, J.H. 1930. *MT* 23 (My): 333-5.

590. ———, **and Ronald B. Thompson.** 1937. *A Course in Remedial Arithmetic...* TeachersNeb. (arith./Tj)

   Reeve, W.D. 1939. *MT* 32 (Ja): 40.

591. **Conkwright, Nelson B.** 1934. *Differential Equations.* Macmillan. (diff. eqns./Tc)

   Anon. 1935. *MT* 28 (Ap): 253.
   Georges, J.S. 1934. *SSM* 34 (My): 548.
   Hicks, H.C. 1934. *AMM* 41 (O): 513.
   Ince, E.L. 1934. *MG* 18 (O): 283-4.

592. **Cook, Alexander J.** 1940. *Geometry for Today...* Rev. ed. MacmillanT. (geom./Ts)

   Svoboda, A. 1941. *SSM* 41 (D): 907.

593. **Cook, Merritt S.** 1899. *Synthetic Arithmetic.* Tracy. (arith./Te, Tj)

   Colaw, J.M. 1900. *AMM* 7 (Mr): 88-9.

594. **Cooke, Dennis H.** 1936. *Minimum Essentials of Statistics...* Macmillan. (stat./Tc, Tg)

   Morton, R.L. 1937. *JER* 30 (My): 707-8.
   Shanner, W.M. 1937. *ESJ* 37 (Ja): 396-8.
   Walker, H.M. 1937. *SR* 45 (D): 794-5.
   For additional reviews see Buros 1937, 64.

595. **Cooley, Hollis R., et al.** 1937. *Introduction to Mathematics...* Houghton. (genl./Ts, Tc)

   Lockwood, E.H. 1938. *MG* 22 (O): 416-7.

Morris, R. 1938. *NMM* 12 (F): 258-9.
Reeve, W.D. 1937. *MT* 30 (N): 348-9.
Wilbur, W.E. 1938. *AMM* 45 (Mr): 179-82; (Ag/S): 474.

596. **Coolidge, Julian L.** 1909. *The Elements of Non-Euclidean Geometry.* Oxford. (non-Eucl. geom., diff. geom./Tc, Tg)
Frankland, J.N. 1911. *MG* 5 (Ja): 397.
Lipke, J. 1910. *AMSB* 16 (Jl): 524-33.

597. ———. 1916. *A Treatise on the Circle and the Sphere.* Oxford. (college geom., anal. geom./Tc, R)
White, H.S. 1919. *AMSB* 25 (Jl): 464-7.

598. ———. 1924. *The Geometry of the Complex Domain.* Oxford. (complex var./R)
Graustein, W.C. 1925. *AMSB* 31 (Jl): 351-6.
Neville, E.H. 1927. *MG* 13 (My): 369-71.

599. ———. 1925. *An Introduction to Mathematical Probability.* Oxford. (prob./Tc)
Cairns, W.D. 1926. *AMM* 33 (Je/Jl): 328-30.
Camp, B.H. 1926. *SCI* 64 (D 17): 598-600.
Miner, J.R. 1926. *JASA* 21 (Mr): 101-2.
Rietz, H.L. 1926. *AMSB* 32 (Ja/F): 83-5.
Sheppard, W.F. 1926. *MG* 13 (Ja): 34-6.

600. ———. 1931. *A Treatise on Algebraic Plane Curves.* Oxford. (alg. geom., proj. geom./Tc, Tg)
Coble, A.B. 1932. *AMM* 39 (My): 293-5.
Hudson, H.P. 1932. *MG* 16 (Jl): 206-7.

601. ———. 1940. *A History of Geometrical Methods.* Oxford. (alg. geom., proj. geom., hist., diff. geom./R)
Cohen, I.B. 1941. *ISIS* 33 (3): 347-50.
Struik, D.J. 1941. *MR* 2 (Ap): 113-4.
Todd, J.A. 1940. *MG* 262 (D): 358-60.

602. **Cooper, George H.** 1902. *Elementary Arithmetic of the Octimal Notation.* Whitaker. (arith./Su)
Finkel, B.F. 1902. *AMM* 9 (N): 275.

603. **Cooper, Lane.** 1935. *Aristotle, Galileo, and the Tower of Pisa.* Cornell. (hist., phys./Su)
Gunther, R.T. 1935. *NAT* 136 (Jl 6): 6-7.

Schaaf, W.L. 1935. *AMM* 42 (Je): 388-9.
Turner, A. 1936. *SM* 4 (Ja): 74-5.

604. **Copernicus, Nicolaus.** 1939. *Three Copernican Treatises...* Trans. E. Rosen. RecCivSrStud., #30. Columbia. (astron., hist./R)
   Neugebauer, O. 1940. *MR* 1 (My): 129.
   Sabine, G.H. 1940. *AMM* 47 (Je/Jl): 386-7.

605. **Copson, Edward T.** 1935. *An Introduction to the Theory of Functions of a Complex Variable.* Oxford. (complex var./Tc, Tg)
   Broadbent, T.A.A. 1936. *MG* 20 (F): 72.
   N., E.H. 1936. *NAT* 137 (My 2): 723-5.
   Reid, W.T. 1936. *SCI* 84 (Jl 3): 21-2.

606. **Cork, James M.** 1933. *Heat.* Wiley. (heat/Tc)
   Bligh, N.M. 1934. *NAT* 134 (Jl 7): 8-9.

607. **Cornish, Vaughan.** 1934. *Ocean Waves and Kindred Geophysical Phenomena.* Macmillan. (wave mech./Tc)
   Goldstein, S. 1935. *MG* 19 (O): 305-6.

608. **Counts, George S.** 1917. *Arithmetic Tests and Studies in the Psychology of Arithmetic.* SuppEdMon., v. 1, #4. ChicagoPr. (educ., arith./R)
   Anon. 1917. *ESJ* 18 (O): 152-3.
   ———. 1917. *MT* 10 (D): 120.
   Cobb, H.E. 1917. *SSM* 17 (D): 858.

609. **Courant, Richard.** 1934-1936. *Differential and Integral Calculus.* 2 v. Trans. E.J. McShane. Nordemann. (calc./Tc)
   B., F.G.W. 1935. *NAT* 135 (Mr 9 Supp.): 386.
   ———. 1937. *NAT* 139 (F 27): 352.
   Birkhoff, G.D. 1937. *SCI* 86 (D 10): 543-4.
   Brand, L. 1937. *AMM* 44 (D): 654-5.

610. **Cournot, Antoine A.** [1897] 1927. *Researches into the Mathematical Principles of Theory of Wealth.* Trans. N.T. Bacon. Reprint. Macmillan. (econ./R)
   Evans, G.C. 1929. *AMSB* 35 (Mr/Ap): 269-71.
   Hotelling, H. 1928. *AMM* 35 (O): 439-40.
   For additional reviews see Farber 1981.

611. **Court, Nathan A.** 1925. *College Geometry.* Johnson. (college geom./Tc)

Kinney, J.M. 1926. *SSM* 26 (Ap): 444.
Owens, H.B. 1927. *AMM* 34 (Je/Jl): 326-8.

612. ———. 1935. *Modern Pure Solid Geometry.* Macmillan. (geom./Tc)

Anon. 1936. *NAT* 137 (F 22): 297.
Kinney, J.M. 1936. *SSM* 36 (Mr): 331.
Lob, H. 1936. *MG* 20 (My): 160-1.
Musselman, J.R. 1936. *AMM* 43 (Ap): 231-2.
Nichols, I.C. 1936. *NMM* 10 (Ja): 153-4.

613. **Courtenay, Edward H.** 1855. *A Treatise on the Differential and Integral Calculus, and on the Calculus of Variations.* Barnes. (calc., calc. of variations/Ts, Tc)

R., A. 1855. *AJS* 20 (Jl): 148.

614. **Courtis, Stuart A.** 1914. *Manual of Instructions for Giving and Scoring the Courtis Standard Tests in the Three R's.* Rev. ed. CoopRes. (testing, educ., arith./R)

Thorndike, E.L. 1915. *SS* 1 (Ja 9): 62-3.

615. **Couturat, Louis.** 1914. *The Algebra of Logic.* Trans. L.G. Robinson. Open. (logic, hist./Tc)

Anon. 1914. *MT* 6 (Je): 229.
Greenstreet, W.J. 1914. *MG* 7 (D): 435.
Keyser, C.J. 1914. *SCI* 40 (O 16): 559-62.
Shaw, J.B. 1915. *AMM* 22 (Mr): 95-7.

616. **Cowan, Anne L.** 1938. *Consumer Mathematics...* Stackpole. (arith., bus. arith./Tj, Ts)

Benz, H.E. 1938. *SR* 46 (S): 553-4.
Reeve, W.D. 1938. *MT* 31 (My): 255.

617. **Cowles, William H.H., and James E. Thompson.** 1935. *A Text Book of Algebra...* VanNos. (alg./Ts, Tc)

Bennett, A.A. 1936. *AMM* 43 (O): 488-9.
Kinney, J.M. 1936. *SSM* 36 (Ja): 106.

618. ———. 1936. *A Text Book of Trigonometry...* VanNos. (trig./Ts, Tc)

B., F.G.W. 1937. *NAT* 140 (Ag 28): 344.
Kinney, J.M. 1937. *SSM* 37 (F): 240.
Morley, R.K. 1937. *AMM* 44 (D): 650-1.
Pearce, J.H. 1937. *MG* 21 (My): 174.

619. **Cowles Commission for Research in Economics.** 1936. *Abstracts of Papers Presented at the Research Conference on Economics and Statistics...* ColoPubGenSer., #208. StudSer., #21. Colo. (stat./R)

    Working, H. 1937. *JASA* 32 (Je): 413-5.

620. ———. 1937-1940. *Report of Annual Research Conference on Economics and Statistics.* 4 v. Imprint varies. V. 1,2. Cowles. V. 3,4. Chicago. (stat./R)

    Dresch, F.W. 1939. *JASA* 34 (S): 596-7.
    Flood, M.M. 1940. *AMM* 47 (Je/Jl): 387-8.
    ———. 1941. *AMM* 48 (My): 331-2.
    McDiarmid, O.J. 1938. *JASA* 33 (Je): 485-7.
    ———. 1940. *JASA* 35 (Mr): 187-9.
    For additional reviews see Buros 1941, 70-1.

621. **Cowley, Elizabeth B.** 1932. *Plane Geometry.* SilverNJ. (geom./Ts)

    Anon. 1933. *MT* 26 (F): 117.
    Georges, J.S. 1933. *SR* 41 (Je): 475-7.
    Munch, H.F. 1932. *HSJ* 15 (Ap): 183, 185.
    Stone, C.A. 1932. *SSM* 32 (Je): 679-80.

622. ———. 1934. *Solid Geometry.* SilverNJ. (geom./Ts)

    Anon. 1935. *MT* 28 (Ap): 254.
    Smith, P.K. 1935. *NMM* 9 (Ja): 119-20.
    Stone, C.A. 1935. *SSM* 35 (Mr): 332.

623. **Cox, John.** 1904. *Mechanics.* Macmillan. (mech./Tc)

    Finkel, B.F. 1910. *AMM* 17 (D): 249.
    Jackson, C.S. 1904. *MG* 3 (Jl): 62-3.
    Jackson, W.H. 1910. *AMSB* 16 (Jl): 542-5.

624. **Crabtree, Harold.** 1909. *An Elementary Treatment of the Theory of Spinning Tops and Gyroscopic Motion.* Longmans. (gyro./Tc)

    Brown, E.W. 1911. *AMSB* 17 (Ja): 209-11.
    Finkel, B.F. 1909. *AMM* 16 (Ag/S): 146.
    Franklin, W.S. 1909. *SCI* 30 (D 24): 930.
    Jackson, C.S. 1909. *MG* 5 (O): 134-5.

625. ———. 1914. *An Elementary Treatment of the Theory of Spinning Tops and Gyroscopic Motion.* 2d ed. Longmans. (gyro./Tc)

    Greenstreet, W.J. 1914. *MG* 7 (D): 435.

626. **Cracknell, Alfred G.** 1891. *Solutions of the Examples in Charles Smith's "Elementary Algebra".* Macmillan. (alg./Su)

   Anon. 1891. *NAT* 44 (S 10): 444.

627. ———. (1904) 1905. *Practical Mathematics.* 3d ed. Longmans. (arith., alg., geom., appl./Tj, Ts)

   Slaught, H.E. 1906. *SR* 14 (O): 613-4.

628. **Craig, Thomas.** 1889. *A Treatise on Linear Differential Equations.* V. 1. Wiley. (diff. eqns./Tc)

   Anon. 1887. *MV* 2 (Ja): 101.
   ———. 1889. *JE* 30 (O 10): 237.
   ———. 1890. *MMAG* 2 (Ja): 15.
   Fields, J.C. 1891. *NYMSB* 1 (N): 48-54.

629. **Cramer, Harald.** 1937. *Random Variables and Probability Distributions.* CambTrM&MP., #36. Macmillan. (prob., stat./R)

   Aitken, A.C. 1938. *MG* 22 (My): 193-4.
   Margenau, H. 1938. *AMSB* 44 (S): 611.
   Z., A.v. 1938. *NAT* 141 (Ja 8): 55-6.
   For additional reviews see Buros 1938, 16; and Buros 1941, 71.

630. **Crandall, Harris, and F. Eugene Seymour.** 1937. *General Mathematics...* Heath. (genl./Ts, Tc)

   Cooper, E.M. 1939. *AMM* 46 (F): 102.
   Hawkins, G.E. 1938. *SR* 46 (Ap): 313-5.
   Radius, C. 1937. *SSM* 37 (N): 1005-6.
   Reeve, W.D. 1937. *MT* 30 (N): 349.
   Tuckey, C.O. 1938. *MG* 22 (Jl): 317-9.

631. **Crandall, Irving B.** 1926. *Theory of Vibrating Systems and Sound.* VanNos. (sound/Tc)

   Picolet, L.E. 1927. *JFI* 203 (F): 341-2.

632. **Crathorne, Arthur R., and Ernest B. Lytle.** 1930. *Trigonometry.* Holt. (trig./Ts)

   Dancer, W. 1931. *AMM* 38 (F): 110-1.
   Kinney, J.M. 1930. *SSM* 30 (D): 1082.

633. ———. 1938. *Trigonometry.* Rev. ed. Holt. (trig./Ts)

   Corliss, J.J. 1938. *SSM* 38 (O): 832-3.

634. **Crawley, Edwin S.** 1890. *Elements of Plane and Spherical Trigonometry.* Lippincott. (trig./Ts)
Anon. 1890. *JE* 31 (F 27): 138.

635. ———. 1896. *Elements of Plane and Spherical Trigonometry.* 2d ed. Philadelphia, Pa.: b.a. (trig./Ts)
Finkel, B.F. 1896. *AMM* 3 (Ag/S): 227.

636. ———, ed. 1899. *Tables of Logarithms to Five Places of Decimals...* Philadelphia, Pa.: b.a. (logs./R)
Finkel, B.F. 1899. *AMM* 6 (Mr): 95.

637. ———. 1902. *A Short Course in Plane and Spherical Trigonometry.* Philadelphia, Pa.: b.a. (trig./Ts)
Finkel, B.F. 1902. *AMM* 9 (O): 242.

638. ———. 1907. *The Elements of Plane and Spherical Trigonometry.* Rev. ed. Philadelphia, Pa.: b.a. (trig./Ts)
Finkel, B.F. 1907. *AMM* 14 (O): 192.

639. ———, cmp. 1914. *One Thousand Exercises in Plane and Spherical Trigonometry.* Philadelphia, Pa.: b.a. (trig./Su)
Bussey, W.H. 1915. *AMM* 22 (Ja): 13-4.

640. ———, and **Perry A. Caris.** 1933. *A First Course in Calculus.* Crofts. (calc./Ts, Tc)
Georges, J.S. 1933. *SSM* 33 (D): 1022, 1024.
Underhill, A.L. 1935. *AMM* 42 (O): 505.

641. **Crawley, Edwin S., and Henry B. Evans.** 1918. *Analytic Geometry.* Philadelphia, Pa.: b.a. (anal. geom./Ts, Tc)
Barton, R.M. 1919. *AMM* 26 (Mr): 113-6.
Cobb, H.E. 1918. *SSM* 18 (Je): 568.

642. ———. 1928. *Analytic Geometry.* Rev. ed. Crofts. (anal. geom./Ts, Tc)
Tripp, M.O. 1928. *AMM* 35 (O): 443-5.

643. ———. 1930. *Plane Trigonometry.* Crofts. (trig./Ts)
O'Rourke, J.M. 1930. *SSM* 30 (Je): 704.

644. **Crenshaw, Bolling H., and Homer M. Derr.** 1923. *Plane Trigonometry.* Ginn. (trig./Ts)

Cobb, H.E. 1924. *SSM* 24 (Ja): 108.

645. **Crenshaw, Bolling H., and Duncan C. Harkin.** 1929. *College Algebra*. Blakiston. (alg./Ts, Tc)

 Barnard, R.W. 1931. *AMM* 38 (My): 282-3.
 Kinney, J.M. 1929. *SSM* 29 (Ap): 438.

646. **Crenshaw, Bolling H., and Cincinnatus D. Killebrew.** 1925. *Analytic Geometry and Calculus*. Blakiston. (anal. geom., calc./Ts, Tc)

 Kinney, J.M. 1925. *SSM* 25 (N): 890.
 Picolet, L.E. 1925. *JFI* 200 (Ag): 267-8.

647. ———. 1937. *Analytic Geometry and Calculus*. Rev. R.D. Doner. 2d ed. Blakiston. (anal. geom., calc./Ts, Tc)

 Oppermann, R.H. 1937. *JFI* 223 (Ap): 543-4.
 Warner, L.C. 1937. *SSM* 37 (Je): 756.

648. **Crenshaw, Bolling H., Zareh M. Pirenian, and Thomas M. Simpson.** 1930. *Mathematics of Finance*. Prentice. (finance/Ts, Tc)

 Bushey, J.H. 1932. *AMM* 39 (N): 540-1.
 Fraser, D.C. 1932. *MG* 16 (O): 295-6.

649. **Crenshaw, Bolling H., Thomas M. Simpson, and Zareh M. Pirenian.** 1935. *Commercial Algebra*. Prentice. (finance/Ts, Tc)

 Anon. 1937. *MT* 30 (Ja): 38.

650. **Crew, Henry.** 1908. *The Principles of Mechanics...* Longmans. (mech./Tc)

 Carman, A.P. 1909. *SCI* 29 (Ap 9): 579-80.

651. ———, **and Keith K. Smith.** 1931. *Mechanics...* Macmillan. (mech./Tc)

 Littauer, S.B. 1931. *AMM* 38 (Je/Jl): 334-5.

652. **Crockett, Charles W.** 1896. *Elements of Plane and Spherical Trigonometry*. AmBk. (trig./Ts)

 Anon. 1897. *ED* 17 (Ja): 320.
 Finkel, B.F. 1896. *AMM* 3 (D): 332.

653. **Crofts, James M., and D. Caradog Jones.** 1928. *Secondary School Examination Statistics*. Longmans. (educ./R)

Nunn, T.P. 1928. *MG* 14 (D): 276-7.

654. **Croxton, Frederick E., and Dudley J. Cowden.** 1934. *Practical Business Statistics.* Prentice. (stat./Tc)

   Hoffer, I.S. 1934. *JASA* 29 (D): 451-3.
   For additional reviews see Buros 1938, 17; and Buros 1941, 80.

655. ———. 1939. *Applied General Statistics.* Prentice. (stat./Tc)

   Neyman, J. 1940. *MR* 1 (My): 151.
   Sandon, F. 1942. *MG* 26 (O): 194-6.
   Smart, L.E. 1940. *JASA* 35 (S): 561-2.
   For additional reviews see Buros 1941, 75-80; and Buros 1951.

656. **Crum, William L., and Alson C. Patton.** 1925. *An Introduction to the Methods of Economic Statistics.* Shaw. (stat., econ./Tc, Tg)

   Rietz, H.L. 1926. *AMM* 22 (Ag/S): 382-3.
   Weyforth, W.O. 1926. *JASA* 21 (Mr): 105-7.
   For an additional review see Farber 1981.

657. ———, **and Arthur R. Tebbutt.** 1938. *Introduction to Economic Statistics.* McGraw. (stat./Tc, Tg)

   Baten, W.D. 1939. *AMM* 46 (Mr): 163-5.
   Mudgett, B.D. 1939. *JASA* 34 (Je): 416-9.
   For additional reviews see Buros 1941, 80-3.

658. **Cullis, Cuthbert E.** (1913-1925) 1913-1926. *Matrices and Determinoids.* 3 v. Macmillan. (matrices/Tc)

   Muir, T. 1913. *MG* 7 (D): 212-3.
   Shaw, J.B. 1920. *AMSB* 26 (F): 224-33.
   ———. 1927. *AMSB* 33 (S/O): 618-21.
   Turnbull, H.W. 1926. *MG* 13 (O): 208-12.

659. **Cullwick, Ernest G.** 1939. *The Fundamentals of Electro-Magnetism.* Macmillan. (electromag./Tc)

   Oppermann, R.H. 1939. *JFI* 228 (S): 408.

660. **Cunningham, Ebenezer.** 1915. *Relativity and the Electron Theory.* Longmans. (relat./R)

   Wilson, E.B. 1916. *SCI* 43 (My 12): 688.

661. **Currier, Clinton H., and Emery E. Watson.** 1929. *A Course in General Mathematics.* Macmillan. (genl./Ts, Tc)

Seidlin, J. 1930. *AMM* 37 (Ja): 34-6.

662. ———, and James S. Frame. 1939. *A Course in General Mathematics.* Rev. ed. Macmillan. (genl./Ts, Tc)

Carnahan, W.H. 1939. *SSM* 39 (Je): 590.
Infeld, H.A. 1939. *AMM* 46 (Ag/S): 443.
Kellaway, F.W. 1939. *MG* 23 (O): 407-8.
W., E. 1939. *MT* 32 (Mr): 141.

663. Curtis, Arthur B, and John H. Cooper. 1926. *Mathematics of Accounting.* Prentice. (finance/Ts, Tc)

Craig, C.F. 1927. *AMM* 34 (Je/Jl): 326.

664. Curtiss, David R. 1926. *Analytic Functions of a Complex Variable.* CarusMon. #2. Open. (complex var./R)

Anon. 1927. *MG* 13 (Ja): 287.
Hutchinson, J.I. 1927. *AMM* 34 (My): 266-8.
Kinney, J.M. 1926. *SSM* 26 (N): 908.
Rasor, S.E. 1928. *AMSB* 34 (N/D): 773-4.
Ross, R. 1927. *SP* 21 (Ja): 534.

665. ———, and Elton J. Moulton. 1927. *Trigonometry...* Heath. (trig./Ts)

Glazier, H.E. 1929. *AMM* 36 (F): 92-4.

666. ———. 1928. *High School Trigonometry with Tables.* Heath. (trig./Ts)

Kinney, J.M. 1928. *SSM* 28 (N): 904.

667. ———. 1930. *Analytic Geometry.* Heath. (anal. geom./Ts, Tc)

Campbell, A.D. 1930. *AMM* 37 (D): 538-9.
Kinney, J.M. 1930. *SSM* 30 (O): 846.

668. ———. 1940. *A Brief Course in Trigonometry.* Heath. (trig./Ts)

Comfort, E. 1940. *NMM* 15 (D): 156-7.
Read, C.B. 1940. *SSM* 40 (O): 696.
Snyder, V. 1940. *AMM* 47 (O): 560.

669. Cushman, Frank. 1926. *Mathematics and the Machinist's Job...* Wiley. (appl./Tj, Ts)

Knight, M.A., M.M. James, and M.L. Berg. 1927. *BRD* 23 (Ann): 187.

D

670. **Dadourian, Haroutune M.** 1913. *Analytical Mechanics...* VanNos. (mech./Tc)

    Rettger, E.W. 1914. *SCI* 39 (Ja 23): 140-2.

671. ———. 1916. *Analytical Mechanics...* 2d ed. VanNos. (mech./Tc)

    Rettger, E.W. 1916. *SCI* 44 (Ag 25): 278-80.

672. ———. 1931. *Analytical Mechanics...* 3d ed. VanNos. (mech./Tc)

    Dalaker, H.H. 1934. *AMM* 41 (Ap): 256-7.
    Oppermann, R.H. 1935. *JFI* 219 (Ap): 505.

673. **Dahlberg, Gunnar.** 1940. *Statistical Methods...* Intsci. (stat./Tc)

    Anon. 1941. *MR* 2 (Mr): 108.
    Fisher, R.A. 1940. *NAT* 145 (Je 29): 1010.
    Harmon, G.E. 1941. *JASA* 36 (Je): 312.
    Wilks, S.S. 1941. *SCI* 93 (My 23): 497-8.
    For additional reviews see Buros 1941, 84-5; and Buros 1951, 69-70.

674. **Dalaker, Hans H., and Henry E. Hartig.** 1930. *The Calculus.* McGraw. (calc./Ts, Tc)

    Broadbent, T.A.A. 1931. *MG* 15 (D): 507.
    Kinney, J.M. 1930. *SSM* 30 (Je): 710.
    Simon, W.G. 1930. *AMM* 37 (Ag/S): 375-6.

675. ———. 1932. *The Calculus.* 2d ed. McGraw. (calc./Ts, Tc)

    Kinney, J.M. 1932. *SSM* 32 (Je): 683-4.

676. ———. 1935. *The Calculus.* 3d ed. McGraw. (calc./Ts, Tc)

Anon. 1935. *NAT* 136 (D 7): 892.
———. 1936. *MT* 29 (Ja): 50.
Broadbent, T.A.A. 1935. *MG* 19 (D): 384.
Kinney, J.M. 1935. *SSM* 35 (N): 890.
Smith, C.D. 1935. *NMM* 10 (D): 113-4.

677. **Dale, Robert B.** 1915. *Arithmetic for Carpenters and Builders.* Wiley. (arith./Tj)

Anon. 1916. *EDAS* 2 (N): 598.

678. **Daniels, Farrington.** 1928. *Mathematical Preparation for Physical Chemistry.* McGraw. (calc., diff. eqns., inf. series, prob., appl./Tc, R)

Fort, T. 1928. *AMM* 35 (Ag/S): 369-70.
Knight, M.A., M.M. James, M.L. Berg. 1928. *BRD* 24 (Ann): 182.

679. **Dantzig, Tobias.** 1930. *Number, the Language of Science.* Macmillan. (fnds., hist., no. theory, arith./R, Su)

Beta$_2$. 1932. *SP* 26 (Ap): 700-2.
Broadbent, T.A.A. 1931. *MG* 15 (D): 507-8.
Ingalls, A.G. 1930. *SA* 143 (S): 232.
Ingraham, M.H. 1931. *AMM* 38 (Mr): 164-6.
Miller, G.A. 1931. *AMSB* 37 (Ja): 9.
Sarton, G. 1931. *ISIS* 16 (2): 455-9.
For an additional review see Farber 1981.

680. ———. 1933. *Number, the Language of Science.* 2d ed. Macmillan. (fnds., hist., no. theory, arith./R, Su)

Anon. 1933. *MT* 26 (My): 316.
Kinney, J.M. 1933. *SSM* 33 (O): 799-800.
Sarton, G. 1934. *ISIS* 20 (2): 592-3.

681. ———. 1937. *Aspects of Science.* Macmillan. (appl., geom., relat., phil., fnds./Su)

Good, C.V. 1938. *JER* 32 (S): 48-50.
Hocking, R. 1938. *ISIS* 29 (1): 155-7.
Infeld, L. 1941. *SM* 8 (Je): 119-20.
Ingalls, A.G. 1938. *SA* 159 (Ag): 105.
Keyser, C.J. 1938. *AMM* 45 (Ag/S): 465-7.
Oppermann, R.H. 1937. *JFI* 224 (O): 534.

682. ———. 1939. *Number, the Language of Science.* 3d ed. Macmillan. (fnds., hist., no. theory, arith./R, Su)

Anon. 1940. *SSM* 40 (My): 496.

Broadbent, T.A.A. 1941. *MG* 25 (My): 128.
Sarton, G. 1940. *ISIS* 31 (2): 475-6.

683. **Darwin, George H.** 1898. *The Tides and Kindred Phenomena...* Houghton. (phys./R)

Brown, E.W. 1899. *AMSB* 5 (My): 406-13.

684. ———. (1907-1911) 1908-1911. *Scientific Papers.* 4 v. Putnam. (appl., phys./R)

Brown, E.W. 1909. *AMSB* 16 (N): 73-8.
———. 1912. *AMSB* 18 (Je): 456-62.

685. **Davenport, Charles B.** 1899. *Statistical Methods...* Wiley. (stat., appl./Tc)

Finkel, B.F. 1900. *AMM* 7 (F): 58.

686. ———. 1904. *Statistical Methods...* 2d ed. Wiley. (stat., appl./Tc)

Finkel, B.F. 1905. *AMM* 12 (F): 57.

687. ———, **and Merle P. Ekas.** 1936. *Statistical Methods...* 4th ed. Wiley. (stat., appl./Tc)

Dunn, H.L. 1937. *JASA* 32 (S): 586-7.
Wishart, J. 1937. *MG* 21 (Jl): 242.
For additional reviews see Buros 1937, 65-6; Buros 1938, 19; and Buros 1941, 86-7.

688. **Davidson, James, and Arthur J. Pressland.** 1926. *A Second Geometry.* Oxford. (geom./Ts)

Dobbs, W.J. 1927. *MG* 13 (Mr): 336-7.

689. **Davies, Charles.** 1833. *The Common School Arithmetic...* Sumner. (arith./Te, Tj)

Anon. 1834. *AAEI* 4 (Mr): 148.

690. ———. 1838. *Mental and Practical Arithmetic...* Bogert. (arith./Te, Tj)

Anon. 1838. *AAEI* 8 (Je): 287-8.

691. ———. 1860. *Elements of Analytical Geometry and of the Differential and Integral Calculus.* BarnesB. (anal. geom., calc./Ts, Tc)

Anon. 1860. *MMON* 3 (O): 30-2.

692. ———. 1860. *University Algebra...* BarnesB. (alg./Ts, Tc)

Anon. 1860. *MMON* 3 (N): 63-4.

693. ———. 1883. *Elements of Surveying and Leveling.* Rev. J.H.V. Amringe. Barnes. (surv./Ts)

Anon. 1883. *MMAG* 1 (O): 138.

694. **Davies, George R.** 1922. *Introduction to Economic Statistics.* Century. (econ., stat./Tc)

Mills, F.C. 1922. *JASA* 18 (D): 552-4.
For additional reviews see Farber 1981.

695. ———, and **Walter F. Crowder.** 1933. *Methods of Statistical Analysis...* Wiley. (stat./R, Su)

Davenport, D. 1934. *JASA* 29 (Je): 228-9.
Wishart, J. 1933. *MG* 17 (D): 341-2.
For additional reviews see Buros 1938, 19-21; Buros 1941, 87; and Farber 1981.

696. **Davies, George R., and Dale Yoder.** 1937. *Business Statistics.* Wiley. (stat./Tc)

Scott, F.V. 1937. *JASA* 32 (D): 811.
Wishart, J. 1938. *MG* 22 (O): 413-4.
For additional reviews see Buros 1938, 21-2; and Buros 1941, 87.

697. **Davies, Jeannie B.T.** 1922. *An Experiment in Number Teaching.* Longmans. (educ., arith./Su)

Anon. 1923. *ED* 43 (My): 586.
Greenstreet, W.J. 1923. *MG* 11 (Ja): 243.
Scates, D.E. 1923. *ESJ* 23 (My): 713-4.

698. **Davis, Ellery W.** 1890. *An Introduction to the Logic of Algebra...* Wiley. (alg., fnds./Ts, Tc)

Anon. 1890. *JE* 32 (Ag 28): 139.
———. 1890. *MMAG* 2 (Ap): 32.
———. 1890. *SCI* 16 (O 10): 209.
D., W.P. 1892. *AM* 6 (4): 98.

699. ———, and **William C. Brenke.** 1912. *The Calculus.* Ed. E.R. Hedrick. Macmillan. (calc./Ts, Tc)

Anon. 1912. *MT* 5 (D): 132.
Bussey, W.H. 1913. *AMM* 20 (Ja): 26-31.
Cobb, H.E. 1913. *SSM* 13 (Ja): 84.
Davis, E.W. 1915. *AMSB* 22 (O): 41.

Finkel, B.F. 1912. *AMM* 19 (D): 202.
Fite, W.B. 1916. *AMSB* 22 (Jl): 510-1.
Keyser, C.J. 1913. *SCI* 38 (Jl 18): 90-3.
Wilson, E.B. 1915. *AMSB* 21 (Je): 471-6.

700. ———. 1922. *The Calculus.* Ed. E.R. Hedrick. Rev. ed. Macmillan. (calc./Ts, Tc)

Porter, M.B. 1923. *AMM* 30 (Ja): 32-3.

701. Davis, Emerson. 1832. *The Franklin Intellectual Arithmetic...* Merriam. (arith./Te, Tj)

Anon. 1832. *AAEI* 2 (D 1/15): 602-3.

702. Davis, Hannibal A., and Livingston H. Chambers. 1933. *Brief Course in Plane and Spherical Trigonometry.* AmBk. (trig./Ts)

Anon. 1933. *MT* 26 (N): 446.
Kinney, J.M. 1934. *SSM* 34 (Mr): 328.
Wells, M.E. 1934. *AMM* 41 (F): 98-9.

703. Davis, Harold T. 1927. *A Survey of Methods for the Inversion of Integrals of Volterra Type.* IndStud., v. 14, #76-77. Bloomington, Ind.: n.p. (integral eqns./R)

Evans, G.C. 1928. *AMM* 35 (N): 491-2.

704. ———. 1930. *The Theory of the Volterra Integral Equation of Second Kind.* IndStud., v. 17, #88-90. Bloomington, Ind.: n.p. (integral eqns./R)

Kennison, L.S. 1931. *AMM* 38 (O): 455.
Raynor, G.E. 1931. *SSM* 31 (O): 894.

705. ———. 1931. *Philosophy and Modern Science.* Principia. (quantum mech., prob./Su)

Anger, C.J. 1932. *ISIS* 18 (1): 204-6.
Bennett, A.A. 1933. *AMM* 40 (Ja): 47-8.
Broadbent, T.A.A. 1932. *MG* 16 (Jl): 221.

706. ———, cmp. 1933-1935. *Tables of the Higher Mathematical Functions.* 2 v. Principia. (anal., tables/R)

Abel, T. 1934. *JASA* 29 (Je): 235-6.
Bennett, A.A. 1936. *SCI* 84 (Jl 10): 42-3.
Comrie, L.J. 1936. *MG* 20 (Jl): 225-7.
Elder, J.D. 1936. *JASA* 31 (D): 759-60.
Franklin, P. 1934. *AMM* 41 (Je/Jl): 381-2.
———. 1936. *AMM* 43 (O): 486.
Kinney, J.M. 1934. *SSM* 34 (N): 896.

———. 1936. *SSM* 36 (Je): 690.
Milne-Thompson, L.M. 1934. *NAT* 134 (Ag 25): 272-3.
———. 1937. *NAT* 132 (Mr 13 Supp.): 461.
Sarton, G. 1934. *ISIS* 21 (2): 330-4.
———. 1936. *ISIS* 25 (1): 277.
For additional reviews see Buros 1941, 87-90.

707. ———. 1935. *A Course in General Mathematics.* Principia. (genl./Tj, Ts, Tc)

Kinney, J.M. 1936. *SSM* 36 (Je): 689-90.

708. ———. 1936. *The Theory of Linear Operators...* Principia. (anal., fcn. eqns./R)

B., F.G.W. 1937. *NAT* 140 (Jl 31): 174-5.
Hille, E. 1939. *AMSB* 45 (Mr): 220-2.

709. ———. 1938. *A Course in General Mathematics.* Principia. (genl./Tj, Ts, Tc)

Naylor, V. 1938. *MG* 22 (O): 419.

710. ———. 1940. *College Algebra.* Prentice. (alg./Ts, Tc)

Friedman, B. 1941. *SSM* 41 (O): 704-5.
Moody, E.I. 1941. *AMM* 48 (Je/Jl): 400-1.
Morrow, D.C. 1941. *NMM* 15 (Ja): 214-5.

711. ———, and **William F.C. Nelson.** 1935. *Elements of Statistics...* Principia. (stat., econ./Tc)

Baten, W.D. 1936. *AMM* 43 (Ap): 232-4.
Bennett, A.A. 1936. *SCI* 84 (Jl 10): 42.
Kellogg, L.S. 1936. *JASA* 31 (Je): 418-20.
Sarton, G. 1936. *ISIS* 25 (1): 279.
Wishart, J. 1936. *MG* 20 (F): 67-8.
For additional reviews see Buros 1938, 22-3; Buros 1941, 90; and Farber 1981.

712. **Davis, John.** 1854. *The Measure of the Circle.* Providence, R.I.: p.p. (geom./Su)

Schaaf, W.L. 1939. *SM* 6 (Mr): 53-4.

713. **Davis, Nettie S.** 1920. *Vocational Arithmetic for Girls.* Bruce. (arith., appl., bus. arith./Tj, Ts)

Anon. 1921. *MT* 14 (Mr): 159.
———. 1921. *SR* 29 (Ap): 318-9.

714. **Davison, Charles.** (1908-1913) 1908-1914. *Algebra for Secondary Schools, Exercises, and Problem Papers.* 3 v. Putnam. (alg./Ts, Tc, Su)

    Finkel, B.F. 1908. *AMM* 15 (N): 216.
    ———. 1911. *AMM* 18 (Ag/S): 170.
    Jackson, C.S. 1913. *MG* 7 (D): 213.
    Milne, John J. 1908. *MG* 4 (D): 392-4.

715. ———. 1910. *A Class-Book of Trigonometry.* Putnam. (trig./Ts)

    Anon. 1910. *MG* 5 (D): 375.
    Finkel, B.F. 1910. *AMM* 17 (N): 228.

716. ———. 1912. *Higher Algebra for Colleges and Secondary Schools.* Putnam. (alg., inf. series, eqn. theory/Tc)

    Brenke, W.C. 1913. *AMM* 20 (Mr): 98-100.
    Hardy, G.H. 1913. *MG* 7 (Ja): 21-4.

717. ———. 1915. *Subjects for Mathematical Essays.* Macmillan. (geom., inf. products/Su)

    Baker, R.P. 1916. *AMM* 23 (O): 298-9.

718. **Davisson, Schuyler C.** 1910. *College Algebra.* Macmillan. (alg./Ts, Tc)

    Anon. 1910. *ED* 31 (N): 207-8.
    Cobb, H.E. 1910. *SSM* 10 (D): 844.
    Dresden, A. 1911. *AMSB* 17 (Jl): 542-5.
    Finkel, B.F. 1910. *AMM* 17 (Ag/S): 178-9.

719. **Day, Edmund E.** 1925. *Statistical Analysis.* Macmillan. (stat./Tc)

    Aitken, A.C. 1927. *MG* 13 (Ja): 290.
    Anon. 1928. *CSJ* 11 (O): 78.
    Dodd, E.L. 1926. *AMSB* 32 (S/O): 564.
    Forsyth, C.H. 1926. *AMM* 33 (Je/Jl): 333.
    Hotelling, H. 1926. *JASA* 21 (S): 360-3.
    For additional reviews see Farber 1981.

720. **Day, Jeremiah.** 1852. *An Introduction to Algebra...* Rev. J. Day and A.D. Stanley. New ed. Durrie. (alg./Tj, Ts)

    Anon. 1852. *AJS* 13 (My): 444-7.

721. **De Groat, Harry De W., and William E. Young.** 1938-1940. *Iroquois New Standard Arithmetics.* 3 v. Iroquois. (arith./Te)

    K., W. 1939. *CSJ* 20 (Mr/Ap): 199.

722. **De Groat, Harry De W., Sidney G. Firman, William A. Smith.**
1927. The *Iroquois Arithmetics...* 6 v. Iroquois. (arith./Te, Tj)
Anon. 1927. *CSJ* 10 (D): 150.

723. **De Lella, Amelia.** 1934. *Five Place Table of Natural Trigonometric Functions...* Wiley. (tables, trig./R)
Comrie, L.J. 1935. *MG* 19 (F): 61-2.

724. **De Medici, Charles.** 1895-1896. *Medici's Rational Mathematics.* 3 v. Lovell. (arith., geom./Tj, Ts)
Finkel, B.F. 1896. *AMM* 3 (Ap): 125.

725. **De Morgan, Augustus.** 1898. *On the Study and Difficulties of Mathematics.* New ed. Open. (educ./R, Su)
Finkel, B.F. 1899. *AMM* 6 (Ja): 23-4.

726. ———. 1899. *Elementary Illustrations of the Differential and Integral Calculus.* New ed. Open. (calc./Su)
Anon. 1899. *MON* 10 (O): 157-8.
Finkel, B.F. 1899. *AMM* 6 (O): 254.

727. ———. 1914. *Essays on the Life and Work of Newton.* Ed. P.E.B. Jourdain. Open. (hist., biog., calc./R, Su)
J. 1920. *ISIS* 3 (2): 283-5.
Z., X.Y. 1914. *MG* 7 (O): 410-1.

728. ———. 1915. *A Budget of Paradoxes.* Ed. D.E. Smith. 2d ed. 2 v. Open. (prob., logic, trisection, pi, recr., hist./R, Su)
Anon. 1915. *MT* 8 (D): 104.
Cobb, H.E. 1916. *SSM* 16 (F): 184.
Karpinski, L.C. 1915. *SCI* 42 (N): 729-31.
———. 1916. *AMSB* 22 (Je): 468-71.
Sigma. 1915. *MON* 25 (Ap): 319-20.

729. **Dedekind, Richard.** 1901. *Essays on the Theory of Numbers.* Trans. W.W. Beman. Open. (fnds./Su)
Anon. 1902. *MON* 13 (Ja): 313-5.
Dickson, L.E. 1902. *AMSB* 8 (Mr): 259-60.
Finkel, B.F. 1901. *AMM* 8 (Ap): 105.

730. **Deetz, Charles H., and Oscar S. Adams.** 1921. *Elements of Map Projection...* DeptCommUSCGSur., ser. #146, spec. publ. #68. GPO. (cartog./R, Su)
Anon. 1921. *JFI* 192 (Ag): 269-70.

———. 1922. *AMM* 29 (F): 71-2.
Dowling, L.W. 1922. *AMSB* 28 (D): 473.

731. **Dehn, Edgar.** 1930. *Algebraic Equations...* Columbia. (groups, eqn. theory, dyn., Galois theory/Tc)

    Anon. 1934. *MG* 18 (D): 352.
    Ferrar, W.L. 1931. *SP* 25 (Ap): 700.
    Weisner, L. 1931. *AMM* 38 (F): 103-5.

732. **Deimel, Richard F.** 1929. *Mechanics of the Gyroscope.* Macmillan. (gyro./Tc, R)

    Howland, R.C.J. 1931. *SP* 25 (Ja): 525-6.

733. **Deming, Alhambra G.** 1916. *Number Stories.* Beckley. (arith./Su)

    Anon. 1916. *MT* 9 (D): 133.
    ———. 1917. *ED* 37 (Ap): 540.
    Cobb, H.E. 1917. *SSM* 17 (Mr): 274.

734. **Deming, W. Edwards.** 1938. *Some Notes on Least Squares.* USDeptAgrGS. (stat., hist./R, Su)

    Anon. 1939. *NAT* 144 (S 30 Supp.): 585.
    Ogburn, J.H. 1939. *AMSB* 45 (Jl): 502-3.
    Oppermann, R.H. 1939. *JFI* 227 (F): 291-2.
    Schumacher, F.X. 1939. *JASA* 34 (D): 753-4.
    For additional reviews see Buros 1941, 91-3.

735. **Descartes, René.** 1899. *Discourse on the Method of Rightly Conducting the Reason...* Trans. J. Veitch. Open. (phil./Su)

    Finkel, B.F. 1899. *AMM* 6 (O): 253.

736. ———. 1925. *The Geometry of René Descartes.* Trans. D.E. Smith and M.L. Latham. Open. (anal. geom., hist./R, Su)

    Cajori, F. 1926. *AMM* 33 (D): 517-8.
    Heath, T.L. 1926. *MG* 13 (D): 258-63.
    Karpinski, L.C. 1928. *AMSB* 34 (S/O): 668.
    Kinney, J.M. 1926. *SSM* 26 (Ap): 442.
    Sarton, G. 1926. *ISIS* 8 (1): 173-5.
    Simons, L.G. 1926. *MT* 19 (O): 379.
    White, F.P. 1926. *SP* 21 (O): 346-8.

737. **Dewey, John.** 1938. *Logic...* Holt. (logic/R, Su)

    Dennes, W.R. 1940. *PR* 49 (Mr): 259-61.
    For additional reviews see Farber 1981.

738. **Dickson, Leonard E.** 1897. *The Analytic Representation of Substitutions...* U. Chicago diss. Washington, D.C.: n.p. (groups, Galois theory/Su)

Anon. 1898. *AMM* 5 (F): 65.

739. ———. 1902. *College Algebra.* Wiley. (alg./Ts, Tc)

Anon. 1902. *AMM* 9 (F): 57-8.

740. ———. 1903. *Introduction to the Theory of Algebraic Equations.* Wiley. (groups, Galois theory, eqn. theory/R, Su)

Finkel, B.F. 1903. *AMM* 10 (Mr): 86.
Miller, G.A. 1904. *AMSB* 10 (My): 411.

741. ———. 1914. *Algebraic Invariants.* WileyMatMon., #14. Wiley. (anal. geom., proj. geom., invariants/R)

Anon. 1914. *MT* 7 (D): 73.
Carmichael, R.D. 1916. *AMSB* 22 (Ja): 197-9.
Cobb, H.E. 1914. *SSM* 14 (D): 827-8.
Keyser, C.J. 1916. *SCI* 44 (Jl 7): 25-8.
Miller, G.A. 1915. *AMM* 22 (Ja): 16-7.

742. ———. 1914. *Elementary Theory of Equations.* Wiley. (eqn. theory/Tc)

Anon. 1914. *MT* 7 (S): 35.
Carmichael, R.D. 1915. *AMSB* 21 (F): 247-9.
Cobb, H.E. 1914. *SSM* 14 (Je): 541-2.
Miller, G.A. 1914. *SCI* 40 (S 18): 410-1.
Swift, E. 1914. *AMM* 21 (O): 264-6.

743. ———. 1914. *Linear Algebras.* CambTrM&MP., #16. Putnam. (linear alg., groups/R)

Graustein, W.C. 1915. *AMSB* 21 (Jl): 511-22.

744. ———. 1919-1923. *History of the Theory of Numbers.* 3 v. Publ. #256, 3 v. Carnegie. (no. theory, hist./R)

Carmichael, R.D. 1919, 1920. *AMM* 26 (N): 396-403; 27 (F): 71.
———. 1921. *AMM* 28 (F): 72-8.
———. 1923. *AMM* 30 (Jl/Ag): 259-62.
Child, J.M. 1920. *ISIS* 3 (3): 446-8.
———. 1921. *ISIS* 4 (1): 107-8.
———. 1924. *ISIS* 6 (1): 96-8.
Lehmer, D.N. 1919. *AMSB* 26 (D): 125-32.
———. 1920. *AMSB* 26 (Mr): 281.
Vandiver, H.S. 1924. *AMSB* 30 (Ja/F): 65-70.

Wrinch, D. 1920. *SP* 14 (Ja): 497.

745. ———. 1922. *First Course in the Theory of Equations*. Wiley. (eqn. theory/Tc)

Bennett, A.A. 1922. *AMM* 29 (N/D): 406-8.
Greenstreet, W.J. 1923. *MG* 11 (Mr): 289.

746. ———. 1922. *Plane Trigonometry...* SanbornCh. (trig./Ts)

Bennett, A.A. 1922. *AMM* 29 (My): 217-9.
Cobb, H.E. 1922. *SSM* 22 (Je): 596.

747. ———. 1923. *Algebras and their Arithmetics*. ChicagoPr. (no. theory, matrices, Galois theory/Tc, Tg, R)

Berwick, W.E.H. 1924. *MG* 12 (My): 120.
Cobb, H.E. 1923. *SSM* 23 (D): 916.
Hazlett, O.C. 1924. *AMSB* 30 (My/Je): 263-70.
MacDuffee, C.C. 1924. *AMM* 2 (F): 96-8.

748. ———. 1926. *Modern Algebraic Theories*. SanbornCh. (abst. alg., invariants, matrices, groups/Tc, Tg, R)

Bell, E.T. 1926. *AMSB* 32 (N/D): 707-10.
Turnbull, H.W. 1927. *MG* 13 (Ja): 288-9.
Williams, W.L.G. 1927. *AMM* 34 (D): 532-5.

749. ———. 1929. *Introduction to the Theory of Numbers*. ChicagoPr. (no. theory/Tc)

Anon. 1930. *AMM* 37 (Ja): 30.
Bell, E.T. 1930. *AMSB* 36 (Jl): 455-9.
Berwick, W.E.H. 1933. *MG* 17 (D): 335.
Kinney, J.M. 1930. *SSM* 30 (Je): 710.

750. ———. 1930. *Studies in the Theory of Numbers*. ChicagoPr. (no. theory/R, Su)

Estermann, T. 1931. *SP* (Ap): 700-1.
Kempner, A.J. 1933. *AMM* 40 (Ja): 40-2.
Kinney, J.M. 1931. *SSM* 31 (F): 244, 246.
Mordell, L.J. 1931. *MG* 15 (Mr): 361-2.
Uspensky, J.V. 1932. *AMSB* 38 (Jl): 463-5.

751. ———. 1935. *Researches on Waring's Problem*. Publ. #464. Carnegie. (no. theory/R)

Bell, E.T. 1936. *AMSB* 42 (Jl): 477.

752. ———. 1939. *Modern Elementary Theory of Numbers*. ChicagoPr. (no. theory/Tc)

Brinkmann, H.W. 1940. *MR* 1 (Mr): 65.
Davenport, H. 1940. *NAT* 146 (S 28): 418-9.
Ingham, A.E. 1940. *SCI* 91 (Ap 19): 385.
Lester, C.A. 1940. *AMSB* 46 (My): 388-9.
Mordell, L.J. 1940. *MG* 24 (O): 295-8.

753. ———. 1939. *New First Course in the Theory of Equations.* Wiley. (eqn. theory/Tc)

Anon. 1940. *NAT* 145 (Ag 24): 250.
Burchnall, J.L. 1941. *MG* 25 (Jl): 185-6.
Jones, B.W. 1939. *AMSB* 45 (N): 820.
Simmons, H.A. 1940. *NMM* 14 (F): 291-2.

754. ———, and William F. Osgood. 1914. *The Madison Colloquium Lectures, 1913.* AMSColl. Publ., v. 4. AMS. (complex var., no. theory/R)

Bliss, G.A. 1916. *AMSB* 23 (O): 35-44.
Bussey, W.H. 1914. *AMM* 21 (O): 263.
Glenn, O.E. 1915. *AMSB* 21 (Je): 464-70.

755. **Dickson, Leonard E., et al.** 1923. *Algebraic Numbers.* NRC. (no. theory/R, Su)

Carmichael, R.D. 1923. *AMM* 30 (S/O): 327-8.

756. **Dienes, Paul.** 1931. *The Taylor Series...* Oxford. (complex var., inf. series/Tc, Tg)

Jeffery, G.B. 1932. *MG* 16 (D): 358.
Miller, N. 1932. *AMM* 39 (Ag/S): 418-20.

757. **Dillard, James H.** 1885. *Dillard's Exercises in Arithmetic.* Potter. (arith./Su)

Anon. 1886. *AC* 1 (O): 278.

758. **Dirac, Paul A.M.** 1930. *The Principles of Quantum Mechanics.* Oxford. (quantum mech./Tc, Tg)

Ettlinger, H.J. 1931. *AMM* 38 (N): 524.
Lennard-Jones, J.E. 1931. *MG* 15 (D): 505-6.

759. ———. 1935. *The Principles of Quantum Mechanics.* 2d ed. Oxford. (quantum mech./Tc, Tg)

D., C.G. 1935. *NAT* 136 (S 14): 411-2.
Davis, H.T. 1936. *ISIS* 25 (2): 493-6.
Epstein, P.S. 1935. *SCI* 81 (Je 28): 640-1.
Temple, G. 1935. *MG* 19 (O): 301-2.

760. **Dixon, Alfred C.** 1894. *The Elementary Properties of the Elliptic Functions...* Macmillan. (anal., ell. fcns./Su)
   Finkel, B.F. 1894. *AMM* 1 (D): 445.

761. **Dobbs, William J.** (1913) 1914. *A School Course in Geometry...* Longmans. (geom., trig., mensur., anal. geom., calc./Ts, Tc)
   Anon. 1914. *MT* 6 (Je): 229.
   Tuckey, C.O. 1914. *MG* 7 (Mr): 301-2.

762. **Dodd, Arthur A., and B. Thomas Chace.** 1898. *Plane and Solid Geometry...* Hudson. (geom./Ts)
   Anon. 1901. *ED* 21 (Mr): 450.
   Finkel, B.F. 1900. *AMM* 7 (Je/Jl): 180.

763. **Dodd, James B.** 1859. *Arithmetic...* Pratt. (arith., bus. arith., comb./Tj, Ts)
   Anon. 1861. *MMON* 3 (Je): 290-1.

764. ———. 1859. *Elements of Trigonometry...* Pratt. (trig./Ts)
   Anon. 1861. *MMON* 3 (Je): 290-1.

765. ———. 1860. *Algebra...* Pratt. (alg./Tj, Ts, Tc)
   Anon. 1861. *MMON* 3 (Je): 290-1.

766. ———. 1860. *Elementary and Practical Arithmetic.* Pratt. (arith., mensur./Te, Tj)
   Anon. 1861. *MMON* 3 (Je): 290-1.

767. ———. 1860. *Elements of Geometry and Mensuration.* Pratt. (geom./Ts)
   Anon. 1861. *MMON* 3 (Je): 290-1.

768. **Doherty, Robert E., and Ernest G. Keller.** 1936. *Mathematics of Modern Engineering.* V. 1. Wiley. (appl., vector anal., diff. eqns., complex var./Tc, Tg)
   Anon. 1936. *NAT* 137 (Je 27): 1054.
   Byrne, W.E. 1936. *NMM* 11 (O): 63-6.
   Ince, E.L. 1937. *MG* 21 (F): 72-3.
   James, M.M., D. Brown, and S. Brachfeld. 1936. *BRD* 32 (Ann): 273.
   Oppermann, R.H. 1936. *JFI* 221 (Je): 822-3.
   Weaver, W. 1937. *AMM* 44 (Ja): 42-5.

769. **Donder, Théophile E. de.** 1927. *The Mathematical Theory of Relativity.* MIT. (relat./R)
   Struik, D.J. 1930. *AMSB* 36 (Ja): 34.

770. ———, **and Pierre Van Rysselberghe.** 1936. *Thermodynamic Theory of Affinity...* Stanford. (thermo./Tc, Tg)
   McCrea, W.H. 1937. *MG* 21 (O): 304-5.

771. **Donnan, Frederick G., and Arthur Haas, eds.** 1936. *A Commentary on the Scientific Writings of J. Willard Gibbs.* V. 1. YalePr. (thermo./Su)
   F., L.N.G. 1937. *NAT* 140 (Ag 21): 298-9.

772. **Dooley, William H.** 1915. *Vocational Mathematics.* Heath. (arith., alg., geom., trig., appl./Tj, Ts)
   Anon. 1915. *EDAS* 1 (Je): 414.
   ———. 1915. *MT* 7 (Je): 175.
   ———. 1916. *AE* 19 (My): 564.
   ———. 1916. *ED* 36 (Ja): 343-4.
   Bussey, W.H. 1915. *AMM* 22 (S): 226.
   Cobb, H.E. 1915. *SSM* 15 (Je): 541.

773. ———. 1917. *Vocational Mathematics for Girls.* Heath. (arith., appl., bus. arith./Tj, Ts)
   Anon. 1917. *EDAS* 3 (S): 437.
   ———. 1917. *MT* 9 (Je): 221.
   Cobb, H.E. 1917. *SSM* 17 (N): 755.
   Leavitt, F.M., and M. Taylor. 1918. *SR* 26 (Ja): 63-4.

774. ———. 1928. *Drill Problems in Vocational Mathematics.* Heath. (arith., alg., geom., trig., appl./Su)
   Warner, G.W. 1928. *SSM* 28 (N): 910.

775. **Douglass, Harl R.** 1924. *The Douglass Standard Diagnostic Tests...* Or. Publ., v. 2, #5. Or. (educ., testing, arith., alg./R)
   Anon. 1925. *MT* 18 (F): 126.

776. ———, **and Lucien B. Kinney.** 1940. *Everyday Mathematics.* Holt. (arith., bus. arith./Tj, Ts)
   Hartley, M.C. 1941. *NMM* 16 (D): 165.
   Nyberg, J.A. 1940. *SSM* 40 (D): 898-9.
   Wilson, G.M. 1941. *ED* 61 (Ap): 509-10.

777. ———. 1940. *Junior Mathematics*. 3 v. Holt. (arith., bus. arith., alg., geom., stat., trig./Tj, Ts)

   Hartley, M.C. 1941. *NMM* 16 (D): 165-6.
   Nyberg, J.A. 1940. *SSM* 40 (D): 898.
   Wilson, G.M. 1941. *ED* 61 (Ap): 509-10.

778. ———. 1940. *Mathematics for Today*. 2 v. Holt. (arith./Tj)

   Hartley, M.C. 1941. *NMM* 16 (D): 165.
   Nyberg, J.A. 1940. *SSM* 40 (D): 898-9.
   Wilson, G.M. 1941. *ED* 61 (Ap): 509-10.

779. **Dowling, Linnaeus W.** 1917. *Projective Geometry*. McGraw. (proj. geom./Tc)

   Anon. 1917. *MT* 10 (S): 52.
   Bradshaw, J.W. 1918. *AMM* 25 (Ja): 15-8.
   Cobb, H.E. 1917. *SSM* 17 (D): 858.
   Keyser, C.J. 1918. *SCI* 47 (My 31): 539-42.
   Owens, F.W. 1919. *AMSB* 26 (O): 39-40.

780. ———. 1925. *Mathematics of Life Insurance*. McGraw. (finance, act. sc./Ts, Tc)

   Elderton, W.P. 1926. *MG* 13 (Mr): 92.
   Henderson, R. 1926. *AMM* 33 (F): 102-3.
   Knight, M.A., M.M. James, and M.L. Berg. 1926. *BRD* 22 (Ann): 196.
   Robbins, R.B. 1926. *JASA* 21 (Je): 237-9.

781. ———, and **Frederick E. Turneaure**. 1914. *Analytic Geometry*. Holt. (anal. geom./Ts, Tc)

   Moulton, E.J. 1915. *AMM* 22 (Mr): 93-5; 22 (My): 175; 22 (O): 284-5.

782. **Downey, John F.** 1900. *Higher Algebra*. AmBk. (alg./Ts, Tc)

   Anon. 1900. *ED* 21 (N): 188.
   Finkel, B.F. 1900. *AMM* 7 (Ag/S): 204.
   Smith, D.E. 1901. *SR* 9 (S): 483.

783. **Dowsett, John F.** 1927. *Advanced Constructive Geometry*. Oxford. (descr. geom., geom./Tc)

   Roever, W.H. 1928. *AMSB* 34 (Jl/Ag): 519-20.
   Temple, B.W. 1927. *SSM* 27 (N): 891.

784. **Dresden, Arnold.** 1921. *Plane Trigonometry*. Wiley. (trig./Ts)

   Anon. 1922. *AMM* 29 (F): 70-1.

Cobb, H.E. 1921. *SSM* 21 (D): 918.
Turnbull, H.W. 1922. *MG* 11 (Jl): 130-1.

785. ———. 1930. *Solid Analytical Geometry and Determinants*. Wiley. (anal. geom./Ts, Tc)

Robson, A. 1930. *MG* 15 (D): 276.
Whittemore, J.K. 1931. *AMM* 38 (My): 283-5.

786. ———. 1936. *An Invitation to Mathematics*. Holt. (no. theory, sets, vector anal., non-Eucl. geom., proj. geom., top./Tc, Su)-

Bennett, A.A. 1936. *SCI* 84 (D 11): 535.
Ettlinger, H.J. 1937. *NMM* 11 (Mr): 288.
Ginsburg, A.M. 1937. *MT* 30 (Mr): 141-2.
Kinney, J.M. 1937. *SSM* 37 (My): 615.
MacNeish, H.F. 1937. *AMM* 44 (My): 324.
Newman, J.R. 1936. *SM* 4 (O): 312-4.

787. ———. 1940. *Introduction to the Calculus*. Holt. (calc./Ts, Tc)

Bennett, A.A. 1940. *MR* 1 (O): 299.
Householder, A.S. 1940. *NMM* 15 (O): 49-50.
Morse, D.S. 1941. *AMM* 48 (Ja): 57-8.
Widder, D.V. 1940. *SCI* 92 (Ag 2): 107-8.

788. **Drummond, Margaret.** 1922. *The Psychology and Teaching of Number*. WrldBk. (educ., arith./R, Su)

Osburn, W.J. 1924. *JER* 9 (Ja): 77-8.

789. **Drury, Aubrey, et al, cmps.** 1922. *World Metric Standardization...* WrldMet. (metric system/Su)

Spurgin, W.H. 1923. *CSJ* 6 (S): 34-5.
For an additional review see Farber 1981.

790. **Drushel, J. Andrew, and John W. Withers.** 1924-1926. *Junior High School Mathematical Essentials*. 3 v. Lyons. (arith., bus. arith., alg., geom., trig./Tj, Ts)

Atkin, E.I. 1924. *MT* 17 (O): 372-4.
Breslich, E.R. 1925. *SR* 33 (Je): 470-1.
Kinney, J.M. 1925. *SSM* 25 (F): 222.
———. 1927. *SSM* 27 (Ja): 106.

791. **Drushel, J. Andrew, Margaret E. Noonan, and John W. Withers.** 1921. *Arithmetic Essentials*. 3 v. Lyons. (arith./Te, Tj)

Anon. 1921. *ESJ* 22 (S): 73.
———. 1921. *MT* 14 (N): 412.

792. **Dryden, Hugh L., Francis D. Murnaghan, and H. Bateman.** 1932. *Report of the Committee on Hydrodynamics.* NRC. (hydrodyn./R)

Adams, E.P. 1933. *AMSB* 39 (S): 654.

793. **Du Bois, Augustus J.** 1875. *The Elements of Graphical Statics...* Wiley. (statics/Tc)

Anon. 1876. *NEJE* 3 (Ja): 12.

794. **Dubbs, Eugene L.** 1901. *New Practical Arithmetic.* AmBk. (arith./Te, Tj)

Anon. 1902. *AE* 5 (Je): 620.
———. 1902. *ED* 22 (Mr): 458.

795. **Dudeney, Henry E.** 1917. *Amusements in Mathematics.* Nelson. (recr./R, Su)

Anon. 1919. *AMM* 26 (Mr): 117-8.

796. **Duff, Alexander W., and Samuel J. Plimpton.** 1940. *Elements of Electro-Magnetic Theory.* Blakiston. (electromag./Tc)

Oppermann, R.H. 1940. *JFI* 230 (S): 412.

797. **Dull, Raymond W.** 1926. *Mathematics for Engineers.* McGraw. (alg., trig., anal. geom., vector anal., calc./Ts, Tc, R)

Huhn, R.v. 1927. *JASA* 22 (S): 409-11.
Knight, M.A., M.M. James, and M.L. Berg. 1927. *BRD* 23 (Ann): 223.
Trevor, J.E. 1927. *AMM* 34 (D): 536.

798. **Duluth Public Schools.** 1919. *Report of Progress and Course of Study.* V. 1. DuluthPSc. (educ., arith./R)

Anon. 1920. *ESJ* 20 (Ja): 396.
Woody, C. 1921. *JER* 3 (Ja): 64-5.

799. **Duncan, R. Howard.** 1910. *Practical Curve Tracing...* Longmans. (anal. geom., calc./Ts, Tc)

Anon. 1910. *MG* 5 (Jl): 318.
———. 1911. *ED* 31 (Ap): 566.

800. **Dunlap, Jack W.** 1939. *Workbook in Statistical Method...* Prentice. (stat./Su)

Gulliksen, H. 1940. *JER* 33 (Mr): 541.
For additional reviews see Buros 1941, 97.

801. ———, and **Albert K. Kurtz.** 1932. *Handbook of Statistical Nomographs, Tables and Formulas.* WrldBk. (nomog., stat., tables/R)

   Huhn, R.v. 1932. *JASA* 27 (S): 348-9.
   Musselman, J.R. 1933. *AMM* 40 (Ja): 44.
   Walker, H.M. 1933. *JER* 26 (Ja): 367-8.

802. **Dunlop, Henry C., and Charles S. Jackson.** (1913) 1914. *Slide-Rule Notes.* Longmans. (slide rules/R)

   Dykes, F.J. 1914. *MG* 7 (Mr): 304.

803. **Dunn, Flora M., Emmy S. Huebner, and John S. Goldthwaite.** 1929. *Ninth Grade Mathematics.* Ginn. (alg., geom./Tj, Ts)

   Kinney, J.M. 1929. *SSM* 29 (Ap): 438.

804. **Dunn, Flora M., et al.** 1937. *Useful Mathematics...* Ginn. (genl./Tj, Ts)

   K., W. 1938. *CSJ* 19 (F): 144.
   Reeve, W.D. 1937. *MT* 30 (N): 349.
   Silverman, H.D. 1938. *SSM* 38 (F): 234-5.

805. **Dunton, Larkin.** 1888. *Methods of Teaching Arithmetic...* Eastern. (educ., arith./Tc, R)

   Anon. 1889. *JE* 29 (Ja 3): 10.

806. **Dupuis, Nathan F.** 1889. *Elementary Synthetic Geometry...* Macmillan. (geom./Ts)

   Anon. 1889. *SCI* 13 (Je 14): 468.
   Davis, E.W. 1893. *NYMSB* 3 (O): 8-14.
   Finkel, B.F. 1894. *AMM* 1 (F): 60.

807. ———. 1893. *Elements of Synthetic Solid Geometry.* Macmillan. (geom./Ts)

   Anon. 1894. *JE* 40 (N 1): 294.

808. **Durege, Heinrich.** 1896. *Elements of the Theory of Functions of a Complex Variable...* Trans. G.E. Fisher and I.J. Schwatt. Fisher. (complex var./Tc, Tg, R)

   Anon. 1896. *ED* 16 (Mr): 444.
   Finkel, B.F. 1896. *AMM* 3 (Ja): 28.

809. **Durell, Clement V.** 1909-1910. *A Course of Plane Geometry...* 2 pt. Macmillan. (college geom., proj. geom./Tc)

L., A. 1910. *MG* 5 (Jl): 306-7.
Macaulay, F.S. 1909. *MG* 5 (Je/Jl): 106.

810. ———. 1927. *A Concise Geometrical Conics.* Macmillan. (conics/Tc)

Neville, E.H. 1927. *MG* 13 (O): 433-4.

811. Durell, Fletcher. 1910. *Plane Trigonometry...* Merrill. (trig./Ts)

Anon. 1910. *ED* 31 (N): 207.
———. 1912. *MT* 5 (S): 38.
Cobb, H.E. 1911. *SR* 19 (Ap): 280.
Finkel, B.F. 1910. *AMM* 17 (Je/Jl): 153.

812. ———. 1911. *Durell's School Algebra.* Merrill. (alg./Tj)

Anon. 1912. *ED* 32 (Je): 675.
———. 1912. *MT* 5 (S): 37-8.
Cobb, H.E. 1914. *SSM* 13 (Je): 545.
Millis, J.F. 1912. *SR* 20 (O): 571-2.

813. ———. 1912. *Durell's Advanced Arithmetic.* Merrill. (arith./Tj)

Anon. 1913. *MT* 5 (Mr): 184.

814. ———. 1914. *Durell's Algebra.* V. 1. Merrill. (alg./Tj)

Anon. 1914. *ED* 34 (Je): 661.
———. 1914. *MT* 6 (Mr): 183.
———. 1915. *AE* 18 (Ja): 312.
Cobb, H.E. 1914. *SSM* 14 (My): 466.

815. ———. 1938. *Mathematical Adventures.* BruceH. (educ., recr./Su)

Carnahan, W.H. 1939. *SSM* 39 (Ap): 393.
Jones, B.W. 1939. *AMM* 46 (Je/Jl): 353-4.
Kiefer, E.C. 1940. *NMM* 14 (Ap): 426.
W., E. 1939. *MT* 32 (Mr): 142-3.

816. ———, and Elmer E. Arnold. 1916. *Plane Geometry.* Merrill. (geom./Ts)

Anon. 1916. *MT* 9 (D): 133.
Cobb, H.E. 1917. *SSM* 17 (Ja): 94.
P., M.T. 1916. *ED* 37 (N): 205.

817. ———. 1917. *Plane and Solid Geometry.* Merrill. (geom./Ts)

Smith, H.D. 1923. *CSJ* 5 (F): 261-2.

818. ———. 1919. *A First Book in Algebra.* Merrill. (alg./Tj)

Anon. 1920. *MT* 12 (Je): 172.
———. 1921. *AE* 25 (O): 90.
———. 1921. *ED* 41 (Mr): 479.
Breslich, E.R. 1920. *SR* 28 (S): 557.
Smith, H.D. 1923. *CSJ* 5 (F): 260-1.

819. ———. 1920. *A Second Book in Algebra*. Merrill. (alg./Ts, Tc)

Anon. 1921. *AE* 25 (O): 90.
———. 1921. *EDAS* 7 (Ja): 58-9.
———. 1921. *SR* 29 (My): 397-9.
Cobb, H.E. 1921. *SSM* 21 (Je): 606.
Smith, H.D. 1923. *CSJ* 5 (F): 260-1.

820. ———. 1924. *New Plane Geometry*. Rev. ed. Merrill. (geom./Ts)

Anon. 1925. *CSJ* 7 (Je): 395.
Cobb, H.E. 1924. *SSM* 24 (My): 556.

821. **Durell, Fletcher, and Elizabeth Hall.** 1911-1912. *Durell's Arithmetics*. 2 v. Merrill. (arith./Te, Tj)

Anon. 1913. *MT* 5 (Mr): 184.
Cobb, H.E. 1913. *SSM* 13 (Ja): 82.

822. **Durell, Fletcher, and Edward R. Robbins.** 1898. *A School Algebra Complete*. Myers. (alg./Tj, Ts, Tc)

Colaw, J.M. 1898. *AMM* 5 (Ja): 32-3.

823. **Durell, Fletcher, Harry O. Gillet, and Thomas J. Durell.** 1930. *The New Day Arithmetics*. 2 v. Merrill. (arith./Te, Tj)

Myers, G.C. 1930. *ESJ* 31 (D): 316-7.

824. ———. 1930-1931. *The New Day Arithmetic*. 6 v. Merrill. (arith./Te, Tj)

Anon. 1933. *MT* 26 (F): 118.

825. **Durell, Fletcher, et al.** 1932. *The New Day Junior Mathematics*. 2 v. Merrill. (arith., alg., geom./Tj, Ts)

Benz, H.E. 1933. *SR* 41 (Ap): 314-5.

826. **Durfee, William P.** 1900. *The Elements of Plane Trigonometry*. Ginn. (trig./Ts)

Colaw, J.M. 1900. *AMM* 7 (D): 302.

827. **Dushman, Saul.** 1938. *The Elements of Quantum Mechanics*. Wiley. (quantum mech./Tc, Tg)

F., A. 1939. *NAT* 143 (Ja 7): 8.
Oppermann, R.H. 1938. *JFI* 225 (Ap): 488-9.

828. **Dwight, Herbert B**. 1934. *Tables of Integrals*... Macmillan. (calc., anal., tables/R)

Anon. 1935. *MT* 28 (Ap): 250.
Hicks, H.C. 1934. *AMM* 41 (O): 512.
Oppermann, R.H. 1935. *JFI* 219 (My): 656.

E

829. **Eagle, Albert.** 1925. *A Practical Treatise on Fourier's Theorem and Harmonic Analysis...* Longmans. (Fourier anal., harm. anal./Tc)

    Anon. 1926. *MG* 13 (Jl): 179.

830. **Earnshaw, Samuel.** 1871. *Partial Differential Equations...* Macmillan. (diff. eqns./R)

    G., J.W.L. 1872. *NAT* 5 (Ja 11): 199-200.

831. **Easton, Burton S.** 1902. *The Constructive Development of Group-Theory.* PaPubMat., #2. Philadelphia, Pa.: p.p. (groups/R)

    Dickson, L.E. 1903. *AMM* 10 (Ap): 117.
    Miller, G.A. 1903. *AMSB* 9 (Jl): 557-8.
    Nother, A. 1904. *MG* 3 (My): 39.

832. *Easy Lessons in Perspective...* 1830. Hilliard. (geom., persp./Su)

    Anon. 1830. *AJAEI* 1 (D): 499.

833. **Eaton, Ralph M.** 1931. *General Logic...* Scribner. (logic/Su, R)

    Anon. 1932. *MON* 42 (Ja): 155.
    M., A.C. 1934. *MIND* 43 (Ap): 238-40.

834. **Eaton, Seymour,** ed. 1887. *The New Arithmetic.* Supplement. (arith./Te, Tj)

    Anon. 1887. *ED* 7 (Ap): 591.

835. ———, ed. 1889. *The New Arithmetic.* 15th ed. Heath. (arith./Te, Tj)

    Anon. 1890. *ED* 10 (Mr): 464.
    ———. 1890. *JE* 31 (F 27): 138.

836. **Echols, William H.** 1902. *An Elementary Text-Book on the Differential and Integral Calculus.* Holt. (calc./Ts, Tc)
   Finkel, B.F. 1903. *AMM* 10 (F): 56.
   Haskell, M.W. 1906. *AMSB* 13 (O): 32-3.

837. **Eckert, Wallace J.** 1940. *Punched Cards Methods in Scientific Computation.* Watson. (numerical anal./R)
   Dwyer, P.S. 1941. *AMM* 48 (Ag/S): 474.
   McIntyre, F. 1941. *JASA* 36 (Je): 314-5.
   For additional reviews see Buros 1941, 98-9.

838. **Eddington, Arthur S.** 1920. *Space, Time and Gravitation...* Macmillan. (relat./R)
   Moore, C.N. 1921. *AMSB* 27 (F): 236.
   Wilson, E.B. 1921. *AMSB* 27 (Ja): 182-6.

839. ———. 1923. *The Mathematical Theory of Relativity.* Macmillan. (relat./R)
   Eisenhart, L.P. 1924. *AMSB* 30 (Ja/F): 71-8.
   Piaggio, H.T.H. 1923. *MG* 11 (My): 317-8.

840. ———. (1926) 1927. *The Internal Constitution of the Stars.* Macmillan. (astrophys./R)
   Newall, H.F. 1928. *MG* 14 (Mr): 91-7.

841. ———. 1933. *The Expanding Universe.* Macmillan. (relat., quantum mech./Su)
   McCrea, W.H. 1933. *MG* 17 (Jl): 217-8.

842. ———. 1935. *New Pathways in Science.* Macmillan. (groups, quantum mech., prob./Su)
   Ingalls, A.G. 1935. *SA* 152 (My): 227, 279.
   McCrea, W.H. 1935. *MG* 19 (Jl): 227-9.

843. ———. 1936. *Relativity Theory of Protons and Electrons.* Macmillan. (quantum mech., relat./R)
   Ingalls, A.G. 1937. *SA* 156 (Ap): 278.
   McCrea, W.H. 1937. *MG* 21 (Jl): 232-6.
   Oppermann, R.H. 1937. *JFI* 223 (Mr): 403-4.
   Schrödinger, E. 1937. *NAT* 140 (O 30): 742-4.

844. ———. 1939. *The Philosophy of Physical Science.* Macmillan. (relat., quantum mech./Su)

McCrea, W.H. 1940. *MG* 24 (F): 60-2.
Oppermann, R.H. 1940. *JFI* 230 (Jl): 135.

845. **Eddy, Henry T.** 1874. *A Treatise on the Principles and Application of Analytic Geometry*. Cowperthwait. (anal. geom./Ts, Tc)

    Anon. 1875. *AN* 2 (N): 201.

846. **Edel, Abraham.** 1934. *Aristotle's Theory of the Infinite*. New York: n.p. (anal./Su)

    Carmichael, R.D. 1936. *AMSB* 42 (Ja): 15-6.
    Litman, A. 1937. *PR* 46 (My): 341-2.

847. **Edgar, Joseph H., and G.S. Pritchard.** 1871. *Note-book on Practical Solid or Descriptive Geometry...* Macmillan. (descr. geom./Su)

    Anon. 1871. *NAT* 5 (N 30): 80.

848. **Edge, William L.** 1931. *The Theory of Ruled Surfaces*. Macmillan. (alg. geom./R)

    Robinson, R. 1933. *AMM* 40 (Je/Jl): 349-50.
    Wren, T.L. 1934. *MG* 18 (F): 52.

849. **Edgerton, Edward I., and Wallace E. Bartholomew.** 1921. *Business Mathematics...* Ronald. (finance/Ts, Tc)

    Anon. 1921. *SR* 29 (O): 634-5.
    Cobb, H.E. 1921. *SSM* 21 (N): 181.

850. **Edgerton, Edward I., and Perry A. Carpenter.** 1923. *A First Course in Algebra*. AllynB. (alg./Tj)

    Cobb, H.E. 1924. *SSM* 24 (F): 218.
    Hoge, J.W. 1924. *SR* 32 (Ja): 75-6.

851. ———. 1924. *A Second Course in Algebra*. AllynB. (alg./Ts)

    Anon. 1925. *AE* 28 (Mr): 332.

852. ———. 1925. *Advanced Algebra*. AllynB. (alg./Ts, Tc)

    Anon. 1926. *AE* 29 (Mr): 332, 334.

853. ———. 1925. *Intermediate Algebra*. AllynB. (alg./Ts)

    Refior, S.R. 1925. *MT* 18 (N): 439-40.

854. ———. 1934. *Elementary Algebra*. AllynB. (alg./Tj)

    Nichols, I.C. 1934. *NMM* 9 (D): 86-7.

Schroeder, H. 1935. *NMM* 10 (D): 112.

855. ———. 1934. *First Course in the New Mathematics. Second Course in the New Mathematics.* 2 v. (2d v. rev. ed.) AllynB. (arith., bus. arith./Tj, Ts)

Nichols, I.C. 1934. *NMM* 9 (D): 86-7.

856. ———. 1936. *General Mathematics...* AllynB. (genl./Ts, Tc)

Anon. 1937. *MT* 30 (Ja): 39.

857. **Edgett, Grace L.** 1909. *Exercises in Geometry.* Heath. (geom./Su)

Anon. 1910. *ED* 30 (F): 402.
———. 1910. *MT* 2 (Mr): 128.
Cobb, H.E. 1910. *SSM* 10 (O): 656.
———. 1911. *SR* 19 (Ap): 279.

858. **Edwards, George C.** 1895. *Elements of Geometry.* Macmillan. (geom./Ts)

Finkel, B.F. 1895. *AMM* 2 (N): 341.
Hathaway, A.S. 1896. *AMSB* 3 (D): 108-10.

859. **Edwards, Hiram W.** 1933. *Analytic and Vector Mechanics.* McGraw. (mech., vector anal./Tc)

F., A. 1934. *NAT* 133 (Mr 3): 312.
Van Lear, G.A. Jr. 1935. *SSM* 35 (Ap): 444.

860. **Edwards, Joseph.** 1886. *Differential Calculus...* Macmillan. (calc./Ts, Tc)

Fiske, T.S. 1887. *SCI* 9 (Mr 18): 282-3.

861. ———. 1892. *An Elementary Treatise on the Differential Calculus...* Macmillan. (calc./Ts, Tc)

Scott, C.A. 1892. *NYMSB* 1 (Jl): 217-23.

862. ———. 1894. *Integral Calculus for Beginners...* Macmillan. (calc., diff. eqns./Ts, Tc)

Finkel, B.F. 1894. *AMM* 1 (N): 414.

863. **Eilberg, Arthur.** 1931. *The Dalton Plan versus the Recitation Method in the Teaching of Plane Geometry...* Temple U. thesis. Philadelphia, Pa.: n.p. (educ., geom./R)

Bagley, W.C. 1933. *EDAS* 19 (Ja): 78-9.

864. **Einstein, Albert.** 1921. *Relativity...* Trans. R.W. Lawson. Holt. (relat./R)
    Birkhoff, G.D. 1922. *AMSB* 28 (Ap/My): 215-21.

865. ———. 1923. *The Meaning of Relativity.* Trans. E.P. Adams. Princeton. (relat./R)
    Carmichael, R.D. 1923. *SCI* 57 (Je 1): 642-3.
    Eisenhart, L.P. 1924. *AMSB* 30 (Ja/F): 71-8.

866. ———. 1923. *Sidelights on Relativity.* Trans. G.B. Jeffery and W. Perrett. Dutton. (relat./Su)
    Murnaghan, F.D. 1925. *AMM* 32 (Je/Jl): 311-3.

867. ———. 1926. *Investigations on the Theory of the Brownian Movement.* Trans. A.D. Cowper; ed. R. Fürth. Dutton. (Brownian motion/R)
    Carmichael, R.D. 1927. *AMSB* 33 (N/D): 794.
    Woolard, E.W. 1928. *AMM* 35 (Je/Jl): 318-20.

868. ———, **and Leopold Infeld.** 1938. *The Evolution of Physics...* Simon. (relat., quantum mech./Su)
    Crowther, J.A. 1938. *NAT* 141 (My 21): 891-2.
    Lenzen, V.F. 1939. *ISIS* 30 (1): 124-5.
    Warner, G.W. 1938. *SSM* 38 (O): 830.

869. **Einstein, Albert, et al.** 1931. *James Clerk Maxwell: A Commemoration Volume...* Macmillan. (phys., biog./R)
    Broadbent, T.A.A. 1932. *MG* 16 (Jl): 222.

870. **Eisenhart, Luther P.** 1909. *A Treatise on the Differential Geometry...* Ginn. (diff. geom./Tc, Tg)
    Anon. 1909. *AMM* 16 (Ag/S): 147.
    ———. 1910. *MT* 2 (Mr): 127.
    Bliss, G.A. 1911. *AMSB* 17 (Je): 470-8; 18 (D): 145-6.
    Cobb, H.E. 1910. *SSM* 10 (O): 656.

871. ———. 1923. *Transformations of Surfaces.* Princeton. (diff. geom., transf./R)
    Anon. 1934. *MG* 18 (D): 352-3.
    Graustein, W.C. 1924. *AMSB* 30 (O): 454-60.

872. ———. 1926. *Riemannian Geometry.* Princeton. (diff. geom., Riem. geom./Tc, Tg)
    Anon. 1934. *MG* 18 (D): 353-4.

Moore, C.L.E. 1927. *AMM* 34 (Ap): 208-9.

873. ———. 1927. *Non-Riemannian Geometry.* AMSColl. Publ., v. 8. AMS. (non-Riem. geom./R)

Anon. 1928. *AMM* 35 (My): 253-4.
———. 1934. *MG* 18 (D): 353-4.
Bath, F. 1929. *SP* 23 (Ap): 699-700.
Douglas, J. 1929. *AMM* 36 (Ja): 44-6.
Thomas, J.M. 1929. *AMSB* 35 (Mr/Ap): 264-7.

874. ———. 1933. *Continuous Groups of Transformations.* Princeton. (Lie groups, diff. geom., transf./Tg)

Whitehead, J.H.C. 1934. *MG* 18 (My): 125-7.
Wintner, A. 1934. *AMSB* 40 (My): 366-8.

875. ———. 1939. *Coordinate Geometry.* Ginn. (anal. geom./Ts, Tc)

Broadbent, T.A.A. 1940. *MG* 24 (My): 151-2.
Carnahan, W. 1939. *SSM* 39 (D): 893.
Evans, H.P. 1940. *NMM* 14 (Mr): 356.
Snyder, V. 1939. *AMM* 46 (O): 506-7.

876. ———. 1940. *An Introduction to Differential Geometry...* Princeton. (diff. geom., tensor anal./Tc, Tg)

Byrne, W.E. 1941. *NMM* 15 (My): 433.
Hedlund, G.A. 1942. *AMSB* 48 (Ja): 18-21.
Knebelman, M.S. 1941. *MR* 2 (My): 154.

877. **Elderton, W. Palin.** 1938. *Frequency Curves and Correlation.* 3d ed. Macmillan. (stat., prob./Tc)

Anon. 1938. *NAT* 142 (S 3): 416.
Stott, W. 1939. *MG* 23 (My): 223-5.
For additional reviews see Buros 1938, 25-6; and Buros 1941, 99-101.

878. **Elliott, Edwin B.** 1913. *An Introduction to the Algebra of Quantics.* 2d ed. Oxford. (invariants, quantics/R)

Anon. 1913. *MG* 7 (D): 217-8.
Leib, D.D. 1914. *AMSB* 21 (D): 132-3.

879. **Elliott, William W., and Edward R.C. Miles.** 1940. *College Mathematics...* Prentice. (precalc., calc./Ts, Tc)

Randolph, J.F. 1941. *AMM* 48 (F): 139-40.
Rasmussen, R.B. 1941. *SSM* 41 (Ja): 97.

880. **Ellwood, John K.** 1892. *Table Book and Test Problems in Mathematics.* AmBk. (arith., alg., mensur., geom., trig./R)

   Anon. 1892. *ED* 13 (D): 257.
   ———. 1894. *AMM* 1 (Ja): 30-1.

881. **Elmore, Earle B.** 1918. *Regents Original Exercises in Plane Geometry.* Bardeen. (geom./Su)

   Anon. 1918. *MT* 10 (Je): 214.

882. **Emch, Arnold.** 1905. *An Introduction to Projective Geometry and its Applications.* Wiley. (proj. geom./Tc)

   Finkel, B.F. 1905. *AMM* 12 (Ja): 28.
   Keyser, C.J. 1905. *SCI* 22 (Jl 28): 113-6.
   Macaulay, F.S. 1905. *MG* 3 (D): 252-4.
   Wilson, E.B. 1905. *AMSB* 12 (D): 132-3.

883. **Emerson, Frederick.** 1829-1832. *The North American Arithmetic.* Pt. 1,2. Lincoln. (arith./Te)

   Anon. 1829. *AJE* 5 (S/O): 476-8.

884. ———. 1834. *The North American Arithmetic.* Pt. 3. Russell. (arith./Tj)

   Anon. 1835. *AAEI* 5 (Ja): 47.

885. **Emery, Stephen, and Eva E. Jeffs.** 1928. *Algebra for Secondary Schools...* VanNos. (alg./Ts)

   Coman, C. 1929. *AMM* 36 (Mr): 164-5.
   Johnson, R.A. 1929. *AMM* 36 (D): 536-7.
   Kinney, J.M. 1928. *SSM* 28 (D): 1024.

886. **Engelhardt, Fred, and Mary L. Edwards.** 1931. *Mathematics.* 3 v. Appleton. (arith., geom., alg./Tj, Ts)

   Hawkins, G.E. 1931. *SSM* 31 (My): 632, 634.
   Troxel, O.L. 1931. *SR* 39 (D): 797-8.

887. **Engelhardt, Fred, and Leonard D. Haertter.** 1929. *Second Course in Algebra.* Winston. (alg./Ts)

   Georges, J.S. 1930. *SSM* 30 (Ap): 456.

888. **Engelhardt, Nickolaus L., James H. Smith, and Aaron Kline.** 1929. *Practical Arithmetics.* 4 v. MentzerC. (arith./Te, Tj)

   Herr, R. 1931. *CSJ* 13 (Ja): 256-7.

889. **Enlow, Elmer R.** 1937. *Statistics in Education and Psychology...* Prentice. (stat./Tc, R)

   Robinson, H.A. 1938. *JASA* 33 (Mr): 280.
   ———. 1938. *NMM* 12 (Ja): 201.
   For additional reviews see Buros 1938, 28.

890. **Enriques, Federigo.** 1914. *Problems of Science.* Trans. K.H. Royce. Open. (logic, phys./R)

   Carmichael, R.D. 1915. *AMM* 22 (Ap): 127.
   Jourdain, P.E.B. 1914. *MG* 7 (O): 403-4.

891. ———. 1929. *The Historic Development of Logic...* Trans. J. Rosenthal. Holt. (logic, hist./R)

   Anon. 1931. *MON* 41 (Ja): 155.

892. **Estill, Joe G.** 1897. *Numerical Problems in Plane Geometry...* Longmans. (geom./Su)

   Colaw, J.M. 1897. *AMM* 4 (D): 326.

893. **Euclid.** (1888) 1889. *A Text-Book of Euclid's Elements...* Ed. H.S. Hall and F.H. Stevens. Macmillan. (geom./Ts)

   Anon. 1888. *SCI* 12 (N 16): 237.

894. ———. 1892. *The First Book of Euclid's Elements.* Ed. J.B. Lock. Macmillan. (geom./Ts)

   Anon. 1892. *ED* 12 (Ap): 512.

895. ———. 1897. *Books 1-4.* Ed. R. Deakin. Hinds. (geom./Ts)

   Anon. 1897. *ED* 18 (D): 256.
   Colaw, J.M. 1897. *AMM* 4 (D): 326.

896. ———. (1908) 1909. *The Thirteen Books of Euclid's Elements.* Trans. T.L. Heath. 3 v. Putnam. (geom./R)

   Keyser, C.J. 1909. *SCI* 29 (Je 18): 974-7.
   Smith, D.E. 1909. *AMSB* 15 (My): 386-91.

897. ———. 1933. *The Elements of Euclid.* Ed. I. Todhunter. Dutton. (hist., geom./R, Su)

   Anon. 1934. *MT* 27 (N): 359.
   Broadbent, T.A.A. 1933. *MG* 17 (Jl): 211.
   Cairns, W.D. 1934. *AMM* 41 (Je/Jl): 383.
   Kinney, J.M. 1934. *SSM* 34 (Mr): 326.
   Simons, L.G. 1934. *SM* 2 (F): 172-3.

898. **Euler, Leonhard.** 1821. *An Introduction to the Elements of Algebra...* Ed. J. Farrar. 2d ed. HilliardM. (alg./Tj)
Anon. 1822. *AJS* 5 (2): 304-26.

899. **Eustace, J.M.** 1890. *Notes on Trigonometry and Logarithms.* Longmans. (trig., logs./Su)
Anon. 1891. *JE* 33 (My 14): 315.

900. **Evans, George W.** 1899. *Algebra for Schools.* Holt. (alg./Tj)
Colaw, J.M. 1900. *AMM* 7 (Ap): 121.
Grant, E.D. 1901. *SR* 9 (F): 126.

901. ———. 1911. *The Teaching of High School Mathematics.* Houghton. (alg., geom., limits, educ./R)
Anon. 1911. *MT* 4 (D): 79.
———. 1912. *ED* 32 (Je): 676.
Cobb, H.E. 1912. *SSM* 12 (Mr): 258.
Finkel, B.F. 1911. *AMM* 18 (N): 217.
Lytle, E.B. 1914. *AMSB* 20 (Ja): 211-2.
Millis, J.F. 1912. *SR* 20 (O): 571.

902. ———, **and John A. Marsh.** 1916. *First Year Mathematics.* Merrill. (alg./Tj)
Anon. 1916. *MT* 9 (S): 68.
G., R.R. 1916. *ED* 37 (O): 144.
Slocum, S.E. 1917. *AMSB* 23 (Ap): 326-8.

903. **Evans, Griffith C.** 1918. *Functionals and their Applications...* AMSColl. Publ., v. 5, pt. 1. AMS. (fcn. eqns., integral eqns./R)
Barnett, I.A. 1924. *AMSB* 30 (Mr/Ap): 156-60.

904. ———. 1927. *The Logarithmic Potential, Discontinuous Dirichlet and Neumann Problems.* AMSColl. Publ., v. 6. AMS. (complex var., harm. anal., pot. theory/R)
Anon. 1928. *AMM* 35 (Mr): 137.
Daniell, P.J. 1928. *MG* 14 (Jl): 199-200.
Kellogg, O.D. 1928. *AMSB* 34 (Jl/Ag): 523-5.
Walsh, J.L. 1928. *AMM* 35 (My): 254-7.

905. ———. 1930. *Mathematical Introduction to Economics.* McGraw. (econ./Tc)
Hassler, J.O. 1930. *SSM* 30 (D): 1082.
Hotelling, H. 1931. *AMM* 38 (F): 101-3.

Knight, M.A., M.M. James, and D. Brown. 1931. *BRD* 27 (Ann): 329.
Roos, C.F. 1931. *AMSB* 37 (My): 328-9.
Schultz, Henry. 1931. *JASA* 26 (D): 484-91.

906. Everly, Lu L. 1928. *An Oral Drill Book in Arithmetic.* Public. (arith./Su)

    Anon. 1929. *ESJ* 29 (Ja): 398.

907. Ewing, Cecil A. 1933. *Plane Trigonometry.* Ed. R.D. Beetle. McGraw. (trig./Ts)

    Anon. 1933. *MT* 26 (N): 445.
    Garabedian, C.A. 1933. *AMM* 40 (D): 600-2.
    Urbancek, J.J. 1933. *SSM* 33 (O): 794-5.

908. Ewing, James A. 1899. *The Strength of Materials.* Macmillan. (str. mat./Tc)

    Chree, C. 1900. *AMSB* 7 (D): 131-44.

909. Ezekiel, Mordecai. 1930. *Methods of Correlation Analysis.* Wiley. (stat./Tc)

    Buckingham, B.R. 1932. *JER* 25 (Ja): 47-9.
    Carver, H.C. 1931. *JASA* 26 (S): 350-3.
    Wishart, J. 1931. *MG* 15 (Jl): 444-6.

F

910. **Fagerstrom, William H.** 1933. *Mathematical Facts and Processes Prerequisite to the Study of the Calculus.* ContrEd., #572. Teachers. (educ., calc./R)

   Christofferson, H.C. 1933. *JER* 27 (D): 305-7.

911. **Failor, Isaac N.** 1906. *Plane and Solid Geometry.* Century. (geom./Ts)

   Anon. 1907. *ED* 27 (F): 376.
   Finkel, B.F. 1907. *AMM* 14 (O): 191-2.

912. **Farnsworth, Ray D.** 1933. *Plane Geometry.* Ed. R.D. Beetle. McGraw. (geom./Ts)

   Anon. 1933. *MT* 26 (N): 445.
   Hawkins, G.E. 1933. *SSM* 33 (Je): 690-1.
   Johnson, J.T. 1934. *SR* 42 (Mr): 234-6.

913. **Faunce, Linus.** 1888. *Descriptive Geometry.* Ginn. (descr. geom./Tc)

   Anon. 1888. *ED* 9 (O): 148.
   ———. 1888. *JE* 28 (Ag 30): 146.

914. **Fawcett, Harold P.** 1938. *The Nature of Proof.* NCTM Yrbk., #13. Teachers. (educ., geom./R)

   Beaver, R.A. 1940. *AMM* 47 (F): 105.
   Breslich, E.R. 1939. *NMM* 13 (Mr): 298-300.
   Broadbent, T.A.A. 1939. *MG* 23 (My): 238-9.
   ———. 1939. *MT* 32 (O): 286-7.
   Carnahan, W.H. 1939. *SSM* 39 (Ja): 94-5.

915. **Federal Works Agency. Work Projects Administration for the City of New York.** 1939. *Tables of Circular and Hyperbolic*

Sines and Cosines for Radian Arguments. Project #765-97-3-10. NBSCpLab. New York: n.p. (trig., tables/R)

Caldwell, S.H. 1941. *MR* 2 (F): 64.
Cell, J.W. 1942. *NMM* 16 (Ja): 224-5.
Snyder, V. 1940, 1941. *AMM* 47 (N): 652; 48 (Mr): 206.

916. ———. 1939. *Tables of the Exponential Function e^x.* Project #765-97-3-10. NBSCpLab. New York: n.p. (anal., tables/R)

Cell, J.W. 1942. *NMM* 16 (Ja): 224-5.
Curtiss, J.H. 1941. *AMM* 48 (Ja): 56-7.
Ketchum, P.W. 1941. *MR* 2 (F): 64.

917. ———. 1939. *Tables of the First Ten Powers of the Integers from 1 to 1000.* Project #365-97-3-11. NBSCpLab. New York: n.p. (tables/R)

Cell, J.W. 1942. *NMM* 16 (Ja): 224-5.
Curtiss, J.H. 1941. *AMM* 48 (Ja): 56-7.
Lehmer, D.H. 1941. *MR* 2 (F): 64.

918. ———. 1940. *Tables of Sine, Cosine and Exponential Integrals.* 2 v. Project #765-97-3-10. NBSCpLab. New York: n.p. (anal., trig., tables/R)

Cell, J.W. 1942. *NMM* 16 (Ja): 224-5.
Milne, W.E. 1941. *MR* 2 (Jl): 239; 2 (N): 366.
Snyder, V. 1941. *AMSB* 47 (S): 677-8.

919. ———. 1940. *Tables of Sines and Cosines for Radian Arguments.* Project #765-97-3-10. NBSCpLab. New York: n.p. (trig., tables/R)

Cell, J.W. 1942. *NMM* 16 (Ja): 224-5.
Moulton, E.J. 1941. *MR* 2 (F): 64.

920. **Fehr, Howard F.** 1940. *A Study of the Number Concept of Secondary School Mathematics.* Teachers. (educ./R)

Brown, K. 1941. *MT* 34 (Mr): 139.

921. **Feldman, William M.** 1923. *Biomathematics...* Lippincott. (appl., biol./Tc)

Wilson, E.B. 1924. *SCI* 59 (Je 20): 555.

922. ———. 1935. *Biomathematics...* 2d ed. Lippincott. (appl., biol./Tc)

Anon. 1935. *NAT* 135 (My 18): 810.

For additional reviews see Buros 1938, 28; and Buros 1941, 104-5.

923. **Felter, Stoddard A., and Samuel A. Farrand.** 1875. *Felter's New Intermediate Arithmetic...* ScribnerA. (arith./Te, Tj)
    Anon. 1877. *NEJE* 5 (Je 7): 274.

924. ———. 1877. *Advanced Arithmetic.* ScribnerA. (arith./Tj)
    Anon. 1877. *NEJE* 5 (Je 7): 274.

925. **Fergusson, John C.** 1912. *Fergusson's Percentage Unit of Angular Measurement...* Longmans. (trig./Su)
    J., H. 1912. *SCI* 36 (Ag 30): 281.

926. ———. 1914. *Fergusson's Percentage Trigonometry...* Longmans. (trig./Su)
    Anon. 1914. *MT* 7 (D): 73-4.

927. **Ferrar, William L.** 1938. *A Text-Book of Convergence.* Oxford. (inf. series/Tc, Tg)
    Anon. 1938. *NAT* 142 (S 24): 556.
    Broadbent, T.A.A. 1938. *MG* 22 (Jl): 314-5.
    Lang, G.B. 1939. *NMM* 13 (Ja): 205-6.
    Smail, L.L. 1938. *AMM* 45 (O): 545-6.
    Walsh, J.L. 1939. *SCI* 89 (Ja 20): 59-60.

928. **Ferris, Charles E.** 1905. *Elements of Descriptive Geometry.* AmBk. (descr. geom./Tc)
    Glenn, O.E. 1905. *AMM* 12 (Ag/S): 167-8.
    Hewes, L.I. 1906. *AMSB* 13 (D): 142-3.
    M. 1907. *SSM* 7 (O): 625-6.

929. **Ferry, Ervin S.** 1932. *Applied Gyrodynamics...* Wiley. (gyro./Tc)
    Anon. 1932. *SA* 146 (Mr): 190.
    P., L.E. 1932. *JFI* 213 (Mr): 339-40.

930. **Fichandler, Alexander, Louis Slatkin, and Murray Melzak.** 1936. *Arithmetic for Business Training.* Globe. (bus. arith./Tj, Ts)
    Anon. 1936. *MT* 29 (My): 262.

931. **Ficklin, Joseph.** 1874. *A Complete Algebra...* IvisonBT. (alg./Ts, Tc)
    Anon. 1875. *AN* 2 (N): 201.

932. ———. 1881. *Elements of Algebra...* Barnes. (alg./Tj)

    Anon. 1882. *MMAG* 1 (Ja): 15.

933. **Field, Peter.** 1923. *Projective Geometry...* VanNos. (proj. geom./Tc)

    Cobb, H.E. 1924. *SSM* 24 (F): 220.
    Emch, A. 1924. *AMSB* 30 (N/D): 565.
    Picolet, L.E. 1926. *JFI* 201 (Je): 814.

934. **Fine, Henry B.** [1890] 1937. *The Number-System of Algebra...* Leach. Reprint. Stechert. (arith., alg., hist./R, Su)

    Anon. 1890. *MMAG* 2 (O): 67.
    ———. 1891. *JE* 34 (S 17): 187.
    Eneström, G. 1891. Trans. H. Jacoby. *NYMSB* 1 (O): 26.
    Finkel, B.F. 1895. *AMM* 2 (S/O): 295.
    Georges, J.S. 1938. *SSM* 38 (N): 954.

935. ———. 1904. *A College Algebra.* Ginn. (alg./Ts, Tc)

    Glenn, O.E. 1905. *AMM* 12 (Ag/S): 167.
    Huntington, E.V. 1906. *AMSB* 12 (Mr): 305-9.
    Jourdain, P.E.B. 1907. *MG* 4 (My): 85.
    Wright, J.E. 1906. *SCI* 24 (Jl 6): 18-9.

936. ———. 1927. *Calculus.* Macmillan. (calc./Ts, Tc)

    Gibbins, N.M. 1929. *MG* 14 (Ja): 313-4.
    Lamson, K.W. 1928. *AMM* 35 (O): 442-3.
    Mirick, G.R. 1929. *MT* 22 (Mr): 182-3.

937. ———, and **Henry D. Thompson.** 1909. *Coordinate Geometry.* Macmillan. (anal. geom./Ts, Tc)

    Anon. 1910. *MG* 5 (Mr, Pt. 1): 215.
    Cobb, H.E. 1909. *SSM* 9 (D): 932-3.
    Cowley, E.B. 1910. *AMSB* 16 (Mr): 314-8.
    Finkel, B.F. 1909. *AMM* 16 (Ag/S): 146.

938. **Fink, Karl.** 1900. *A Brief History of Mathematics.* Trans. W.W. Beman and D.E. Smith. Open. (hist./R)

    Finkel, B.F. 1900. *AMM* 7 (Je/Jl): 180.

939. **Finkel, Benjamin F.** 1888. *A Mathematical Solution Book.* 4th ed. Kibler. (arith., alg., geom., logic/Su)

    Dickson, L.E. 1903. *AMM* 10 (Ap): 118.

940. ———. 1893. *A Mathematical Solution Book.* KiblerC. (arith., alg., geom., logic/Su)

> Colaw, J.M. 1894. *AMM* 1 (Ja): 31-2.

941. **Finney, Harry A., and Joseph C. Brown.** 1916. *Modern Business Arithmetic, Brief Course.* Holt. (bus. arith./Tj, Ts)

> Anon. 1916. *EDAS* 2 (N): 596.
> ———. 1916. *MT* 9 (D): 133.

942. ———. 1916. *Modern Business Arithmetic, Complete Course.* Holt. (bus. arith./Tj, Ts)

> Cobb, H.E. 1917. *SSM* 17 (My): 474.
> Slocum, S.E. 1918. *AMSB* 24 (Jl): 490-1.

943. ———. 1922. *Modern Business Arithmetic, Complete Course.* Rev. ed. Holt. (bus. arith./Tj, Ts)

> Cobb, H.E. 1922. *SSM* 22 (O): 700.

944. **Fish, Daniel W.** 1875. *The Complete Arithmetic...* IvisonBT. (arith./Te, Tj)

> Anon. 1875. *NEJE* 2 (Jl 3): 12.

945. ———. 1875. *First Book in Arithmetic...* IvisonBT. (arith./Te)

> Anon. 1875. *NEJE* 2 (Jl 3): 12.

946. ———. 1875. *The Junior-Class Arithmetic...* IvisonBT. (arith./Te, Tj)

> Anon. 1875. *NEJE* 1 (Mr 27): 156.

947. **Fisher, Arne.** 1915. *The Mathematical Theory of Probabilities...* V. 1. Trans., ed. W. Bonynge. Macmillan. (prob., stat./Tc)

> Anon. 1916. *NAT* 97 (Ap 27): 179.
> Jackson, M., and M.K. Reely. 1916. *BRD* 12 (Ann): 181.
> Rietz, H.L. 1916. *SCI* 43 (Je 23): 896-7.
> Wilson, E.B. 1916. *JASA* 15 (D): 468-9.

948. ———. 1922. *An Elementary Treatise on Frequency Curves...* Trans. E.A. Vigfusson. Macmillan. (stat., prob., act. sc./R, Su)

> Crathorne, A.R. 1925. *AMSB* 31 (My/Je): 275-6.
> Kopf, E.W. 1924. *JASA* 19 (Mr): 114-6.
> Wilson, E.B. 1924. *SCI* 59 (Ap 11): 338-9.

949. ———. 1922. *The Mathematical Theory of Probabilities...* V. 1. Trans. C. Dickson and W. Bonynge. Macmillan. (prob., stat./Tc)

Dodd, E.L. 1923. *AMM* 30 (Jl/Ag): 267-70.
Pearl, R. 1923. *SCI* 58 (Jl 20): 51-2.
Wilson, E.B. 1922. *JASA* 18 (D): 556-7.
For an additional review see Farber 1981.

950. **Fisher, George E., and Isaac J. Schwatt.** 1898. *Text-book of Algebra...* Pt. 1. Philadelphia, Pa.: b.a. (alg./Ts, Tc)

Finkel, B.F. 1898. *AMM* 5 (O): 248-9.
Slaught, H.E. 1899. *SR* 7 (O): 494-5.

951. ———. 1899. *School Algebra...* Philadelphia, Pa.: b.a. (alg./Tj)

Finkel, B.F. 1899. *AMM* 6 (Je/Jl): 188.

952. ———. 1901. *Higher Algebra.* Philadelphia, Pa.: b.a. (alg./Ts, Tc)

Finkel, B.F. 1901. *AMM* 8 (Ag/S): 181.

953. **Fisher, Irving.** [1892] 1892, 1925. *Mathematical Investigations in the Theory of Value and Prices. CAAST* 9 (Jl): 1-124. Reprint. YalePr. Reprint. YalePr. (appl., econ./Su)

Beta$_3$. 1927. *SP* 22 (Jl): 178-80.
Fiske, T.S. 1893. *NYMSB* 2 (Je): 204-11.
Rietz, H.L. 1927. *AMSB* 33 (N/D): 789.
Sheppard, E.F. 1927. *MG* 13 (D): 466-7.
For additional reviews see Farber 1981.

954. ———. 1897. *A Brief Introduction to the Infinitesimal Calculus...* Macmillan. (calc./Tc)

Finkel, B.F. 1897. *AMM* 4 (O): 261-3.
Fiske, T.S. 1898. *AMSB* 4 (F): 237-8.

955. ———. 1906. *A Brief Introduction to the Infinitesimal Calculus...* 2d ed. Macmillan. (calc./Tc)

Anon. 1906. *AMM* 13 (Ap): 94.
Dodd, E.L. 1907. *AMSB* 13 (Jl): 512.
For an additional review see Farber 1981.

956. ———. 1906. *The Nature of Capital and Income.* Macmillan. (econ./Tc)

Wilson, E.B. 1909. *AMSB* 15 (Ja): 169-86.
For an additional review see Farber 1981.

957. ———. 1907. *The Rate of Interest*... Macmillan. (econ./Tc)

    Wilson, E.B. 1909. *AMSB* 15 (Ja): 169-86.
    For additional reviews see Farber 1981.

958. ———. 1922. *The Making of Index Numbers*... PollFndEcRes., #1. Houghton. (stat., index nos./Tc)

    Belcher, D.R., and H.M. Flinn. 1923. *JASA* 18 (S): 928-31.
    Crathorne, A.R. 1924. *AMSB* 30 (Ja/F): 82-3.
    For an additional review see Farber 1981.

959. ———. 1930. *The Theory of Interest*... Macmillan. (econ., appl./R, Su)

    Roos, C.F. 1930. *AMSB* 36 (N): 783-4.
    For an additional review see Farber 1981.

960. ———, with Harry G. Brown. 1911. *The Purchasing Power of Money*... Macmillan. (econ./Tc)

    Wilson, E.B. 1914. *AMSB* 20 (Ap): 377-81.
    For additional reviews see Farber 1981.

961. **Fisher, Ronald A.** 1930. *The Genetical Theory of Natural Selection*. Oxford. (stat., appl., biol./R, Su)

    Haldane, J.B.S. 1931. *MG* 15 (O): 474-5.

962. ———. 1932. *Statistical Methods for Research Workers*. 4th ed. Stechert. (stat./Tc)

    Hotelling, H. 1933. *JASA* 28 (S): 374-5.

963. **Fite, William B.** 1913. *College Algebra*. Heath. (alg./Ts, Tc)

    Cobb, H.E. 1913. *SSM* 13 (O): 643.
    Rowe, J.E. 1914. *AMSB* 21 (N): 97-9.
    Slobin, H.L. 1913. *AMM* 20 (O): 256-7.

964. ———. 1913. *First Course in Algebra*. Heath. (alg./Tj)

    Anon. 1913. *MT* 6 (D): 119.
    ———. 1914. *AE* 17 (My): 572-3.
    ———. 1914. *ED* 34 (F): 402.
    Cobb, H.E. 1914. *SSM* 14 (Mr): 272.

965. ———. 1914. *Second Course in Algebra*. Heath. (alg./Ts)

    Anon. 1914. *MT* 7 (D): 75.
    ———. 1915. *AE* 18 (Je): 632.
    Cobb, H.E. 1915. *SSM* 14 (Ja): 90.

966. ———. 1938. *Advanced Calculus*. Macmillan. (adv. calc./Tc)
    Anon. 1938. *NAT* 142 (D 31): 1139-40.
    Byrne, W.E. 1938. *NMM* 12 (Ap): 365-6.
    Cooper, R. 1939. *MG* 23 (Jl): 334-5.
    Smail, L.L. 1938. *AMM* 45 (Ag/S): 470-1.

967. **Foote, Paul D., and Fred L. Mohler.** 1922. *The Origin of Spectra*. ChemicalC. (quantum mech./R, Su)
    Barnes, J. 1923. *JFI* 195 (My): 730.

968. **Ford, Lester R.** 1929. *Automorphic Functions*. McGraw. (complex var., groups/R, Su)
    Kinney, J.M. 1930. *SSM* 30 (F): 218.
    Perkins, F.W. 1930. *AMM* 37 (N): 502-3.
    Ritt, J.F. 1930. *AMSB* 36 (Ja): 35.

969. ———. 1933. *Differential Equations*. McGraw. (diff. eqns./Tc)
    Campbell, A.D. 1934. *AMM* 41 (My): 317-9.
    Ince, E.L. 1934. *MG* 18 (O): 284-5.

970. **Ford, Walter B.** 1916. *Studies on Divergent Series and Summability*. MichSc., v. 2. Macmillan. (inf. series/R, Su)
    Moore, C.N. 1917. *AMSB* 23 (Ap): 308-14.

971. ———. 1922. *A Brief Course in College Algebra*. Macmillan. (alg./Ts, Tc)
    Cobb, H.E. 1923. *SSM* 23 (Ja): 94.

972. ———. 1926. *A Brief Course in College Algebra*. Rev. ed. Macmillan. (alg./Ts, Tc)
    Weaver, J.H. 1928. *AMM* 35 (Ja): 32-3.

973. ———. 1928. *A First Course in the Differential and Integral Calculus*. Holt. (calc./Ts, Tc)
    DoBell, H.A. 1929. *MT* 22 (Mr): 182.
    Whittemore, J.K. 1929. *AMM* 36 (Ag/S): 391-2.

974. ———. 1933. *A Brief Course in College Algebra*. Rev. ed. Macmillan. (alg./Ts, Tc)
    Anon. 1935. *MT* 28 (Mr): 194.

975. ———. 1935. *A Brief Course in College Algebra*. 3d ed. Macmillan. (alg./Ts, Tc)

> Anon. 1935. *MT* 28 (Ap): 251.
> Smith, P.K. 1935. *NMM* 9 (Ap): 212.
> Urbancek, J.J. 1935. *SSM* 35 (Je): 664-5.

976. ———. 1936. *The Asymptotic Developments of Functions Defined by Maclaurin Series.* MichStudSc., v. 11. MichPr. (anal./R)

> Langer, R.E. 1937. *AMSB* 43 (Jl): 452-4.

977. ———. 1937. *A First Course in the Differential and Integral Calculus.* Rev. ed. Holt. (calc./Ts, Tc)

> Foster, M.C. 1937. *AMM* 44 (Ag/S): 473-4.
> Thielman, H.P. 1937. *NMM* 11 (Mr): 286-8.
> Warner, L.C. 1937. *SSM* 37 (Je): 755-6.

978. ———, and Charles Ammerman. 1913. *Plane and Solid Geometry.* Ed. E.R. Hedrick. Macmillan. (geom./Ts)

> Cobb, H.E. 1914. *SSM* 14 (Ap): 372.
> Wells, A.E. 1914. *AMM* 21 (S): 222-3.

979. ———. 1913. *Plane Geometry.* Ed. E.R. Hedrick. Macmillan. (geom./Ts)

> Child, J.M. 1913. *MG* 7 (D): 215-6.
> Cobb, H.E. 1913. *SSM* 13 (D): 838, 840.
> Millis, J.F. 1914. *SR* 22 (Ap): 280.

980. ———. 1919. *First Course in Algebra.* Also *Teachers' Manual.* Macmillan. (alg./Tj)

> Anon. 1919. *ED* 40 (D): 258.
> ———. 1919. *EDAS* 5 (S): 341.
> ———. 1919. *MT* ll (Je): 206.
> Breslich, E.R. 1919. *SR* 27 (S): 563-4.
> Cobb, H.E. 1919. *SSM* 19 (N): 766.

981. ———. 1920. *Second Course in Algebra.* Macmillan. (alg./Ts)

> Anon. 1920. *EDAS* 6 (F): 118.
> Cobb, H.E. 1920. *SSM* 20 (O): 664.

982. ———. 1923. *Plane and Solid Geometry.* Ed. E.R. Hedrick. Rev. ed. Macmillan. (geom./Ts)

> Cobb, H.E. 1923. *SSM* 23 (O): 712.
> Goff, R.R. 1923. *ED* 43 (My): 587.

983. ———. 1923. *Solid Geometry.* Ed. E.R. Hedrick. 2d ed. Macmillan. (geom./Ts)

Anon. 1923. *ED* 44 (N): 196.
——. 1924. *AE* 27 (My): 426.

984. ——. 1924. *Plane and Solid Geometry*. Rev. ed. Macmillan. (geom./Ts)

Langley, E.M. 1924. *MG* 12 (My): 127-8.

985. Ford, Walter B., with Raymond W. Barnard. 1924. *A Brief Course in Analytic Geometry and the Elements of Curve-Fitting*. Holt. (anal. geom./Ts, Tc)

MacInnes, C.R. 1926. *AMM* 33 (Je/Jl): 331-2.

986. Forder, Henry G. 1927. *The Foundations of Euclidean Geometry*. Macmillan. (fnds., geom./R, Su)

Myers, G.W. 1928. *SSM* 28 (Mr): 324, 326.
Owens, F.W. 1929. *AMSB* 35 (N/D): 881-2.
Piggott, H.E. 1927. *MG* 13 (D): 463-6.
Room, T.G. 1928. *MG* 14 (My): 151-2.

987. Forsyth, Andrew R. 1893. *A Treatise on the Theory of Functions of a Complex Variable*. Macmillan. (complex var./Tc, Tg)

Echols, W.H. 1892-1893. *AM* 7 (4): 143-4.

988. ——. 1900-1902. *Theory of Differential Equations*. V. 2-4. Macmillan. (diff. eqns./Tc)

Wilczynski, E.J. 1903. *AMSB* 10 (N): 86-93.

989. ——. 1903. *A Treatise on Differential Equations*. 3d ed. Macmillan. (diff. eqns./Tc)

Wilczynski, E.J. 1905. *AMSB* 12 (D): 130-2.

990. ——. 1912. *Lectures on the Differential Geometry of Curves and Surfaces*. Putnam. (diff. geom./Tc, Tg)

Kasner, E. 1914. *SCI* 39 (Ja 30): 175-8.

991. ——. 1914. *Lectures Introductory to the Theory of Functions of two Complex Variables*. Putnam. (complex var./Tc, Tg)

Carmichael, R.D. 1918. *AMSB* 24 (Je): 446-54.

992. ——. (1918) 1919. *Solutions of the Examples in "A Treatise on Differential Equations"*. Macmillan. (diff. eqns./Su)

Moore, C.N. 1921. *AMSB* 27 (Ja): 181-2.

993. ———. 1927. *Calculus of Variations*. Macmillan. (calc. of variations/Tc, Tg)

    Bliss, G.A. 1928. *AMSB* 34 (Jl/Ag): 512-4.
    Carathéodory, C. 1929. *MG* 14 (Ja): 310-3.
    Rider, P.R. 1928. *AMM* 35 (Je/Jl): 314-8.

994. ———. 1930. *Geometry of Four Dimensions*. 2 v. Macmillan. (multidim. geom./R, Su)

    Douglas, J. 1931. *AMM* 38 (N): 527-8.
    Weatherburn, C.E. 1932. *MG* 16 (F): 46-9.

995. ———. 1935. *Intrinsic Geometry of Ideal Space*. 2 v. Macmillan. (multidim. geom., diff. geom./R, Su)

    Bompiani, E. 1936. *NAT* 138 (Ag 29): 343-4.
    Whitehead, J.H.C. 1936. *MG* 20 (My): 156-7.

996. **Forsyth, Chester H.** 1924. *An Introduction to the Mathematical Analysis of Statistics*. Wiley. (finite differences, stat./Tc)

    Anon. 1925. *JASA* 20 (Je): 283-4.
    Bumer, C.T. 1925. *AMM* 32 (My): 256-7.
    Dodd, E.L. 1925. *AMSB* 31 (Jl): 374.
    Kinney, J.M. 1924. *SSM* 25 (F): 220.
    Pearson, E.S. 1925. *SP* 20 (Jl): 176-7.

997. ———. 1924. *Mathematical Theory of Life Insurance*. Wiley. (finance, prob./Ts, Tc)

    Bumer, C.T. 1925. *AMM* 21 (My): 256.
    Dodd, E.L. 1925. *AMSB* 31 (Jl): 371.
    Elderton, W.P. 1925. *MG* 12 (Jl): 446.
    Evans, P.H. 1925. *JASA* 20 (Je): 285-6.

998. ———. 1928. *Introduction to the Mathematical Theory of Finance*. Wiley. (finance/Ts, Tc)

    Smeal, G. 1929. *MG* 14 (Mr): 373.

999. **Fort, Tomlinson.** 1930. *Infinite Series*. Oxford. (inf. series/Tc, Tg)

    Hille, E. 1931. *AMM* 38 (My): 280-2.

1000. **Foster, Percy F., and John F. Baker.** 1929. *Differential Equations of Engineering Science*. Oxford. (diff. eqns./Tc)

    Broadbent, T.A.A. 1930. *MG* 15 (Jl): 170.

1001. **Foster, Vivian Le N., and Francis W. Dobbs.** 1904. *Practical Geometry for Beginners*. Macmillan. (geom./Ts)

Anon. 1904. *MG* 3 (D): 119.

1002. **Fowle, William B.** 1826. *The Child's Arithmetick...* Wells. (arith./Te)

Anon. 1826. *AJE* 1 (Je): 384.

1003. **Fowler, Charles W.** 1905. *Inductive Geometry...* 3d ed. Louisville, Ky.: b.a. (geom./Su)

Cobb, H.E. 1909. *SSM* 9 (Ja): 95-6.

1004. **Fowler, Ralph H.** 1920. *The Elementary Differential Geometry of Plane Curves.* CambTrM&MP., #20. Macmillan. (diff. geom./R)

Anon. 1921. *AMM* 28 (Ja): 30-1.
Neville, E.H. 1920. *MG* 10 (O): 151-2.

1005. ———. 1929. *Statistical Mechanics...* Macmillan. (stat. mech./R, Su)

Stone, M.H. 1933. *AMSB* 39 (N): 850-3.
Temple, G. 1929. *MG* 14 (D): 582-3.
Van Vleck, J.H. 1929. *SCI* 70 (Jl 12): 41-3.
Weaver, W. 1930. *AMM* 37 (F): 87-90.

1006. ———. 1936. *Statistical Mechanics...* 2d ed. Macmillan. (stat. mech./R, Su)

Frank, N.H. 1937. *AMSB* 43 (S): 601-2.
M., E.A. 1937. *NAT* 140 (S 4): 382.
Van Vleck, J.H. 1937. *SCI* 85 (Ap 16): 385-6.

1007. ———, and **Edward A. Guggenheim.** 1939. *Statistical Thermodynamics.* Macmillan. (phys./Tc)

Chapman, S. 1940. *MR* 1 (Je): 192.
Mott, N.F. 1940. *NAT* 145 (F 17): 239-40.
Oppermann, R.H. 1940. *JFI* 229 (My): 689-90.

1008. **Fowlkes, John G., and Thomas T. Goff.** 1925. *The Fowlkes-Goff Practice Tests in Arithmetic...* Macmillan. (arith., educ./Su)

Anon. 1926. *CSJ* 9 (O): 79.
Breed, F.S. 1925. *ESJ* 26 (D): 318.

1009. ———. 1928-1929. *The Modern Life Arithmetics.* 3 v. or 6 v. Macmillan. (arith./Te, Tj)

Anon. 1930. *CSJ* 12 (Mr): 319.
Brownell, W.A. 1929. *ESJ* 29 (Je): 797-8.

Warner, G.W. 1929. *SSM* 29 (D): 1020.

1010. **Fowlkes, John G., et al.** 1928. *Algebra Work-Book*. Macmillan. (alg./Su)

   Munch, H.F. 1929. *HSJ* 12 (F): 80.

1011. **Francis W. Parker School.** 1915. *Education Through Concrete Experience...* School Yrbk., v. 4. Parker. (arith., geom./Su)

   Anon. 1915. *MT* 8 (S): 60.

1012. **Frankland, Francis W.B.** 1910. *Theories of Parallelism...* Putnam. (hist., geom./R, Su)

   Jourdain, P.E.B. 1910. *MG* 5 (Jl): 310-1.
   Smith, D.E. 1911. *AMSB* 17 (Mr): 312-4.

1013. **Franklin, Philip.** 1933. *Differential Equations for Electrical Engineers.* Wiley. (diff. eqns./Tc)

   Byrne, W.E. 1935. *NMM* 10 (N): 69-70.
   Campbell, A.D. 1933. *AMM* 43 (Ag/S): 415-6.
   Cleveland, T.K. 1934. *JFI* 217 (Mr): 394-5.
   Ince, E.L. 1934. *MG* 18 (My): 133-5.

1014. ———. 1940. *A Treatise on Advanced Calculus.* Wiley. (adv. calc./Tc)

   Frame, J.S. 1941. *MR* 2 (Mr): 77.
   Hellinger, E.D. 1942. *NMM* 16 (Ap): 361-2.
   Jeffery, R.L. 1941. *AMM* 48 (Ap): 258-60.
   Oppermann, R.H. 1941. *JFI* 231 (My): 504-5.

1015. **Franklin, William S., and Barry MacNutt.** 1907. *The Elements of Mechanics...* Macmillan. (mech./Tc)

   Anon. 1907. *ED* 28 (O): 128.

1016. ———, **and Rollin L. Charles.** 1913. *An Elementary Treatise on Calculus...* South Bethlehem, Pa.: b.a. (calc./Ts, Tc)

   Cairns, W.DeW. 1914. *AMM* 1 (Ja): 18-21.
   Cobb, H.E. 1913. *SSM* 13 (N): 748, 750.
   Keyser, C.J. 1913. *SCI* 38 (Jl 18): 90-3.

1017. **Frazer, Robert A., William J. Duncan, and Arthur R. Collar.** (1938) 1939. *Elementary Matrices and Some Applications...* Macmillan. (matrices, diff. eqns., phys./Tc)

   B., L. 1939. *NAT* 144 (O 14): 650-1.
   MacDuffee, C.C. 1939. *SCI* 90 (S 15): 253-4.

Oppermann, R.H. 1939. *JFI* 227 (Ap): 574-5.
Turnbull, H.W. 1939. *MG* 23 (Jl): 325-7.

1018. **Freeland, William.** 1895. *Algebra...* Longmans. (alg./Ts, Tc)
Finkel, B.F. 1896. *AMM* 3 (Ja): 26.

1019. **Freeman, Harry.** 1931. *An Elementary Treatise on Actuarial Mathematics.* Macmillan. (finite differences, calc., prob./Tc)
Aitken, A.C. 1932. *MG* 16 (F): 60-1.
Henderson, R. 1932. *JASA* 27 (Mr): 116.

1020. ———. 1936. *Examples in Finite Differences, Calculus, and Probability...* Macmillan. (finite differences, calc., prob./Su)
Aitken, A.C. 1937. *MG* 21 (F): 75-6.
Fry, T.C. 1936. *JASA* 31 (D): 757-8.
Kormes, M. 1937. *AMM* 44 (My): 325.
For additional reviews see Buros 1938, 32; and Buros 1941, 112.

1021. ———. 1939. *Mathematics for Actuarial Students.* 2 v. Stechert. (calc., finite differences, stat., prob./Ts, Tc)
Anon. 1940. *NAT* 145 (Ap 27 Supp.): 658-9.
Graves, C.H. 1940. *AMM* 47 (Je/Jl): 388-9.
Stott, W. 1939. *MG* 23 (O): 423-4; (D): 496.
For additional reviews see Buros 1941, 112-4.

1022. **Freilich, Aaron, Henry H. Shanholt, and Joel S. Georges.** 1940. *Elementary Algebra.* Silver. (alg./Tj)
Anon. 1940. *SSM* 40 (My): 494.
Mallory, A.E. 1940. *SR* 48 (O): 634-5.
Reeve, W.D. 1941. *MT* 34 (Mr): 140-1.

1023. **Freilich, Aaron, Henry H. Shanholt, and Joseph P. McCormack.** 1934. *Fusion Mathematics.* Silver. (alg., trig./Ts, Tc)
Anon. 1934. *MT* 27 (D): 429.
Georges, J.S. 1935. *SSM* 35 (Ap): 440, 442.
Mallory, A.E. 1935. *SR* 43 (Ap): 316-7.
Schroeder, H. 1936. *NMM* 10 (Mr): 236-7.

1024. ———. 1934. *Intermediate Algebra.* Silver. (alg./Ts)
Anon. 1934. *MT* 27 (D): 429.
Georges, J.S. 1935. *SSM* 35 (Ap): 440, 442.
Mallory, A.E. 1935. *SR* 43 (Ap): 316-7.
Royce, G.L. 1934. *SSM* 34 (O): 784.
Schroeder, H.F. 1935. *NMM* 9 (Mr): 183-4.

1025. ———. 1934. *Plane Trigonometry*. Silver. (trig./Ts)
    Anon. 1934. *MT* 27 (D): 429-30.
    Georges, J.S. 1935. *SSM* 35 (Ap): 440, 442.
    Mallory, A.E. 1935. *SR* 43 (Ap): 316-7.

1026. ———. 1937. *Preview of Mathematical Analysis...* Silver. (alg., prob., calc./Ts, Tc)
    Ott, E.R. 1938. *AMM* 45 (O): 547.

1027. **French, Charles H., and George Osborn.** 1908. *Elementary Algebra*. Rev. ed. Putnam. (alg./Tj)
    Finkel, B.F. 1908. *AMM* 15 (N): 216.
    Milne, J.J. 1908. *MG* 4 (D): 392-4.

1028. **Frenkel, Iakov I.** 1932-1934. *Wave Mechanics*. 2 v. Oxford. (quantum mech./Tc, R, Su)
    D., C.G. 1934. *NAT* 134 (O 20, Supp.): 608-11.
    Mott, N.F. 1933. *MG* 17 (My): 135-6.
    ———. 1934. *MG* 18 (Je): 208-9.

1029. **Frost, Percival.** 1872. *An Elementary Treatise on Curve Tracing*. Macmillan. (higher plane curves/R, Su)
    Anon. 1876. *NAT* 13 (Ap 20): 483.

1030. ———, **and Joseph Wolstenholme.** 1875. *Solid Geometry*. V. 1. Macmillan. (geom./Ts)
    Anon. 1876. *NAT* 14 (My 18): 47.

1031. **Fry, Thornton C.** 1928. *Probability and Its Engineering Uses*. VanNos. (prob., appl., stat./Tc)
    Hill, L.S. 1928. *AMM* 35 (N): 492-4.
    P., L.E. 1928. *JFI* 206 (O): 555-6.
    Piaggio, H.T.H. 1930. *MG* 15 (Jl): 175-7.
    Struik, D.J. 1930. *AMSB* 36 (Ja): 19-21.

1032. ———. 1929. *Elementary Differential Equations*. VanNos. (diff. eqns./Tc)
    Hildebrandt, T.H. 1930. *AMM* 37 (F): 84-6.
    Kinney, J.M. 1929. *SSM* 29 (O): 788.
    Longley, W.R. 1930. *AMSB* 36 (Mr): 173-4.
    P., L.E. 1929. *JFI* 208 (Jl): 128-9.
    Piaggio, H.T.H. 1930. *MG* 15 (Ja): 26-7.

1033. **Fuller, Florence D.** 1928. *Scientific Evaluation of Textbooks...* Houghton. (educ./R)
  Dawson, M.A. 1929. *ESJ* 29 (Je): 791-2.

1034. **Furst, Samuel W.** 1899. *Mensuration.* Myers. (arith., geom./Su)
  Colaw, J.M. 1900. *AMM* 7 (D): 303.

G

1035. **Gale, Arthur S., and Charles W. Watkeys.** 1920. *Elementary Functions and Applications.* Holt. (precalc., calc., stat./Ts, Tc)
    Anon. 1920. *AMM* 27 (D): 473-4.
    ———. 1921. *SR* 29 (My): 397-9.
    Breslich, E.R. 1921. *SR* 29 (N): 714-6.
    Cobb, H.E. 1921. *SSM* 21 (Ja): 102.

1036. **Galton, Francis.** 1889. *Natural Inheritance.* Macmillan. (stat./Su)
    Anon. 1889. *SCI* 13 (Ap 5): 266-7.
    Dewey, J. 1889. *PASA* 7 (S): 331-4.

1037. **Gamow, George.** 1931. *Constitution of Atomic Nuclei and Radioactivity.* Oxford. (quantum mech., atomic phys., radact./R)
    Hartree, D.R. 1932. *MG* 16 (O): 284-5.

1038. ———. (1939) 1940. *Mr. Tompkins in Wonderland...* Macmillan. (relat., quantum mech./Su)
    McCrea, W.H. 1940. *MG* 24 (F): 62-3.

1039. **Garabedian, Carl A., and Jean Winston.** 1929. *Plane Trigonometry.* McGraw. (trig./Ts)
    Barrow, D.F. 1929. *AMM* 36 (Ag/S): 392-4.
    Kinney, J.M. 1929. *SSM* 29 (Je): 666.
    Naylor, V. 1930. *MG* 15 (Mr): 87-8.
    Zant, J.H. 1930. *MT* 23 (F): 128-30.

1040. **Gardner, Mary L., and Cleo Murtland.** 1910. *Industrial Arithmetic for Girls' Trade Schools.* HeathNY. (arith., appl./Te, Tj)
    Smith, C.H. 1911. *SSM* 11 (F): 180.

1041. **Garrett, Henry E.** 1926. *Statistics in Psychology and Education.* Longmans. (stat./Tc)

    Anon. 1926. *CSJ* 9 (N): 118.
    Scates, D.E. 1926. *SR* 34 (N): 708-10.

1042. ———. 1937. *Statistics in Psychology and Education.* 2d ed. Longmans. (stat./Tc)

    Odell, C.W. 1938. *JER* 32 (S): 47-8.
    For additional reviews see Buros 1938, 34-5.

1043. **Gaultier, A.E. Camille.** 1829. *First Lessons in Practical Geometry...* Trans. W.R. Johnson. Towar. (geom./Ts)

    Anon. 1830. *AJAEI* 1 (S): 435.

1044. **Gauss, Karl F.** 1902. *General Investigations of Curved Surfaces...* Trans. J.C. Morehead and A.M. Hiltebeitel. PrincetonLib. (surfaces/R)

    Lovett, E.O. 1902. *AMSB* 8 (My): 352.

1045. ———. 1937. *Inaugural Lecture on Astronomy and Papers on the Foundations of Mathematics.* Trans., ed. G.W. Dunnington. La. (fnds., hist., biog./R, Su)

    H., T.L. 1938. *NAT* 141 (F 26): 350.
    Nordgaard, M.A. 1938. *NMM* 12 (Mr): 314-7.
    Simons, L.G. 1939. *SM* 6 (Mr): 41-2.
    Struik, D.J. 1939. *AMM* 46 (F): 98.
    Warner, G.W. 1938. *SSM* 38 (My): 601.

1046. **Gavett, George I.** 1925. *A First Course in Statistical Method.* McGraw. (stat./Tc)

    Anon. 1927. *MG* 13 (Ja): 289-90.
    Huhn, R.v. 1927. *JASA* 22 (Mr): 126-8.

1047. ———. 1937. *A First Course in Statistical Method.* 2d ed. McGraw. (stat./Tc)

    Grove, C.C. 1937. *AMM* 44 (D): 653-4.
    Mudgett, B.D. 1937. *JASA* 32 (S): 582-6.
    For additional reviews see Buros 1938.

1048. **Gay, George E.** 1898. *Problems in Arithmetic.* 2 v. Sanborn. (arith./Su)

    Anon. 1899. *ED* 19 (Ja): 323.
    ———. 1899. *ED* 19 (Mr): 448.

1049. **Gay, Harold J.** 1938. *Computation and Trigonometry*. Macmillan. (trig./Ts)

    Anon. 1939. *NAT* 144 (S 30 Supp.): 585.
    Beverley, W. 1938. *AMM* 45 (Je/Jl): 379.
    Pearce, J.H. 1938. *MG* 22 (O): 417.

1050. **Geary, Alfred, Hugh V. Lowry, and Harold A. Hayden.** 1938-1939. *Mathematics for Technical Students*. 2 v. Longmans. (arith., alg., geom., mensur., trig., calc./Tj, Ts)

    Hunter, W. 1939. *MG* 23 (F): 112-3.
    ———. 1940. *MG* 24 (My): 138-9.

1051. **Geldard, Christopher.** 1893. *Statics and Dynamics*. Longmans. (phys./Tc)

    Anon. 1894. *JE* 39 (Ja 11): 26.

1052. **Georges, Joel S., and William H. Conley.** 1940. *Introductory Business Mathematics*. Holt. (finance, stat., nomog./Ts, Tc)

    Mayor, J.R. 1940. *NMM* 15 (O): 47-8.
    Read, C.B. 1940. *SSM* 40 (O): 698.
    Wray, W.D. 1940. *AMM* 47 (N): 650-1.

1053. **Georges, Joel S., and Jacob M. Kinney.** 1938. *Introductory Mathematical Analysis*. Macmillan. (precalc./Ts, Tc)

    Read, C.B. 1939. *SSM* 39 (F): 194-5.
    Scott, E.J. 1941. *MT* 34 (Mr): 136.
    Smith, P.K. 1939. *NMM* 13 (F): 256-7.
    Stephens, R.P. 1939, 1941. *AMM* 46 (Ap): 230-1; 48 (Mr): 205-6.
    Stratton, W.T. 1940. *NMM* 14 (My): 493.

1054. **Georges, Joel S., Robert F. Anderson, and Robert L. Morton.** 1937. *Mathematics Through Experience*. 3 v. Silver. (genl./Tj, Ts)

    Hawkins, G.E. 1938. *SR* 46 (Ja): 72-3.
    K., W. 1938. *CSJ* 19 (My/Je): 234.
    Kinney, J.M. 1937. *SSM* 37 (Je): 749-50.
    Reeve, W.D. 1937. *MT* 30 (Mr): 38.

1055. **Gerrish, Claribel and Webster Wells.** 1902. *The Beginner's Algebra*. Heath. (alg./Tj)

    Anon. 1902. *AE* 6 (N): 179.
    ———. 1903. *ED* 23 (F): 390.

1056. **Gibbs, David.** 1903. *The Natural Number Primer.* AmBk. (arith./Te, Tj)

    Anon. 1904. *EST* 4 (Ja): 336.

1057. **Gibbs, J. Willard.** 1901. *Vector Analysis...* Ed. E.B. Wilson. Scribner. (vector anal./Tc, R)

    Anon. 1902. *AMM* 9 (Mr): 89.
    Ziwet, A. 1902. *AMSB* 8 (F): 207-15.

1058. ———. 1906. *The Scientific Papers of J. Willard Gibbs.* 2 v. Longmans. (dyn., light, vector anal./R)

    Whittaker, E.T. 1907. *MG* 4 (My): 87-8.
    Wilson, E.B. 1907. *AMSB* 13 (F): 250-2.

1059. **Gibbs, Reginald W.M.** 1925. *Exercises in Algebra...* Oxford. (alg./Su)

    Chignell, N.J. 1926. *MG* 13 (My): 134.

1060. ———. 1925. *Rapid Business Arithmetic.* Oxford. (bus. arith./Tj, Ts)

    Anon. 1926. *MG* 13 (Jl): 178-9.

1061. ———. 1927. *Algebra to the Quadratic...* Oxford. (alg./Tj)

    Harmer, J.W. 1927. *MG* 13 (O): 436.
    Kinney, J.M. 1928. *SSM* 28 (F): 197.

1062. ———. 1929. *The Adjustment of Errors in Practical Science.* Oxford. (stat., prob./R)

    Baten, W.D. 1930. *AMSB* 36 (S): 621.
    Cleveland, T.K. 1930. *JFI* 210 (N): 681-2.
    Littauer, S.B. 1931. *AMM* 38 (Ja): 38.

1063. **Gibson, George A.** 1901. *An Elementary Treatise on the Calculus.* Macmillan. (calc./Ts, Tc)

    Finkel, B.F. 1902. *AMM* 9 (Ja): 30.
    Osgood, W.F. 1902. *AMSB* 8 (Mr): 248-57.

1064. ———. 1904. *An Elementary Treatise on Graphs.* Macmillan. (alg., logs., exp. fcns., trig., conics/Ts, Tc)

    Glenn, O.E. 1905. *AMM* 12 (O): 191-2.
    Greenstreet, W.J. 1905. *MG* 3 (Ja): 142.

1065. ———. 1931. *Advanced Calculus.* Macmillan. (adv. calc./Tc)

Bailey, W.N. 1931. *MG* 15 (O): 476-7.
Jeffery, R.L. 1931. *AMM* 38 (N): 524-7.

1066. Gideon, Edward. 1902. *The Model Algebra...* Eldredge. (alg./Tj)
Anon. 1905. *ED* 25 (My): 573.

1067. Giffin, William M. 1895. *Grammar School Algebra.* Werner. (alg./Tj)
Anon. 1895. *ED* 16 (N): 189.
Smith, D.E. 1895. *SR* 3 (N): 569-71.

1068. Gifford, John B. 1915. *Everyday Arithmetic...* Little. (arith./Te, Tj)
Anon. 1916. *AE* 20 (S): 56.
———. 1916. *AE* 20 (N): 184.
Cobb, H.E. 1915. *SSM* 15 (D): 842.

1069. Gilbert, Josiah H., and Ellen Sullivan. 1898. *Practical Lessons in Algebra.* Rev. ed. Smith. (alg./Tj)
Anon. 1899. *NYE* 2 (Ja): 312.

1070. ———. 1902. *Practical Lessons in Algebra, Complete.* Rev. ed. Richardson. (alg./Tj)
Beal, W.O. 1903. *SSCI (Math. Supp.)* 1 (Ap): 38.

1071. Gillespie, Robert P. 1939. *Integration.* Intsci. (calc./Tc)
Todd, J.A. 1940. *NAT* 146 (N 23): 665-6.

1072. Gillespie, William M. 1855. *A Treatise on Land Surveying.* Appleton. (surv., trig./Tj, Ts)
Anon. 1856. *AJS* 22 (S): 302-3.

1073. ———. 1887. *A Treatise on Surveying...* Rev. C. Staley. Appleton. (surv., trig./Tj, Ts)
Anon. 1887. *AC* 2 (My): 188-9.
———. 1887. *ED* 7 (Ap): 590-1.

1074. Gillet, Joseph A. 1896. *Elementary Algebra.* Holt. (alg./Tj)
Anon. 1896. *AMM* 3 (Ap): 126.

1075. ———. 1896. *Euclidean Geometry.* Holt. (geom./Ts)
Finkel, B.F. 1896. *AMM* 3 (Ag/S): 228.

1076. **Gilmartin, John G., Henry E. Kentopp, and Roscoe C. Dundon.**
1939. *Problems in Junior Mathematics.* Newson. (arith., alg., geom., trig./Su)

K., W. 1939. *CSJ* 20 (Mr/Ap): 199.
Wilson, G.M. 1940. *ED* 61 (N): 188.

1077. **Ginn, Fred B., and Ida A. Coady.** 1886. *Combined Number and Language Lessons...* Teacher's ed. Ginn. (arith./Te, Tj)

Anon. 1886. *SJ* 32 (D 18): 380.

1078. **Ginsbach, John A.** 1923. *Print Shop Arithmetic.* Manual. (arith., appl./Te, Tj)

Anon. 1924. *ED* 45 (D): 253.
———. 1925. *AE* 28 (Ja): 234.

1079. **Glaisher, James W.L.** (1940) 1941. *British Association for the Advancement of Science, Mathematical Tables.* V. 8. *Number-Divisor Tables.* Ed. Committee for the Calculation of Math. Tables. Macmillan. (comp., tables/R)

Lehmer, D.H. 1941. *MR* 2 (F): 33-4.
Rosser, B. 1941. *AMM* 48 (O): 551.
For additional reviews see Buros 1941, 50.

1080. ———, et al. (1940) 1941. *British Association for the Advancement of Science, Mathematical Tables.* V. 9. *Table of Powers...* Macmillan. (comp., tables/R)

Lehmer, D.H. 1941. *MR* 2 (Jl): 238.
For additional reviews see Buros 1941, 50-1.

1081. **Glauert, Hermann.** 1926. *The Elements of Aerofoil and Airscrew Theory.* Macmillan. (aerodyn., conf. mapping/Tc, Tg)

Southwell, R.V. 1927. *MG* 13 (Jl): 394-5.

1082. **Glazier, Harriet E.** 1932. *Arithmetic for Teachers.* McGraw. (arith., educ./Tc, Tg)

Anon. 1933. *MT* 26 (F): 117.
Beenken, M.M. 1933. *AMM* 40 (Ag/S): 418.
Munch, H.F. 1933. *HSJ* 16 (Ja): 35.
Stone, C.A. 1933. *SSM* 33 (Ap): 460, 462.

1083. **Gleason, Charles H., and Charles B. Gilbert.** 1910. *The Gilbert Arithmetics.* 3 v. Gilbert. (arith./Te, Tj)

Anon. 1910. *ED* 31 (D): 272.

1084. **Glenn, Oliver E.** 1915. *A Treatise on the Theory of Invariants.* Ginn. (invariants/R)
    Keyser, C.J. 1916. *SCI* 44 (Jl 7): 25-8.

1085. **Gliebe, Julius J.** 1933. *The Mathematical Atom...* StBon. (geom., angle trisection/Su)
    Clawson, J.W. 1934. *AMM* 41 (O): 513-4.

1086. **Glover, James W., ed.** 1916. *United States Life Tables...* GPO. (mortality tables/R)
    Rietz, H.L. 1917. *AMSB* 23 (Ap): 332-3.

1087. ———. 1921. *United States Life Tables...* GPO. (mortality tables/R)
    Pearl, R. 1922. *SCI* 56 (D 29): 756-7.
    Rietz, H.L. 1923. *AMSB* 29 (F): 86.

1088. ———, **ed.** 1923. *Tables of Applied Mathematics in Finance, Insurance, Statistics.* Wahr. (tables, finance, logs., stat., act. sc./R)
    Forsyth, C.H. 1923. *AMSB* 29 (O): 376-7.
    Rietz, H.L. 1923. *JASA* 18 (S): 942-4.

1089. **Godfrey, Charles, and Arthur W. Siddons.** 1908. *Modern Geometry.* Putnam. (geom., college geom./Ts, Tc)
    Milne, J. 1908. *MG* 4 (O): 338-9.

1090. ———. 1912. *Algebra for Beginners.* Putnam. (alg./Tj)
    Anon. 1913. *AE* 17 (S): 60.

1091. ———. 1912. *A Shorter Geometry.* Putnam. (geom./Ts)
    Finkel, B.F. 1912. *AMM* 19 (O/N): 180.

1092. ———. (1913) 1914. *Elementary Algebra.* V. 2. Putnam. (precalc., calc./Ts, Tc)
    Child, J.M. 1913. *MG* 7 (Jl): 157-8.

1093. ———. (1931) 1932. *The Teaching of Elementary Mathematics.* Macmillan. (educ., alg., geom./R)
    Durell, C.V. 1932. *MG* 16 (My): 136-8.
    Nyberg, J.A. 1932. *SSM* 32 (O): 798-9.
    Sueltz, B.A. 1932. *MT* 25 (Mr): 176-7.

1094. **Gödel, Kurt.** 1940. *The Consistency of the Axiom of Choice...* AnnMStud., #3. Princeton. (logic, fnds./R)

Bernays, P. 1941. *JSL* 6 (S): 112-4.
Kleene, S.C. 1941. *MR* 2 (Mr): 66-7.
Torrance, C.C. 1941. *AMSB* 47 (Mr): 191-2.

1095. **Goff, Robert R.** 1916. *Drill Book in Plane Geometry.* Riverdale. (geom./Ts, Su)

Anon. 1916. *MT* 9 (D): 131.
Cobb, H.E. 1917. *SSM* 17 (Mr): 274.

1096. ———. 1937. *Drill Book in Plane Geometry.* Rev. M.G. Weld. Palmer. (geom./Ts, Su)

Silverman, H.D. 1938. *SSM* 38 (D): 1052.

1097. **Goff, Thomas T.** 1923. *Self Proving Business Arithmetic.* Macmillan. (bus. arith./Te, Tj)

Goff, R.R. 1924. *ED* 44 (Je): 646.
Hoge, J.W. 1924. *SR* 32 (S): 552-3.

1098. ———. 1928. *Self Proving Business Arithmetic.* Macmillan. (bus. arith./Te, Tj)

Anon. 1928. *ED* 48 (Ap): 524.
Kinney, J.M. 1928. *SSM* 28 (Je): 676.

1099. **Goldstein, Sydney, ed.** 1938. *Modern Developments in Fluid Dynamics.* 2 v. Oxford. (hydrodyn./R)

Milne-Thomson, L.M. 1939. *MG* 23 (My): 219-20.

1100. **Good, Warren R., and Hope H. Chipman.** 1930. *Plane Geometry.* Lippincott. (geom./Ts)

Munch, H.F. 1930. *HSJ* 13 (D): 443-4.

1101. **Goodwill, Gustave.** 1913. *Elementary Mechanics.* Oxford. (mech./Tc)

M., R.M. 1913. *MG* 7 (My): 117.

1102. **Gore, James H.** 1891. *Geodesy.* Houghton. (geodesy/R)

Anon. 1891. *ED* 12 (D): 255.
———. 1891. *JE* 34 (D 24): 410.
———. 1892. *SCI* 20 (D 30): 375-6.

1103. ———. 1898. *Plane and Solid Geometry.* Longmans. (geom./Ts)

Finkel, B.F. 1899. *AMM* 6 (F): 51-2.

1104. ———. 1907. *Elements of Plane and Spherical Trigonometry.* Putnam. (trig./Ts)

Anon. 1907. *ED* 28 (O): 128.
———. 1907. *ED* 28 (N): 196.
———. 1907. *JE* 66 (D 12): 642.

1105. **Gorse, F.** 1907. *A School Algebra Course.* Putnam. (alg./Tj)

Anon. 1907. *JE* 66 (S 26): 329.

1106. **Gould, Edward S.** 1896. *A Primer of the Calculus.* VanNos. (calc./Ts, Tc)

Anon. 1897. *ED* 17 (Ja): 317.
———. 1897. *ED* 17 (Je): 640.
Finkel, B.F. 1896. *AMM* 3 (N): 293.
Fiske, T.S. 1898. *AMSB* 4 (F): 237-8.

1107. ———. 1899. *A Primer of the Calculus.* 2d ed. VanNos. (calc./Ts, Tc)

Finkel, B.F. 1899. *AMM* 6 (Je/Jl): 187.

1108. **Goulden, Cyril H.** 1939. *Methods of Statistical Analysis.* Wiley. (stat./Tc)

Bartlett, M.S. 1939. *NAT* 144 (N 11): 799-800.
Rider, P.R. 1939. *AMM* 46 (Ag/S): 441-2.
Wilks, S.S. 1940. *JASA* 35 (Mr): 181-2.
Wishart, J. 1939. *MG* 23 (O): 419-20.
For additional reviews see Buros 1941, 125-9.

1109. **Goursat, Edouard J.B.** 1905. *A Course in Mathematical Analysis.* V. 1. Trans. E.R. Hedrick. Ginn. (real var./R)

Finkel, B.F. 1905. *AMM* 12 (D): 241-2.
Jourdain, P.E.B. 1917. *SP* 12 (Jl): 158.
Osgood, W.F. 1906. *AMSB* 12 (F): 263.

1110. ———. 1916-1917. *A Course in Mathematical Analysis.* V. 2, 2 pt. Trans. E.R. Hedrick and O. Dunkel. Ginn. (diff. eqns., complex var., anal./R)

Anon. 1917. *MT* 9 (Je): 220.
Carmichael, R.D. 1918. *AMSB* 24 (F): 255-6.
Jourdain, P.E.B. 1917. *SP* 12 (Jl): 158.
———. 1918. *SP* 47 (Ja): 516.
Moore, C.N. 1917. *AMSB* 23 (My): 375.

1111. **Grace, John H., and Alfred Young.** 1903. *The Algebra of Invariants.* Macmillan. (invariants/Tc, Tg, R)

   Finkel, B.F. 1904. *AMM* 11 (Je/Jl): 148.
   MacMahon, P.A. 1904. *MG* 3 (Mr): 8-10.

1112. **Graham, Frank D.** 1932. *Audels Mathematics and Calculations for Mechanics...* Audel. (precalc., calc., phys., slide rules/R)

   Ingalls, A.G. 1935. *SA* 152 (Mr): 115.

1113. **Graham, Palmer H., and Frederick W. John.** 1930. *Advanced Algebra.* Prentice. (alg./Ts, Tc)

   Hosford, H.M. 1931. *AMM* 38 (F): 109-10.

1114. ———. 1936. *Advanced Algebra.* Rev. ed. Prentice. (alg./Ts, Tc)

   Anon. 1936. *MT* 29 (My): 261.

1115. ———, **and Hollis R. Cooley.** 1936. *Analytic Geometry.* Prentice. (anal. geom./Ts, Tc)

   Bush, L.E. 1936. *NMM* 11 (D): 158-9.
   Kinney, J.M. 1936. *SSM* 36 (N): 930.
   Ransom, W.R. 1937. *AMM* 44 (Je/Jl): 377-8.

1116. **Graham, Robert.** 1889. *Elementary Algebra...* Longmans. (alg./Tj)

   Anon. 1889. *JE* 30 (O 24): 267.

1117. **Graham, Robert H.** 1891. *Geometry of Position.* Macmillan. (proj. geom./Tc)

   Larmor, A. 1891. *NAT* 44 (Jl 2): 195-6.

1118. **Granville, William A.** 1904. *Elements of the Differential and Integral Calculus.* Ed. P.F. Smith. Ginn. (calc./Ts, Tc)

   Anon. 1905. *ED* 25 (My): 572.
   Finkel, B.F. 1904. *AMM* 11 (N): 218.
   Keyser, C.J. 1905. *SCI* 22 (Jl 28): 113-6.
   Pierpont, J. 1905. *SCI* 21 (Ja 13): 64-6.
   Van Vleck, E.B. 1906. *AMSB* 12 (Ja): 181-7.

1119. ———. 1909. *Plane and Spherical Trigonometry, and Four-Place Tables of Logarithms.* Ginn. (trig., logs./Ts)

   Anon. 1909. *ED* 30 (D): 259.
   Cobb, H.E. 1909. *SSM* 9 (N): 809.
   Finkel, B.F. 1909. *AMM* 16 (Ap): 77.
   Westlund, J. 1910. *AMSB* 16 (Ap): 381-2.

1120. ———. 1911. *Elements of the Differential and Integral Calculus*. Ed. P.F. Smith. Rev. ed. Ginn. (calc./Ts, Tc)

    Anon. 1911. *MT* 4 (S): 43.
    Hardy, G.H. 1913. *MG* 7 (Ja): 21-4.
    Wilson, E.B. 1915. *AMSB* 21 (Je): 471-6.

1121. ———. 1922. *The Fourth Dimension and the Bible*. Badger. (multidim. geom./Su)

    Bennett, A.A. 1923. *AMM* 30 (Ja): 35-7.
    Smith, D.E. 1927. *AMM* 34 (Mr): 152-3.
    Young, J.W. 1923. *AMSB* 29 (Ap): 185.

1122. ———. 1929. *Elements of the Differential and Integral Calculus*. Rev. P.F. Smith and W.R. Longley. Ginn. (calc./Ts, Tc)

    Campbell, A.D. 1930. *AMM* 37 (My): 252-5.
    Kinney, J.M. 1930. *SSM* 30 (Ja): 104.

1123. ———. 1934. *Plane Trigonometry and Four-Place Tables of Logarithms*. Rev. P.F. Smith and J.S. Mikesh. Ginn. (trig., logs./Ts)

    Anon. 1935. *MT* 28 (Mr): 194.
    Cutler, E.H. 1934. *AMM* 41 (Je/Jl): 379.
    Hawkins, G.E. 1934. *SSM* 34 (My): 548.

1124. ———, Percey F. Smith, and William R. Longley. 1934. *Elements of the Differential and Integral Calculus*. New ed. Ginn. (calc./Ts, Tc)

    Anon. 1935. *MT* 28 (Ap): 252.

1125. **Graustein, William C.** 1930. *Introduction to Higher Geometry*. Macmillan. (proj. geom./Tc)

    DuVal, P. 1933. *MG* 17 (Jl): 213-4.
    Kinney, J.M. 1931. *SSM* 31 (Je): 780.
    Lane, E.P. 1932. *AMM* 39 (Ap): 235-7.
    Snyder, V. 1931. *AMSB* 7 (Mr): 147-8.

1126. ———. 1935. *Differential Geometry*. Macmillan. (diff. geom./Tc, Tg)

    Kinney, J.M. 1935. *SSM* 35 (Je): 663-4.
    Lane, E.P. 1935. *AMM* 42 (O): 507-8.
    Levy, H. 1936. *NMM* 10 (Mr): 235-6.
    Neville, E.H. 1936. *MG* 20 (D): 348-9.

1127. **Gray, Andrew, and George B. Mathews.** 1895. *A Treatise on Bessel Functions...* Macmillan. (Bessel fcns., phys./Tc, Tg)

Bôcher, M. 1896. *AMSB* 2 (My): 255-65.

1128. ———. 1922. *A Treatise on Bessel Functions...* Rev. A. Gray and T.M. MacRobert. 2d ed. Macmillan. (Bessel fcns., phys./Tc, Tg)

Anon. 1934. *MG* 18 (D): 356-7.
Phillips, H.B. 1923. *AMSB* 29 (N): 423.

1129. **Gray, Clarence T., and David F. Votaw.** 1939. *Statistics Applied to Education and Psychology.* Ronald. (stat./Tc)

Fritz, M.F. 1940. *JASA* 35 (Mr): 184-5.
Munch, H.F. 1940. *HSJ* 23 (Mr): 142.
For additional reviews see Buros 1941, 129-32.

1130. **Gray, John C.** 1910-1919. *Number by Development...* 3 v. Lippincott. (educ., arith./R)

Anon. 1910. *ED* 31 (S): 68-9.
———. 1919. *MT* 12 (D): 75.
———. 1920. *AE* 24 (D): 184, 186.
———. 1920. *EDAS* 6 (F): 116.
Cobb, H.E. 1920. *SSM* 20 (Mr): 278.
———. 1920. *SSM* 20 (O): 664.

1131. **Greaves, John.** 1889. *Statics for Beginners.* Macmillan. (statics/Tc)

Anon. 1889. *JE* 30 (N 14): 314.
———. 1889. *SCI* 13 (Je 21): 484.

1132. **Green, George.** 1871. *Mathematical Papers.* Ed. N.M. Ferrers. Macmillan. (phys./R)

Brown, E.W. 1904. *AMSB* 10 (Ja): 204-5.

1133. **Green, Stanley L.** 1939. *The Theory and Use of the Complex Variable...* Pitman. (complex var./Tc, Tg)

Lowry, H.V. 1939. *MG* 23 (O): 427-9.

1134. **Greenhill, Alfred G.** 1891. *Differential and Integral Calculus...* 2d ed. Macmillan. (calc./Ts, Tc)

C., G. 1891. *NAT* 44 (Je 25): 170-2.

1135. ———. 1892. *The Applications of Elliptic Functions.* Macmillan. (ell. fcns./R)

Harkness, J. 1893. *NYMSB* 2 (Mr): 151-7.

1136. ———. 1894. *A Treatise on Hydrostatics*. Macmillan. (appl., hydrostatics/Tc)

   Finkel, B.F. 1894. *AMM* 1 (My): 178.

1137. **Greenhood, Elisha R. Jr.** 1940. *A Detailed Proof of the Chi-Square Test of Goodness of Fit...* Harvard. (stat./Su)

   Householder, A.S. 1940. *AMM* 47 (N): 648-9.
   Sandon, F. 1940. *MG* 24 (D): 367-8.
   For additional reviews see Buros 1941, 132.

1138. **Greenleaf, Benjamin.** 1859. *Elements of Geometry...* Davis. (geom./Ts)

   Anon. 1860. *MMON* 3 (O): 32.

1139. **Greenwood, James M.** 1890. *A Complete Manual on Teaching Arithmetic, Algebra, and Geometry...* Maynard. (educ., arith., alg., geom./R)

   Anon. 1890. *JE* 32 (S 4): 155.
   ———. 1890. *MMAG* 2 (Jl): 47.

1140. ———, and **Artemas Martin.** 1899. *Notes on the History of American Text-books on Arithmetic*. ReptCommEd., 1897-1898, chap. 17. GPO. (hist./R)

   Finkel, B.F. 1899. *AMM* 6 (Je/Jl): 187.

1141. **Gregory, Chester A., and Omer W. Renfrow.** 1929. *Statistical Method in Education and Psychology*. Cincinnati, Ohio: b.a. (stat./Tc)

   Trabue, M.R. 1929. *JER* 20 (D): 381.

1142. **Griffin, Frank L.** 1921. *An Introduction to Mathematical Analysis*. Houghton. (precalc., calc./Ts, Tc)

   Anon. 1922. *AMM* 29 (F): 68-9.
   Breslich, E.R. 1921. *SR* 29 (N): 714-6.
   Cobb, H. 1921. *SSM* 21 (D): 918.
   Noordgard, M. 1927. *MT* 20 (D): 473-7.
   Piaggio, H.T.H. 1922. *MG* 11 (D): 210-1.

1143. ———. 1936. *An Introduction to Mathematical Analysis*. Rev. ed. Houghton. (precalc./Ts, Tc)

   Kinney, J.M. 1937. *SSM* 37 (F): 240-2.
   Salkover, M. 1937. *AMM* 44 (Mr): 171-2.

1144. **Grund, Francis J.** 1831. *An Elementary Treatise on Geometry...* Pt. 2. CarterHB. (geom./Ts)

    Anon. 1831. *AAEI* 1 (Je): 288.

1145. **Gugle, Marie.** 1920. *Modern Junior Mathematics.* 3 v. Gregg. (arith., bus. arith., geom., alg., trig./Tj, Ts)

    Anon. 1920. *AE* 24 (O): 88.
    ———. 1920. *ED* 41 (S): 69.
    ———. 1920. *ESJ* 20 (Je): 796.
    ———. 1920. *HSQ* 9 (O): 60.
    ———. 1920. *MT* 12 (Mr): 126-7.
    ———. 1921. *AE* 24 (Mr): 333.
    ———. 1921. *ED* 41 (F): 420.
    ———. 1921. *SR* 29 (My): 397-9.
    Breslich, E.R. 1920. *SR* 28 (S): 556.
    Cobb, H.E. 1920. *SSM* 20 (Ap): 375-6.
    ———. 1921. *SSM* 21 (F): 202.
    Hutchinson, G.A. 1920. *HSQ* 8 (Ap): 211-3.
    Lytle, E.B. 1921. *JER* 3 (F): 144.

1146. ———. 1924-1926. *Modern Junior Mathematics.* 3 v. Rev. ed. Gregg. (arith., bus. arith., geom., alg., trig./Tj, Ts)

    Anon. 1926. *MT* 19 (O): 379.
    Kinney, J.M. 1925. *SSM* 25 (My): 552.

1147. **Gunther, Charles O.** 1907. *Integration by Trigonometric and Imaginary Substitution.* VanNos. (calc./Su)

    Anon. 1908. *ED* 28 (Ap): 528.
    Finkel, B.F. 1908. *AMM* 15 (Ja): 24.
    Myers, G.W. 1909. *SSM* 9 (Ja): 98.

1148. **Gunther, Robert W.T.** 1922. *Early Science in Oxford.* V. 1, pt. 2. *Mathematics.* Oxford. (hist./R)

    Greenstreet, W.J. 1923. *MG* 11 (Mr): 290-1.
    Karpinski, L.C. 1923. *AMSB* 29 (D): 475-6.

1149. ———. 1925. *Historic Instruments for the Advancement of Science.* Oxford. (hist./R)

    Anon. 1926. *MG* 13 (Jl): 180.

1150. **Gurney, Ronald W.** 1934. *Elementary Quantum Mechanics.* Macmillan. (quantum mech./Tc)

    Oppermann, R.H. 1935. *JFI* 219 (Je): 760-1.
    Swirles, B. 1935. *MG* 19 (F): 60-1.

H

1151. **Haas, Arthur E.** 1924-1925. *Introduction to Theoretical Physics*. Trans. T.T.H. Verschoyle. 2 v. VanNos. (phys./Tc)
    Nielsen, J.R. 1925. *SCI* 62 (N 27): 495-6.
    Picolet, L.E. 1926. *JFI* 202 (Jl): 112-4.

1152. ———, ed. 1936. *A Commentary on the Scientific Writings of J. Willard Gibbs*. V. 2. YalePr. (thermo./Su)
    F., L.N.G. 1937. *NAT* 140 (Ag 21): 298-9.

1153. **Hackley, Charles W.** 1846. *A Treatise on Algebra...* Harper. (alg./Tj, Ts)
    Anon. 1847. *AJS* 3 (Mr): 310.

1154. ———. 1851. *A Treatise on Trigonometry...* Putnam. (trig./Ts)
    Anon. 1851. *AJS* 11 (Mr): 299-300.

1155. **Hadamard, Jacques S.** 1915. *Four Lectures on Mathematics*. Columbia. (phys., diff. eqns., integral eqns./R, Su)
    Cobb, H.E. 1916. *SSM* 16 (My): 480.
    Moore, C.N. 1917. *AMSB* 23 (Ap): 317-9.

1156. ———. 1923. *Lectures on Cauchy's Problem in Linear Partial Differential Equations*. YalePr. (diff. eqns./R, Su)
    Daniell, P.J. 1924. *MG* 12 (Jl): 173-4.
    White, F.P. 1925. *SP* 20 (O): 345-8.

1157. **Haertter, Leonard D.** 1930. *Instructional Tests and Chapter Tests for a First Course in Algebra*. Winston. (educ., alg., testing/R)

Anon. 1931. *MT* 24 (O): 402.

Stone, C.A. 1931. *SSM* 31 (Je): 776.

1158. **Haggerty, Melvin E.** 1915. *Arithmetic: A Cooperative Study in Educational Measurements.* IndStud., v. 2, #27. Ind. Bull., v. 12, #18. Bloomington, Ind.: n.p. (educ., arith./R)

Anon. 1916. *EDAS* 2 (Je): 406.

1159. **Haines, Alfred H.** 1929. *Surveying...* Longmans. (mensur., logs., trig., surv./Ts)

Naylor, V. 1930. *MG* 15 (Ja): 29-30.

1160. **Haldeman, Samuel S.** 1864. *Tours of a Chess Knight.* Butler. (games/R, Su)

Anon. 1865. *AJS* 90 (S): 291.

1161. **Hale, Joseph W.L.** 1915. *Practical Applied Mathematics.* McGraw. (arith., appl., mensur., alg., geom./Tj, Ts)

Cobb, H.E. 1915. *SSM* 15 (D): 840.

1162. **Hall, Alice C., ed.** 1919. *Lesson Plans in English, Arithmetic and Geography...* Warwick. (educ., arith./R)

Anon. 1920. *ESJ* 20 (Ja): 396.

1163. **Hall, Arthur G., and Fred G. Frink.** 1909. *Trigonometry.* Holt. (trig./Ts)

Anon. 1911. *MG* 5 (Ja): 399-400.

1164. ———. 1910. *Plane and Spherical Trigonometry.* Holt. (trig./Ts)

Cobb, H.E. 1911. *SSM* 11 (Ap): 392.

1165. **Hall, Frank G., and Eric K. Rideal.** 1929. *Cambridge Five-Figure Tables.* Macmillan. (tables, logs./R)

Neville, E.H. 1930. *MG* 15 (Mr): 83.

1166. **Hall, Frank H.** 1894. *Arithmetic Reader for Third Grade Pupils.* Sherwood. (arith./Te)

Anon. 1894. *JE* 34 (Ap 19): 251.

1167. ———. 1896-1898. *The Werner Arithmetic...* 3 v. WernerS. (arith./Te, Tj)

Anon. 1897. *ED* 17 (My): 573.

———. 1899. *ED* 19 (Mr): 447.

Colaw, J.M. 1900. *AMM* 7 (My): 149-50.

1168. **Hall, George.** 1901. *The Common Sense of Commercial Arithmetic.* Macmillan. (bus. arith./Tj, Ts)

    Anon. 1901. *NYE* 4 (Je): 628.
    Finkel, B.F. 1901. *AMM* 8 (Mr): 79.
    Smith, D.E. 1901. *SR* 9 (S): 482.

1169. **Hall, Henry S., and Samuel R. Knight.** 1895. *Algebra for Beginners.* Rev. F.L. Sevenoak. Macmillan. (alg./Tj, Ts)

    Finkel, B.F. 1895. *AMM* 2 (Jl/Ag): 249.
    Smith, D.E. 1895. *SR* 3 (N): 572-5.

1170. ———. 1895. *Elementary Algebra.* Rev. F.L. Sevenoak. Macmillan. (alg./Tj, Ts)

    Finkel, B.F. 1896. *AMM* 3 (Ag/S): 228.
    Smith, D.E. 1895. *SR* 3 (N): 572-5.

1171. **Hall, Henry S., and Frederick H. Stevens.** (1905) 1906. *Lessons in Experimental and Practical Geometry.* Macmillan. (geom./Ts)

    Young, G.H. 1905. *MG* 3 (My): 182.

1172. **Hall, Lyman.** 1895. *The Elements of Algebra...* AmBk. (alg./Tj)

    Anon. 1896. *ED* 16 (Ap): 511.
    ———. 1896. *JE* 44 (Je 25): 26.
    Finkel, B.F. 1896. *AMM* 3 (O): 261.

1173. **Hall, Samuel R.** 1836. *School Arithmetic.* GouldN. (arith./Te, Tj)

    Anon. 1836. *AAEI* 6 (Ag): 383.

1174. **Hall, William.** 1905. *Tables and Constants to Four Figures...* Macmillan. (tables, haversines/R)

    Langley, E.M. 1908. *MG* 4 (My): 268.

1175. **Hall, William S.** 1893. *Mensuration.* Ginn. (mensur./Tj, Ts)

    Anon. 1893. *ED* 13 (Ap): 517.

1176. ———. 1897. *Elements of the Differential and Integral Calculus...* VanNos. (calc./Ts, Tc)

    Anon. 1897. *AMM* 4 (D): 324.
    ———. 1897. *ED* 18 (N): 191.
    Fiske, T.S. 1898. *AMSB* 4 (Mr): 278-9.

1177. ———. 1902-1903. *Descriptive Geometry...* VanNos. (descr. geom./Tc)
    Anon. 1903. *AE* 7 (N): 184.
    ———. 1903. *ED* 23 (My): 581.

1178. ———. 1922. *Elements of the Differential and Integral Calculus...* 2d ed. VanNos. (calc./Ts, Tc)
    Cobb, H.E. 1922. *SSM* 22 (Je): 594.

1179. **Hallett, George H., and Robert F. Anderson.** 1917. *Elementary Algebra.* SilverB. (alg./Tj)
    Anon. 1920. *AE* 24 (O): 89.

1180. **Halley, Edmond.** 1932. *Correspondence and Papers of Edmond Halley.* Ed. E.F. MacPike. Oxford. (hist., biog./R)
    White, F.P. 1936. *MG* 20 (F): 64-5.

1181. **Halsted, George B.** 1885. *The Elements of Geometry.* Wiley. (geom./Ts)
    Anon. 1884. *MMAG* 1 (Jl): 226.

1182. ———. 1892. *Elementary Synthetic Geometry.* Wiley. (proj. geom./Tc)
    Davis, E.W. 1893. *NYMSB* 3 (O): 8-14.

1183. ———. 1893. *Elementary Synthetic Geometry.* 2d ed. Wiley. (proj. geom./Tc)
    Finkel, B.F. 1894. *AMM* 1 (F): 61.

1184. ———. 1904. *Rational Geometry...* Wiley. (geom./Tc)
    Davisson, S.C. 1905. *AMSB* 11 (Mr): 330-6.
    G., C. 1905. *MG* 3 (My): 180-2.
    Hathaway, A.S. 1905. *SCI* 21 (F 3): 183-4.
    McKinney, T.E. 1904. *AMM* 11 (Ag/S): 178.

1185. ———. 1907. *Rational Geometry...* 2d ed. Wiley. (geom./Tc)
    Greenwood, G.W. 1907. *SSM* 7 (O): 627.

1186. ———. 1912. *On the Foundation and Technic of Arithmetic.* Open. (fnds., educ., arith./R, Su)
    Anon. 1914. *AE* 17 (Ja): 320.
    Cajori, F. 1913. *SCI* 37 (Ap 18): 609-10.
    Cobb, H.E. 1913. *SSM* 13 (Mr): 267.

Jourdain, P.E.B. 1913. *MG* 7 (Mr): 95.

1187. **Hambidge, Jay.** 1920. *Dynamic Symmetry, the Greek Vase.* YalePr. (geom./Su)

   Bennett, A.A. 1922. *AMM* 29 (Ap): 164-70.

1188. **Hamilton, John B., and Herbert E. Buchanan.** 1921. *The Elements of High School Mathematics...* Ed. G.W. Myers. Scott. (arith., alg., geom./Tj, Ts)

   Anon. 1922. *MT* 15 (Mr): 185.
   Cobb, H.E. 1921. *SSM* 21 (N): 808.
   Rowlands, A.G. 1922. *SR* 30 (F): 152-3.

1189. **Hamilton, Samuel.** 1917. *Hamilton's Standard Arithmetics.* 3 v. AmBk. (arith., appl./Te, Tj)

   Anon. 1918. *CSJ* 1 (O): 31-2.
   ———. 1918. *ED* 38 (F): 492.
   ———. 1918. *EDAS* 4 (Ja): 57.
   ———. 1918. *MT* 20 (Mr): 163.
   ———. 1919. *AE* 22 (F): 284.
   McLaughlin, K.L. 1918. *ESJ* 18 (My): 720-1.

1190. ———. 1919. *Hamilton's Essentials of Arithmetic.* 2 v. AmBk. (arith., bus. arith./Te, Tj)

   Anon. 1919. *ED* 40 (O): 132.
   ———. 1919. *MT* 12 (S): 35-6.
   Cobb, H.E. 1919. *SSM* 19 (N): 765.

1191. ———. 1919-1920. *Hamilton's Essentials of Arithmetic.* 3 v. AmBk. (arith./Te, Tj)

   Cobb, H.E. 1921. *SSM* 21 (Je): 606.

1192. ———. 1924. *Hamilton's Essentials of Arithmetic.* 6 v. AmBk. (arith., bus. arith./Te, Tj)

   Goff, R.R. 1926. *ED* 47 (S): 62.

1193. ———, **Ralph P. Bliss, and Lillian Kupfer.** 1927. *Essentials of Junior High School Mathematics.* 3 v. AmBk. (arith., alg., geom./Tj, Ts)

   Anon. 1927. *EDAS* 13 (My): 358.
   ———. 1930. *CSJ* 12 (Ja): 223.
   B., R.E. 1927. *AE* 30 (Ap): 290.
   Warner, G.W. 1928. *SSM* 28 (My): 552.

1194. **Hamilton, William R**. 1931-1940. *The Mathematical Papers of Sir William Rowan Hamilton*. 2 V. (V. 1 ed. A.W. Conway and J.L. Synge; v. 2 ed. A.W. Conway and A.J. McConnell.) CunnMem., #13, 14. Macmillan. (optics, dynamics/R)

    Bourgin, D.G. 1942. *AMSB* 48 (N): 813-8.
    Murnaghan, F.D. 1940. *SCI* 92 (D 13): 555-6.
    Pierpont, J. 1932. *AMM* 39 (Ap): 231-5.
    Ramsey, A.S. 1940. *NAT* 146 (Ag 10): 180-1.
    Synge, J.L. 1941. *MR* 2 (Ja): 23-4.

1195. **Hamley, Herbert R.** 1934. *Relational and Functional Thinking in Mathematics*. NCTM Yrbk., #9. Teachers. (educ./R)

    Smith, D.E. 1934. *MT* 27 (N): 352-3.

1196. **Hancock, Harris.** 1904. *Lectures on the Calculus of Variations...* Cincinnati. (calc. of variations/Tc, Tg)

    Finkel, B.F. 1904. *AMM* 11 (N): 218.

1197. ———. 1910. *Lectures on the Theory of Elliptic Functions*. V. 1. Wiley. (ell. fcns./Tg, R, Su)

    Anon. 1912. *MT* 5 (D): 132-3.
    Finkel, B.F. 1910. *AMM* 17 (Ag/S): 179.

1198. ———. 1917. *Elliptic Integrals*. WileyMatMon., #18. Wiley. (ell. integrals/R)

    Brink, R.W. 1918. *AMM* 25 (Ap): 168-9.
    Carmichael, R.D. 1918. *AMSB* 24 (F): 252-3.
    Hancock, H. 1918. *AMSB* 24 (Jl): 487-8.
    Jourdain, P.E.B. 1917. *SP* 12 (O): 343-4.
    Keyser, C.J. 1918. *SCI* 47 (My 31): 539-42.

1199. ———. 1917. *The Theory of Maxima and Minima*. Ginn. (real var./Tc, Su)

    Anon. 1918. *MT* 10 (Mr): 161.
    Bennett, A.A. 1920. *AMM* 27 (Je): 266-8.
    Crathorne, A.R. 1920. *AMSB* 26 (Ja): 180-2.
    Jourdain, P.E.B. 1918. *SP* 13 (O): 322-3.

1200. ———. 1931-1932. *Foundations of the Theory of Algebraic Numbers*. 2 v. Macmillan. (no. theory, ideals/R, Su)

    Berwick, W.E.H. 1932. *MG* 16 (O): 280-2.
    ———. 1935. *MG* 19 (F): 58.
    Ore, O. 1933. *AMSB* 39 (S): 645-7.

1201. ———. 1939. *Developments of the Minkowski Geometry of Numbers*. Macmillan. (no. theory, geom., appl./R, Su)

   Bakst, A. 1941. *MT* 34 (F): 93.
   Brauer, R. 1942. *AMSB* 48 (S): 651-3.
   Mahler, K. 1940. *MR* 1 (Mr): 67.
   Mordell, L.G. 1940. *MG* 24 (O): 298.
   Read, C.B. 1940. *SSM* 40 (F): 200.
   Uspensky, J.V. 1940. *NMM* 14 (Ap): 423-4.

1202. **Hancock, Herbert.** 1894. *A Text-Book of Mechanics and Hydrostatics*. VanNos. (mech./Tc)

   Anon. 1895. *ED* 16 (S): 61.

1203. **Hanna, Paul R.** 1929. *Arithmetic Problem Solving...* Teachers. (educ., arith./R)

   Stone, M.B. 1934. *ED* 54 (Ap): 505-6.

1204. **Hanus, Paul H.** 1886. *An Elementary Treatise on the Theory of Determinants...* Ginn. (determ./Ts, Tc)

   Anon. 1887. *AC* 1 (Ja): 397-8.
   ———. 1890. *MMAG* 2 (Ja): 16.
   Colaw, J.M. 1898. *AMM* 4 (F): 64-5.

1205. **Harding, Arthur M., and George W. Mullins.** 1928. *College Algebra*. Macmillan. (alg./Ts, Tc)

   Anon. 1928. *AMM* 35 (My): 254.
   Kinney, J.M. 1928. *SSM* 28 (Je): 682.
   Mickelson, E.L. 1928. *AMM* 35 (Je/Jl): 311-3.

1206. ———. 1928. *Plane Trigonometry*. Macmillan. (trig./Ts)

   Kinney, J.M. 1928. *SSM* 28 (N): 906.
   Mergendahl, T.E. 1929. *AMM* 36 (Ja): 46-7.

1207. ———. 1929. *Analytic Geometry*. Macmillan. (anal. geom./Ts, Tc)

   Cragwall, J.A. 1929. *AMM* 36 (D): 532-3.

1208. ———. 1930. *Analytic Geometry*. Rev. ed. Macmillan. (anal. geom./Ts, Tc)

   Kinney, J.M. 1931. *SSM* 31 (F): 246.

1209. ———. 1936. *College Algebra*. Rev. ed. Macmillan. (alg./Ts, Tc)

   Anon. 1936. *MT* 29 (My): 262.

1210. ———. 1937. *Plane Trigonometry*. Rev. ed. Macmillan. (trig./Ts)

Corliss, J.J. 1938. *SSM* 38 (O): 833.
Northrup, E.P. 1938. *AMM* 45 (Ja): 40-1.

1211. **Harding, Arthur M., and J.S. Turner.** 1915. *Plane Trigonometry...* Putnam. (trig./Ts)

Anon. 1915. *ED* 36 (D): 267.
———. 1915. *MT* 8 (S): 59-60.
———. 1916. *AE* 19 (My): 564.
Cobb, H.E. 1916. *SSM* 16 (F): 182.
Mitchell, U.G. 1916. *AMM* 23 (S): 250-2.

1212. **Hardy, Arthur C., and Fred H. Perrin.** 1932. *The Principles of Optics.* McGraw. (optics/Tc)

P., L.E. 1933. *JFI* 215 (F): 213-4.

1213. **Hardy, Arthur S.** 1889. *Elements of Analytic Geometry.* Ginn. (anal. geom./Ts, Tc)

Anon. 1889. *ED* 9 (Ap): 562.

1214. ———. 1890. *Elements of the Differential and Integral Calculus...* Ginn. (calc./Ts, Tc)

Anon. 1890. *ED* 11 (S): 56.
———. 1890. *JE* 32 (Ag 21): 123.

1215. **Hardy, Godfrey H.** (1905) 1906. *The Integration of Functions of a Single Variable.* CambTrM&MP., #2. Putnam. (real var./R)

Bromwich, T.J.I'A. 1906. *MG* 3 (My): 316-7.

1216. ———. 1908. *A Course of Pure Mathematics.* Putnam. (anal., calc./Tc)

Berry, A. 1910. *MG* 5 (Jl): 303-5.

1217. ———. 1910. *Orders of Infinity. The "Infinitärcalcül" of Paul Du Bois-Reymond.* CambTrM&MP., #12. Putnam. (anal./R)

Finkel, B.F. 1910. *AMM* 17 (N): 228.
Hurwitz, W.A. 1915. *AMSB* 21 (Ja): 201-2.

1218. ———. 1916. *The Integration of Functions of a Single Variable.* CambTrM&MP., #2. New ed. Putnam. (real var./R)

Anon. 1916. *MT* 9 (D): 130.

1219. ———. 1938. *A Course of Pure Mathematics.* 7th ed. Macmillan. (anal., calc./Tc)

Agnew, R.P. 1938. *AMM* 45 (N): 613.
Broadbent, T.A.A. 1938. *MG* 22 (My): 194-5.
T., E.C. 1938. *NAT* 142 (Ag 13): 274.

1220. ———. (1940) 1941. *A Mathematician's Apology.* Macmillan. (phil./Su)

Cohen, I.B. 1942. *ISIS* 33 (6): 723-5.
Hewitt, G.F. 1941. *SSM* 41 (N): 804-5.
Modesitt, V. 1942. *NMM* 16 (Mr): 311.
Neville, E.H. 1941. *MG* 25 (My): 119.
Pólya, G. 1941. *MR* 2 (Jl): 210.
Randolph, J.F. 1942. *AMM* 49 (Je/Jl): 396-7.

1221. ———. (1940) 1941. *Ramanujan; Twelve Lectures...* Macmillan. (no. theory/R, Su)

Rademacher, H. 1942. *MR* 3 (Mr): 71-2.

1222. ———, and **Edward M. Wright.** 1938. *An Introduction to the Theory of Numbers.* Oxford. (no. theory/Tc)

Birkhoff, G.D. 1939. *SCI* 90 (Ag 18): 158-9.
Davenport, H. 1939. *NAT* 144 (Ag 26): 347.
Mordell, L.J. 1939. *MG* 23 (D): 482-6.

1223. **Hardy, Godfrey H., John E. Littlewood, and Georg Pólya.** 1934. *Inequalities.* Macmillan. (calc., inequalities/R, Su)

Bliss, G.A. 1935. *SCI* 81 (Je 7): 565-6.
M.-T., L.M. 1935. *NAT* 136 (Ag 31): 315-6.
Titchmarsh, E.C. 1934. *MG* 18 (D): 341-3.

1224. **Hardy, James G.** 1932. *A Short Course in Trigonometry.* Macmillan. (trig./Ts)

Anon. 1933. *MT* 26 (My): 314.
———. 1935. *MT* 28 (Mr): 194.
Kinney, J.M. 1933. *SSM* 33 (F): 233.
Nelson, C.A. 1933. *AMM* 40 (My): 289.

1225. ———. 1938. *A Short Course in Trigonometry.* Rev. ed. Macmillan. (trig./Ts)

Bailey, H.W. 1939. *NMM* 13 (Mr): 296-7.
Carnahan, W.H. 1938. *SSM* 38 (N): 951.

1226. **Harkness, James, and Frank Morley.** 1893. *A Treatise on the Theory of Functions.* Macmillan. (ell. fcns., real var./R, Su)

Maschke, H. 1894. *NYMSB* 3 (Mr): 155-67.

1227. ———. 1898. *Introduction to the Theory of Analytic Functions.* Macmillan. (real var., ell. fcns., pot. theory/Tg)
    Bolza, O. 1899. *AMSB* 6 (N): 63-74.
    Finkel, B.F. 1898. *AMM* 5 (O): 249.

1228. **Harold, John R.** 1931. *Super Calculation...* Carleton. (arith., bus. arith., mensur./Su)
    Stone, C.A. 1935. *SSM* 35 (Mr): 330, 332.

1229. **Harper, Floyd H.** 1930. *Elements of Practical Statistics.* Macmillan. (stat./Tc)
    Ferger, W.F. 1931. *JASA* 26 (Je): 229-30.

1230. **Harris, Ada V.S., and Lillian M. Waldo.** 1917. *Number Games...* Beckley. (arith./Su)
    Anon. 1917. *MT* 10 (D): 119.
    ———. 1918. *EDAS* 4 (Ja): 57.

1231. **Harris, Frank.** 1912. *Gravitation.* Longmans. (phys./Su)
    Finkel, B.F. 1912. *AMM* 19 (O/N): 181.

1232. **Harris, John.** 1870. *Kuklos, an Experimental Investigation into the Relationship of Certain Lines.* Pt. 1. Montreal, Can.: n.p. (geom./Su)
    Anon. 1871. *NAT* 4 (My 11): 25.

1233. **Harrison, Joseph, and George A. Baxandall.** 1913. *Practical Geometry and Graphics...* Rev. ed. Macmillan. (geom., descr. geom., graphics/Ts, Tc)
    Dobbs, W.J. 1914. *MG* 7 (My): 345-6.

1234. **Hart, Clara A., and Daniel D. Feldman.** 1911. *Plane Geometry.* Ed. J.H. Tanner and V. Snyder. AmBk. (geom./Ts)
    Anon. 1912. *MT* 4 (Mr): 120.
    Cobb, H.E. 1911. *SSM* 11 (D): 868.
    Finkel, B.F. 1912. *AMM* 19 (F): 39.
    Millis, J.F. 1912. *SR* 20 (O): 570-1.

1235. ———. 1912. *Plane and Solid Geometry.* Ed. J.H. Tanner and V. Snyder. AmBk. (geom./Ts)
    Anon. 1913. *AE* 16 (F): 306, 308.
    Cobb, H.E. 1913. *SSM* 13 (Ja): 88.
    Millis, J.F. 1913. *SR* 21 (Je): 434.

1236. **Hart, Ivor B.** 1925. *The Mechanical Investigations of Leonardo da Vinci*. Open. (hist., biog., mech., dyn./R, Su)

   Kinney, J.M. 1926. *SSM* 26 (Ap): 442.
   Moritz, R.E. 1926. *AMM* 33 (Ap): 222-4.

1237. **Hart, Walter W.** 1921-1923. *Junior High School Mathematics*. 3 v. Heath. (arith., bus. arith., mensur., alg., geom./Tj, Ts)

   Cobb, H.E. 1921. *SSM* 21 (N): 808.
   ———. 1924. *SSM* 24 (F): 218.
   Goff, R.R. 1924. *ED* 49 (F): 392.
   Laughlin, B. 1921. *SR* 29 (N): 716-7.
   Roantree, W.F. 1924. *MT* 17 (My): 309-12.

1238. ———. 1931. *Modern Junior Mathematics*. 3 v. Heath. (arith., geom., alg./Tj, Ts)

   O'Rourke, J.M. 1932. *SSM* 32 (Je): 680.
   Troxel, O.L. 1932. *SR* 40 (O): 633-4.

1239. ———. 1934. *Progressive First Algebra*. Heath. (alg./Tj)

   Anon. 1934. *MT* 27 (N): 359.
   Royce, G.L. 1934. *SSM* 34 (O): 786.

1240. ———. 1936. *Progressive Solid Geometry*. Heath. (geom./Ts)

   Silverman, H.D. 1937. *SSM* 37 (F): 244, 246.

1241. ———. 1938. *New Tests and Drills in First Course Algebra*. Heath. (alg./R, Su)

   Munch, H.F. 1939. *HSJ* 22 (My): 210-1.

1242. ———, and **Cottrell Gregory.** 1937. *Socialized General Mathematics*. Heath. (arith., geom., alg./Tj, Ts)

   Graham, F.D. 1938. *SSM* 38 (N): 952.
   Reeve, W.D. 1938. *MT* 31 (My): 254.

1243. **Hart, Walter W., and Lora D. Jahn.** 1939. *Heath Workbook in General Mathematics*. 2 v. Heath. (genl./Su)

   M., R. 1932. *CSJ* 21 (D): 134.

1244. ———. 1939-1940. *Mathematics in Action*. 3 v. Heath. (arith., bus. arith., mensur., alg., geom./Tj, Ts)

   Carnahan, W.H. 1939. *SSM* 39 (N): 796.
   Harrison, R.A. 1939. *AMM* 46 (N): 592.
   ———. 1940. *AMM* 47 (My): 308.

———. 1940. *AMM* 47 (O): 563.
K., W. 1939. *CSJ* 21 (S/O): 48.
M., R. 1939. *CSJ* 21 (D): 134.
Morton, R.L. 1940. *ESJ* 40 (Je): 795-7.
Niemann, L.C., and H.G. Ludlow. 1940. *SSM* 40 (Ja): 97-8.
W., E. 1939. *MT* 32 (O): 285.

1245. **Hart, William L.** 1924. *The Mathematics of Investment*. Heath. (finance/Ts, Tc)

Forsyth, C.H. 1924. *AMM* 31 (S): 347-8.

1246. ———. 1926. *College Algebra*. Heath. (alg./Ts, Tc)

Kinney, J.M. 1926. *SSM* 26 (O): 792.

1247. ———. 1929. *The Mathematics of Investment*. Rev. ed. Heath. (finance/Ts, Tc)

Forsyth, C.H. 1930. *AMM* 37 (My): 255.
Kinney, J.M. 1930. *SSM* 30 (Ap): 462.

1248. ———. 1931. *College Algebra*. Alt. ed. Heath. (alg./Ts, Tc)

Wilson, W.A. 1931. *AMM* 38 (Ag/S): 405-6.

1249. ———. 1932. *Brief College Algebra*. Heath. (alg./Ts, Tc)

Anon. 1932. *MT* 25 (D): 492.
Kinney, J.M. 1932. *SSM* 32 (Je): 683.

1250. ———. 1933. *Plane Trigonometry*. Heath. (trig./Ts)

Anon. 1933. *MT* 26 (N): 446.
Garabedian, C.A. 1933. *AMM* 40 (D): 600-2.
Stone, C.A. 1934. *SSM* 34 (Mr): 324.

1251. ———. 1934. *Trigonometry...* Heath. (trig./Ts)

Campbell, A.D. 1934. *AMM* 41 (D): 627-8.

1252. ———. 1936. *Introduction to the Mathematics of Business*. Heath. (finance/Ts, Tc)

Kinney, J.M. 1937. *SSM* 37 (Je): 750-1.
Nichols, I.C. 1937. *NMM* 11 (F): 248-9.
Reeve, W.D. 1938. *MT* 31 (My): 255.

1253. ———. 1937. *Introduction to College Algebra*. Heath. (alg./Ts, Tc)

Moore, L.T. 1938. *AMM* 45 (Ap): 242.
Reeve, W.D. 1937. *MT* 30 (N): 349.

1254. ———. 1938. *College Algebra*. Rev. ed. Heath. (alg./Ts, Tc)
    Kinney, J.M. 1938. *SSM* 38 (O): 831-2.

1255. **Harvey, Lorenzo D.** 1914. *Harvey's Essentials of Arithmetic*... 2 v. AmBk. (arith., appl./Te, Tj)
    Anon. 1914. *ED* 34 (Mr): 467-8.
    ———. 1915. *AE* 18 (Ja): 312.

1256. **Harwood, Samuel E.** 1897. *Notes on Method in Arithmetic*. Inland. (educ., arith./R, Su)
    Anon. 1898. *ED* 18 (Ja): 321.

1257. **Haskell, Allan C.** 1919-1920. *How to Make and Use Graphic Charts*. Codex. (graphics, nomog./R, Su)
    Anon. 1920. *AMM* 27 (Je): 269-70.
    Burnet, A.R. 1920. *QPASA* 17 (Mr): 123-5.
    Geyer, D.L. 1922. *CSJ* 5 (O): 103-4.
    Huhn, R.v. 1920. *SCI* 51 (My 7): 466-7.

1258. **Hassler, Ferdinand R.** 1826. *Elements of Arithmetic*... Bloomfield. (arith./Te, Tj)
    Anon. 1828. *AJE* 3 (Ja): 69-70.

1259. **Hassler, Jasper O.** 1926. *The Teaching of High School Mathematics*. Okla. (educ., hist./R, Su)
    Kinney, J.M. 1927. *SSM* 27 (Ja): 104.

1260. ———, **and Rolland R. Smith.** 1930. *The Teaching of Secondary Mathematics*. Ed. E.R. Hedrick. Macmillan. (educ., alg., geom./R, Su)
    Beatley, R. 1931. *SR* 39 (F): 152-3.
    Nyberg, J.A. 1930. *SSM* 30 (D): 1090, 1092.

1261. **Hastings, Charles S.** 1927. *New Methods in Geometrical Optics*... Macmillan. (optics/Tc)
    Moffitt, G.W. 1928. *AMSB* 34 (N/D): 787.

1262. **Hastings, Horace L.** 1885. *Atheism and Arithmetic*... Boston: b.a. (arith., appl./Su)
    Schaaf, W.L. 1939. *SM* 6 (Mr): 51.

1263. **Hathaway, Arthur S.** 1896. *A Primer of Quaternions*. Macmillan. (quaternions/Su)

Anon. 1896. *JE* 44 (S 17): 198.
Shaw, J.B. 1896. *AMSB* 3 (D): 106-7.

1264. **Hatton, John L.S.** (1913) 1914. *The Principles of Projective Geometry*... Putnam. (proj. geom./Tc)

Stromquist, C.E. 1914. *AMM* 21 (Ap): 119-20.

1265. ———. 1920. *The Theory of the Imaginary in Geometry*... Macmillan. (complex var., proj. geom./R, Su)

Snyder, V. 1921. *AMSB* 27 (F): 234-6.

1266. **Hawkes, Herbert E.** 1905. *Advanced Algebra*. Ginn. (alg./Ts, Tc)

Glenn, O.E. 1905. *AMM* 12 (N): 215-6.
Olds, G.D. 1906. *AMSB* 12 (My): 405-7.

1267. ———. 1913. *Higher Algebra*. Ginn. (precalc., eqn. theory/Ts, Tc)

Anon. 1913. *MT* 5 (Je): 247.
Cobb, H.E. 1913. *SR* 21 (N): 647-9.
———. 1913. *SSM* 13 (Je): 549-50.
Karpinski, L.C. 1913. *AMM* 20 (Je): 194-5.
Keyser, C.J. 1914. *SCI* 40 (O 16): 559-62.
Rowe, J.E. 1914. *AMSB* 20 (Ja): 209-11.

1268. ———. 1928. *Advanced Algebra*. Rev. ed. Ginn. (alg./Ts, Tc)

Hedlund, G.A. 1928. *AMM* 35 (N): 485-6.
Kinney, J.M. 1928. *SSM* 28 (O): 790.

1269. ———, and **Ben D. Wood**. 1926. *Columbia Research Bureau Plane Geometry Test*. WrldBk. (geom., testing/R)

Kinney, J.M. 1927. *SSM* 27 (F): 218.

1270. **Hawkes, Herbert E., William A. Luby, and Frank C. Touton.** 1910. *First Course in Algebra*. Ginn. (alg./Tj)

Anon. 1910. *AMM* 17 (Je/Jl): 152-3.
———. 1910. *ED* 31 (N): 208.
———. 1910. *MT* 3 (D): 92-3.
Cobb, H.E. 1911. *SR* 19 (Ap): 279.
McKelvey, J.V. 1912. *AMSB* 18 (Ja): 199-200.

1271. ———. 1911. *Second Course in Algebra*. Ginn. (alg./Ts)

Anon. 1911. *ED* 32 (O): 127-8.
———. 1913. *AE* 16 (My): 455.
Cobb, H.E. 1911. *SSM* 11 (O): 671-2.
———. 1912. *SR* 20 (F): 137.

McKelvey, J.V. 1912. *AMSB* 19 (O): 29-30.

1272. ———. 1912. *Complete School Algebra*. Ginn. (alg./Tj, Ts)
    Anon. 1912. *AMM* 19 (O/N): 181-2.
    ———. 1912. *MT* 5 (S): 37.
    ———. 1914. *SR* 22 (Je): 427.
    Cobb, H.E. 1913. *SSM* 13 (Mr): 267.

1273. ———. 1917. *First Course in Algebra*. Rev. ed. Ginn. (alg./Tj)
    Anon. 1917. *MT* 10 (S): 52-3.
    Cobb, H.E. 1917. *SSM* 17 (O): 651.

1274. ———. 1918. *Second Course in Algebra*. Rev. ed. Ginn. (alg./Ts)
    S., C.H. 1918. *SSM* 18 (N): 760.

1275. ———. 1919. *Complete School Algebra*. Rev. ed. Ginn. (alg./Tj, Ts)
    Anon. 1919. *MT* 12 (S): 36.
    Cobb, H.E. 1919. *SSM* 19 (N): 768.

1276. ———. 1920. *Plane Geometry*. Ginn. (geom./Ts)
    Anon. 1921. *SR* 29 (My): 397-9.
    Cobb, H.E. 1921. *SSM* 21 (Je): 608.
    H., H.F. 1921. *MT* 14 (Mr): 160.

1277. ———. 1922. *Solid Geometry*. Ginn. (geom./Ts)
    Cobb, H.E. 1922. *SSM* 22 (O): 700.
    Goff, R.R. 1922. *ED* 43 (D): 255.

1278. ———. 1926. *New Complete School Algebra*. Ginn. (alg./Tj, Ts)
    Anon. 1927. *ED* 48 (O): 143.
    Kinney, J.M. 1927. *SSM* 27 (Mr): 328.

1279. ———. 1926. *New First Course in Algebra*. Ginn. (alg./Tj)
    Goff, R.R. 1926. *ED* 46 (Ja): 324.

1280. ———. 1926. *New Second Course in Algebra*. Brief ed. and enl. ed. Ginn. (alg./Ts)
    Anon. 1926. *ED* 47 (N): 192.
    ———. 1926. *MT* 19 (O): 380.
    Kinney, J.M. 1926. *SSM* 26 (N): 900.

1281. ———. 1929. *New Plane Geometry*. Ginn. (geom./Ts)

Kinney, J.M. 1929. *SSM* 29 (N): 892.

1282. ———. 1932. *Solid Geometry*. New ed. Ginn. (geom./Ts)
  Anon. 1933. *MT* 26 (F): 118.
  Stone, C.A. 1932. *SSM* 32 (D): 1036.

1283. ———. 1934. *First-Year Algebra*. Ginn. (alg./Tj)
  Royce, G.L. 1935. *SSM* 35 (Ap): 444.

1284. ———. 1935. *First and Second Year Algebra Combined*. Ginn. (alg./Tj, Ts)
  Van Ness, C. 1936. *SSM* 36 (My): 558, 560.

1285. ———. 1935. *Second-Year Algebra*. Rev. ed. Ginn. (alg./Ts)
  Anon. 1936. *MT* 29 (F): 98.
  Hawkins, G.E. 1935. *SSM* 35 (My): 550, 552.

1286. ———. 1938. *Second-Year Algebra*. Rev. ed. Ginn. (alg./Ts)
  Reeve, W.D. 1938. *MT* 31 (My): 254.

1287. **Hawley, Thomas D.R.** 1896. *Infallible Logic...* SmithA. (logic/Su)
  Russell, F.C. 1898. *MON* 8 (Ap): 464-6.

1288. ———. 1897. *Infallible Logic...* Dominion. (logic/Su)
  Anon. 1897. *AMM* 4 (D): 326.
  MacFarlane, A. 1900. *AMM* 7 (Ap): 121.

1289. **Hayes, Ellen.** 1900. *Calculus with Applications...* AllynB. (anal. geom., calc., appl./Ts, Tc)
  Finkel, B.F. 1900. *AMM* 7 (D): 302.

1290. **Hayes, George M., and Murray J. Leventhal.** 1938. *Plane Trigonometry*. Globe. (trig./Ts)
  Carnahan, W.H. 1939. *SSM* 39 (Ja): 95-6.
  K., J.M. 1939. *CSJ* 21 (N): 94.
  W., E. 1939. *MT* 32 (My): 239.

1291. **Hayes, Ina M., Charles S. Gibson, George R. Bodley.** 1928. *Numberland*. Heath. (arith./Su)
  Anon. 1928. *ED* 49 (O): 128.
  ———. 1929. *ESJ* 29 (Ja): 398.

1292. **Hayes, Thomas J**, ed. 1938-1940. *Exterior Ballistics.* Wiley. (ballistics, mech., numerical anal./R, Su)

    Reisnner, E. 1941. *AMM* 48 (Je/Jl): 401.
    Williams, K.P. 1942. *NMM* 16 (Ja): 228.

1293. **Hayn, Julius J.H.** 1925. *A Geometry Reader.* Bruce. (geom./Ts, Su)

    Campbell, R.W. 1926. *MT* 19 (N): 443-4.
    Kinney, J.M. 1926. *SSM* 26 (O): 794.

1294. **Hays, George P.** 1877. *Every-day Reasoning...* Claxton. (logic/R, Su)

    Anon. 1877. *NEJE* 5 (F 8): 72.

1295. **Hayward, Robert B.** 1892. *The Algebra of Coplanar Vectors and Trigonometry.* Macmillan. (complex var., fnds., trig./Su)

    Bôcher, M. 1895. *AMSB* 1 (F): 111-5.

1296. **Heath, Robert S.** 1913. *A Textbook of Elementary Statics.* Oxford. (statics/Tc)

    Greenstreet, W.J. 1914. *MG* 7 (Ja): 251.

1297. ———. 1913. *A Textbook of Elementary Trigonometry.* Oxford. (trig./Ts)

    A., L. 1913. *MG* 7 (My): 119.

1298. **Heath, Thomas L.** 1910. *Diophantus of Alexandria...* 2d ed. Putnam. (hist., no. theory/R)

    Dickson, L.E. 1911. *AMSB* 18 (N): 82-3.

1299. ———, ed. 1912. *The Method of Archimedes Recently Discovered by Heiberg...* Putnam. (hist., mech./R)

    Greenstreet, W.J. 1913. *MG* 7 (Ja): 24.
    Smith, D.E. 1913. *AMSB* 19 (F): 248-9.

1300. ———. 1921. *A History of Greek Mathematics.* 2 v. Oxford. (hist./R)

    Greenstreet, W.J. 1923. *MG* 11 (Jl): 348-51.
    Sarton, G. 1922. *ISIS* 4 (3): 532-5.
    Smith, D.E. 1923. *AMSB* 29 (F): 79-84.

1301. ———. 1931. *A Manual of Greek Mathematics.* Oxford. (hist./R)

    Anon. 1933. *MON* 43 (Ja): 160.

Broadbent, T.A.A. 1931. *MG* 15 (O): 476.
Sarton, G. 1931. *ISIS* 16 (2): 450-1.
Smith, D.E. 1931. *AMM* 38 (Ag/S): 402-5.

1302. **Hedrick, Earle R.** 1908. *An Algebra for Secondary Schools.* AmBk. (alg., geom./Tj, Ts)

Cobb, H.E. 1908. *SSM* 8 (N): 714.
Finkel, B.F. 1908. *AMM* 15 (O): 194.
Myers, G.W. 1909. *EST* 9 (Ap): 439-41.
Pierpont, J. 1908. *AMSB* 15 (D): 134-5.
Stark, W.E. 1909. *SR* 17 (O): 577-8.

1303. ———. 1913. *Logarithmic and Trigonometric Tables.* Accompanies "Plane and Spherical Trigonometry" by Alfred M. Kenyon and Louis Ingold. Macmillan. (logs., trig., tables/R)

Bussey, W.H. 1913. *AMM* 20 (S): 229-31.

1304. ———. 1916. *Constructive Geometry...* Macmillan. (educ., geom./Su)

Anon. 1916. *MT* 8 (Je): 220.
Cobb, H.E. 1916. *SSM* 16 (O): 660.
Snyder, V. 1917. *AMSB* 23 (Ja): 194.

1305. ———. 1920. *Logarithmic and Trigonometric Tables.* Rev. ed. Macmillan. (logs., trig., tables/R)

Anon. 1921. *AMM* 28 (F): 78.
Cobb, H.E. 1921. *SSM* 21 (Ja): 102.

1306. ———, ed. 1930. *The Macmillan Mathematical Tables.* Rev. ed. Macmillan. (trig., logs., calc., tables/R)

Nelson, C.A. 1933. *AMM* 40 (My): 289.

1307. ———, and Oliver D. Kellogg. 1909. *Applications of the Calculus to Mechanics.* Ginn. (calc., mech./Su)

Anon. 1910. *MT* 3 (D): 92.
Finkel, B.F. 1910. *AMM* 17 (Ja): 24.
Gillespie, D.C. 1912. *AMSB* 19 (D): 148-9.

1308. **Hedrick, Henry B.** 1918. *Interpolation Tables: or, Multiplication Tables of Decimal Fractions...* Publ. #245. Carnegie. (arith., tables/R)

Lehmer, D.N. 1919. *AMM* 26 (Ap): 156-7.

1309. **Heiberg, Johan L.** (1922) 1923. *Mathematics and Physical Science in Classical Antiquity.* Trans. D.C. Macgregor. Oxford. (hist./R)

Langley, E.M. 1923. *MG* 11 (D): 433-4.
Young, J.W. 1924. *AMSB* 30 (Ja/F): 88.

1310. **Heil, Herman G., and Willard H. Bennett.** 1938. *Fundamental Principles of Physics.* Prentice. (phys./Tc)

Ingalls, A.G. 1939. *SA* 160 (My): 274.

1311. **Heisel, Carl T.** 1934. *Mathematical and Geometrical Demonstrations...* 2d ed. Cleveland, Ohio: b.a. (recr., geom./R, Su)

Oppermann, R.H. 1936. *JFI* 221 (My): 696-7.
Schaaf, W.L. 1939. *SM* 6 (Mr): 55.

1312. **Heisenberg, Werner.** 1930. *The Physical Principles of the Quantum Theory.* Trans. C.H. Eckart and F.C. Hoyt. ChicagoPr. (quantum mech./R)

Hargreaves, J. 1932. *MG* 16 (O): 285-7.
Knight, M.A., M.M. James, and D. Brown. 1931. *BRD* 27 (Ann): 484.

1313. **Heitler, Walter.** 1936. *The Quantum Theory of Radiation.* Oxford. (quantum mech., radact./Tc, Tg, Su)

McCrea, W.H. 1936. *MG* 20 (O): 285-7.
P., R. 1936. *NAT* 138 (S 19): 483-4.

1314. **Hele-Shaw, Henry S.** 1886. *Mechanical Integrators...* VanNos. (mech. integ., appl./R)

Anon. 1886. *SCI* 7 (Ap 2): 316.

1315. **Heller, Hobart F.** 1940. *Concerning the Evolution of the Topic of Factoring...* Keystone. (alg., hist./R)

Brown, K. 1941. *MT* 34 (Mr): 137.

1316. **Helliwell, Charles H., Arthur Tilley, and Howard E. Wahlert.** 1935. *Fundamentals of College Mathematics.* Macmillan. (alg., trig., anal. geom., calc./Ts, Tc)

Anon. 1937. *MT* 30 (Ja): 38.
Kennison, L.S. 1935. *AMM* 42 (D): 614-5.
Kinney, J.M. 1935. *SSM* 35 (D): 1006.

1317. **Hellmich, Eugene W.** 1937. *The Mathematics in Certain Elementary Social Studies...* Teachers. (arith., graphs, educ., econ., appl./Su)

   Fawcett, H.P. 1938. *MT* 31 (F): 84-5.

1318. **Helmholtz, Hermann L.F.v.** 1930. *Counting and Measuring.* Trans. C.A.L. Bryan. VanNos. (fnds., logic, phil./Su)

   Smith, P.A. 1932. *AMSB* 38 (Ja): 13.

1319. **Henderson, Archibald, Allan W. Hobbs, John W. Lasley, Jr.** 1924. *The Theory of Relativity...* NC. (relat./Tc, Tg, Su)

   Piaggio, H.T.H. 1925. *MG* 12 (My): 395-7.
   Reynolds, C.N. Jr. 1925. *AMSB* 31 (My/Je): 277.
   Smith, C.H. 1924. *SSM* 24 (N): 882.

1320. **Henderson, Robert.** 1915. *Mortality Laws and Statistics.* WileyMatMon., #15. Wiley. (stat., mortality tables/R)

   Anon. 1916. *MT* 8 (Mr): 162.
   Cobb, H.E. 1915. *SSM* 15 (D): 842.

1321. **Herberg, Theodore.** 1938. *Elementary Mathematical Analysis.* Heath. (precalc., calc./Ts, Tc)

   Munch, H.F. 1938. *HSJ* 21 (N): 279-80.
   Pearce, J.H. 1938. *MG* 22 (O): 417.

1322. ———, **and Joseph B. Orleans.** 1940. *A New Geometry...* Heath. (geom./Ts)

   K., W. 1940. *CSJ* 22 (S/O): 44.
   Taylor, E.H. 1940. *SR* 48 (D): 795-6.

1323. **Hewes, Laurence I., and Herbert L. Seward.** 1923. *The Design of Diagrams for Engineering Formulas and the Theory of Nomography.* McGraw. (nomog./Ts, Tc)

   Wilson, E.B. 1926. *AMSB* 32 (My/Je): 295.

1324. **Hewett, Edwin C.** 1899. *The Rand-McNally Primary Arithmetic...* Rev. ed. Rand. (arith./Te, Tj)

   Colaw, J.M. 1900. *AMM* 7 (My): 150.

1325. **Hibben, John G.** 1896. *Inductive Logic.* Scribner. (logic/Tc)

   C., J.E. 1896. *PR* 5 (N): 664-5.

1326. ———. 1905. *Logic...* Scribner. (logic/Tc)

C., J.E. 1905. *PR* 14 (N): 725-7.

1327. **Hilbert, David.** 1902. *The Foundations of Geometry.* Trans. E.J. Townsend. Open. (fnds., geom./R, Su)

Finkel, B.F. 1902. *AMM* 9 (Ag/S): 209.
Halsted, G.B. 1902. *AMM* 9 (N): 274-5.
———. 1902. *SCI* 16 (Ag 22): 307-8.
Hedrick, E.R. 1902. *AMSB* 9 (D): 158-65.

1328. **Hill, George A.** 1886. *A Geometry for Beginners.* Ginn. (geom./Ts)

Anon. 1886. *AC* 1 (My): 158.

1329. ———. 1888. *Lessons in Geometry...* Ginn. (geom./Ts)

Anon. 1888. *JE* 28 (Je 28): 26.
Sawin, G.W. 1888. *SCI* 11 (Je 8): 276.

1330. **Hill, George F.** 1915. *The Development of Arabic Numerals...* Oxford. (hist./R)

Karpinski, L.C. 1915. *AMM* 22 (D): 336-7.
Smith, D.E. 1916. *AMSB* 22 (Ja): 192-4.

1331. **Hill, Michael A. Jr., and Joseph B. Linker.** 1936. *First Year College Mathematics.* Holt. (precalc., finance/Ts, Tc)

Adams, L.J. 1937. *NMM* 11 (Ja): 201-2.
Frink, O. Jr. 1937. *AMM* 44 (D): 651-2.
Kinney, J.M. 1936. *SSM* 36 (N): 928-30.

1332. ———. 1938. *Introduction to College Mathematics.* Holt. (precalc./Ts, Tc)

Nelson, C.A. 1939. *AMM* 46 (F): 98.
Smith, P.K. 1938. *NMM* 13 (O): 54-5.
Urbancek, J.J. 1939. *SSM* 39 (Je): 592-3.

1333. ———. 1940. *Brief Course in Analytics.* Holt. (anal. geom./Ts, Tc)

Rasmussen, R.B. 1941. *SSM* 41 (Ja): 96-7.
Stephens, R.P. 1942. *AMM* 49 (Ag/S): 471.

1334. **Hill, Thomas.** 1855. *First Lessons in Geometry.* Hickling. (geom., educ./Ts, Tc)

Runkle, J.D. 1859. *MMON* 1 (Mr): 220-4.

1335. **Hillegas, Milo B.** 1925. *Teaching Number Fundamentals.* Lippincott. (arith., educ./Su)

Anon. 1926. *AE* 30 (D): 130.

———. 1927. *MT* 20 (Ap): 236-7.
Goff, R.R. 1926. *ED* 46 (My): 573.

1336. ———, Mary G. Peabody, and Ida M. Baker. 1925. *Horace Mann Supplementary Arithmetic...* Lippincott. (arith./Su)

Anon. 1927. *MT* 20 (Ap): 236-7.
Goff, R.R. 1926. *ED* 46 (My): 573.

1337. Hilprecht, Hermann V. 1906. *Mathematical, Metrological and Chronological Tablets from the Temple Library of Nippur.* BabExpPaCunTx., v. 20, pt. 1. PaDeptArch. (hist./R)

Smith, D.E. 1907. *AMSB* 13 (My): 392-8.
Wilson, J.L., and C.E. Fanning. 1907. *BRD* 3 (Ann): 195.

1338. Hilton, Harold. 1903. *Mathematical Crystallography and the Theory of Groups of Movements.* Oxford. (appl., cryst., groups/R)

Baker, R.P. 1905. *AMSB* 11 (Ap): 379-82.

1339. ———. 1908. *An Introduction to the Theory of Groups of Finite Order.* Oxford. (groups/Tc, Tg)

Burnside, W. 1908. *MG* 4 (O): 335-6.
Ranum, A. 1909. *AMSB* 15 (F): 239-44.

1340. ———. 1914. *Homogeneous Linear Substitutions.* Oxford. (linear sub./R)

Skinner, E.B. 1916. *AMSB* 23 (D): 147-9.

1341. ———. (1920) 1921. *Plane Algebraic Curves.* Oxford. (alg. geom., proj. geom./Tc, Tg)

Morgan, F.M. 1922. *AMSB* 28 (N): 415.

1342. ———. 1932. *Plane Algebraic Curves.* 2d ed. Oxford. (alg. geom., proj. geom./Tc, Tg)

Bath, F. 1933. *MG* 17 (Jl): 212-3.

1343. Hime, Henry W.L. 1894. *The Outlines of Quaternions.* Longmans. (quaternions/Tc, Tg)

Colaw, J.M. 1897. *AMM* 4 (Ja): 34.

1344. ———. 1910. *Anharmonic Coordinates.* Longmans. (geom./Su)

Cobb, H.E. 1911. *SSM* 11 (Ap): 392.
Finkel, B.F. 1910. *AMM* 17 (N): 229.
McKelvey, J.V. 1913. *AMSB* 19 (My): 416-7.

1345. **Hinks, Arthur R.** 1912. *Map Projections.* Putnam. (geog., proj. geom./Tc)

Langley, E.M. 1913. *MG* 7 (D): 208-12.

1346. ———. (1913) 1914. *Maps and Survey.* Putnam. (geog./Ts, Tc)

Langley, E.M. 1913. *MG* 7 (D): 208-12.

1347. **Hirsch, Meier.** 1831. *A Collection of Arithmetical and Algebraic Problems and Formulae.* Trans. F.J. Grund. CarterHB. (arith., alg./Su)

Anon. 1831. *AAEI* 1 (Ag): 400.

1348. **Hirst, Allan W.** 1937. *Electricity and Magnetism.* Prentice. (elec., mag./Tc)

Oppermann, R.H. 1937. *JFI* 223 (My): 669-70.

1349. **Hitchcock, Frank L., and Clark S. Robinson.** 1923. *Differential Equations in Applied Chemistry.* Wiley. (diff. eqns., appl./Tc)

Shaw, J.B. 1925. *AMSB* 31 (Ja/F): 87.
Silberstein, L. 1924. *AMM* 31 (S): 349-50.

1350. ———. 1936. *Differential Equations in Applied Chemistry.* 2d ed. Wiley. (diff. eqns., appl./Tc)

Brewer, F.M. 1937. *MG* 21 (F): 73-4.
Hicks, H.C. 1937. *AMM* 44 (O): 536.

1351. **Hoar, Roger S.** 1921. *A Course on Exterior Ballistics.* WarDept. Doc. #1051. Washington, DC: n.p. (ballistics, appl./Tc)

Anon. 1922. *AMM* 29 (My): 221-2.
Rowe, J.E. 1923. *AMSB* 29 (Je): 277-9.

1352. **Hobbs, Charles A.** 1889. *An Arithmetic...* Lovell. (arith./Te, Tj)

Anon. 1889. *AC* 4 (D): 534-5.
———. 1889. *ED* 10 (N): 214.
———. 1889. *JE* 30 (N 7): 298.

1353. ———. 1896. *The Elements of Plane Geometry.* Lovell. (geom./Ts)

Anon. 1897. *ED* 17 (Ja): 316.
Finkel, B.F. 1896. *AMM* 3 (N): 292.

1354. ———. 1905. *An Algebra for Grammar Schools.* Simmons. (alg./Tj)

Anon. 1906. *ED* 26 (F): 372.

1355. **Hobbs, Glenn M., and James McKinney.** 1940. *Practical Mathematics.* Rev. J.R. Dalzell. ATS. (arith., alg., mensur., logs./Tj, Ts)

    Ingalls, A.G. 1941. *SA* 164 (Ja): 56-7.

1356. **Hobbs, Glenn M., Margaret MacLennan, and James McKinney.** 1932. *Practical Mathematics.* ATS. (arith., alg., mensur., logs./Tj, Ts)

    Anon. 1932. *SA* 146 (My): 318.

1357. **Hobson, Ernest W.** 1907. *The Theory of Functions of a Real Variable and the Theory of Fourier's Series.* Putnam. (real var./Tc, Tg, R)

    Finkel, B.F. 1908. *AMM* 15 (Ap): 94.

1358. ———. (1911) 1912. *A Treatise on Plane Trigonometry.* 3d ed. Putnam. (trig./Ts, Tc)

    Greenstreet, W.J. 1913. *MG* 7 (My): 125.

1359. ———. 1913. *"Squaring the Circle"...* Putnam. (hist., geom./R)

    Archibald, R.C. 1914. *AMSB* 21 (N): 82-93.
    Hudson, H.P. 1914. *MG* 7 (Ja): 250-1.

1360. ———. 1921-1926. *The Theory of Functions of a Real Variable and the Theory of Fourier's Series.* 2 v. 2d ed. Macmillan. (real var./Tc, Tg, R)

    Blumberg, H. 1922. *SCI* 56 (N 17): 574-5.
    ———. 1930. *AMM* 37 (Ja): 30-2.
    Carmichael, R.D. 1927. *AMSB* 33 (Ja/F): 115-8.
    Moore, C.N. 1922. *AMSB* 28 (Je): 266-70.
    Young, W.H. 1923. *MG* 11 (D): 428-30.
    ———, **and G.C. Young.** 1928. *MG* 14 (Mr): 98-104.

1361. ———. 1931. *The Theory of Spherical and Ellipsoidal Harmonics.* Macmillan. (phys., harm. anal./R)

    Bailey, W.N. 1932. *MG* 16 (Jl): 214-5.
    Moore, C.N. 1933. *AMM* 40 (D): 599-600.

1362. **Hodgman, Francis, and Charles F. Bellows.** 1891. *A Manual of Land Surveying...* Rev. F. Hodgman. 5th ed. Climax, Mich.: b.a. (surv., appl./Tj, Ts)

    Anon. 1891. *JE* 34 (N 5): 298.

Colaw, J.M. 1894. *AMM* 1 (F): 60-1.

1363. **Hogben, Lancelot T.** 1937. *Mathematics for the Million*. Norton. (precalc., appl., hist./Ts, Tc, Su)

Ashley-Montagu, M.F. 1938. *ISIS* 28 (1): 138-40.
Beatley, R. 1937. *AMM* 44 (N): 591-95.
Bennett, A.A. 1937. *SCI* 86 (O 8): 330.
Davis, H.T. 1938. *ISIS* 28 (1): 140.
Dunnington, G.W. 1937. *NMM* 12 (D): 157-8.
Ingalls, A.G. 1937. *SA* 156 (Je): 418.
James, M.M., D. Brown, and S. Brachfeld. 1937. *BRD* 33 (Ann): 487-8.
Munch, H.F. 1938. *HSJ* 21 (My): 186-7.
Newman, J.R. 1938. *SM* 5 (Jl): 198-202.
Reeve, W.D. 1937. *MT* 30 (N): 348.
Smith, D.E. 1937. *MT* 30 (My): 252-3.
Tuckey, C.O. 1937. *MG* 21 (My): 166-73.

1364. **Holgate, Thomas F.** 1901. *Elementary Geometry...* Macmillan. (geom./Ts)

Finkel, B.F. 1901. *AMM* 8 (N): 240.

1365. ———. 1930. *Projective Pure Geometry*. Macmillan. (proj. geom./Tc)

Doolittle, J.W. 1930. *SSM* 30 (N): 972.

1366. **Holman, Silas W.** 1896. *Computation Rules and Logarithms...* Macmillan. (tables/R)

Finkel, B.F. 1896. *AMM* 3 (Ja): 26.

1367. **Holmes, Maurice C.** 1936. *An Outline of Probability...* Edwards. (prob., stat./Tc)

Deming, W.E. 1936. *JASA* 31 (S): 622-3.
Oppermann, R.H. 1936. *JFI* 222 (S): 382-3.
For additional reviews see Buros 1938, 46-7; and Buros 1941, 144.

1368. **Holton, Edward E.** 1910. *Shop Mathematics*. Taylor. (shop math./Tj, Ts)

Haskins, C.N. 1911. *AMSB* 18 (D): 137-42.
———. 1912. *AMSB* 18 (Ja): 201; (Mr): 306-7.
Warner, C.F. 1912. *AMSB* 18 (Mr): 303-6.

1369. ———. 1912. *Shop Mathematics*. 3d ed. Taylor. (shop math./Tj, Ts)

Anon. 1915. *EDAS* 1 (D): 689.

1370. **Holzinger, Karl J.** 1925. *Statistical Tables*... ChicagoPr. (tables, stat./R)

> Geyer, D.L. 1926. *CSJ* 8 (Ja): 195-7.
> West, P.V. 1925. *ESJ* 26 (O): 151.

1371. ———. 1928. *Statistical Methods*... Ginn. (stat./Tc, Tg)

> Anon. 1929. *CSJ* 12 (D): 173.
> Ayres, L.P. 1929. *SR* 37 (Mr): 228-9.
> Good, C. 1928. *EDAS* 14 (My): 358-9.
> Morton, R.L. 1928. *JER* 18 (S): 156-7.
> Warner, G.W. 1928. *SSM* 28 (N): 908.

1372. ———, and **Blythe C. Mitchell.** 1929. *Exercise Manual in Statistics.* Ginn. (stat./Su)

> Croxton, F.E. 1930. *JASA* 25 (Je): 241.

1373. **Holzinger, Karl J., and Frances Swineford.** 1939. *A Study in Factor Analysis*... SuppEdMon., #48. ChicagoPr. (stat., factor anal./R)

> E., M.D. 1939. *CSJ* 21 (S/O): 44.
> James, M.M., D. Brown, and S. Brachfeld. 1940. *BRD* 36 (Ann): 449.
> Turney, A.H. 1939. *SR* 47 (N): 709-11.
> Ullsvik, B.R. 1941. *JER* 34 (My): 697-700.
> *For additional reviews see Buros 1941, 145.*

1374. ———, and **Harry H. Harman.** 1937. *Student Manual of Factor Analysis.* ChicStatDeptEd. (stat., factor anal./Su)

> Turney, A.H. 1938. *SR* 46 (Je): 471-2.
> *For an additional review see Buros 1938, 47-8.*

1375. **Hopf, Eberhard.** 1934. *Mathematical Problems of Radiative Equilibrium.* CambTrM&MP., #31. Macmillan. (integral eqns., thermo., anal./R)

> Anon. 1935. *NAT* 135 (Ja 12): 51.
> Chandrasekhar, S. 1935. *MG* 19 (D): 371-2.
> Murnaghan, F.D. 1935. *AMSB* 41 (Mr): 170.

1376. **Hopkins, George I.** 1891. *Manual of Plane Geometry*... Heath. (geom./Ts, Su)

> Anon. 1892. *ED* 12 (F): 385.
> Davis, E.W. 1893. *NYMSB* 3 (O): 8-14.

1377. ———. 1902. *Inductive Plane Geometry*. Heath. (geom./Ts)
   Anon. 1903. *AE* 6 (Ja): 308.
   Finkel, B.F. 1906. *AMM* 13 (O): 198.

1378. Hopkins, John W., and Patrick H. Underwood. 1903. *The Elements of Arithmetic...* Macmillan. (arith./Te, Tj)
   Anon. 1904. *ED* 24 (My): 578.
   ———. 1904. *SR* 12 (O): 669-70.

1379. ———. 1903. *Mental Arithmetic*. Macmillan. (arith./Te, Tj)
   Anon. 1904. *ED* 24 (My): 578.

1380. ———. 1904. *A First Book of Algebra*. Macmillan. (alg./Tj)
   Anon. 1905. *ED* 25 (My): 572.

1381. ———. 1907. *Hopkins and Underwood's New Arithmetics*. V. 1. New ed. Macmillan. (arith./Te, Tj)
   Anon. 1907. *JE* 66 (N 21): 552.

1382. ———. 1924. *Elementary Algebra*. Rev. ed. Macmillan. (alg./Tj)
   Goff, R.R. 1925. *ED* 45 (Mr): 444.
   Kinney, J.M. 1925. *SSM* 25 (My): 552.

1383. **Hopper, Vincent F.** 1938. *Medieval Number Symbolism...* ColStudE&CL., #132. Columbia. (numerology, recr., hist., no. theory/R, Su)
   G., T. 1939. *NAT* 144 (S 30 Supp.): 586-7.
   Gandz, S. 1939. *ISIS* 31 (1): 101-3.
   Jaffe, W. 1939. *NMM* 14 (D): 176.
   James, M.M., D. Brown, and S. Brachfeld. 1938. *BRD* 34 (Ann): 461.
   Jones, C.W. 1939. *PR* 48 (Jl): 446-7.
   Kinney, J.M. 1939. *SSM* 39 (Je): 588.
   Shaw, A.A. 1939. *SM* 6 (O): 170-4.
   Simons, L.G. 1939. *AMM* 46 (My): 284-5.
   Yeldham, F.A. 1939. *MG* 23 (F): 113-4.
   For an additional review see Farber 1981.

1384. **Hornbrook, Adelia R.** 1895. *Concrete Geometry for Beginners*. AmBk. (geom./Ts)
   Anon. 1896. *ED* 16 (Ap): 511.
   Finkel, B.F. 1896. *AMM* 3 (F): 63.

1385. ——. 1900. *Grammar School Arithmetic*. AmBk. (arith./Te, Tj)

    Anon. 1900. *ED* 21 (N): 190.
Colaw, J.M. 1900. *AMM* 7 (D): 303.
Smith, D.E. 1901. *SR* 9 (S): 481-2.

1386. **Horsburgh, Ellice M., ed.** 1914. *Modern Instruments and Methods of Calculation...* Macmillan. (hist., logs., comp./R)

    Fanning, C.E., M. Jackson, and M.K. Reely. 1915. *BRD* 11 (Ann): 237.
Grove, C.C. 1916. *AMSB* 22 (F): 247-9.
Smith, D.E. 1915. *SCI* 42 (Jl 23): 128-9.

1387. **Hosmer, George L.** 1909. *Azimuth*. Wiley. (surv./R)

    Wilson, E.B. 1911. *AMSB* 18 (D): 144-5.

1388. **Hotz, Henry G.** 1918. *First Year Algebra Scales*. Teachers. (educ., alg./R, Su)

    Anon. 1918. *EDAS* 4 (S): 388.

1389. **Hough, Robert H., and Walter M. Boehm.** 1913. *Elementary Principles of Electricity and Magnetism...* Macmillan. (elec., mag./Tc)

    Anon. 1913. *ED* 33 (Je): 653-4.

1390. **Houston, William V.** 1934. *Principles of Mathematical Physics*. McGraw. (phys., diff. eqns., calc. of variations, vector anal./Tc, Tg)

    Adams, N.I. Jr. 1935. *SCI* 81 (Ja 18): 73-4.

1391. **Houstoun, Robert A.** 1912. *An Introduction to Mathematical Physics*. Longmans. (phys./Tc)

    Lunn, A.C. 1913. *AMM* 20 (Ap): 132.

1392. ——. 1925. *Intermediate Light*. Longmans. (light/Tc, Tg)

    Daniell, P.J. 1926. *MG* 13 (Mr): 91-2.

1393. ——. 1925. *A Treatise on Light*. 4th ed. Longmans. (light/Tc, Tg)

    Daniell, P.J. 1926. *MG* 13 (Mr): 91-2.

1394. ——. 1929. *Intermediate Dynamics and Properties of Matter*. Longmans. (dyn./Tc, Tg)

    Tuckey, C.O. 1930. *MG* 15 (O): 222.

1395. **Howard, Charles L.** 1899. *Lessons in Arithmetic.* Pt. 1. Bell. (arith./Te)
    Colaw, J.M. 1900. *AMM* 7 (My): 149.

1396. **Howard, Inez M., Alice Hawthorne, and Mae Howard.** 1927. *Number Friends...* Macmillan. (arith., educ./Su)
    Anon. 1928. *CSJ* 11 (D): 159.
    Goff, R.R. 1928. *ED* 49 (N): 189.
    W., G.M. 1927. *AE* 31 (N): 118-9.

1397. **Howe, George.** 1911. *Mathematics for the Practical Man.* VanNos. (precalc., calc./Su)
    Anon. 1911. *ED* 32 (D): 250.
    Cobb, H.E. 1911. *SSM* 11 (N): 768.

1398. **Howell, Henry B.** 1914. *A Foundational Study in the Pedagogy of Arithmetic.* Macmillan. (educ., arith./R)
    Anon. 1916. *ESJ* 16 (F): 278-9.
    Brown, J.C. 1915. *EDAS* 1 (Ap): 267-8.
    Cobb, H.E. 1915. *SSM* 25 (My): 462.
    Smith, D.E. 1915. *SS* 1 (Ja 16): 99-102.

1399. **Howland, Rufus B.** 1887. *Elements of the Conic Sections.* Leach. (conics/Ts, Tc)
    Anon. 1887. *AC* 2 (My): 190.

1400. **Hoyt, Franklin S., and Harriet E. Peet.** 1912. *First Year in Number.* Houghton. (arith./Te)
    Anon. 1913. *AE* 16 (F): 304.

1401. ———. 1915. *Everyday Arithmetic.* 3 v. Houghton. (arith./Te, Tj)
    Anon. 1916. *AE* 19 (My): 566, 568.

1402. ———. 1920. *Everyday Arithmetic.* 3 v. Rev. ed. Houghton. (arith./Te, Tj)
    Anon. 1920. *ESJ* 21 (O): 155.
    Laughlin, B. 1923. *CSJ* 5 (Ja): 221-2.

1403. ———. 1926-1928. *The New Everyday Arithmetic.* 3 v. and a teacher's manual. Rev. ed. Houghton. (arith./Te, Tj, R)
    Goff, R.R. 1927. *ED* 48 (S): 79.
    Warner, G.W. 1928. *SSM* 28 (N): 912.

1404. **Hubbard, E.A.** 1889. *A Uniform Method of Computing Interest...* Hatfield, Mass.: b.a. (bus. arith., tables/R, Su)

    Anon. 1889. *ED* 9 (Je): 713.

1405. **Hudson, Hilda P.** 1916. *Ruler and Compasses.* Longmans. (anal. geom., geom., proj. geom./Su)

    Snyder, V. 1917. *AMSB* 23 (My): 377-8.
    Woods, B.M. 1917. *AMM* 24 (Je): 275-6.

1406. ———. 1927. *Cremona Transformations...* Macmillan. (alg. geom./Tc, Tg, R)

    Coble, A.B. 1928. *AMSB* 34 (My/Je): 373-5.
    White, F.P. 1928. *MG* 14 (My): 148-9.

1407. **Hudson, Ralph G., and Joseph Lipka.** 1917. *A Manual of Mathematics.* Wiley. (alg., trig., mensur., anal. geom., anal., complex var./R)

    Mason, T.E. 1918. *AMSB* 24 (My): 410.
    S., C.H. 1917. *SSM* 17 (O): 654.

1408. **Hudson, Ronald W.H.T.** 1905. *Kummer's Quartic Surface.* Macmillan. (multidim. geom., non-Eucl. geom., theta fcns./R)

    Mathews, G.B. 1905. *MG* 3 (O): 228-9.

1409. **Hughes, Howard K., and Glen T. Miller.** 1938. *Trigonometry.* Wiley. (trig./Ts)

    Carnahan, W.H. 1939. *SSM* 39 (Ap): 393.
    Lob, H. 1939. *MG* 23 (Jl): 330-1.
    Moody, E. 1939. *AMM* 46 (Je/Jl): 354-5.
    N., E.H. 1939. *NAT* 144 (D 30 Supp.): 1081.
    Olds, E.G. 1939. *NMM* 13 (Mr): 300.

1410. **Hulburt, Lorrain S.** 1912. *Differential and Integral Calculus...* Longmans. (calc./Ts, Tc)

    Anon. 1912. *MT* 5 (S): 36.
    Bussey, W.H. 1913. *AMM* 20 (Ja): 26-31.
    Finkel, B.F. 1912. *AMM* 19 (O/N): 179.
    Hardy, G.H. 1914. *MG* 7 (My): 337.
    Keyser, C.J. 1913. *SCI* 38 (Jl 18): 90-3.
    Leib, D.D. 1913. *AMSB* 19 (Ja): 197-203.

1411. **Hull, Clark L., et al.** 1940. *Mathematico-Deductive Theory of Rote Learning...* YalePr. (educ./R)

Black, M. 1941. *MG* 25 (Jl): 195-6.
Lester, C.A. 1940. *AMM* 47 (D): 701-3.
For additional reviews see Buros 1941, 146-53.

1412. **Hull, George W.** 1896. *Hull's Mental Arithmetic...* Butler. (arith./Te, Tj)

    Anon. 1896. *JE* 44 (O 1): 231.

1413. ———. 1904. *Elements of Algebra...* AmBk. (alg./Tj)

    Anon. 1904. *ED* 25 (O): 123-4.
    Giffin, W.M. 1904. *EST* 5 (S): 63.

1414. **Hulvey, Charles N.** 1934. *The Mathematics of Finance...* Macmillan. (finance/Ts, Tc)

    Richeson, A.W. 1935. *AMM* 42 (F): 105-6.

1415. **Humphrey, Douglas.** 1929. *Advanced Mathematics...* Oxford. (calc., diff. eqns., complex var., geom., finite differences, eqn. theory/Tc, Tg)

    Mickelson, E.L. 1931. *AMM* 38 (O): 453-5.
    Piaggio, H.T.H. 1930. *MG* 15 (Mr): 84-5.
    Picolet, L.E. 1930. *JFI* 209 (My): 708-9.

1416. ———. 1930-1931. *Intermediate Mechanics.* 2 v. Longmans. (dyn., statics, hydrostatics/Tc, Tg)

    Littauer, S.B. 1931. *AMM* 38 (F): 108-9.
    Swirles, B. 1930. *MG* 15 (D): 275.
    ———. 1932. *MG* 16 (My): 151-2.

1417. **Hun, John G., and Charles R. MacInnes.** 1911. *The Elements of Plane and Spherical Trigonometry.* Macmillan. (trig./Ts)

    Anon. 1912. *AE* 16 (O): 108.
    Cobb, H.E. 1911. *SSM* 11 (D): 866.
    Finkel, B.F. 1911. *AMM* 18 (O): 193.
    Hennel, C.B. 1913. *AMSB* 20 (N): 99-100.

1418. **Hunt, Brenelle.** 1916. *A Community Arithmetic.* AmBk. (arith., appl./Te, Tj)

    Anon. 1916. *MT* 9 (S): 68.
    ———. 1917. *AE* 21 (D): 236.
    ———. 1917. *EDAS* 3 (Ja): 56-7.
    ———. 1918. *MT* 10 (Je): 213.
    ———. 1919. *AE* 22 (Ja): 235.
    Cobb, H.E. 1916. *SSM* 16 (N): 758, 760.
    Palmer, F.H. 1918. *ED* 39 (N): 188.

1419. **Hunter, James S.** 1902. *The Business Man's Arithmetic.* Whitaker. (bus. arith./Tj, Ts)

Finkel, B.F. 1902. *AMM* 9 (N): 275.

1420. **Huntington, Edward V.** [1905] 1905. *The Continuum as a Type of Order...AM* 6 (Jl): 151-84; 7 (O): 15-43. Reprint. Cambridge, Mass.: n.p. (logic, fnds., transfinite nos./R)

Jourdain, P.E.B. 1906. *MG* 3 (Jl): 348-9.
Veblen, O. 1906. *AMSB* 12 (Mr): 302-5.

1421. ———. 1917. *The Continuum, and Other Types of Serial Order...* 2d ed. Harvard. (logic, fnds., transfinite nos./R)

Carmichael, R.D. 1918. *AMSB* 24 (F): 254-5.
Hill, L.S. 1917. *AMM* 24 (S): 325-7.
Jourdain, P.E.B. 1918. *SP* 12 (Ja): 516.

1422. ———. 1918. *Handbook of Mathematics for Engineers.* Includes *Tables of Weights and Measures* by Louis A. Fischer. McGraw. (precalc., calc., vector anal./R)

Anon. 1919. *AMM* 26 (Je): 254.

1423. **Hyde, Edward W.** 1890. *The Directional Calculus...* Ginn. (geom. calc./Tc)

Anon. 1890. *ED* 11 (S): 59.
———. 1890. *JE* 32 (Ag 21): 123.
Ziwet, A. 1891. *AM* 6 (Je): 14-9.

1424. **Hydle, Lars L., and Frank L. Clapp.** 1927. *Elements of Difficulty in the Interpretation of Concrete Problems in Arithmetic.* WisBurEdRes. Bull. #9. Madison, Wis.: n.p. (educ., arith./R)

McMahon, K. 1934. *ED* 54 (Ap): 505.

1425. **Hyslop, James H.** 1892. *The Elements of Logic...* Scribner. (logic/Tc)

Creighton, J.E. 1892. *PR* 1 (S): 554-6.

I

1426. **Ince, Edward L.** 1927. *Ordinary Differential Equations.* Longmans. (diff. eqns./Tc)

  Anon. 1934. *MG* 18 (D): 357-8.
  Hurwitz, W.A. 1932. *AMM* 39 (Ag/S): 424.
  Longley, W.R. 1929. *AMSB* 35 (Mr/Ap): 267-8.

1427. ———. 1934. *British Association for the Advancement of Science. Mathematical Tables.* V. 4. *Cycles of Reduced Ideals in Quadratic Fields.* Macmillan. (no. theory, tables/R)

  Elder, J.D. 1935. *JASA* 30 (S): 634-5.
  Stanley, G.K. 1935. *MG* 19 (Jl): 242.
  For additional reviews see Buros 1941, 47-8.

1428. **Ingalls, James M.** 1886. *Exterior Ballistics in the Plane of Fire.* VanNos. (ballistics/Tc)

  Anon. 1884. *MMAG* 1 (Jl): 227.

1429. **Ingalls, Walter R.** 1937. *Modern Weights and Measures.* AIWM. (mensur., metric system/Su)

  Wilson, Guy M. 1937. *ED* 58 (N): 190.

1430. **Ingersoll, Leonard R., and Otto J. Zobel.** 1913. *An Introduction to the Mathematical Theory of Heat Conduction...* Ginn. (Fourier anal., heat/Tc)

  Carmichael, R.D. 1915. *AMSB* 21 (Ap): 362.
  Lunn, A.C. 1913. *AMM* 20 (D): 310.
  Randolph, C.P. 1913. *SCI* 38 (Jl 25): 130-1.

1431. **Ingham, Albert E.** (1932) 1933. *The Distribution of Prime Numbers.* CambTrM&MP., #30. Macmillan. (no. theory/R)

  Pólya, G. 1933. *MG* 17 (D): 329-30.

1432. **Inglis, Charles E.** 1934. *A Mathematical Treatise on Vibrations in Railway Bridges.* Macmillan. (phys., harm. anal./Tc, R)

James, M.M., and D. Brown. 1935. *BRD* 31 (Ann): 506.
Peskin, L.C. 1935. *AMSB* 41 (My): 315.
Prescott, J. 1934. *MG* 18 (231) (D): 329-30.

1433. **International Commission on the Teaching of Mathematics.** 1911. *Mathematics in the Elementary Schools of the United States.* USBurEd. Bull. #13. GPO. (educ., arith./R)

Monroe, W.S. 1912. *EST* 12 (My): 442-3.

1434. **Ives, Howard C.** 1929. *Seven-Place Natural Trigonometrical Functions.* Wiley. (tables, trig./R)

Johnson, R.A. 1930. *AMM* 37 (F): 86.
Neville, E.H. 1932. *MG* 16 (F): 53-4.
Ormsby, M.T.M. 1930. *SP* 25 (Jl): 178.

1435. ———. 1931. *Natural Trigonometric Functions...* Wiley. (trig., tables/R)

Comrie, L.J. 1933. *MG* 17 (O): 284-5.

J

1436. **Jackman, Wilbur S.** 1893. *Number Work in Nature Study.* Pt. 1. Chicago: b.a. (arith., appl./Su)

Smith, Margaret K. 1894. *SR* 2 (F): 104-6.

1437. **Jackson, Charles F.** 1896. *Mechanical Drawing.* Lippincott. (mech. drawing, proj. geom./Tc)

Anon. 1897. *ED* 17 (Ja): 316.

1438. **Jackson, Charles S.** 1921. *Examples in Differential and Integral Calculus...* Longmans. (calc./Su)

Anon. 1922. *AMM* 29 (F): 72.
Greenstreet, W.J. 1923. *MG* 11 (Ja): 242.

1439. **Jackson, Dunham.** 1930. *The Theory of Approximation.* AMSColl. Publ., v. 11. AMS. (anal., Fourier anal./R)

Copson, E.T. 1931. *MG* 15 (D): 506-7.
Howland, R.C.J. 1931. *SP* 26 (Jl): 150-1.
Shohat, J. 1931. *AMSB* 37 (Jl): 501-5.

1440. **Jackson, John S.** 1872. *Geometrical Conic Sections...* Macmillan. (conics, geom., proj. geom./Ts, Tc)

Anon. 1872. *NAT* 6 (S 12): 391.

1441. **Jackson, Lambert L.** 1906. *The Educational Significance of Sixteenth Century Arithmetic...* ContrEd., #8. Teachers. (educ., arith., hist./R)

M. 1907. *SSM* 7 (O): 624-5.

1442. **James, George O.** 1905. *Elements of the Kinematics of a Point...* Wiley. (kinematics/Tc)

Finkel, B.F. 1905. *AMM* 12 (My): 120.
Hoskins, L.M. 1906. *SCI* 23 (Ap 13): 574-6.
Jackson, C.S. 1905. *MG* 3 (O): 234.
Laves, Kurt. 1907. *AMSB* 13 (Jl): 516-8.

1443. **Jastrow, Joseph, ed.** 1936. *The Story of Human Error.* AppletonC. (hist./Su)

Oppermann, R.H. 1937. *JFI* 223 (Ap): 544-5.

1444. **Jauncey, George E.M.** 1932. *Modern Physics...* VanNos. (phys./Tc)

Oppermann, R.H. 1935. *JFI* 219 (Ja): 123-4.

1445. **Jeans, James H.** 1907. *An Elementary Treatise on Theoretical Mechanics.* Ginn. (mech./Tc)

Brown, E.W. 1908. *AMSB* 15 (D): 165-9.
Jackson, C.S. 1907. *MG* 4 (Jl): 111-2.

1446. ———. 1908. *The Mathematical Theory of Electricity and Magnetism.* Putnam. (elec., mag./Tc)

Chree, C. 1908. *NAT* 78 (O 1): 537-8.
Wilson, J.L., and C.E. Fanning. 1908. *BRD* 4 (Ann): 192.

1447. ———. (1920) 1921. *The Mathematical Theory of Electricity and Magnetism.* 4th ed. Macmillan. (elec., mag./Tc)

Wilson, E.B. 1922. *AMSB* 28 (N): 412.

1448. ———. 1926. *Atomicity and Quanta.* Macmillan. (quantum mech./R)

Adams, E.P. 1926. *AMSB* 32 (N/D): 720.
Anon. 1934. *MG* 18 (D): 350.

1449. ———. 1930. *The Mysterious Universe.* Macmillan. (phys./Su)

Mozley, J.K. 1931. *MG* 15 (My): 395-7.

1450. ———. 1933. *The New Background of Science.* Macmillan. (relat./R)

Davis, H.T. 1934. *ISIS* 21 (2): 326-8.
Milne, E.A. 1933. *MG* 17 (O): 274-6.

1451. ———. 1934. *The New Background of Science.* 2d ed. Macmillan. (relat./R)

Broadbent, T.A.A. 1934. *MG* 18 (O): 287-8.

1452. ———. 1940. *An Introduction to the Kinetic Theory of Gases.* Macmillan. (phys./Tc)

    Ingalls, A.G. 1941. *SA* 164 (Ja): 56.
    Koopman, B.O. 1941. *MR* 2 (Ap): 139.
    Mott, N.F. 1941. *MG* 25 (F): 63-4.
    Oppermann, R.H. 1941. *JFI* 232 (Jl): 88.

1453. **Jeffreys, Harold.** 1924. *The Earth, its Origin, History and Physical Constitution.* Macmillan. (geophys./Su, R)

    Stoneley, R. 1925. *MG* 12 (D): 519-22.

1454. ———. 1929. *The Earth, its Origin, History and Physical Constitution.* 2d ed. Macmillan. (geophys./Su, R)

    Goldstein, S. 1930. *MG* 15 (O): 220-2.

1455. ———. 1931. *Cartesian Tensors.* Macmillan. (appl., tensor anal., phys./R)

    Piaggio, H.T.H. 1932. *MG* 16 (Jl): 216-8.
    Taylor, J.H. 1933. *AMSB* 29 (S): 661.

1456. ———. 1931. *Operational Methods in Mathematical Physics.* CambTrM&MP., #23. 2d ed. Macmillan. (phys., Bessel fcns., Heav. calc./R)

    Broadbent, T.A.A. 1932. *MG* 16 (My): 159.

1457. ———. [1931] 1937. *Scientific Inference.* Macmillan. Reissue. Macmillan. (logic, prob., stat., mensur., phys./Tc, R)

    Ferrar, W.L. 1932. *MG* 16 (F): 58.
    Lazar, N. 1938. *MT* 31 (F): 86.
    Piaggio, H.T.H. 1937. *MG* 21 (O): 303-4.
    Quine, W.V. 1937. *SCI* 86 (D 24): 590.
    Warner, L.C. 1937. *SSM* 37 (D): 1138.
    For additional reviews see Buros 1938, 48-9; and Buros 1941, 156-7.

1458. ———. 1939. *Theory of Probability.* Oxford. (prob., stat./Tc)

    Baten, W.D. 1940. *NMM* 15 (D): 159.
    Copeland, A.H. 1940. *SCI* 92 (N 22): 479-80.
    Dodd, E.L. 1940. *AMSB* 46 (S): 739-41.
    Doob, J.L. 1940. *MR* 1 (My): 151.
    Kendall, M.G. 1940. *NAT* 145 (Ap 20): 607-8.
    Koopman, B.O. 1943. *JSL* 8 (Mr): 34-5.
    Neyman, J. 1940. *JASA* 35 (S): 558-9.
    For additional reviews see Buros 1941, 157-62.

1459. **Jellett, John H.** 1872. *A Treatise on the Theory of Friction.* Macmillan. (friction/R)
   S., J. 1872. *NAT* 5 (Ap 11): 460.

1460. **Jennings, Charles, and R.L.W. Tobutt.** 1931. *Army Mathematics.* 2d ed. Oxford. (arith., alg., geom./Tj, Ts)
   Naylor, V. 1932. *MG* 16 (Jl): 211.

1461. **Jerome, Harry.** 1924. *Statistical Method.* Harper. (stat./Tc)
   Rider, P.R. 1925. *JASA* 20 (Je): 297-9.

1462. **Jessop, Charles M.** 1903. *A Treatise on the Line Complex.* Macmillan. (geom./Tc)
   Western, A.E. 1904. *MG* 3 (My): 37-8.

1463. ———. 1916. *Quartic Surfaces with Singular Points.* Putnam. (geom./R, Ts, Tc)
   Anon. 1916. *MT* 9 (D): 129.

1464. ———. (1921) 1922. *Elementary Analysis.* Macmillan. (anal. geom., calc./Ts, Tc)
   Anon. 1923. *ED* 43 (Mr): 452.
   Piaggio, H.T.H. 1922. *MG* 11 (Mr): 60-2.

1465. **Jessop, Thomas E.** 1934. *A Bibliography of George Berkeley.* Oxford. (hist./R)
   Broadbent, T.A.A. 1934. *MG* 18 (Je): 216.

1466. **Jessup, Walter A., and Lotus D. Coffman.** 1916. *The Supervision of Arithmetic.* Macmillan. (educ., arith./R)
   Anon. 1916. *ESJ* 17 (D): 221-2.
   Cobb, H.E. 1917. *SSM* 17 (Mr): 275-6.
   Salisbury, E.I. 1917. *EDAS* 3 (Mr): 172-3.

1467. **Jevons, W. Stanley.** 1884. *The Elements of Logic...* Rev. D.J. Hill. Sheldon. (logic/Tc)
   Anon. 1886. *SJ* 31 (Mr 20): 188.

1468. **Johnson, Alan, and Arthur W. Belcher.** 1924. *Introductory Algebra...* Ambrose. (alg., trig./Tj)
   Anon. 1927. *MT* 20 (My): 301-2.
   Kinney, J.M. 1925. *SSM* 25 (F): 220.
   Stone, C.A. 1925. *SR* 33 (Ja): 75.

1469. ———. 1926. *Second Course in Algebra...* Ambrose. (alg./Ts)
    Anon. 1927. *MT* 20 (My): 301-2.
    Georges, J.S. 1927. *SR* 35 (F): 157-8.
    Kinney, J.M. 1927. *SSM* 27 (F): 216.

1470. **Johnson, Frederick W.** 1930. *Non-Interpolating Logarithms, Cologarithms and Antilogarithms...* Simplified. (tables, logs./R)
    Anon. 1933. *MT* 26 (F): 119.
    Bacon, L.R. 1932. *JFI* 213 (Mr): 334-5.
    Johnson, R.A. 1931. *AMM* 38 (Ap): 227.
    Neville, E.H. 1932. *MG* 16 (F): 54.

1471. ———. 1933. *Easily Interpolated Trigonometric Tables, with Non-Interpolating Logs, Cologs, and Antilogs...* Simplified. (tables, trig., logs./R)
    Neville, E.H. 1934. *MG* 18 (D): 338.

1472. **Johnson, James F.** 1915. *Practical Shop Mechanics and Mathematics.* Wiley. (appl./Tj, Ts)
    Anon. 1916. *EDAS* 2 (N): 598.

1473. ———. 1939. *Applied Mathematics.* Bruce. (arith., appl./Tj, Ts)
    Jones, R.H. 1940. *SSM* 40 (Ja): 97.

1474. **Johnson, John T.** 1926. *Arithmetic Practice Exercises and Tests...* Rand. (arith./R)
    Anon. 1927. *CSJ* 9 (Mr): 279.

1475. ———. 1938. *The Relative Merits of Three Methods of Subtraction...* ContrEd., #738. Teachers. (arith., educ./R)
    Brueckner, L.J. 1939. *JER* 32 (F): 462-3.
    DeBoer, J.J. 1938. *CSJ* 20 (N/D): 94.
    Storm, W.B. 1942. *NMM* 16 (Mr): 314-6.
    Urbancek, J.J. 1939. *SSM* 39 (Ap): 390-1.

1476. **Johnson, Roger A.** 1929. *Modern Geometry...* Ed. J.W. Young. Houghton. (geom., proj. geom./R, Tc)
    Kinney, J.M. 1930. *SSM* 30 (Ja): 102, 104.
    Murnaghan, F.D. 1929. *AMM* 36 (N): 482.
    Seidlin, J. 1929. *MT* 22 (D): 494-5.
    Tracey, J.T. 1930. *AMSB* 36 (Mr): 176.

1477. **Johnson, William W.** 1881. *An Elementary Treatise on the Integral Calculus...* Wiley. (calc./Ts, Tc)

   Anon. 1881. *AN* 8 (N): 200.

1478. ———. 1884. *Curve Tracing in Cartesian Coordinates.* Wiley. (anal. geom./R)

   Anon. 1885. *SCI* 5 (My 8): 389.

1479. ———. 1889. *A Treatise on Ordinary and Partial Differential Equations.* Wiley. (diff. eqns./Tc)

   Anon. 1889. *JE* 30 (S 19): 187.

1480. ———. 1892. *The Theory of Errors and Method of Least Squares.* Wiley. (errors, stat., prob./Tc, R)

   Merriman, M. 1893. *NYMSB* 2 (Ap): 162-3.

1481. ———. 1904. *An Elementary Treatise on the Differential Calculus...* Wiley. (calc./Ts, Tc)

   Finkel, B.F. 1905. *AMM* 12 (F): 57.

1482. ———. 1907. *A Treatise on the Integral Calculus...* Wiley. (calc./Ts, Tc)

   Finkel, B.F. 1907. *AMM* 14 (N): 211-2.
   Hardy, G.H. 1908. *MG* 4 (Jl): 307-9.
   Keyser, C.J. 1908. *SCI* 27 (Je 19): 954-7.

1483. ———. 1908. *An Elementary Treatise on the Differential Calculus...* Abr. ed. Wiley. (calc./Ts, Tc)

   Anon. 1909. *MG* 5 (Je/Jl): 114.
   Finkel, B.F. 1908. *AMM* 15 (N): 215.
   Keyser, C.J. 1909. *SCI* 29 (Je 18): 974-7.
   Ponzer, E.W. 1911. *AMSB* 17 (Mr): 318-9.

1484. **Johnson, Willis E.** 1907. *Mathematical Geography.* AmBk. (geog./Ts, Tc)

   Anon. 1908. *ED* 28 (Ja): 331-2.
   Jefferson, M. 1909. *SR* 17 (N): 652-3.

1485. **Johnston, Francis E.** 1936. *Introductory College Mathematics.* Farrar. (alg., trig., anal. geom./Ts, Tc)

   Parker, W.V. 1936. *NMM* 11 (N): 109-10.
   Wolfe, J. 1937. *AMM* 44 (Ap): 242.

1486. **Joly, Charles J.** 1905. *A Manual of Quaternions.* Macmillan. (quaternions/R)
    Knott, C.G. 1905. *MG* 3 (O): 229-31.
    Shaw, J.B. 1905. *AMSB* 11 (Jl): 549-54.

1487. **Jones, Adam L.** 1909. *Logic, Inductive and Deductive...* Holt. (logic, stat., nature/Tc)
    Rousmaniere, F.H. 1910. *PR* 19 (Mr): 221-2.

1488. **Jones, Alfred C.** 1912. *An Introduction to Algebraical Geometry.* Oxford. (anal. geom./Ts, Tc)
    Milne, W.P. 1913. *MG* 7 (Mr): 95-6.

1489. **Jones, D. Caradog.** 1921. *A First Course in Statistics.* Open. (stat./Tc)
    Elderton, W.P. 1921. *MG* 10 (O): 329.
    ———. 1922. *MG* 11 (Ja): 31.
    King, W.I. 1922. *JASA* 18 (S): 419-20.

1490. **Jones, George W.** 1893. *Logarithmic Tables.* 4th ed. Ithaca, N.Y.: b.a. (tables, logs./R)
    Anon. 1893. *ED* 13 (Ap): 514.

1491. ———. 1896. *Logarithmic Tables.* 6th ed. Ithaca, N.Y.: b.a. (tables, logs./R)
    Finkel, B.F. 1896. *AMM* 3 (My): 157-8.

1492. **Jones, Henry A.** 1884. *An Aid to Numerical Calculation.* JonesSav. (arith./Su)
    Anon. 1886. *SJ* 32 (Jl 10): 28.
    ———. 1888. *JE* 28 (D 20): 402.

1493. **Jones, Robert L., and Harry G. Wheat.** 1935. *Jones-Wheat Arithmetics.* 3 v. Heath. (arith./Te, Tj)
    Anon. 1936. *MT* 29 (Ja): 49-50.
    Benz, H.E. 1936. *ESJ* 36 (Mr): 553-5.

1494. **Jones, Robinson G., and Horace M. Buckley.** 1931. *Arithmetic Activities.* ClevBdEd. (arith./Te, Tj, Su)
    Urbancek, J.J. 1931. *SSM* 31 (Je): 772, 774.

1495. **Jones, Samuel I.** 1912. *Mathematical Wrinkles.* Gunter, Tex.: b.a. (arith., alg., recr./R, Su)

Anon. 1913. *ED* 33 (F): 390.

———. 1913. *MT* 5 (Je): 248.

Cobb, H.E. 1912. *SSM* 12 (N): 737.

Finkel, B.F. 1912. *AMM* 19 (O/N): 181.

Millis, J.F. 1914. *SR* 22 (Je): 422-3.

1496. ———. 1923. *Mathematical Wrinkles*. Rev. ed. Nashville, Tenn.: b.a. (arith., alg., recr./R, Su)

Anon. 1927. *ED* 47 (Mr): 447.

Goff, R.R. 1924. *ED* 45 (S): 63.

1497. ———. 1932. *Mathematical Nuts for Lovers of Mathematics*. Nashville, Tenn.: b.a. (recr./R, Su)

Finkel, B.F. 1933. *AMM* 40 (Ap): 236-7.

Munch, H.F. 1936. *HSJ* 19 (My): 175.

Smith, D.E. 1933. *MT* 26 (D): 499-501.

Warner, G.W. 1932. *SSM* 32 (Ap): 440.

1498. ———. 1940. *Mathematical Clubs and Recreations*. Nashville, Tenn.: b.a. (recr., educ./R, Su)

Lawton, M.T. 1941. *SM* 8 (Je): 118-9.

Owens, H.B. 1940. *AMM* 47 (O): 559.

Staley, R.C. 1940. *NMM* 15 (N): 103-4.

Warner, G.W. 1940. *SSM* 40 (O): 694-5.

Wilson, G.M. 1940. *ED* 61 (D): 252.

1499. **Jordan, Harvey H., and Francis M. Porter.** 1929. *Descriptive Geometry*. Ginn. (descr. geom./Tc)

Kinney, J.M. 1929. *SSM* 29 (Je): 672.

Snyder, V. 1929. *AMM* 36 (N): 483.

1500. **Jourdain, Philip E.B.** 1913. *The Principle of Least Action*. Open. (hist., phys., calc. of variations/R)

Jackson, C.S. 1914. *MG* 7 (Ja): 250.

1501. **Joy, Edith M.** 1903. *Arithmetic Without a Pencil*. Heath. (arith./Te, Tj)

Anon. 1903. *AE* 6 (Ja): 308.

1502. **Judd, Charles H.** 1927. *Psychological Analysis of the Fundamentals of Arithmetic*. SuppEdMon., #32. ChicagoPr. (educ., arith./R)

Breslich, E.R. 1927. *SR* 35 (Je): 467-8.

Buckingham, B.R. 1927. *ESJ* 28 (S): 69-70.

Goff, R.R. 1928. *ED* 48 (Ap): 526.

Kinney, J.M. 1927. *SSM* 27 (D): 996.
Landsittel, F.C. 1928. *EDAS* 14 (Mr): 201-3.
Morton, R.L. 1927. *JER* 16 (Je): 66-7.

1503. ———, **et al**. 1936. *Education as Cultivation of the Higher Mental Processes*. Macmillan. (educ., arith./R)

Cameron, E.H. 1937. *ESJ* 37 (F): 467-8.

K

1504. **Karapetoff, Vladimir.** 1912. *Engineering Applications of Higher Mathematics.* Pt. 1. Wiley. (calc., appl./Tc)
  Finkel, B.F. 1912. *AMM* 19 (F): 40.

1505. **Karelitz, George B.**, **Jesse Ormondroyd**, and **Jewell M. Garrelts.** 1939. *Problems in Mechanics.* Macmillan. (mech./Su)
  Franklin, P. 1939. *AMSB* 45 (N): 824-5.
  Oppermann, R.H. 1940. *JFI* 229 (Ja): 131-2.

1506. **Karpinski, Louis C.** 1925. *The History of Arithmetic.* Rand. (hist., arith./R)
  Cajori, F. 1926. *ISIS* 8 (1): 231-2.
  Kinney, J.M. 1926. *SSM* 26 (N): 902.
  Munch, H.F. 1932. *HSJ* 15 (D): 393, 395.
  Sanford, V. 1926. *MT* 19 (Mr): 185-6.
  For additional reviews see Farber 1981.

1507. ———. 1940. *Bibliography of Mathematical Works Printed in America Through 1850.* MichPr. (hist./R)
  Bradley, A.D. 1940. *SM* 7 (1-4): 131-3.
  Broadbent, T.A.A. 1941. *MG* 25 (F): 63-4.
  Davis, H.T. 1940. *NMM* 15 (D): 155-6.
  Mertice, J.M., **D. Brown**, and **S. Brachfeld.** 1940. *BRD* 36 (Ann): 496.
  Richeson, A.W. 1941. *NMM* 15 (Ja): 213-4.
  Sarton, G. 1941. *ISIS* 33 (2): 293-4.
  Simons, L.G. 1941. *AMM* 48 (F): 142-3.
  For additional reviews see Farber 1981.

1508. ———, **Harry Y. Benedict**, and **John W. Calhoun.** 1918. *Unified Mathematics.* Heath. (alg., anal. geom., trig., graphics, appl./Ts, Tc)

Anon. 1919. *MT* 11 (Mr): 142.
Breslich, E.R. 1921. *SR* 29 (N): 714-6.
Cobb, H.E. 1919. *SSM* 19 (Mr): 284-5.
Moore, C.N. 1919. *AMSB* 25 (Jl): 467-9.
Mullins, G.W. 1919. *AMM* 26 (Je): 244-9.
Wrinch, D. 1920. *SP* 14 (Ap): 678-9.

1509. **Karsten, Karl G.** 1923. *Charts and Graphs...* Prentice. (nomog., stat./Tc)

Cobb, H.E. 1924. *SSM* 24 (F): 222.
Huhn, R.v. 1925. *JASA* 20 (Mr): 153-6.
Morris, C.C. 1924. *AMM* 31 (N): 449-50.

1510. ———. 1925. *Charts and Graphs...* Prentice. (nomog., stat./Tc)

Race, H.H. 1928. *AMM* 35 (Ja): 33-4.

1511. **Kasner, Edward and James R. Newman, with Rufus Isaacs.** 1940. *Mathematics and the Imagination.* Simon. (geom., recr., top., stat., transfinite nos., paradoxes/R, Su)

Cohen, I.B. 1942. *ISIS* 33 (6): 723-5.
Dunnington, G.W. 1941. *NMM* 15 (Ja): 212-3.
Ingalls, A.G. 1940. *SA* 163 (Ag): 103-4.
Mertice, J.M., D. Brown, and S. Brachfeld. 1940. *BRD* 36 (Ann): 496-7.
Ryan, T.A. 1940. *AMM* 47 (D): 700-1.
Simons, L.G. 1940. *SM* 7 (1-4): 119-20.

1512. **Kasper, Louis.** 1937. *There is Fun in Geometry.* Fortuny. (recr., geom., mech./R, Su)

McHugh, F.D. 1937. *SA* 156 (Ap): 276.

1513. **Kaye, George W.C., and Thomas H. Laby.** 1911. *Tables of Physical and Chemical Constants and Some Mathematical Functions.* Longmans. (trig., logs., tables/R)

Finkel, B.F. 1912. *AMM* 19 (F): 39.
Phillips, H.B. 1914. *AMSB* 21 (N): 102-3.

1514. ———. 1936. *Tables of Physical and Chemical Constants and Some Mathematical Functions.* 8th ed. Longmans. (trig., logs., tables/R)

Broadbent, T.A.A. 1936. *MG* 20 (D): 357.
F., A. 1936. *NAT* 138 (O 10 Supp.): 635.

1515. **Keal, Harry M., and Clarence J. Leonard.** 1921. *Mathematics for Shop and Drawing Students.* Wiley. (alg., geom., trig., appl./Ts)

Anon. 1921. *MT* 14 (N): 411.

1516. ———. 1938. *Mathematics for Electrical Students.* 2d ed. Wiley. (alg., geom., trig.. appl./Ts)

Brazda, L.P. 1938. *SSM* 38 (My): 598.
Hunter, W. 1938. *MG* 22 (O): 414.

1517. ———. 1938. *Mathematics for Shop and Drawing Students.* 2d ed. Wiley. (alg., geom., trig., appl./Ts)

Brazda, L.P. 1938. *SSM* 38 (My): 597.
Hunter, W. 1938. *MG* 22 (O): 414.

1518. ———. 1938. *Technical Mathematics.* 3 v. 2d ed. Wiley. (alg., geom., trig./Ts)

Hunter, W. 1938. *MG* 22 (O): 414.

1519. **Keal, Harry M., and Nancy S. Phelps.** 1917. *Secondary Mathematics.* V. 1. Atkinson. (alg./Tj)

Anon. 1917. *SR* 25 (D): 762-5.

1520. **Keasey, Miles A., George A. Kline, and David A. McIlhatten.** 1923. *Engineering Mathematics...* Blakiston. (alg., geom., trig./Tj, Ts)

Cobb, H.E. 1924. *SSM* 24 (Ja): 108.

1521. ———. 1927. *Plane Trigonometry...* Blakiston. (trig./Ts)

Smith, A.W. 1928. *AMM* 35 (Mr): 145.

1522. ———. 1939. *Plane Trigonometry...* 2d ed. Blakiston. (trig./Ts)

Sims, A. 1940. *SSM* 40 (Ja): 99.

1523. **Kelland, Philip, and Peter G. Tait.** 1904. *Introduction to Quaternions.* Ed. C.G. Knott. 3d ed. Macmillan. (quaternions/Tc, Tg)

Greenstreet, W.J. 1904. *MG* 3 (My): 42.
Wilson, E.B. 1904. *AMSB* 11 (O): 17-21.

1524. **Kelley, Truman L.** 1923. *Statistical Method.* Macmillan. (stat./Tc)

Crum, W.L. 1923. *JASA* 18 (D): 1057-9.
Otis, A.S. 1923. *JER* 8 (D): 453-4.

Rider, P.R. 1923. *AMM* 30 (D): 443-4.
Rietz, H.L. 1924. *AMSB* 30 (Ja/F): 84-6.
West, P.V. 1923. *ESJ* 24 (O): 148-50.
Wilson, E.B. 1924. *SCI* 59 (Je 6): 512.

1525. ———. 1938. *The Kelley Statistical Tables.* Macmillan. (stat., tables/R)

Anon. 1939. *NAT* 144 (O 28 Supp.): 741.
Conrad, H.S. 1939. *JER* 32 (Ap): 618-9.
Walker, H.M. 1939. *JASA* 34 (S): 593-5.
Wishart, J. 1938. *MG* 22 (D): 519-20.
For additional reviews see Buros 1938, 49; and Buros 1941, 165-6.

1526. **Kellogg, Oliver D.** 1929. *Foundations of Potential Theory.* Stechert. (pot. theory/Tc, Tg)

Anon. 1934. *MG* 18 (D): 354-5.

1527. **Kells, Lyman M.** 1932. *Elementary Differential Equations.* McGraw. (diff. eqns./Tc)

Campbell, A.D. 1933. *AMM* 40 (F): 102-3.
Kinney, J.M. 1933. *SSM* 33 (Mr): 340.

1528. ———. 1935. *Elementary Differential Equations.* 2d ed. McGraw. (diff. eqns./Tc)

Ince, E.L. 1936. *MG* 20 (F): 69-70.
Kinney, J.M. 1936. *SSM* 26 (Mr): 331.

1529. ———, **Willis F. Kern, and James R. Bland.** 1935. *Plane and Spherical Trigonometry.* McGraw. (trig./Ts)

Feld, J.M. 1936. *AMM* 43 (Ja): 39.
Kinney, J.M. 1936. *SSM* 36 (Mr): 330-1.

1530. ———. 1940. *Plane and Spherical Trigonometry.* 2d ed. McGraw. (trig./Ts)

Corliss, J.J. 1941. *NMM* 15 (Ja): 211.
Feld, J.M. 1940. *AMM* 47 (D): 703-4.
Feltges, E. 1941. *SSM* 41 (Mr): 302.

1531. **Kelso, Oscar L.** 1903. *Arithmetic...* Macmillan. (arith./Tj)

Finkel, B.F. 1903. *AMM* 10 (Mr): 86.

1532. **Kelvin, William T.** 1910-1911. *Mathematical and Physical Papers.* Ed. J. Larmor. V. 4-6. Putnam. (dyn./R)

Wilson, E.B. 1914. *AMSB* 20 (My): 431-2.

1533. **Kemble, Edwin C.** 1937. *The Fundamental Principles of Quantum Mechanics...* McGraw. (quantum mech./R)

Thomas, L.H. 1938. *SCI* 88 (S 2): 217-9.

1534. **Kenison, Ervin, and Harry C. Bradley.** 1917. *Descriptive Geometry.* Macmillan. (descr. geom./Tc)

Anon. 1917. *EDAS* 3 (N): 559.
———. 1918. *ED* 39 (N): 189.
Cowley, E.B. 1921. *AMSB* 27 (Ap): 334-5.
Roever, W.H. 1918. *AMM* 25 (My): 210-2.

1535. **Kennedy, E.C.** 1930. *Manual of Trigonometry...* Macmillan. (trig./Su)

Johnson, R.A. 1930. *AMM* 37 (O): 446.
Stone, C.A. 1930. *SSM* 30 (D): 1094.

1536. **Kennelly, Arthur E.** 1928. *Vestiges of Pre-Metric Weights and Measures...* Macmillan. (metric system/R, Su)

Anon. 1934. *MG* 18 (D): 357.

1537. **Kenney, John F.** 1939. *Mathematics of Statistics.* 2 v. VanNos. (stat./Tc)

Curtiss, J.H. 1940. *AMM* 47 (My): 309-11.
Read, C.B. 1939. *SSM* 39 (D): 891-2.
For additional reviews see Buros 1941, 167-70.

1538. **Kent, Frederick C.** 1913. *A First Course in Algebra.* Longmans. (alg./Tj)

Anon. 1913. *AE* 17 (D): 252.
———. 1913. *MT* 6 (S): 52.
Cobb, H.E. 1914. *SSM* 14 (Ja): 94.

1539. ———. 1924. *Elements of Statistics.* McGraw. (stat./Tc)

Karsten, K.G. 1925. *JASA* 20 (Je): 284-5.
Knight, M.A., and M.M. James. 1925. *BRD* 21 (Ann): 368.

1540. ———. 1924. *Mathematical Principles of Finance.* McGraw. (finance/Ts, Tc)

Craig, C.F. 1925. *AMM* 32 (Je/Jl): 313-4.
Knight, M.A., and M.M. James. 1925. *BRD* 21 (Ann): 368.

1541. ———. 1927. *Mathematical Principles of Finance*. 2d ed. McGraw. (finance/Ts, Tc)

    Huhn, R.v. 1928. *JASA* 23 (S): 354.
    Skinner, E.B. 1928. *AMSB* 34 (N/D): 777-8.

1542. ———, and **Maude E. Kent**. 1926. *Compound Interest and Annuity Tables*. McGraw. (finance, tables/R)

    Sheppard, E.T. 1928. *MG* 14 (Mr): 98.

1543. **Kenyon, Alfred M., and Louis Ingold**. 1913. *Trigonometry*. Ed. E.R. Hedrick. Macmillan. (trig./Ts)

    Anon. 1913. *AE* 17 (N): 188, 191.
    ———. 1913. *MT* 6 (S): 52.
    Bussey, W.H. 1913. *AMM* 20 (S): 229-31.
    Cobb, H.E. 1913. *SSM* 13 (D): 838.
    Keyser, C.J. 1914. *SCI* 40 (O 16): 559-62.

1544. ———. 1919. *Elements of Plane Trigonometry*. Macmillan. (trig./Ts)

    Breslich, E.R. 1919. *SR* 27 (S): 562-3.
    Cobb, H.E. 1919. *SSM* 19 (O): 669.

1545. **Kenyon, Alfred M., and William V. Lovitt**. 1917. *Mathematics for Collegiate Students...* Macmillan. (alg., trig., anal. geom./Ts, Tc)

    Cobb, H.E. 1918. *SSM* 18 (Mr): 286.

1546. **Kern, Willis F., and James R. Bland**. 1934. *Solid Mensuration*. Wiley. (geom., mensur./Ts)

    Johnson, R.A. 1936. *AMM* 43 (Ap): 232.
    Kinney, J.M. 1935. *SSM* 35 (Je): 665.
    Naylor, V. 1935. *MG* 19 (F): 63.

1547. ———. 1938. *Solid Mensuration*. 2d ed. Wiley. (geom., mensur./Ts)

    Anon. 1939. *NAT* 143 (Mr 11 Supp.): 424.
    Campbell, R.T. 1939. *SSM* 39 (Ja): 97.
    Naylor, V. 1938. *MG* 22 (O): 420.

1548. **Kestelman, Hyman**. 1937. *Modern Theories of Integration*. Oxford. (calc., real var./R)

    Byrne, W.E. 1938. *NMM* 12 (My): 419.
    Daniell, P.J. 1938. *MG* 22 (My): 198-9.
    Z., A.v. 1938. *NAT* 141 (Mr 12 Supp.): 455.

1549. **Keynes, John M.** 1921. *A Treatise on Probability.* Macmillan. (prob., fnds., stat./R)

    Crum, W.L. 1923. *JASA* 18 (Mr): 678-82.
    Pearl, R. 1923. *SCI* 58 (Jl 20): 51-2.
    Russell, B.A.W. 1922. *MG* 11 (Jl): 119-25.
    Wilson, E.B. 1923. *AMSB* 29 (Jl): 319-22.

1550. **Keyser, Cassius J.** 1908. *Mathematics.* Columbia. (phil./Su)

    Anon. 1909. *MON* 19 (Ja): 157-8.

1551. ———. 1915. *The New Infinite and the Old Theology.* YalePr. (infinity/Su)

    Whiton, E.K. 1917. *MON* 27 (Jl): 479.

1552. ———. 1916. *The Human Worth of Rigorous Thinking...* Columbia. (educ., phil./Su)

    Anon. 1916. *MT* 9 (D): 126.
    Cairns, W.D. 1920. *AMM* 27 (F): 65-70.
    Fite, W. 1917. *PR* 26 (Jl): 437-8.
    Miller, G.A. 1917. *SCI* 45 (Ag 24): 186-7.
    Shaw, J.B. 1917. *AMSB* 23 (Ap): 315-7.

1553. ———. 1922. *Mathematical Philosophy...* Dutton. (phil./Su)

    Geyer, D.L. 1923. *CSJ* 5 (Je): 417.
    Knight, M.A., and M.M. James. 1922. *BRD* 18 (Ann): 300.
    Miller, G.A. 1922. *AMM* 29 (N/D): 408-10.
    ———. 1922. *SCI* 56 (Ag 25): 229-30.
    Sanford, V. 1922. *MT* 15 (My): 314-5.
    Young, J.W. 1923. *AMSB* 29 (Je): 271-4.

1554. ———. 1926. *Thinking About Thinking.* Dutton. (logic, phil./Su)

    Sanford, V. 1927. *MT* 20 (N): 412.
    For additional reviews see Farber 1981.

1555. ———. 1929. *The Pastures of Wonder...* Columbia. (phil., fnds./Su)

    Lennes, N.J. 1931. *AMM* 38 (Ja): 39-42.
    Neville, E.H. 1932. *MG* 16 (My): 136.
    Shaw, J.B. 1930. *AMM* 37 (F): 81-4.
    For an additional review see Farber 1981.

1556. ———. 1931. *Humanism and Science.* Columbia. (phil./Su)

    Davis, H.T. 1931. *ISIS* 16 (2): 451-5.

Greenwood, T. 1933. *MG* 17 (My): 134-5.
Lennes, N.J. 1932. *AMM* 39 (Ja): 31-5.
For additional reviews see Farber 1981.

1557. ———. 1935. *Mathematics and the Question of Cosmic Mind...* ScrMatLib., #2. Scripta. (fnds., phil./Su)

Anon. 1936. *MT* 29 (Ja): 49.
———. 1937. *MT* 30 (Ja): 85.
Eisenhart, C. 1935. *SA* 153 (D): 341.
Greenwood, T. 1936. *MG* 20 (D): 352.
Hill, L.S. 1935. *SM* 3 (O): 344-5.
Kinney, J.M. 1936. *SSM* 36 (Ja): 104-5.
MacLane, S. 1936. *SCI* 84 (O 23): 374-5.
Miller, G.A. 1935. *NMM* 10 (N): 68-9.
Oppermann, R.H. 1935. *JFI* 220 (O): 519.

1558. ———. 1940. *The Human Worth of Rigorous Thinking...* 3d ed. Scripta. (educ., phil./Su)

Rutt, N.E. 1941. *NMM* 15 (Mr): 325.

1559. ———, et al. 1937. *Scripta Mathematica Forum Lectures.* ScrMatLib., #3. Scripta. (phil., hist./Su)

Broadbent, T.A.A. 1938. *MG* 22 (My): 214-5.
Coleman, J.B. 1938. *NMM* 12 (F): 255-6.
Feld, J.M. 1939. *SM* 6 (Mr): 43-6.
Reeve, W.D. 1937. *MT* 30 (N): 350.

1560. **Kiggen, Helen J.** 1922. *Practical Business Arithmetic.* Macmillan. (bus. arith./Tj, Ts)

Anon. 1922. *AE* 26 (D): 188-9.
Cobb, H.E. 1922. *SSM* 22 (Je): 594.
Vaughn, J. 1922. *SR* 30 (My): 397-8.

1561. **Kimball, Gustavus S.** 1911. *Kimball's Commercial Arithmetic.* Putnam. (bus. arith./Tj, Ts)

Anon. 1912. *ED* 32 (F): 389.
———. 1912. *MT* 4 (Je): 173.
———. 1913. *AE* 16 (My): 458, 460.
———. 1914. *AE* 17 (Je): 632.
Cobb, H.E. 1912. *SSM* 12 (N): 742.
Finkel, B.F. 1912. *AMM* 19 (My): 112.

1562. **King, Albert E., George L. Paley, and George W. Patterson.** 1940. *Mathematics in the Modern World.* 2 v. Houghton. (mensur., geom./Ts)

Lazar, N. 1941. *MT* 34 (Mr): 135.

1563. **King, Louis V.** 1924. *On the Direct Numerical Calculation of Elliptic Functions and Integrals*. Macmillan. (ell. fcns., numerical anal./R)

Lehmer, D.N. 1925. *AMSB* 31 (N/D): 568.
Nemo. 1925. *MG* 12 (Mr): 353-4.

1564. **King, Willford I.** 1912. *The Elements of Statistical Method*. Macmillan. (stat./Tc)

Finkel, B.F. 1912. *AMM* 19 (Ap): 87.
Lunn, A.C. 1913. *AMSB* 19 (Jl): 535-7.
Rietz, H.L. 1912. *SCI* 36 (O 18): 519.

1565. ———. 1930. *Index Numbers Elucidated*. Longmans. (stat., econ./Tc)

Rietz, H.L. 1931. *JASA* 26 (Mr): 110-1.

1566. **Kingsbury, Howard B., and Raymond R. Wallace.** 1930. *Plane Geometry Workbook*. Bruce. (geom./Su)

Munch, H.F. 1933. *HSJ* 16 (Ap): 165.
Stone, C.A. 1931. *SSM* 31 (My): 632.

1567. ———. 1933. *First-Year Algebra*. Bruce. (alg./Tj)

Nyberg, J.A. 1934. *SSM* 34 (F): 211.

1568. **Kingsley, Charles.** 1894. *Hypatia*. 2 v. Harper. (biog., hist./R, Su)

Anon. 1894. *JE* 40 (D 6): 382.

1569. **Kinney, Lucien B.** 1936. *Business Mathematics*. Holt. (bus. arith./Tj, Ts)

Anon. 1937. *MT* 30 (Ja): 39.
Sperling, A.A. 1937. *SSM* 37 (D): 1136-7.

1570. **Kitchener, Francis E.** 1872. *Geometrical Note-Book...* 2d ed. Macmillan. (geom./Su)

T., R. 1872. *NAT* 6 (Je 13): 118-9.

1571. **Klapper, Paul.** 1916. *The Teaching of Arithmetic...* Appleton. (educ., arith./Tc, Tg)

Anon. 1919. *AE* 9 (My): 428.
Karpinski, L.C. 1918. *SS* 8 (O 12): 441-2.
Palmer, F.H. 1917. *ED* 37 (F): 400.

Root, C.C. 1917. *ESJ* 17 (My): 685-7.

1572. ———, ed. 1920. *College Teaching...* WrldBk. (educ./R)

Anon. 1920. *AMM* 27 (N): 420.

1573. ———. 1934. *The Teaching of Arithmetic.* 2d ed. AppletonC. (educ., arith./Tc, Tg)

Anon. 1935. *MT* 28 (Ap): 249.
Nyberg, J.A. 1935. *SSM* 35 (Ap): 442.
Wilson, G.M. 1935. *ED* 55 (F): 384.

1574. **Klein, Felix.** 1894. *The Evanston Colloquium: Lectures on Mathematics...* Rept. A. Ziwet. Macmillan. (hist., geom., alg., anal./R)

Anon. 1894. *JE* 40 (S 27): 211.
McCormack, T.J. 1894. *MON* 4 (Ap): 469-71.
White, H.S. 1894. *NYMSB* 3 (F): 119-22.

1575. ———. 1897. *Famous Problems of Elementary Geometry.* Trans. W.W. Beman and D.E. Smith. Ginn. (geom., hist., educ./Su)

Finkel, B.F. 1897. *AMM* 4 (N): 294.
Scott, C.A. 1898. *AMSB* 4 (Ja): 167-8.

1576. ———. 1897. *The Mathematical Theory of the Top...* Scribner. (dyn., anal./R)

Thompson, H.D. 1899. *AMSB* 5 (Jl): 486-7.

1577. ———. 1932-1939. *Elementary Mathematics from an Advanced Standpoint.* 2 v. Trans. E.R. Hedrick and C.A. Noble. Macmillan. (arith., alg., anal., geom., proj. geom., fnds./Tc, Tg, R)

Anon. 1940. *NAT* 146 (Jl 20): 78-9.
Broadbent, T.A.A. 1933. *MG* 17 (My): 142.
Curtiss, D.R. 1940. *NMM* 15 (D): 158.
Price, G.B. 1933. *AMSB* 39 (Jl): 495-6.
———. 1940. *AMSB* 46 (S): 733-5.
Read, C.B. 1940. *SSM* 40 (Ap): 399-400.
Reeve, W.D. 1941. *MT* 34 (F): 94.
Robson, A. 1940. *MG* 24 (Jl): 222-3.
Snyder, V. 1933. *AMM* 40 (Mr): 170-1.

1578. **Klemperer, Otto, cmp.** 1939. *Electron Optics.* Macmillan. (optics/R)

Oppermann, R.H. 1939. *JFI* 228 (Jl): 123-4.

1579. **Knight, Frederic B., and Minnie S. Behrens.** 1928. *The Learning of the 100 Addition Combinations and the 100 Subtraction Combinations.* Longmans. (educ., arith./R)

   Anon. 1929. *JER* 19 (Ja): 64.
   Brownell, W.A. 1928. *ESJ* 29 (D): 314-5.

1580. **Knight, Frederic B., E.M. Luse, and Giles M. Ruch.** 1924. *Problems in the Teaching of Arithmetic...* IowaSup. (educ., arith./R)

   Anon. 1924. *MT* 17 (O): 374-5.

1581. **Knight, Frederic B., Giles M. Ruch, and H.W. McCulloch.** 1930. *Standard Service Algebra Workbook.* Teacher's ed. Scott. (alg./Su)

   Munch, H.F. 1931. *HSJ* 14 (Ja): 56-7.
   Stone, C.A. 1931. *SSM* 31 (O): 892.

1582. **Knight, Frederic B., Giles M. Ruch, and John W. Studebaker.** 1925-1927. *Arithmetic Work-Book, Grade Three to Eight.* 6 v. Pupils' ed. and Teachers' ed. for each. Ed. G.W. Myers. Scott. (arith./Su, R)

   Anon. 1926. *CSJ* 8 (My): 359.
   Breed, F.S. 1925. *ESJ* 26 (D): 317-8.
   Herr, R. 1927. *CSJ* 9 (Ap): 313-5.
   Kinney, J.M. 1926. *SSM* 26 (D): 1018.
   ———. 1927. *SSM* 27 (F): 216.
   Myers, G.C. 1926. *JER* 14 (O): 229-30.

1583. **Knight, Frederic B., John W. Studebaker, and Giles M. Ruch.** 1926-1928. *Standard Service Arithmetics.* 6 v. Ed. G.W. Myers. Scott. (arith./Te, Tj)

   Anon. 1929. *CSJ* 11 (Ap): 320.
   Haley, J. 1926. *MT* 19 (O): 377.
   Herr, R. 1927. *CSJ* 9 (Ap): 313-5.
   Kinney, J.M. 1926. *SSM* 26 (O): 792, 794.
   ———. 1927. *SSM* 27 (Ja): 106.
   ———. 1927. *SSM* 27 (My): 552, 554.

1584. **Knott, Cargill G.** 1908. *The Physics of Earthquake Phenomena.* Oxford. (Fourier anal., dyn./Tc)

   Anon. 1909. *MG* 5 (Je/Jl): 115-6.

1585. ———, ed. 1915. *Napier Tercentenary Memorial Volume.* Longmans. (hist., biog., logs., trig./Su)

   Karpinski, L.C. 1916. *SCI* 44 (S 22): 427-30.

Smith, D.E. 1917. *AMSB* 23 (My): 372-4.

1586. **Koch, Ernest H. Jr.** 1912. *The Mathematics of Applied Electricity...* Wiley. (alg., trig., appl./Ts)

   Cobb, H.E. 1912. *SSM* 12 (N): 738, 740.

1587. **Kopff, August.** 1923. *The Mathematical Theory of Relativity.* Trans. H. Levy. Dutton. (relat./R)

   Reynolds, C.N. Jr. 1924. *AMSB* 30 (My/Je): 278.

1588. **Koren, John,** ed. 1918. *The History of Statistics...* Macmillan. (stat., hist./R)

   Anon. 1919. *AMM* 26 (My): 204.
   Sarton, G. 1922. *ISIS* 4 (2): 387-9.
   For additional reviews see Farber 1981.

1589. **Korzybski, Alfred.** 1933. *Science and Sanity...* ScienceL. (phil., logic, fnds./Su)

   Bell, E.T. 1934. *AMM* 41 (N): 570-3.
   Keyser, C.J. 1934. *SM* 2 (My): 247-60.
   For additional reviews see Farber 1981.

1590. **Kramer, Edna E.** 1935. *A First Course in Educational Statistics.* Wiley. (stat./Tc)

   Anon. 1935. *MT* 28 (Ap): 252-3.
   Sandon, F. 1935. *MG* 19 (Jl): 242-3.
   Swope, A. 1935. *ED* 55 (Ap): 506.
   Young, R.V. 1936. *JASA* 31 (D): 766-7.
   For additional reviews see Buros 1937, 87; Buros 1938, 50; and Farber 1981.

1591. **Kramer, Grace A.** 1933. *The Effect of Certain Factors in the Verbal Arithmetic Problem upon Children's Success in the Solution.* JohnsStudEd., #20. Johns. (educ., arith./R)

   Brownell, W.A. 1934. *ESJ* 34 (F): 474-5.
   Wilson, G.M. 1934. *ED* 54 (Ap): 508-9.

1592. **Krickenberger, William R., Leslie H. Whitcraft,** and **Alvin M. Welchons.** 1927. *Bobbs-Merrill Algebra.* Bobbs. (alg./Tj)

   Kinney, J.M. 1927. *SSM* 28 (Je): 674.

1593. **Kron, Gabriel.** [1938] 1938. *The Application of Tensors to the Analysis of Rotating Electrical Machinery.* Pt. 1-16. Reprint. GERev. (tensor anal., appl./R)

Oppermann, R.H. 1939. *JFI* 227 (Je): 864.

1594. ———. 1939. *Tensor Analysis of Networks*. Wiley. (phys., tensor anal./Tc)

    Givens, W. 1941. *AMSB* 47 (Jl): 536-8.
    Oppermann, R.H. 1939. *JFI* 227 (Ap): 581-2.

1595. Kronig, Ralph de L. 1930. *Band Spectra and Molecular Structure*. Macmillan. (quantum mech./R)

    Hargreaves, J. 1932. *MG* 16 (O): 285-7.

1596. Kuehn, Martin H. 1930. *Mathematics for Electricians*. McGraw. (alg., geom., trig./Ts)

    Knight, M.A., M.M. James, and D. Brown. 1931. *BRD* 27 (Ann): 598.

1597. Kuhn, Harry W., and Charles C. Morris. 1926. *The Mathematics of Finance*. Ed. J.W. Young. Houghton. (finance/Ts, Tc)

    Kimball, B.F. 1928. *AMM* 35 (F): 91-2.

1598. Kuhn, Harry W., and James H. Weaver. 1935. *Elementary College Algebra*. Macmillan. (alg./Ts, Tc)

    Anon. 1936. *MT* 29 (Ja): 49.
    Banks, H.O. 1936. *AMM* 43 (Je): 366-7.
    Kinney, J.M. 1935. *SSM* 35 (N): 892.
    Smith, P.K. 1937. *NMM* 11 (F): 249-50.

1599. Kurtz, Albert K., and Harold A. Edgerton. 1939. *Statistical Dictionary...* Wiley. (stat./R)

    Sandon, F. 1940. *MG* 24 (Jl): 231-2.
    For additional reviews see Buros 1941, 174-6.

L

1600. **Lachlan, Robert.** 1893. *An Elementary Treatise on Modern Pure Geometry.* Macmillan. (geom./Tc)

    Morley, F. 1893. *NYMSB* 3 (O): 33-6.

1601. **Lacroix, Adrien, and Charles L. Ragot.** 1925. *A Graphic Table Combining Logarithms and Anti-logarithms.* Macmillan. (logs., tables/R)

    Kinney, J.M. 1926. *SSM* 26 (F): 216.
    Morse, D.S. 1926. *AMM* 33 (Mr): 153-4.
    Reed, L.J. 1926. *JASA* 21 (S): 367.

1602. **Lacroix, Silvestre F.** 1821. *An Elementary Treatise on Arithmetic.* Trans. J. Farrar. 2d ed. U. Pr. (arith./Te, Tj)

    Anon. 1822. *AJS* 5 (2): 304-26.

1603. ———. 1818. *Elements of Algebra.* Trans. J. Farrar. Hilliard M. (alg./Tj, Ts)

    Anon. 1822. *AJS* 5 (2): 304-26.

1604. **Lagrange, Joseph L.** 1898. *Lectures on Elementary Mathematics.* Trans. T.J. McCormack. Open. (arith., alg., hist., eqn. theory/R, Su)

    Finkel, B.F. 1898. *AMM* 5 (N): 283.
    Young, J.W.A. 1899. *AMSB* 5 (F): 262-4.

1605. **Laisant, Charles A.** 1914. *Mathematics.* Doubleday. (educ./Su)

    Cobb, H.E. 1914. *SSM* 14 (D): 830.

1606. **Lamb, Horace.** 1910. *The Dynamical Theory of Sound.* Longmans. (sound/Tc)

Wilson, E.B. 1913. *AMSB* 19 (F): 260-4.

1607. ———. 1920. *Higher Mechanics*. Macmillan. (mech./Tc)
Greenhill, G. 1921. *MG* 10 (Jl): 309-19.

1608. ———. 1932. *Hydrodynamics*. 6th ed. Macmillan. (wave mech./Tc)
Goldstein, S. 1933. *MG* 17 (Jl): 215-7.

1609. **Lambert, Preston A.** 1897. *Analytic Geometry...* Macmillan. (anal. geom./Ts, Tc)
Anon. 1898. *ED* 18 (Ja): 318.
Maddison, I. 1898. *AMSB* 4 (F): 234-5.

1610. ———. 1898. *Differential and Integral Calculus...* Macmillan. (calc./Ts, Tc)
Finkel, B.F. 1898. *AMM* 5 (O): 248.

1611. ———. 1907. *Computation and Mensuration*. Macmillan. (alg., geom., mensur., trig./Ts)
Anon. 1907. *ED* 28 (D): 254-5.
———. 1907. *JE* 66 (D 12): 642.
Cobb, H.E. 1908. *SSM* 8 (F): 170.
Finkel, B.F. 1907. *AMM* 14 (O): 192.
Jackson, C.S. 1908. *MG* 4 (D): 395.
Ponzer, E.W. 1908. *AMSB* 14 (Mr): 293-4.

1612. ———, and **Howard A. Foering**. 1905. *Plane and Spherical Trigonometry*. Macmillan. (trig./Ts)
Anon. 1905. *ED* 26 (N): 188.
Finkel, B.F. 1905. *AMM* 12 (My): 119-20.

1613. **Lamborn, Edmund A.G.** 1930. *Reason in Arithmetic*. Oxford. (arith., bus. arith./Tj)
Hope-Jones, W. 1932. *MG* 16 (O): 290-1.

1614. **Landau, Lev,** and **Evgeny M. Lifshitz**. 1938. *Statistical Physics*. Trans. D. Shoenberg. Oxford. (stat. mech., thermo./Tc, Tg)
G., R.W. 1938. *NAT* 142 (O 8 Supp.): 655-6.
Montgomery, C.G. 1938. *SCI* 88 (O 28): 403.

1615. **Landé, Alfred.** 1937. *Principles of Quantum Mechanics*. Macmillan. (quantum mech./Tc, Tg)
McCrea, W.H. 1937. *MG* 21 (D): 443-5.

1616. **Lane, Ernest P.** 1932. *Projective Differential Geometry...* ChicagoPr. (diff. geom./Tc, Tg)
   Emch, A. 1933. *AMSB* 39 (Mr): 181-2.
   Kinney, J.M. 1933. *SSM* 33 (O): 796-7.
   White, F.P. 1933. *MG* 17 (Jl): 214-5.

1617. ———. 1940. *Metric Differential Geometry...* ChicagoPr. (diff. geom./Tc, Tg)
   Byrne, W.E. 1941. *NMM* 15 (Ja): 211.
   Grove, V.G. 1941. *AMSB* 47 (Mr): 192-4.
   ———. 1941. *MR* 2 (Ja): 16.

1618. **Langer, Charles H., and Thomas B. Gill.** 1940. *Mathematics of Accounting and Finance.* 2 v. Walton. (finance/Ts, Tc)
   Blanch, G. 1941. *AMM* 48 (F): 144-5.

1619. **Langer, Susanne K. (Knauth).** 1937. *An Introduction to Symbolic Logic.* Houghton. (logic/Tc)
   Baylis, C.A. 1938. *JSL* 3 (Je): 83.
   Black, M. 1939. *MG* 23 (Jl): 333-4.
   Stebbing, L.S. 1938. *PHIL* 13 (O): 481-3.

1620. **Laplace, Pierre-Simon de.** 1902. *A Philosophical Essay on Probabilities.* Trans. F.W. Truscott and F.L. Emory. Wiley. (prob./Su)
   Anon. 1904. *MON* 13 (Ja): 315.
   Finkel, B.F. 1902. *AMM* 9 (Ag/S): 210.

1621. **Lapp, Claude J., Frederic B. Knight, and Henry L. Rietz.** 1934. *Review of Pre-College Mathematics...* Scott. (arith., alg., geom., trig./Su)
   Anon. 1935. *MT* 28 (Ap): 250.
   Johnson, R.A. 1935. *AMM* 42 (My): 317-8.
   Warner, G.W. 1934. *SSM* 34 (D): 1011.

1622. **Larkins, James T. Jr.** 1939. *Descriptive Geometry.* Prentice. (descr. geom./Tc)
   Kerekes, F. 1940. *AMM* 47 (Ja): 40-1.
   Read, C.B. 1940. *SSM* 40 (Ja): 96.
   Reeve, W.D. 1941. *MT* 34 (F): 93-4.

1623. **Larmor, Joseph.** 1929. *Mathematical and Physical Papers.* 2 v. Macmillan. (dyn., celestial mech./R)

Gronwall, T.H. 1930. *AMSB* 36 (Jl): 470-1.
Page, L. 1930. *SCI* 72 (Ag 1): 118-9.

1624. ———, ed. 1937. *Origins of Clerk Maxwell's Electric Ideas...* Macmillan. (elec., mag./Su)

Goldsbrough, G.R. 1937. *MG* 21 (D): 442-3.

1625. **Lasley, John W. Jr., and Edward T. Browne.** 1933. *Introductory Mathematics.* McGraw. (precalc., trig./Ts, Tc)

Fleisher, E. 1933. *AMM* 40 (D): 598-9.
Kinney, J.M. 1933. *SSM* 33 (O): 798.

1626. **Lasley, Sidney J., and Myrtle F. Mudd.** 1934. *The New Applied Mathematics.* Prentice. (arith., bus. arith., alg., geom./Su)

Anon. 1936. *MT* 29 (F): 98.

1627. **Lazar, May.** 1928. *Diagnostic and Remedial Work In Arithmetic Fundamentals...* BurRefResStat., Publ. #21. NYBdEd. (educ., arith./R)

Anon. 1929. *JER* 20 (D): 382.

1628. **Lazar, Nathan.** 1938. *The Importance of Certain Concepts and Laws of Logic for the Study and Teaching of Geometry.* Columbia U. thesis. New York: n.p. (geom., logic, educ./Su)

Cooper, E.M. 1939. *SM* 6 (Mr): 47.
Gentry, F.C. 1938. *NMM* 13 (N): 103-4.
Jones, R.H. 1939. *SSM* 39 (Ja): 99.
Tuckey, C.O. 1939. *MG* 23 (My): 227-9.
Turner, I.S. 1939. *MT* 32 (Ja): 41-2.

1629. **Lazerte, Milton E.** 1933. *The Development of Problem-Solving Ability in Arithmetic...* Clarke. (educ., arith./R)

Grossnickle, F.E. 1934. *ESJ* 34 (Je): 794-5.

1630. ———. 1934. *Lazerte Diagnostic Problem-Solving Tests in Arithmetic...* Clarke. (educ., arith./R)

Anon. 1934. *JER* 28 (S): 68.

1631. **Leathem, John G.** 1905. *Volume and Surface Integrals Used in Physics.* CambTrM&MP., #1. Putnam. (phys., calc./R)

Bryan, G.H. 1906. *MG* 3 (My): 313.

1632. **Leavitt, Dudley.** 1826. *Pike's System of Arithmetic Abridged.* Moore. (arith./Te, Tj)

Anon. 1826. *AJE* 1 (Ag): 511.

1633. **Lefevre, Arthur.** 1896. *Number and its Algebra...* Heath. (educ., fnds./R)

    Anon. 1896. *JE* 44 (O 29): 298.
    Finkel, B.F. 1896. *AMM* 3 (N): 293.

1634. **Lefschetz, Solomon.** 1930. *Topology.* AMSColl. Publ., v. 12. AMS. (top./R)

    Hodge, W.V.D. 1931. *SP* 26 (O): 338.
    Newman, M.H.A. 1932. *MG* 16 (D): 352-3.
    Smith, P.A. 1931. *AMSB* 37 (S): 645-8.
    Wilder, R.L. 1933. *AMM* 40 (Ap): 232-3.

1635. **Legendre, Adrien M.** 1819. *Elements of Geometry.* Trans. J. Farrar. HilliardM. (geom./R)

    Anon. 1823. *AJS* 6 (2): 283-302.

1636. **Lehmer, Derrick N.** 1909. *Factor Table for the First Ten Millions.* Publ. #105. Carnegie. (no. theory, tables/R)

    Dickson, L.E. 1910. *AMM* 17 (Je/Jl): 153.
    ———. 1910. *AMSB* 17 (O): 36-8.
    ———. 1910. *MG* 5 (Jl): 312.
    Miller, G.A. 1910. *SCI* 32 (S 30): 432-3.

1637. ———. 1914. *List of Prime Numbers...* Publ. #165. Carnegie. (no. theory, tables/R)

    Dickson, L.E. 1915. *AMSB* 21 (Ap): 355-6.
    Miller, G.A. 1914. *SCI* 40 (D 11): 855-6.

1638. ———. 1917. *An Elementary Course in Synthetic Projective Geometry.* Ginn. (proj. geom./Tc)

    Anon. 1917. *MT* 9 (Mr): 171.
    Bussey, W.H. 1917. *AMM* 24 (N): 422-5.
    Cobb, H.E. 1917. *SSM* 17 (Je): 566.
    Coolidge, J.L. 1917. *AMSB* 23 (Jl): 456-61.

1639. **Leib, David D.** 1915. *Problems in the Calculus...* Ginn. (calc./Su)

    Burgess, R.W. 1917. *AMSB* 23 (Ap): 322-4.
    Bussey, W.H. 1916. *AMM* 23 (Mr): 78-9.
    Keyser, C.J. 1916. *SCI* 44 (Jl 7): 25-8.

1640. **Leibniz, Gottfried W.** 1920. *The Early Mathematical Manuscripts of Leibniz.* Trans. J.M. Child. Open. (hist., calc./R)

Cajori, F. 1920. *AMM* 27 (D): 469-70.
Smith, D.E. 1920. *AMSB* 27 (O): 31-5.

1641. **Leland, Ora M.** 1921. *Practical Least Squares.* McGraw. (least squares/Tc)

Bennett, A.A. 1922. *AMM* 29 (Mr): 124.

1642. **Lemon, Harvey B.** 1934. *From Galileo to Cosmic Rays...* ChicagoPr. (phys./Tc)

Brooks, E.A. 1935. *ED* 55 (Mr): 446.

1643. **Lenard, Philipp.** 1933. *Great Men of Science...* Trans. H.S. Hatfield. Macmillan. (hist./R)

Kofoid, C.A. 1935. *ISIS* 22 (2): 596.
Rutherford, E.R. 1933. *NAT* 132 (S 9): 367-9.
For additional reviews see Buros 1941, 177-8.

1644. **Lennes, Nels J.** 1923. *The Teaching of Arithmetic.* Macmillan. (arith., educ./Su)

Breed, F.S. 1923. *ESJ* 24 (N): 228-30.
Edwards, A.S. 1925. *EDAS* 11 (Mr): 212-3.
Goff, R.R. 1924. *ED* 44 (F): 390.
Morton, R.L. 1923. *JER* 8 (S): 173-4.
Roantree, W.F. 1923. *MT* 16 (My): 318-9.

1645. ———. 1926. *A Survey Course in Mathematics.* Ed. H.E. Slaught. Harper. (precalc., calc./Ts, Tc)

Kinney, J.M. 1926. *SSM* 26 (D): 1018.

1646. ———. 1928. *College Algebra.* Ed. H.E. Slaught. Harper. (alg./Ts, Tc)

Mathews, R.M. 1929. *AMM* 36 (My): 281-2.
Orleans, J.B. 1930. *MT* 23 (F): 130-1.

1647. ———. 1931. *Differential and Integral Calculus.* Ed. H.E. Slaught. Harper. (calc./Ts, Tc)

Campbell, A.D. 1931. *AMM* 38 (D): 579-81.

1648. ———. 1934. *A First Course in Algebra.* Macmillan. (alg./Tj)

Royce, G.L. 1935. *SSM* 35 (Ap): 444.

1649. ———. 1935. *A Second Course in Algebra.* Macmillan. (alg./Ts)

Anon. 1936. *MT* 29 (F): 97-8.

Royce, G.L. 1936. *SSM* 36 (Ja): 108.

1650. ———. 1936. *Practical Mathematics.* Macmillan. (arith., bus. arith., alg., geom., appl./Tj, Ts)
Anon. 1936. *MT* 29 (My): 261.
K., W. 1939. *CSJ* 21 (N): 95.
Urbancek, J.J. 1937. *SSM* 37 (Ja): 122, 124.

1651. ———. 1939. *New Practical Mathematics.* Rev. ed. Macmillan. (arith., bus. arith., alg., geom., appl./Tj, Ts)
Carnahan, W.H. 1939. *SSM* 39 (N): 795-6.
Mallory, A.E. 1939. *SR* 47 (O): 630.
W., E. 1939. *MT* 32 (O): 285.

1652. ———. 1940. *College Algebra.* 2d ed. Harper. (alg./Ts, Tc)
Comfort, E. 1941. *NMM* (Ja): 215-6.
Read, C.B. 1941. *SSM* 41 (My): 504-5.
Snyder, V. 1940. *AMM* 47 (O): 562-3.

1653. ———, and Frances Jenkins. 1919-1920. *Applied Arithmetic...* 3 v. Lippincott. (arith., appl./Te, Tj)
Anon. 1920. *ED* 40 (Mr): 460.
———. 1920. *ED* 41 (N): 205.
———. 1920. *MT* 12 (Je): 173.
———. 1921. *ESJ* 22 (S): 72.
Cobb, H.E. 1920. *SSM* 20 (O): 664, 666.

1654. Lennes, Nels J., and Archibald S. Merrill. 1928. *Plane Trigonometry.* Ed. H.E. Slaught. Harper. (trig./Ts)
Glazier, H.E. 1929. *AMM* 36 (F): 92-4.
Kinney, J.M. 1928. *SSM* 28 (My): 544, 546.
Orleans, J.B. 1930. *MT* 23 (F): 131.

1655. ———. 1929. *Plane Analytic Geometry.* Ed. H.E. Slaught. Harper. (anal. geom./Ts, Tc)
McGaw, F.M. 1930. *AMM* 37 (My): 256-9.

1656. ———. 1939. *Trigonometry.* Rev. ed. Harper. (trig./Ts)
Knebelman, M.S. 1939. *NMM* 14 (O): 62-3.
Rees, M. 1941. *AMM* 48 (Ag/S): 473.

1657. Lenzen, Victor F. 1938. *International Encyclopedia of Unified Science.* V. 1, #5. *Procedures of Empirical Science.* ChicagoPr. (fnds./R)

Ballantine, C. 1939. *AMM* 46 (Mr): 162-3.

1658. **Leonhardy, Adele V., Margaret Joseph, and Ralph D. McLeary.** 1940. *New Trend Geometry.* Merrill. (geom., trig., anal. geom./Ts, Tc)

Feltges, E. 1941. *SSM* 41 (Ap): 404-5.

1659. **Lessells, John M., et al.** 1938. *Stephen Timoshenko--60th Anniversary Volume.* Macmillan. (diff. eqns., Fourier anal., harm. anal., orthog. polyn., phys./R)

Cell, J.W. 1940. *NMM* 14 (Ja): 232.
MacDonald, J.K.L. 1939. *AMSB* 45 (N): 821.

1660. **Lester, Oliver C.** 1909. *The Integrals of Mechanics.* Ginn. (calc., mech./Tc)

Anon. 1909. *AMM* 16 (Ag/S): 147.
———. 1909. *ED* 30 (D): 257.
Craig, C.F. 1911. *AMSB* 17 (Ap): 376.

1661. **Leventhal, Murray J.** 1921. *Elementary Algebra...* 2d ed. Globe. (alg./Su)

Anon. 1921. *MT* 14 (My): 294.

1662. ———. 1935. *Self Teaching Geometry.* Globe. (geom./Su)

Munch, H.F. 1936. *HSJ* 19 (F): 66.

1663. ———, **and Joseph P. McCormack.** 1922. *Exercises in Plane Geometry...* Globe. (geom./Su)

Cobb, H.E. 1923. *SSM* 23 (Mr): 294.

1664. **Leventhal, Murray J., and Meyer Weiner.** 1920. *Geometry Review Book...* Review. (geom./Su)

Cobb, H.E. 1921. *SSM* 21 (Je): 606, 608.

1665. **Levinson, Horace C.** 1939. *Your Chance to Win...* Farrar. (stat., prob./Su)

Campbell, A.D. 1939. *AMSB* 45 (Jl): 506.
Frisbee, I.N. 1939. *JASA* 34 (S): 595-6.
Park, B. 1939. *JFI* 228 (Jl): 118-9.
For additional reviews see Buros 1941, 181-2.

1666. ———, **and Ernest B. Zeisler.** 1931. *The Law of Gravitation in Relativity.* 2d ed. ChicagoPr. (tensor anal., relat./Su)

Murnaghan, F.D. 1933. *AMSB* 39 (My): 334.

1667. **Levinson, Norman.** 1940. *Gap and Density Theorems.* AMSColl. Publ., v. 26. AMS. (harm. anal., complex var., integral eqns./R)
    Boas, R.P. Jr. 1941. *AMSB* 47 (Jl): 543-7.
    Pólya, G. 1941. *MR* 2 (Je): 180-1.

1668. **Levy, Hyman.** 1933. *The Universe of Science.* Century. (hist., phil./Su)
    Davis, H.T. 1934. *AMM* 41 (Je/Jl): 382.
    ———. 1934. *ISIS* 21 (2): 328-30.

1669. ———. 1939. *Modern Science...* Knopf. (hist., anal., phil., non-Eucl. geom., phys./Su)
    MacDonald, J.K.L. 1940. *AMSB* 46 (Mr): 209-10.
    McGill, V.J. 1940. *SM* 7 (1-4): 125-8.

1670. ———, **and Leonard Roth.** 1936. *Elements of Probability.* Oxford. (prob./Tc)
    Camp, B.H. 1937. *AMSB* 43 (Jl): 454-6.
    Crathorne, A.R. 1937. *JASA* 32 (Mr): 217-8.
    Fieller, E.C. and H.T.H. Piaggio. 1937. *MG* 21 (D): 438-441.
    Neyman, J. 1937. *NAT* 139 (Ap 10): 609-10.
    Nichols, I.C. 1937. *NMM* 11 (Ap): 345-6.
    For additional reviews see Buros 1938, 50-2; and Buros 1941, 182-3.

1671. **Lewis, Clarence I.** 1918. *A Survey of Symbolic Logic.* Calif. (logic, hist./R)
    Sheffer, H.M. 1920. *AMM* 27 (Jl/S): 309-11.

1672. ———, **and Cooper H. Langford.** 1932. *Symbolic Logic.* Century. (logic/Tc)
    Braithwaite, R.B. 1934. *MG* 18 (F): 57-8.
    Bronstein, D.J., and H. Tarter. 1934. *PR* 43 (My): 305-9.
    U., A. 1934. *MON* 44 (Jl): 309.
    Wisdom, J. 1934. *MIND* 43 (Ja): 99-109; 43 (Ap): 279.

1673. **Lewis, Curtis J.** 1915. *Farm-Business Arithmetic.* Heath. (bus. arith./Tj, Ts)
    Anon. 1916. *ED* 36 (My): 625.
    Cobb, H.E. 1916. *SSM* 16 (F): 192.
    Palmer, F.H. 1916. *ED* 37 (O): 140.

1674. **Lewis, Gilbert N.** 1926. *The Anatomy of Science.* YalePr. (non-Eucl. geom., light, quantum mech., prob./Su)

   Anon. 1927. *MG* 13 (O): 430.

1675. **Lewy, Hans.** 1939. *Aspects of the Calculus of Variations.* Notes by J.W. Green. Calif. (calc. of variations/Su)

   Anon. 1940. *NAT* 146 (Ag 24): 250.
   McShane, E.J. 1940. *MR* 1 (Mr): 77.
   Reid, W.T. 1940. *AMSB* 46 (Jl): 595-6.

1676. **Licks, H.E.** 1917. *Recreations in Mathematics.* VanNos. (recr./R, Su)

   Karpinski, L.C. 1917. *SCI* 46 (Ag 31): 215-6.

1677. **Lide, Edwin.** 1933. *Instruction in Mathematics.* USOffEd. Bull. #17. NatSurSecEdMon., #23. GPO. (educ./R)

   Breslich, E.R. 1934. *MT* 27 (N): 355-8.

1678. **Lieber, Lillian R., with Hugh G. Lieber.** 1932. *Galois and the Theory of Groups...* ScienceL. (groups, Galois theory/Su)

   Brinkmann, H.W. 1934. *AMM* 41 (Ag/S): 442-3.
   Knoblauch, E.A. 1937. *MT* 30 (N): 350.

1679. **Ligda, Paul.** 1925. *The Teaching of Elementary Algebra.* Houghton. (educ., alg./R)

   Goff, R.R. 1925. *ED* 45 (My): 575.
   Kinney, J.M. 1925. *SSM* 25 (N): 888, 890.

1680. **Lilley, George.** 1894. *Higher Algebra.* Silver. (alg./Ts, Tc)

   Anon. 1895. *JE* 41 (F 14): 110.
   Colaw, J.M. 1897. *AMM* 4 (Je/Jl): 196.

1681. **Lindemann, Frederick A.** 1932. *The Physical Significance of the Quantum Theory.* Oxford. (quantum mech./R)

   Eddington, A.S. 1932. *MG* 16 (Jl): 206.
   Lindsay, R.B. 1934. *AMM* 41 (Ja): 40-1.

1682. **Lindquist, Everet F.** 1938. *A First Course in Statistics...* Also, *Study Manual.* Houghton. (stat./Tc, Su)

   Edwards, A.S. 1939. *EDAS* 25 (Ja): 79-80.
   Sandon, F. 1938. *MG* 22 (D): 520-1.
   Swineford, F. 1938. *JASA* 33 (S): 621-2.
   For additional reviews see Buros 1928, 52-4; and Buros 1941, 183-4.

1683. ———. 1940. *Statistical Analysis in Educational Research.* Houghton. (stat./Tc, Tg)
   Edwards, A.S. 1940. *EDAS* 26 (O): 551-2.
   Engelhart, M.D. 1941. *CSJ* 22 (Ap/Je): 186.

1684. **Lindquist, Theodore.** 1911. *Mathematics for Freshman Students of Engineering.* AnnArb. (educ./Su)
   Cobb, H.E. 1915. *SSM* 15 (Ja): 90, 92.

1685. **Lindsay, Robert B.** 1933. *Physical Mechanics...* VanNos. (mech./Tc)
   Anon. 1934. *NAT* 133 (My 5): 668.
   Lovitt, W.V. 1935. *AMM* 42 (Ap): 239-40.

1686. ———, and **Henry Margenau.** 1936. *Foundations of Physics.* Wiley. (prob., stat., relat., quantum mech./Tc, Tg)
   Ingalls, A.G. 1937. *SA* 156 (Je): 419.
   Oppermann, R.H. 1936. *JFI* 221 (Ap): 572-3.

1687. **Ling, George H., George Wentworth, and David E. Smith.** 1922. *Elements of Projective Geometry.* Ginn. (proj. geom./Tc)
   Cobb, H.E. 1923. *SSM* 23 (Ja): 94.
   Emch, A. 1923. *AMSB* 29 (My): 233.
   Hudson, H.P. 1923. *MG* 11 (Jl): 347.

1688. **Lipka, Joseph.** 1918. *Graphical and Mechanical Computation.* Wiley. (numerical anal., graphics/Tc)
   Anon. 1919. *AMM* 26 (My): 203.
   Crathorne, A.R. 1922. *AMSB* 28 (Je): 272.

1689. **Little, Andrew G.**, ed. 1914. *Roger Bacon. Essays Contributed by Various Writers...* Oxford. (hist./R, Su)
   Karpinski, L.C. 1914. *SCI* 40 (D 18): 894-5.
   For additional reviews see Farber 1981.

1690. **Littlewood, Dudley E.** 1940. *The Theory of Group Characters and Matrix Representations of Groups.* Oxford. (groups/Tc, Tg)
   Brauer, R. 1941. *MR* 2 (Ja): 3.
   Higman, G. 1940. *NAT* 146 (N 30): 699.
   Ledermann, W. 1940. *MG* 24 (O): 299-300.

1691. **Lobatschevski, Nicholaus I.** 1914. *Geometrical Researches on the Theory of Parallels.* Trans. G.B. Halsted. New ed. Open. (non-Eucl. geom./R, Su)

    Archibald, R.C. 1918. *AMSB* 24 (Je): 437-42.
    Karpinski, L.C. 1915. *AMM* 22 (Ap): 125-6.

1692. **Lock, John B.** 1886. *Trigonometry for Beginners...* Macmillan. (trig./Ts)

    Anon. 1888. *SCI* 11 (Je 8): 276.

1693. ———. 1891. *Arithmetic for Schools.* Ed. C.A. Scott. Macmillan. (arith./Te, Tj)

    Anon. 1890. *MMAG* 2 (O): 67.
    ———. 1891. *ED* 11 (Ap): 517.
    ———. 1891. *JE* 33 (My 21): 330.

1694. ———. 1896. *Trigonometry for Beginners.* Rev. J.A. Miller. Macmillan (trig./Ts)

    Finkel, B.F. 1896. *AMM* 3 (O): 261.

1695. ———, **and James M. Child.** 1906. *Trigonometry for Beginners.* Macmillan. (trig./Ts)

    Budden, E. 1907. *MG* 4 (My): 92.

1696. **Lodge, Oliver J.** 1905. *Easy Mathematics, Chiefly Arithmetic...* Macmillan. (arith., educ./Su)

    Greenstreet, W.J. 1905. *MG* 3 (D): 255-6.
    Miller, G.A. 1906. *SCI* 24 (Jl 27): 114-5.

1697. **Loeb, Leonard B.** 1931. *Fundamentals of Electricity and Magnetism.* Wiley. (elec., mag./Tc)

    Dadourian, H.M. 1932. *AMSB* 38 (Jl): 466.

1698. **Logasa, Hannah.** 1933. *Biography in Collections...* WilsonN. (hist., biog./Su)

    Archibald, R.C. 1935. *SM* 3 (Ap): 177.

1699. **Logsdon, Mayme I.** 1932-1933. *Elementary Mathematical Analysis.* 2 v. McGraw. (precalc./Ts, Tc)

    Anon. 1932. *MT* 25 (D): 491.
    ———. 1933. *MT* 26 (My): 314-5.
    Kinney, J.M. 1933. *SSM* 33 (Mr): 339-40.
    Nelson, C.A. 1933. *AMM* 40 (O): 486-7.

1700. ———. 1935. *A Mathematician Explains*. ChicagoPr. (hist., educ., logic/Ts, Tc, R)

Anon. 1936. *MT* 29 (Ja): 50.
Broadbent, T.A.A. 1936. *MG* 20 (Jl): 231-2.
Ford, L.R. 1937. *AMM* 44 (O): 528-30.
Ingalls, A.G. 1936. *SA* 154 (Je): 357.
Kinney, J.M. 1936. *SSM* 36 (Ja): 103, 104.
McCoy, D. 1936. *NMM* 10 (Mr): 236.

1701. ———. 1936. *A Mathematician Explains*. 2d ed. ChicagoPr. (hist., educ., logic/Ts, Tc, R)

James, M.M., D. Brown, and S. Brachfeld. 1936. *BRD* 32 (Ann): 603.
Mallory, A.E. 1936. *SR* 44 (N): 712-3.

1702. Lomax, Paul S., and John J.W. Neuner. 1932. *Problems of Teaching Business Arithmetic*... Prentice. (bus. arith., educ./R)

Kinney, L.B. 1933. *SR* 41 (Ja): 73-4.

1703. Loney, Sidney L. 1893-1894. *Plane Trigonometry*. 2 v. Macmillan. (trig./Ts)

Anon. 1894. *JE* 40 (N 22): 351.
Finkel, B.F. 1894. *AMM* 1 (My): 178-9.
———. 1894. *AMM* 1 (Je): 216.
Taylor, J.M. 1894. *SR* 2 (Ap): 240-1.

1704. ———. 1895. *The Elements of Coordinate Geometry*. Macmillan. (anal. geom./Ts, Tc)

Finkel, B.F. 1895. *AMM* 2 (N): 342.

1705. ———. (1909) 1910. *An Elementary Treatise on the Dynamics of a Particle and of Rigid Bodies*. Putnam. (dyn./Tc)

Anon. 1910. *MG* 5 (Jl): 315.
Finkel, B.F. 1910. *AMM* 17 (D): 249.
Longley, W.K. 1911. *AMSB* 17 (Ja): 211-2.

1706. ———. 1912. *An Elementary Treatise on Statics*. Putnam. (statics/Tc)

Finkel, B.F. 1912. *AMM* 19 (My): 112.
Greenstreet, W.J. 1913. *MG* 7 (My): 125.

1707. ———. 1923. *The Elements of Coordinate Geometry*. Pt. 2. Macmillan. (proj. geom., anal. geom./Tc)

Robson, A. 1924. *MG* 12 (Mr): 67-8.

1708. ———. 1926. *Solutions of the Examples in "A Treatise on Dynamics of a Particle and of Rigid Bodies"*. Macmillan. (dyn./Su)
   Anon. 1934. *MG* 18 (D): 351.

1709. **Long, Edith, and William C. Brenke**. 1913-1916. *Correlated Mathematics*... 2 v. Century. (alg., geom., trig./Tj, Ts)
   Anon. 1913. *MT* 6 (D): 118-9.
   ———. 1914. *AE* 17 (Je): 630.
   ———. 1915. *EDAS* 1 (D): 690.
   ———. 1917. *ED* 38 (S): 64.
   ———. 1917. *MT* 9 (Mr): 170.
   Cobb, H.E. 1914. *SSM* 14 (Ja): 90.
   ———. 1916. *SSM* 16 (D): 852.
   McRaith, A.L. 1917. *SR* 25 (Mr): 228-9.
   Morgan, F.M. 1919. *AMSB* 25 (Je): 422.
   Shumway, R.R. 1914. *AMM* 21 (Ja): 17.

1710. **Longan, George B., Emma Serl, and Florence Elledge**. 1915. *Everyday Number Stories*. WrldBk. (arith./Te)
   Anon. 1916. *AE* 20 (O): 122.

1711. **Longley, William R., and Harry B. Marsh**. 1926. *Algebra*. Macmillan. (alg./Ts)
   Anon. 1926. *AE* 30 (D): 132.
   Kinney, J.M. 1926. *SSM* 26 (N): 908.

1712. ———. 1927. *Algebra*. Rev. ed. Macmillan. (alg./Ts)
   Kinney, J.M. 1928. *SSM* 28 (My): 542, 544.

1713. **Longley, William R., and Wallace A. Wilson**. 1924. *Introduction to the Calculus*. Ed. P.F. Smith. Ginn. (calc./Ts, Tc)
   Kinney, J.M. 1925. *SSM* 25 (Mr): 326.

1714. **Loomis, Elisha S.** 1901. *Original Investigation*... Ginn. (educ., geom./Su)
   Finkel, B.F. 1901. *AMM* 8 (Ag/S): 182.

1715. ———. 1927. *The Pythagorean Proposition*. Masons. (geom., alg./R, Su)
   Anon. 1928. *AMM* 35 (Mr): 138.
   Beetle, R.D. 1928. *AMM* 35 (Je/Jl): 310-1.

1716. ———. 1940. *The Pythagorean Proposition*. 2d ed. Edwards. (geom., alg./R, Su)
    Kinney, J.M. 1941. *SSM* 41 (Mr): 301.
    Reeve, W.D. 1942. *MT* 35 (Ap): 188.

1717. **Loomis, Henry T., and Harvey C. Ditmer.** 1896. *New Practical Arithmetic*. Practical. (arith./Te, Tj)
    Anon. 1896. *ED* 17 (N): 191.

1718. **Lord, George P.** 1920. *Rational Arithmetic*. Gregg. (arith., bus. arith./Tj, Ts)
    Anon. 1921. *AE* 24 (Ja): 231-2.
    ———. 1921. *MT* 14 (F): 105.
    ———. 1921. *SR* 29 (Ap): 318-9.

1719. **Lorentz, Hendrik A.** 1927. *Problems of Modern Physics*. Ed. H. Bateman. Ginn. (phys./Tc)
    Picolet, L.E. 1927. *JFI* 204 (Jl): 135-6.

1720. **Losh, Rosamond and Ruth M. Weeks.** 1923. *Primary Number Projects*. Houghton. (arith., educ./R, Su)
    Anon. 1924. *AE* 27 (Je): 468.
    Brownell, W.A. 1924. *ESJ* 25 (S): 67-8.
    Geyer, D.L. 1924. *CSJ* 7 (D): 155-6.
    Jenkins, F. 1924. *JER* 10 (S): 165.

1721. **Lotka, Alfred J.** 1925. *Elements of Physical Biology*. Williams. (appl., biol./Tc)
    Carmichael, R.D. 1926. *AMM* 33 (O): 426-8.

1722. **Loudon, James.** 1876. *Algebra for Beginners*. Copp. (alg./Tj)
    Anon. 1876. *NAT* 13 (Mr 23): 404.

1723. **Loudon, William J.** 1896. *An Elementary Treatise on Rigid Dynamics*. Macmillan. (dyn./Tc)
    Finkel, B.F. 1896. *AMM* 3 (Mr): 93.

1724. **Love, Augustus E.H.** 1911. *Some Problems of Geodynamics...* Putnam. (geodyn., harm. anal./Su)
    Wilson, E.B. 1914. *AMSB* 20 (My): 432-4.

1725. ———. 1927. *A Treatise on the Mathematical Theory of Elasticity*. 4th ed. Macmillan. (elast./Tc)

Garabedian, C.A. 1928. *AMM* 35 (Ap): 196-8.
Wilson, E.B. 1928. *AMSB* 34 (Mr/Ap): 242-3.

1726. **Love, Clyde E.** 1916. *Differential and Integral Calculus*. Macmillan. (calc./Ts, Tc)

Anon. 1916. *MT* 9 (D): 129.
———. 1917. *AE* 20 (My): 574.
———. 1917. *EDAS* 3 (Ja): 58.
Cobb, H.E. 1917. *SSM* 17 (Ja): 92-4.
Jourdain, P.E.B. 1917. *SP* 12 (Jl): 159.
Keyser, C.J. 1918. *SCI* 47 (My 31): 539-42.
Ransom, W.R. 1917. *AMM* 24 (Ap): 173-5.

1727. ———. 1923. *Analytic Geometry*. Macmillan. (anal. geom./Ts, Tc)

Ashcroft, L. 1923. *MG* 11 (D): 430.
Breslich, E.R. 1923. *SR* 31 (Je): 477-8.
Cobb, H.E. 1923. *SSM* 23 (Ap): 406.

1728. ———. 1927. *Analytic Geometry*. Rev. ed. Macmillan. (anal. geom./Ts, Tc)

Kinney, J.M. 1928. *SSM* 28 (F): 199.
Stephens, R.P. 1928. *AMM* 35 (Ap): 195.

1729. ———. 1931. *Elements of Analytic Geometry*. Macmillan. (anal. geom./Ts, Tc)

Anon. 1934. *MT* 27 (N): 358-9.
———. 1935. *MT* 28 (Mr): 194.

1730. ———. 1934. *Differential and Integral Calculus*. 3d ed. Macmillan. (calc./Ts, Tc)

Atherton, C.R. 1934. *MT* 27 (N): 354-5.
Kinney, J.M. 1934. *SSM* 34 (N): 898.
Kutman, H.K. 1935. *AMM* 42 (O): 503-4.
Smith, P.K. 1935. *NMM* 9 (Ja): 120.

1731. ———. 1938. *Analytic Geometry*. 3d ed. Macmillan. (anal. geom./Ts, Tc)

Corliss, J.J. 1939. *SSM* 39 (O): 695.

1732. ———. 1940. *Elements of Analytic Geometry*. 2d ed. Macmillan. (anal. geom./Ts, Tc)

Johnson, R.A. 1940. *NMM* 15 (O): 48-9.
Snyder, V. 1940. *AMM* 47 (O): 559-60.
Urbancek, J.J. 1940. *SSM* 40 (N): 793.

1733. **Lovell, John E.** 1827. *Introductory Arithmetic.* Pt. 1. Wadsworth. (arith./Te)

    Anon. 1827. *AJE* 2 (N): 702-3.

1734. **Lovitt, William V.** 1924. *Linear Integral Equations.* McGraw. (integral eqns./Tg, R)

    Ettlinger, E.T. 1926. *AMSB* 32 (Mr/Ap): 169-70.
    Evans, G.C. 1927. *AMM* 34 (Mr): 142-50.
    Heywood, H.B. 1926. *MG* 13 (Ja): 39-40.
    White, F.P. 1925. *SP* 19 (Ja): 507.

1735. ———. 1939. *Elementary Theory of Equations.* Prentice. (eqn. theory/Tc)

    Householder, A.S. 1940. *NMM* 15 (D): 157-8.
    Montague, H.F. 1940. *AMM* 47 (Mr): 164-5.
    Oppermann, R.H. 1940. *JFI* 229 (My): 688-9.
    Read, C.B. 1940. *SSM* 40 (Mr): 300.

1736. ———, and Henry F. Holtzclaw. 1929. *Statistics.* Prentice. (stat./Tc)

    Forsyth, C.H. 1930. *AMM* 37 (F): 90-1.
    Rietz, H.L. 1930. *JASA* 25 (Mr): 119-120.

1737. **Low, Bevis B.** 1931. *Mathematics...* Longmans. (precalc., calc., finite differences, diff. eqns./Ts, Tc)

    Bickley, W.G. 1932. *MG* 16 (My): 153-5.
    Moore, L.T. 1932. *AMM* 39 (My): 297-8.

1738. **Low, David A.** 1912. *Practical Geometry and Graphics.* Longmans. (anal. geom., descr. geom., proj. geom., statics/Tc)

    Anon. 1912. *MT* 5 (D): 136.
    Cobb, H.E. 1913. *SSM* 13 (Mr): 266.
    Finkel, B.F. 1912. *AMM* 19 (D): 201-2.
    Greenstreet, W.J. 1913. *MG* 7 (My): 127-8.
    Snyder, V. 1914. *AMSB* 20 (F): 253-8.

1739. **Ludlow, Henry H., and Edgar W. Bass.** 1890. *Elements of Trigonometry...* 3d ed. Wiley. (trig./Ts)

    Anon. 1890. *MMAG* 2 (O): 66.
    ———. 1891. *JE* 34 (Jl 2): 42.

1740. **Lyman, Elmer A.** 1905. *Advanced Arithmetic.* AmBk. (arith., bus. arith./Tj)

    Ames, A.F. 1906. *SR* 14 (My): 387.

Anon. 1906. *ED* 26 (Je): 632.

1741. ———. 1908. *Plane and Solid Geometry*. AmBk. (geom./Ts)

Anon. 1909. *ED* 29 (F): 404.
Cobb, H.E. 1910. *SR* 18 (Ja): 56.
Studley, D. 1909. *SSM* 9 (Ap): 413-4.

1742. ———, **and Albertus Darnell**. 1917. *Elementary Algebra*. AmBk. (alg./Tj)

Anon. 1918. *ED* 39 (O): 126.
———. 1918. *EDAS* 4 (My): 288.
———. 1918. *MT* 10 (Je): 214.
Cobb, H.E. 1917. *SSM* 17 (Je): 564.

1743. ———. 1924. *Elementary Algebra...* AmBk. (alg./Tj)

Goff, R.R. 1925. *ED* 45 (My): 576.
Leach, E.S. 1924. *SSM* 24 (O): 778, 780.
Stone, C.A. 1925. *SR* 33 (Ja): 75.

1744. **Lyman, Elmer A., and Edwin C. Goddard**. 1899. *Plane Trigonometry*. AllynB. (trig./Ts)

Colaw, J.M. 1900. *AMM* 7 (Ag/S): 204.

1745. ———. 1900. *Plane and Spherical Trigonometry*. AllynB. (trig./Ts)

Finkel, B.F. 1901. *AMM* 8 (N): 240.

M

1746. **McAulay, Alexander.** 1893. *Utility of Quaternions in Physics.* Macmillan. (quaternions, appl./Su)
   Hathaway, A.S. 1894. *NYMSB* 3 (Ap): 179-85.

1747. ———. (1898) 1899. *Octonions.* Macmillan. (quaternions, vector anal./Su)
   Hathaway, A.S. 1899. *AMSB* 6 (N): 74-7.

1748. **Macaulay, Francis S.** 1916. *The Algebraic Theory of Modular Systems.* CambTrM&MP., #19. Macmillan. (alg. geom., abst. alg./R)
   Carmichael, R.D. 1919. *AMSB* 25 (Mr): 276-9.

1749. **Macaulay, Frederick R.** 1931. *The Smoothing of Time Series.* NBER. (stat., graphics/R, Su)
   Crum, W.L. 1931. *JASA* 26 (D): 477-81.

1750. **Macaulay, William H.** 1913. *The Laws of Thermodynamics.* CambEngTr., #2. Putnam. (thermo./R)
   Greenstreet, W.J. 1914. *MG* 7 (Ja): 251.

1751. ———. (1930) 1931. *Solid Geometry.* Macmillan. (geom., trig., phys./Ts, Tc)
   Barrow, D.F. 1933. *AMM* 40 (Je/Jl): 352.
   Hodge, W.V.D. 1931. *MG* 15 (Jl): 446.

1752. **McCartney, Washington.** 1844. *The Principles of the Differential and Integral Calculus...* Biddle. (calc./Ts, Tc)
   Anon. 1844. *AJS* 48 (O/D): 209-10.

1753. **McClenon, Raymond B.** 1918. *Introduction to the Elementary Functions.* Ed. W.J. Rusk. Ginn. (precalc./Ts, Tc)
   Anon. 1918. *MT* 11 (S): 42.
   Craig, C.F. 1919. *AMSB* 26 (O): 40-1.
   Mullins, G.W. 1919. *AMM* 26 (Je): 244-9.

1754. **MacColl, Hugh.** 1906. *Symbolic Logic and its Applications.* Longmans. (logic/Tc)
   Wilson, E.B. 1908. *AMSB* 14 (Ja): 175-91.

1755. **McCormack, Joseph P.** 1928. *Plane Geometry.* Appleton. (geom./Ts)
   Anon. 1928. *AE* 32 (S): 35.
   ———. 1929. *ED* 49 (Je): 636.
   Kinney, J.M. 1928. *SSM* 28 (D): 1016.

1756. ———. 1931. *Plane and Solid Geometry.* Appleton. (geom./Ts)
   Stone, C.A. 1931. *SSM* 31 (O): 890.

1757. ———. 1931. *Solid Geometry.* Appleton. (geom./Ts)
   Kinney, J.M. 1931. *SSM* 31 (My): 630, 632.

1758. ———. 1934. *Plane Geometry.* Rev. ed. AppletonC. (geom./Ts)
   Anon. 1935. *MT* 28 (Ap): 249-50.
   Stone, C.A. 1935. *SSM* 35 (Ja): 104, 106.

1759. ———. 1937. *Mathematics for Modern Life.* AppletonC. (arith., geom., alg., trig./Tj, Ts)
   James, M.M., D. Brown, and S. Brachfeld. 1938. *BRD* 34 (Ann): 617.
   Mallory, A.E. 1938. *SR* 46 (F): 154-5.
   Reeve, W.D. 1938. *MT* 31 (F): 85.

1760. **McCormick, Clarence.** 1929. *The Teaching of General Mathematics in the Secondary Schools of the United States...* ContrEd., #386. Teachers. (educ., genl./R)
   Stone, C.A. 1930. *SR* 38 (My): 394-5.
   Taylor, E.H. 1930. *EDAS* 16 (O): 557-9.
   Zant, J.H. 1930. *MT* 23 (Mr): 197-8.

1761. **McCulloch, Richard S.** 1876. *Treatise on the Mechanical Theory of Heat...* VanNos. (thermo./Tc)
   W., A.W. 1876. *AJS* 12 (S): 241.

1762. **McCurdy, Matthew S.** 1894. *An Exercise Book in Algebra...* Leach. (alg./Su)

   Anon. 1894. *JE* 40 (N 8): 314.

1763. **MacDonald, James W.** 1889. *Geometry in the Secondary School.* Small. (educ., geom./R, Su)

   Anon. 1889. *ED* 10 (D): 275.
   T., S. 1889. *AC* 4 (D): 526-9.

1764. ———. 1889. *Principles of Plane Geometry.* AllynB. (geom., educ./Ts)

   T., S. 1889. *AC* 4 (O): 416-8.

1765. **MacDuffee, Cyrus C.** 1940. *An Introduction to Abstract Algebra.* Wiley. (abst. alg., groups, fields, matrices/Tc, Tg)

   Griffiths, L.W. 1941. *NMM* 15 (Ja): 211-2.
   Jacobson, N. 1941. *MR* 2 (Ag): 241.
   McCoy, N.H. 1941. *AMSB* 47 (Jl): 539-43.
   Oppermann, R.H. 1941. *JFI* 231 (My): 507-8.

1766. **Mace, Cecil A.** 1933. *The Principles of Logic...* Longmans. (logic, fnds./Tc)

   Anon. 1935. *NAT* 135 (Ap 20): 602.
   Forder, H.G. 1934. *MG* 18 (Je): 202-3.

1767. **MacFarlane, Alexander.** 1885. *Physical Arithmetic.* Macmillan. (arith., appl./S)

   Anon. 1884. *MMAG* 1 (Jl): 229.

1768. ———. 1889. *Elementary Mathematical Tables.* Ginn. (tables/R)

   Anon. 1889. *ED* 10 (D): 274.
   ———. 1889. *JE* 30 (D 19): 395.

1769. ———. 1916. *Lectures on Ten British Mathematicians of the Nineteenth Century.* WileyMatMon., #17. Wiley. (biog., hist./R)

   Anon. 1916. *MT* 9 (S): 66.
   Cajori, F. 1917. *SCI* 45 (Ja 26): 88-9.
   Jourdain, P.E.B. 1918. *SP* 12 (Ap): 685.
   Mason, T.E. 1917. *AMSB* 23 (Ja): 191-2.

1770. **McGiffert, James.** 1928. *Plane and Solid Analytic Geometry...* Ginn. (anal. geom./Ts, Tc)

   Kinney, J.M. 1928. *SSM* 28 (O): 794.

Tripp, M.O. 1928. *AMM* 35 (Je/Jl): 313-4.

1771. **McGinnis, Michael A.** 1900. *The Universal Solution for Numerical and Literal Equations...* MathBk. (eqn. theory/Su)

Finkel, B.F. 1903. *AMM* 10 (F): 55-6.

1772. **McGrath, Anna J.** 1896. *Practical Problems in Arithmetic...* Pt. 1. Detroit, Mich.: b.a. (arith./Te)

Anon. 1896. *JE* 44 (Ag 27): 146.

1773. **Mach, Ernst.** 1893. *The Science of Mechanics...* Trans. T.J. McCormack. Open. (mech./Su)

Kappa Kappa. 1893. *MON* 4 (O): 152.

1774. ———. 1897. *Popular Scientific Lectures.* Trans. T.J. McCormack. 2d ed. Open. (educ./Su)

Finkel, B.F. 1897. *AMM* 4 (N): 294-5.

1775. ———. 1902. *The Science of Mechanics...* Trans. T.J. McCormack. 2d ed. Open. (mech./Su)

Anon. 1902. *MON* 13 (Ja): 317-8.
Wilson, E.B. 1903. *AMSB* 10 (N): 80-6.

1776. ———. 1906. *Space and Geometry...* Trans. T.J. McCormack. Open. (fnds., non-Eucl. geom./Su)

Finkel, B.F. 1906. *AMM* 13 (O): 206.
Keyser, C.J. 1907. *AMSB* 13 (Ja): 197-200.
M. 1907. *SSM* 7 (O): 625.

1777. **McHenry, M.W., and R.F. Davidson.** 1895. *Arithmetical Problems...* Werner. (arith./Su)

Anon. 1895. *ED* 16 (N): 189.

1778. **MacInnes, Charles R.** 1929. *The Elements of Practical Mechanics.* VanNos. (mech./Tc)

P., L.E. 1929. *JFI* 207 (Je): 848-9.

1779. **McKay, Herbert.** 1926. *Preliminary Geometry.* Oxford. (geom./Su)

Anon. 1927. *MG* 13 (Mr): 336.

1780. ———. 1940. *Odd Numbers or Arithmetic Revisited.* Macmillan. (arith./Su)

Anon. 1940. *SSM* 40 (D): 900.

Kellaway, F.W. 1940. *MG* 24 (O): 303.
Weida, F.M. 1942. *AMM* 49 (Ja): 49-50.

1781. **MacKaye, James.** 1931. *The Dynamic Universe.* Scribner. (relat./Su)

Davis, H.T. 1931. *ISIS* 16 (1): 158-61.
Talmey, M. 1932. *AMM* 39 (Ja): 36-40.

1782. ———. 1939. *The Logic of Language.* Ed. A.W. Levi. Dartmouth. (logic, phil./S)

Henle, P. 1941. *JSL* 6 (Mr): 28-9.

1783. **McKelvey, Joseph V.** 1937. *Calculus.* Macmillan. (calc./Ts, Tc)

Byrne, W.E. 1937. *NMM* 12 (O): 59.
Copeland, L.P. 1938. *AMM* 45 (F): 113-4.
Kinney, J.M. 1937. *SSM* 37 (Je): 751.
Langford, W.J. 1938. *MG* 22 (Jl): 312.

1784. **Mackenzie, Donald H.** 1937. *Mathematics of Finance.* With Compound Interest and Annuity Tables by Frederick C. Kent and Maude E. Kent. McGraw. (finance/Ts, Tc)

Brumbaugh, M.A. 1937. *JASA* 32 (D): 809-11.
Forsyth, C.H. 1938. *AMM* 45 (F): 112-3.
Georges, J.S. 1937. *SSM* 37 (N): 1008-9.

1785. **Mackey, Charles O.** 1936. *Graphical Solutions.* Wiley. (graphics/Ts, Tc)

Anon. 1936. *NAT* 138 (N 21): 864.
Anderson, S.W. 1936. *NMM* 11 (D): 159-60.
Bowman, F. 1936. *MG* 20 (Jl): 229.
Gray, M.C. 1936. *AMM* 43 (D): 635.
Oppermann, R.H. 1936. *JFI* 221 (My): 697.
For additional reviews see Buros *1938*, 55-6; and Buros *1941*, 197-8.

1786. **Mackie, Ernest L., and Vinton A. Hoyle.** 1940. *Elementary College Mathematics.* Ginn. (precalc./Ts, Tc)

Anon. 1940. *SSM* 40 (My): 494-5.
Dostal, B.F. 1940. *NMM* 15 (N): 106-7.
Shibli, J. 1940. *AMM* 47 (Ag/S): 481.

1787. **Mackie, John M.** 1845. *Life of Godfrey William von Leibnitz...* Gould. (biog., hist./Su)

Anon. 1845. *AJS* 49 (Ap/Je): 187-8.

1788. **McLachlan, Norman W.** 1913. *Practical Mathematics...* Longmans. (geom., appl./Ts, Su)

    Child, J.M. 1913. *MG* 7 (D): 215.
    Cobb, H.E. 1914. *SSM* 14 (Ap): 368.
    Mason, T.E. 1915. *AMSB* 21 (Ap): 359-60.

1789. ———. 1934. *Bessel Functions for Engineers.* Oxford. (Bessel fcns., appl./Tc, Tg)

    B., L. 1935. *NAT* 135 (F 2): 165-6.
    Bailey, W.N. 1935. *MG* 19 (F): 59-60.

1790. ———. (1939) 1942. *Complex Variable and Operational Calculus...* Macmillan. (oper. calc., complex var./Tc, Tg)

    Byrne, W.E. 1940. *NMM* 14 (Ap): 425.
    Churchill, R.V. 1940. *MR* 1 (Mr): 70-1.
    Lowry, H.V. 1939. *MG* 23 (O): 427-9.
    Oppermann, R.H. 1939. *JFI* 228 (O): 530-1.

1791. **McLaren, Samuel B.** 1925. *Scientific Papers...* Macmillan. (electromag., radact./R)

    Bateman, H. 1926. *AMSB* 32 (Mr/Ap): 175.
    Copson, E.T. 1925. *MG* 12 (O): 482-3.

1792. **McLaughlin, Katherine L., and Eleanor Troxell.** 1923. *Number Projects for Beginners.* Lippincott. (arith., educ./Su)

    Breed, F.S. 1924. *ESJ* 24 (Ja): 393-4.
    Cobb, H.E. 1923. *SSM* 23 (D): 914.
    Goff, R.R. 1924. *ED* 44 (Je): 645.
    Jenkins, F. 1924. *JER* 10 (S): 165.

1793. **McLellan, James A.** 1879. *The Teacher's Hand-Book of Algebra...* Gage. (alg./R)

    Anon. 1881. *AN* 8 (Ja): 32.
    ———. 1881. *MV* 1 (Ja): 196.

1794. ———. 1880. *Key to "The Teacher's Hand-Book of Algebra".* 2d ed. Gage. (alg./R)

    Anon. 1881. *MV* 1 (Ja): 196.

1795. ———, **and Albert F. Ames.** 1898. *The Public School Arithmetic for Grammar Grades...* Macmillan. (arith./Te, Tj)

    Anon. 1902. *AE* 5 (Mr): 439.
    ———. 1902. *AMM* 9 (F): 58.

1796. ———. 1899. *The Primary Public School Arithmetic...* Macmillan. (arith./Te, Tj)

   Anon. 1899. *ED* 19 (Mr): 447.

1797. ———. 1899. *The Public School Mental Arithmetic...* Macmillan. (arith./Te, Tj)

   Anon. 1899. *ED* 19 (Ap): 518.
   Colaw, J.M. 1900. *AMM* 7 (Mr): 90.

1798. **McLellan, James A., and John Dewey.** 1895. *The Psychology of Number...* Appleton. (educ., arith./R, Su)

   Anon. 1895. *ED* 16 (D): 249.
   ———. 1897. *NYE* 1 (D 20): 242.
   Smith, D.E. 1896. *SR* 4 (F): 102-4.

1799. **McMackin, Frank J., John A. Marsh, and Charles E. Baten.** 1934. *The Arithmetic of Business.* Ginn. (bus. arith./Tj, Ts)

   Anon. 1935. *MT* 28 (Ap): 252.
   Josephs, S. 1935. *SSM* 35 (My): 552.
   Kinney, L.B. 1935. *SR* 43 (F): 153-5.

1800. **McMahon, James.** 1903. *Elementary Geometry, Plane.* AmBk. (geom./Ts)

   Anon. 1904. *EST* 4 (Mr): 539.
   ———. 1905. *ED* 25 (My): 572.
   Finkel, B.F. 1904. *AMM* 11 (Je/Jl): 148.

1801. ———, **and Virgil Snyder.** 1898. *Elements of the Differential Calculus.* AmBk. (calc./Ts, Tc)

   Anon. 1899. *ED* 19 (Ap): 513.
   Finkel, B.F. 1898. *AMM* 5 (N): 283-4.

1802. **MacMahon, Percy A.** 1915-1916. *Combinatory Analysis.* 2 v. Putnam. (comb., games/Tc, Tg)

   Anon. 1916. *MT* 9 (D): 132.
   Lovitt, W.V. 1916. *AMSB* 23 (N): 97-101.
   Shaw, J.B. 1917. *SCI* 45 (Ap 27): 409-11.

1803. ———. (1921) 1922. *New Mathematical Pastimes.* Macmillan. (recr./R, Su)

   Greenstreet, W.J. 1923. *MG* 11 (Jl): 351-2.

1804. **MacMillan, William D.** 1930. *The Theory of the Potential.* McGraw. (pot. theory/R, Su)

Raynor, G.E. 1930. *SSM* 30 (D): 1088.

1805. ———. 1936. *Theoretical Mechanics.* V. 3. McGraw. (dyn./Tc)
F., A. 1936. *NAT* 138 (Ag 15): 264-5.
Franklin, P. 1937. *AMSB* 43 (Mr): 158.

1806. **McMurry, Frank M., and Charles B. Benson.** 1926. *Social Arithmetic.* 3 v. Macmillan. (arith./Te, Tj)
Anon. 1926. *AE* 30 (D): 130.
———. 1927. *CSJ* 10 (D): 151.
———. 1927. *MT* 20 (Ap): 237.
Goff, R.R. 1927. *ED* 48 (S): 80.
Wilson, G.M. 1927. *AE* 30 (F): 210, 212.

1807. **McNair, George H.** 1923. *Methods of Teaching Modern Day Arithmetic.* Badger. (educ., arith./R, Su)
Breed, F.S. 1924. *ESJ* 24 (Ja): 392-3.
Morton, R.L. 1924. *JER* 10 (S): 160-1.

1808. **McNeill, Israel C.** 1902. *Mental Arithmetic.* AmBk. (arith./Te, Tj)
Anon. 1902. *AE* 6 (N): 179.
———. 1903. *ED* 23 (Mr): 451.

1809. **Macnie, John.** 1876. *A Treatise on the Theory and Solution of Algebraical Equations.* Barnes. (eqn. theory/Tc)
Anon. 1876. *NEJE* 3 (Mr 25): 156.
———. 1877. *AN* 4 (Ja): 32.
Finkel, B.F. 1899. *AMM* 6 (Ag/S): 217.

1810. ———. 1895. *Elements of Geometry, Plane and Solid.* Ed. E.E. White. AmBk. (geom./Ts)
Anon. 1895. *AMM* 2 (Je): 206.
———. 1895. *ED* 16 (N): 190.
Slaught, H.E. 1896. *SR* 4 (Mr): 183-4.

1811. ———. 1895. *Elements of Plane Geometry.* Ed. E.E. White. AmBk. (geom./Ts)
Anon. 1896. *ED* 16 (Ap): 511.
Colaw, J.M. 1897. *AMM* 4 (Ap): 127.

1812. **MacRobert, Thomas M.** (1917) 1918. *Functions of a Complex Variable.* Macmillan. (complex var./Tc, Tg)
Carmichael, R.D. 1919. *AMSB* 25 (My): 377-8.

1813. ———. 1927?. *Spherical Harmonics...* Dutton. (phys., spher. harm./Tc, Tg)

Anon. 1928. *AMM* 35 (Mr): 138.
Raynor, G.E. 1928. *AMSB* 34 (N/D): 779-80.
Stone, M.H. 1928. *AMM* 35 (N): 488-90.

1814. ———. 1933. *Functions of a Complex Variable*. 2d ed. Macmillan. (complex var./Tc, Tg)

Anon. 1934. *NAT* 133 (Je 2): 817.
Broadbent, T.A.A. 1933. *MG* 17 (D): 334.

1815. **Mair, David B.** 1926. *Fourfold Geometry...* VanNos. (multidim. geom., relat./Su)

Douglas, J. 1929. *AMM* 36 (F): 98.
Kinney, J.M. 1927. *SSM* 27 (Ap): 436.

1816. **Major, George T.** 1938. *Plane Geometry*. Scribner. (geom./Ts)

Ludlow, H.G. 1939. *SSM* 39 (Ja): 98-9.
Munch, H.F. 1939. *HSJ* 22 (Ja): 41-2.
Schroeder, H.F. 1939. *NMM* 13 (F): 254-5.

1817. **Mallory, Virgil S.** 1939. *The Relative Difficulty of Certain Topics in Mathematics for Slow-moving Ninth Grade Pupils*. ContrEd., #769. Teachers. (educ./R)

Fleming, C.M. 1940 *MG* 24 (F): 69-70.
Hawkins, G.E. 1940. *SR* 48 (F): 153-4.
Marshall, J.E. 1940. *SSM* 40 (Ja): 98-9.

1818. ———, and Howard F. Fehr. 1940. *Senior Mathematics for High Schools*. SanbornCh. (precalc., comb., prob./Ts, Tc)

Anon. 1940. *SSM* 40 (My): 494.
Hawkins, G.E. 1940. *SR* 48 (D): 794-5.
Munch, H.F. 1940. *HSJ* 23 (My): 248.

1819. **Maltbie, William H.** 1906. *Analytic Geometry...* SunJob. (anal. geom./Ts, Tc)

Finkel, B.F. 1906. *AMM* 13 (O): 198.

1820. **Manchester, Raymond E.** 1915. *Brief Course in Algebra*. Bardeen. (alg./Tj)

Cobb, H.E. 1916. *SSM* 16 (Ap): 377.

1821. **Mann, Herbert L.** 1915. *A Text-Book on Practical Mathematics...* Longmans. (precalc., calc., appl./Ts, Tc)

Anon. 1915. *MT* 8 (S): 61.
Cobb, H.E. 1915. *SSM* 25 (D): 844.
Grove, C.S. 1918. *AMSB* 24 (Mr): 312-4.

1822. **Manning, Henry P.** 1901. *Non-Euclidean Geometry*. Ginn. (non-Eucl. geom./Tc)

Coolidge, J.L. 1901. *AMSB* 7 (Jl): 428-31.
Finkel, B.F. 1901. *AMM* 8 (Mr): 79.
Smith, D.E. 1901. *SR* 9 (S): 483-4.

1823. ———. 1906. *Irrational Numbers and their Representation by Sequences and Series*. Wiley. (real var./Su)

Finkel, B.F. 1908. *AMM* 15 (Ja): 23.

1824. ———, ed. 1910. *The Fourth Dimension Simply Explained*. Munn. (multidim. geom./R, Su)

Cobb, H.E. 1910. *SSM* 10 (D): 846.

1825. ———. 1914. *Geometry of Four Dimensions*. Macmillan. (multidim. geom./R, Su)

Anon. 1914. *MT* 7 (D): 75.
———. 1915. *AE* 18 (My): 570, 572.
Cobb, H.E. 1915. *SSM* 15 (Mr): 268.
Coolidge, J.L. 1915. *AMSB* 21 (F): 232-43.
Keyser, C.J. 1915. *AMM* 22 (Ap): 127-9.

1826. **Manning, William A.** 1921. *Primitive Groups*. StanPubSerM&A. V. 1, #1. Stanford. (groups/R, S)

Anon. 1921. *AMM* 23 (N/D): 453.

1827. **Mansfield, John E.** 1930. *Everyday Arithmetic for Printers*. 2d ed. McGraw. (arith., appl./Tj)

Stone, C.A. 1930. *SSM* 30 (N): 972.

1828. **March, Herman W., and Henry C. Wolff.** 1917. *Calculus*. McGraw. (calc., anal. geom., diff. eqns./Ts, Tc)

Anon. 1917. *MT* 9 (Mr): 170.
Cobb, H.E. 1917. *SSM* 17 (Je): 564-6.
Keyser, C.J. 1918. *SCI* 47 (My 31): 539-42.
Lovitt, W.V. 1917. *AMSB* 23 (My): 378-9.

1829. ———. 1926. *Calculus*. 2d ed. McGraw. (calc./Ts, Tc)

Camp, C.C. 1927. *AMM* 34 (My): 269-71.
Kinney, J.M. 1927. *SSM* 27 (Ja): 104.

1830. ———. 1937. *Calculus*. 3d ed. McGraw. (calc./Ts, Tc)

    Anon. 1938. *NAT* 141 (Ap 16): 668.
    Kinney, J.M. 1938. *SSM* 38 (My): 597.

1831. **Marsh, Charles A., and Harrie J. Phipps, cmps.** 1911. *College Entrance Examination Papers in Plane Geometry*. Merrill. (geom./R)

    Anon. 1911. *ED* 32 (D): 260.

1832. **Marsh, Harry B., and James H. Van Sickle.** 1923-1924. *The Pilot Arithmetics*. V. 2,3. Newson. (arith., educ./Te, Tj)

    Anon. 1924. *AE* 27 (F): 282, 284.
    ———. 1925. *AE* 28 (Mr): 328, 330.
    Cobb, H.E. 1924. *SSM* 24 (My): 548.
    Goff, R.R. 1924. *ED* 44 (Je): 644.
    ———. 1926. *ED* 47 (S): 62.
    Hinkle, E.C. 1924. *MT* 17 (D): 500-1.
    Johnson, J.T. 1924. *CSJ* 6 (My): 358.

1833. **Marsh, Horace W.** 1913-1914. *Constructive Text-Book of Practical Mathematics*. 4 v. (V. 1 with Annie G.F. Marsh). Wiley. (arith., alg., geom., trig./Te, Tj, Ts)

    Anon. 1913. *MT* 5 (Mr): 185.
    ———. 1914. *MT* 6 (Mr): 183.
    ———. 1914. *MT* 6 (Je): 229.
    ———. 1914. *MT* 7 (D): 74-5.
    Cobb, H.E. 1914. *SSM* 14 (Ap): 374.
    ———. 1915. *SSM* 15 (Ja): 90.
    ———. 1915. *SSM* 15 (Mr): 268.
    Keyser, C.J. 1914. *SCI* 40 (O 16): 559-62.
    Morgan, F.M. 1914. *AMSB* 21 (N): 96-7.
    Smith, C.H. 1913. *SSM* 13 (Je): 552.

1834. ———, ed. 1916. *Interpolated Six-Place Tables...* Wiley. (logs., trig., tables/R)

    Anon. 1916. *MT* 8 (Je): 220.
    Safford, F.H. 1917. *AMSB* 23 (Je): 425-6.

1835. **Marsh, Walter R.** 1905. *Elementary Algebra*. Scribner. (alg./Tj)

    Anon. 1905. *ED* 26 (D): 244-5.
    Finkel, B.F. 1905. *AMM* 12 (Je/Jl): 148.
    Myers, G.W. 1906. *SSM* 6 (Je): 539-41.

1836. **Martin, Louis A. Jr.** 1906-1916. *Textbook of Mechanics.* 6 v. Wiley. (statics, kinematics, kinetics, mech., hydr., thermo./Tc, Tg)

    Griffin, F.L. 1909. *AMSB* 16 (D): 142-7.
    ———. 1914. *AMSB* 21 (D): 140-3.
    ———. 1915. *AMSB* 21 (Jl): 524-5.
    Jackson, C.S. 1908. *MG* 4 (Mr): 240.
    Slocum, S.E. 1918. *AMSB* 24 (F): 258-9.

1837. **Marvin, Francis S.,** ed. 1923. *Science and Civilisation.* Oxford. (hist./Su)

    Anon. 1934. *MG* 18 (D): 351.
    Sarton, G. 1924. *ISIS* 6 (1): 119-21.
    For an additional review see Farber 1981.

1838. **Marzials, Francois M., and N.K. Barber.** 1925. *Primer of Arithmetic for Middle Forms.* Oxford. (arith./Te, Tj)

    Anon. 1926. *MG* 13 (My): 133.

1839. **Mason, Max, and Warren Weaver.** 1929. *The Electromagnetic Field.* ChicagoPr. (electromag./Tc)

    Cleveland, T.K. 1929. *JFI* 208 (D): 826-7.
    Murnaghan, F.D. 1930. *AMSB* 36 (S): 622.

1840. **Mason, Thomas E., and Clifton T. Hazard.** 1935. *Brief Analytic Geometry.* Ginn. (anal. geom./Ts, Tc)

    Anon. 1936. *MT* 29 (My): 261.
    Kinney, J.M. 1935. *SSM* 35 (Je): 664.

1841. ———, **with Robert D. Carmichael.** 1927. *Analytic Geometry.* Ginn. (anal. geom./Ts, Tc)

    Campbell, A.D. 1928. *AMM* 35 (Ap): 195-6.
    Kinney, J.M. 1928. *SSM* 28 (F): 197.

1842. **Mather, Richard,** cmp. 1898. *Yale University Entrance Examinations in Mathematics 1884 to 1898.* Boardman. (testing, educ., hist./R)

    Colaw, J.M. 1898. *AMM* 5 (Ap): 123.

1843. **Mathews, George B.** 1907. *Algebraic Equations.* CambTrM&MP., #6. Putnam. (eqn. theory, Galois theory/R)

    Cajori, F. 1908. *AMSB* 14 (Je): 448-50.

1844. **Mathewson, Louis C.** 1930. *Elementary Theory of Finite Groups.* Ed. J.W. Young. Houghton. (groups/Tc, Tg)
 Ingraham, M.H. 1932. *AMSB* 38 (Mr): 172-3.
 Miller, G.A. 1931. *SP* 25 (Ja): 529.
 ———. 1931. *SSM* 31 (Ja): 104, 106.
 Weiss, M.J. 1931. *AMM* 38 (My): 279-80.

1845. **Maurer, Edward R.** 1903. *Technical Mechanics.* Wiley. (mech./Tc)
 Finkel, B.F. 1904. *AMM* 11 (Je/Jl): 150.
 Jackson, C.S. 1904. *MG* 3 (Mr): 16-7.

1846. ———. 1904. *Technical Mechanics.* 2d ed. Wiley. (mech./Tc)
 Greenstreet, W.J. 1905. *MG* 3 (Ja): 141.

1847. ———. 1914. *Technical Mechanics...* 3d ed. Wiley. (mech./Tc)
 Hoskins, L.M. 1914. *SCI* 40 (D 4): 818-20.

1848. ———, and **Raymond J. Roark.** 1925. *Technical Mechanics...* 5th ed. Wiley. (mech., statics/Tc)
 Picolet, L.E. 1925. *JFI* 199 (Je): 856.

1849. **Maurus, Edward J.** 1917. *An Elementary Course in Differential Equations.* Ginn. (diff. eqns./Tc)
 Anon. 1918. *MT* 10 (Mr): 161.
 Craig, C.F. 1918. *AMSB* 25 (N): 89.

1850. **Mayer, Joseph.** 1927. *The Seven Seals of Science...* Century. (hist./Su)
 Wade, F.B. 1927. *SSM* 27 (O): 768.
 For additional reviews see Farber 1981.

1851. **Mayer, Joseph E., and Maria Goeppert Mayer.** 1940. *Statistical Mechanics.* Wiley. (stat. mech./Tc, Tg)
 Oppermann, R.H. 1940. *JFI* 230 (D): 788-9.

1852. **Mead, Cyrus De W.** 1917. *An Experiment in the Fundamentals...* WrldBk. (educ., arith./Su)
 Anon. 1917. *MT* 10 (D): 120.
 ———. 1919. *CSJ* 1 (F): 30.

1853. **Mecutchen, Samuel, and George M. Sayre.** 1877. *The New American Arithmetic.* 3 v. Butler. (arith., bus. arith./Te, Tj)

Anon. 1877. *NEJE* 5 (My 31): 263.

1854. **Mellor, Joseph W.** 1905. *Higher Mathematics for Students of Chemistry and Physics...* 2d ed. Longmans. (calc., diff. eqns., calc. of variations/Tc, Tg)

Finkel, B.F. 1907. *AMM* 14 (My): 113.

1855. **Melluish, Robert K.** (1931) 1932. *An Introduction to the Mathematics of Map Projections.* Macmillan. (appl., cartog., proj. geom./Tc)

Elkinton, H.W. 1932. *JFI* 214 (Jl): 122.
Heawood, P.J. 1932. *MG* 16 (D): 355-8.

1856. **Menge, Walter O., and James W. Glover.** 1935. *An Introduction to the Mathematics of Life Insurance.* Macmillan. (finance, act. sc./Ts, Tc)

Elston, J.S. 1936. *JASA* 31 (D): 766.

1857. **Menger, Karl, ed.** 1939. *Reports of a Mathematical Colloquium.* Series 2, #1. Notre. (BolLob. geom., posets/R)

Ficken, F.A. 1939. *AMSB* 45 (N): 813-4.

1858. **Mercer, John W.** 1906. *Trigonometry for Beginners.* Putnam. (trig./Ts)

Budden, E. 1907. *MG* 4 (My): 92.

1859. ———. 1910. *The Calculus for Beginners.* Putnam. (calc./Ts, Tc)

Anon. 1911. *MG* 5 (Ja): 399.
Finkel, B.F. 1910. *AMM* 17 (N): 227.
Wilson, E.B. 1913. *AMSB* 20 (O): 30-6.

1860. **Mergendahl, Charles H., and Le Baron R. Foster.** 1938. *One Hundred Problems in Consumer Credit.* PollPam., #35. PollFdnEcRes. (finance/Su)

Tintner, G. 1939. *AMM* 46 (Ap): 232.

1861. **Merrill, George A.** 1905. *An Elementary Text-Book of Theoretical Mechanics.* AmBk. (kinematics, statics, kinetics/Tc)

Anon. 1906. *ED* 26 (Je): 633.

1862. **Merrill, Helen A.** 1933. *Mathematical Excursions...* Norwood. (recr./R, Su)

Anon. 1933. *MT* 26 (My): 315.
Kinney, J.M. 1933. *SSM* 33 (O): 798-9.

Smith, D.E. 1933. *MT* 26 (D): 499-501.
Wells, M.E. 1933. *AMM* 40 (D): 602-3.

1863. ———. 1934. *Mathematical Excursions...* BruceH. (recr./R, Su)
Inglis, A. 1935. *MG* 19 (F): 62.

1864. ———, and **Clara E. Smith**. 1917. *A First Course in Higher Algebra*. Macmillan. (alg., calc./Ts, Tc)
Anon. 1917. *ED* 38 (D): 354.
———. 1917. *EDAS* 3 (D): 614.
———. 1918. *AE* 21 (F): 332, 334.
Cobb, H.E. 1917. *SSM* 17 (N): 756.
Cowley, E.B. 1920. *AMSB* 26 (Ap): 323-9.
Jourdain, P.E.B. 1918. *SP* 12 (Ap): 684.
Wells, M.E. 1918. *AMM* 25 (F): 72-4.

1865. **Merriman, Mansfield.** 1877. *Elements of the Method of Least Squares*. Macmillan. (least squares/Tc)
Anon. 1877. *NEJE* 6 (D 27): 298.
———. 1878. *NAT* 18 (Jl 18): 299.

1866. ———. 1881. *The Figure of the Earth...* Wiley. (geodesy, hist./R)
Anon. 1881. *NAT* 24 (Jl 21): 259-60.

1867. ———. 1884. *A Text-Book on the Method of Least Squares*. Wiley. (least squares/Tc)
Anon. 1884. *SCI* 4 (Jl 11): 39-40.

1868. ———. 1892. *Introduction to Geodetic Surveying*. Wiley. (geodesy, least squares/Tc)
Anon. 1892. *SCI* 20 (D 30): 375-6.

1869. ———. 1899. *Elements of Precise Surveying and Geodesy*. Wiley. (surv./Ts)
Brown, E.W. 1900. *AMSB* 6 (Mr): 253-4.
Finkel, B.F. 1900. *AMM* 7 (F): 57-8.

1870. ———. 1905. *Elements of Mechanics...* Wiley. (mech./Tc)
Jackson, C.S. 1905. *MG* 3 (Jl): 215.

1871. ———. 1915. *Mathematical Tables...* Wiley. (tables/R)
Cobb, H.E. 1916. *SSM* 16 (Ja): 89.

1872. ———, and Robert S. Woodward, eds. 1896. *Higher Mathematics...* Wiley. (eqn. theory, proj. geom., anal., prob., hist./Tc)

    Finkel, B.F. 1896. *AMM* 3 (Ag/S): 227-8.

1873. **Metzler, William H., Edward D. Roe, and Warren G. Bullard.** 1908. *College Algebra.* Longmans. (alg./Ts, Tc)

    Cobb, H.E. 1908. *SSM* 8 (O): 613.

1874. **Meyers, William J.** 1896. *The Descriptive Geometry and the Perspective of the Straight Line...* Fort Collins, Colo.: b.a. (descr. geom./Tc)

    Colaw, J.M. 1897. *AMM* 4 (Ag/S): 233.

1875. ———. 1896. *An Inductive Manual of the Straight Line and the Circle.* Fort Collins, Colo.: b.a. (geom./Su)

    Butts, W.H. 1896. *SR* 4 (N): 696-7.
    Colaw, J.M. 1896. *AMM* 3 (D): 333.

1876. **Michell, John H., and Maurice H. Belz.** 1937. *The Elements of Mathematical Analysis.* 2 v. Macmillan. (calc./Ts, Tc)

    Daniell, P.J. 1938. *MG* 22 (My): 197-8.
    Ward, A.J. 1937. *NAT* 140 (O 9 Supp.): 631.

1877. **Middlemiss, Ross R.** 1940. *Differential and Integral Calculus.* McGraw. (calc./Ts, Tc)

    Kellaway, F.W. 1941. *MG* 25 (Jl): 187-8.
    Leighton, W. 1940. *NMM* 15 (O): 47.
    Purcell, E.J. 1940. *AMM* 47 (N): 647-8.

1878. **Mikami, Yoshio.** 1913. *The Development of Mathematics in China and Japan.* Stechert. (hist./R)

    Greenstreet, W.J. 1913. *MG* 7 (O): 183-4.
    Karpinski, L.C. 1914. *AMM* 21 (My): 153-5.
    ———. 1914. *SCI* 40 (N 6): 676-7.

1879. **Miles, Egbert J., and James S. Mikesh.** 1930. *Calculus.* McGraw. (calc./Ts, Tc)

    Brown, B.H. 1930. *AMM* 37 (Ag/S): 376-8.
    Howland, R.C.J. 1931. *SP* 26 (Jl): 150.
    Kinney, J.M. 1930. *SSM* 30 (D): 1080.
    Schlauch, W.S. 1931. *MT* 24 (N): 459-60.

1880. **Millar, Adam V., and Kenneth G. Shiels.** 1939. *Descriptive Geometry.* Heath. (descr. geom./Tc)

    Bradshaw, J.W. 1940. *NMM* 14 (Mr): 358.
    Moore, G.E. 1940. *AMM* 47 (Mr): 165-6.

1881. **Miller, Bessie I.** 1924. *Romance in Science.* Stratford. (phil./Su)

    Granville, W.A. 1926. *AMM* 33 (Je/Jl): 330-1.

1882. **Miller, Dayton C.** 1916. *The Science of Musical Sounds.* Macmillan. (sound/Tc)

    Hoadley, G.A. 1916. *JFI* 182 (O): 546-8.

1883. **Miller, E.** 1892. *Plane and Spherical Trigonometry.* Leach. (trig./Ts)

    Anon. 1892. *ED* 12 (Mr): 451.

1884. **Miller, Frederic H.** 1939. *Calculus.* Wiley. (calc./Ts, Tc)

    Anon. 1939. *NAT* 144 (S 30 Supp.): 585.
    Gibbins, N.M. 1939. *MG* 23 (O): 431-2.
    Wood, F.E. 1939. *NMM* 14 (O): 61-2.

1885. **Miller, George A.** 1892. *Determinants...* VanNos. (determ./Ts, Tc, R)

    Anon. 1893. *ED* 14 (S): 125.

1886. ———. 1916. *Historical Introduction to Mathematical Literature.* Macmillan. (hist./R)

    Anon. 1916. *MT* 8 (Mr): 161.
    Archibald, R.C. 1918. *AMSB* 24 (Mr): 301-9.
    Cajori, F. 1916. *SCI* 43 (My 19): 713-4.
    Cobb, H.E. 1916. *SSM* 16 (Ap): 378.
    Karpinski, L.C. 1916. *EDAS* 2 (O): 523-4.
    Keyser, C.J. 1916. *SCI* 44 (Jl 7): 25-8.
    Wilczynski, E.J. 1916. *AMM* 23 (Je): 207-9.

1887. ———. 1935-1938. *The Collected Works of George Abram Miller.* 2 v. IllPr. (groups, hist./R)

    Fite, W.B. 1936. *ISIS* 26 (1): 210-1.
    Frame, J.S. 1940. *MR* 1 (F): 43.
    Hall, P. 1937. *MG* 21 (Jl): 239-40.
    ———. 1939. *MG* 23 (D): 493.
    Johnston, F.E. 1938. *NMM* 13 (D): 142-5.
    Kuhn, H.W. 1936. *AMSB* 42 (N): 785-8.
    ———. 1939. *AMSB* 45 (S): 644-8.

Manning, W.A. 1937. *SCI* 85 (F 19): 199-201.
———. 1939. *SCI* 90 (D 22): 593.
P., H.T.H. 1936. *NAT* 137 (F 8): 208.

1888. ———, **Hans F. Blichfeldt, and Leonard E. Dickson.** [1916] 1938. *Theory and Applications of Finite Groups.* Wiley. Reprint, with corrections. Stechert. (groups/Tc, Tg)

Cassity, C.R. 1938. *SSM* 38 (Je): 724.
Ranum, Arthur. 1917. *AMSB* 24 (D): 150-7.

1889. **Miller, Harvey W.** 1915. *Descriptive Geometry.* 3d ed. Wiley. (descr. geom./Tc)

Anon. 1915. *MT* 8 (S): 59.
Snyder, V. 1916. *AMSB* 22 (F): 251-5.

1890. **Miller, Isaiah L.** 1930. *An Introduction to Mathematics...* Crofts. (precalc., calc., stat., finance/Ts, Tc)

Georges, J.S. 1931. *SSM* 31 (Ja): 98, 100.
Wood, F. 1931. *AMM* 38 (Mr): 168-70.

1891. ———. 1935. *Business Mathematics.* VanNos. (finance/Ts, Tc)

Anon. 1936. *MT* 29 (My): 261.
Bushey, J.H. 1937. *AMM* 44 (Ja): 41.
Mannix, R.L. 1935. *ED* 56 (S): 54.

1892. ———, **and Clarence H. Richardson.** 1939. *Business Mathematics.* 2d ed. VanNos. (finance/Ts, Tc)

Carnahan, W.H. 1939. *SSM* 39 (My): 488-9.
Herzog, F. 1940. *AMM* 47 (Ap): 229-30.
W., E. 1939. *MT* 32 (My): 238-9.

1893. **Miller, John A., and Scott B. Lilly.** 1915. *Analytic Mechanics.* Heath. (mech./Tc)

Hoskins, L.M. 1916. *AMM* 23 (N): 337-41.

1894. **Miller, Leslie W.** 1887. *The Essentials of Perspective.* Scribner. (persp./Ts, Tc)

Anon. 1887. *ED* 7 (Je): 745-6.

1895. **Miller, Norman.** 1935. *A First Course in Differential Equations.* Oxford. (diff. eqns./Tc)

Anon. 1936. *NAT* 137 (Mr 7): 382.
Byrne, W.E. 1936. *NMM* 10 (F): 188-90.
Ince, E.L. 1936. *MG* 20 (F): 69-70.

Knebelman, M.S. 1937. *AMM* 44 (Ja): 41.

1896. **Millikan, Robert A., Duane E. Roller, and Earnest C. Watson.**
1937. *Mechanics, Molecular Physics, Heat, and Sound.* Ginn. (phys./Tc)
Anon. 1938. *NAT* 142 (O 1): 596.
Watson, W.W. 1937. *AMM* 44 (N): 588.

1897. **Mills, Clifford N.** 1916. *A Short Course in Elementary Mechanics for Engineers.* VanNos. (mech./Tc)
Chatburn, G.R. 1917. *AMM* 24 (Ap): 172-3.

1898. ———. 1922. *Introduction to Plane Analytical Geometry and Differential Calculus.* Blakiston. (anal. geom., calc./Ts, Tc)
Anon. 1923. *ED* 43 (Ap): 518.
Cobb, H.E. 1923. *SSM* 23 (Ap): 404.

1899. ———, **Edith I. Atkin, and Elinor B. Flagg.** 1937. *Plane Trigonometry.* Scott. (trig./Ts)
Kinney, J.M. 1938. *SSM* 38 (My): 596-7.
McCoy, D. 1938. *NMM* 12 (My): 419-20.
Tracey, J.I. 1938. *AMM* 45 (Ap): 242-3.

1900. **Mills, Elizabeth T.** 1897. *Easy Problems in the Principles of Arithmetic.* Silver. (arith./Su)
Anon. 1897. *ED* 17 (F): 383.

1901. **Mills, Frederick C.** 1924. *Statistical Methods...* Holt. (stat./Tc, R)
Anon. 1925. *SSM* 25 (N): 890.
Applegate, M.S. 1925. *JASA* 20 (Je): 295-6.
Forsyth, C.H. 1925. *AMSB* 31 (N/D): 563.
Glover, J.W. 1927. *AMM* 34 (Ja): 37-40.

1902. ———. 1938. *Statistical Methods...* Rev. ed. Holt. (stat./Tc, R)
Huhn, R.v. 1938. *JASA* 33 (S): 619-21.
Read, C.B. 1938. *SSM* 38 (D): 1051-2.
For additional reviews see Buros 1941, 203-4.

1903. ———, **and Donald H. Davenport.** 1925. *A Manual of Problems and Tables in Statistics...* Holt. (stat./R, Su)
Berridge, W.A. 1926. *JASA* 21 (D): 509-10.

1904. **Mills, John.** 1910. *An Introduction to Thermodynamics...* Ginn. (thermo./Tc)

Wilson, E.B. 1913. *AMSB* 19 (My): 428.

1905. **Milne, Edward A.** 1935. *Relativity, Gravitation and World-Structure.* Oxford. (relat./R)
McCrea, W.H. 1935. *MG* 19 (O): 299-301.

1906. **Milne, Robert M.** 1923. *Mensuration and Elementary Solid Geometry...* Macmillan. (geom./Ts)
Langley, E.M. 1923. *MG* 11 (D): 433.
Sisam, C.H. 1924. *AMM* 31 (My): 253.

1907. **Milne, William E., and David R. Davis.** 1935. *Introductory College Mathematics.* Ginn. (precalc., calc./Ts, Tc)
Anon. 1936. *MT* 29 (Ja): 49.
Kinney, J.M. 1936. *SSM* 36 (Ja): 105-6.
Littauer, S.B. 1936. *AMM* 43 (F): 96-7.

1908. **Milne, William J.** 1892. *High School Algebra...* AmBk. (alg./Tj, Ts)
Anon. 1892. *ED* 13 (S): 64.

1909. ———. 1892. *Standard Arithmetic...* AmBk. (arith., bus. arith./Te, Tj)
Anon. 1892. *ED* 13 (N): 193.
Colaw, J.M. 1894. *AMM* 1 (My): 179-80.

1910. ———. 1893. *Elements of Arithmetic...* AmBk. (arith./Te, Tj)
Anon. 1893. *ED* 13 (My): 580.

1911. ———. 1894. *Elements of Algebra.* AmBk. (alg./Tj)
Anon. 1895. *JE* 41 (Ja 10): 27.

1912. ———. 1897. *A Mental Arithmetic.* AmBk. (arith./Te, Tj)
Anon. 1898. *NYE* 2 (N): 184.
———. 1899. *ED* 19 (Mr): 447-8.

1913. ———. 1899. *Grammar School Algebra...* AmBk. (alg./Tj)
Anon. 1899. *NYE* 3 (O): 115.

1914. ———. 1899. *Plane and Solid Geometry.* AmBk. (geom./Ts)
Anon. 1899. *NYE* 3 (O): 115.
Finkel, B.F. 1899. *AMM* 6 (O): 253.

1915. ———. 1900. *Intermediate Arithmetic.* AmBk. (arith./Tj)
    Anon. 1901. *ED* 21 (F): 384.
    Smith, D.E. 1901. *SR* 9 (S): 481.

1916. ———. 1901. *Academic Algebra.* AmBk. (alg./Tj)
    Anon. 1901. *ED* 22 (D): 254.
    ———. 1901. *NYE* 4 (Je): 626.

1917. ———. 1902. *Advanced Algebra...* AmBk. (alg./Ts, Tc)
    Anon. 1903. *AE* 6 (F): 373.
    ———. 1903. *ED* 24 (S): 61.

1918. ———. 1903. *Primary Arithmetic.* AmBk. (arith./Te)
    Anon. 1903. *ED* 24 (D): 257.
    ———. 1904. *AE* 8 (S): 47-8.

1919. ———. 1908. *Standard Algebra.* AmBk. (alg./Tj, Ts)
    Anon. 1909. *ED* 29 (F): 406.

1920. ———. 1911. *First-Year Algebra.* AmBk. (alg./Tj)
    Anon. 1911. *ED* 32 (O): 127.
    Cobb, H.E. 1911. *SSM* 11 (D): 859.
    ———. 1912. *SR* 20 (Ja): 65-6.

1921. ———. 1914. *Standard Algebra.* Rev. ed. AmBk. (alg./Tj, Ts)
    Cobb, H.E. 1914. *SSM* 14 (D): 825-6.

1922. ———. 1915. *Milne's Second Course in Algebra.* AmBk. (alg./Ts)
    Cobb, H.E. 1916. *SSM* 16 (F): 192.

1923. ———, and **Walter F. Downey.** 1924. *Milne-Downey First Year Algebra.* AmBk. (alg./Tj)
    Anon. 1924. *AE* 27 (Je): 467-8.
    Evans, G.W. 1924. *MT* 17 (My): 315-7.
    Gaylord, H.D. 1925. *SR* 33 (Ap): 312.
    Goff, R.R. 1925. *ED* 45 (My): 574.

1924. ———. 1924. *Milne-Downey Standard Algebra.* AmBk. (alg./Tj, Ts)
    Goff, R.R. 1925. *ED* 45 (My): 574.

1925. ———. 1933. *First Course in Algebra.* AmBk. (alg./Tj)
    Anon. 1933. *MT* 26 (N): 444.

1926. **Milne, William J., and George M. Wiley.** 1926. *Milne-Wiley Arithmetics.* V. 1. AmBk. (arith./Te)

    Anon. 1926. *AE* 30 (D): 130.

1927. **Milne-Thompson, Louis M.** 1933. *The Calculus of Finite Differences.* Macmillan. (finite differences/Tc)

    Escott, E.B. 1935. *AMM* 42 (Ap): 240-2.
    Ferrar, W.L. 1934. *MG* 18 (My): 130-1.
    N., E.H. 1934. *NAT* 134 (Ag 18): 231-3.

1928. ———. 1938. *Theoretical Hydrodynamics.* Macmillan. (hydrodyn./Tc, Tg)

    Levy, H. 1939. *MG* 23 (F): 102-4.
    Rosenhead, L. 1938. *NAT* 142 (D 31): 1136-8.

1929. ———, **and Leslie J. Comrie.** 1931. *Standard Four-Figure Mathematical Tables.* Macmillan. (tables, logs., trig., calc./R)

    Johnson, R.A. 1931. *AMM* 38 (Ag/S): 407.
    Neville, E.H. 1932. *MG* 16 (F): 55.
    Stokley, J. 1931. *JFI* 211 (Je): 810-1.

1930. **Minchin, George M.** 1915. *A Treatise on Statics...* V. 2. Rev. H.T. Gerrans. 5th ed. Oxford. (statics/Tc)

    Safford, F.H. 1917. *AMSB* 23 (Ja): 195-6.

1931. ———, **and John B. Dale.** 1906. *Mathematical Drawing.* Longmans. (geom. drawing/Ts, Tc)

    Wilson, J.L., and C.E. Fanning. 1907. *BRD* 3 (Ann): 303.

1932. **Miner, George W., Fayette H. Elwell, and Frank C. Touton.** 1923. *Business Arithmetic.* Ginn. (bus. arith./Tj, Ts)

    Cobb, H.E. 1924. *SSM* 24 (Ja): 108.

1933. ———. 1924. *Essentials of Business Arithmetic.* Ginn. (bus. arith./Tj, Ts)

    Goff, R.R. 1925. *ED* 45 (Mr): 448.
    Keen, H.F. 1925. *SSM* 15 (O): 782.

1934. **Minnick, John H.** 1918. *An Investigation of Certain Abilities Fundamental to the Study of Geometry.* NewEra. (educ., geom./R, Su)

    Anon. 1918. *EDAS* 4 (Mr): 178.
    ———. 1919. *ED* 39 (Ap): 519.

Miller, G.A. 1918. *SS* 7 (Je 8): 683-4.

1935. ———. 1939. *Teaching Mathematics in the Secondary Schools...* Prentice. (educ./Tc, Tg, R)

Munch, H.F. 1939. *HSJ* 22 (N): 303.
Reeve, W.D. 1941. *MT* 34 (F): 94.
Stone, C.A. 1941. *SSM* 41 (My): 504.

1936. Mitchell, Ulysses G., and Helen M. Walker. 1936. *Algebra...* Harcourt. (alg./Tj)

Anon. 1936. *MT* 29 (My): 262.

1937. Mitra, Sukumar, and Gopendia K. Dutt. 1937. *A Text Book of the Differential Calculus.* Chemical. (calc./Ts, Tc)

Robson, A. 1938. *MG* 22 (My): 205-6.

1938. Modley, Rudolf. 1937. *How to Use Pictorial Statistics.* Harper. (stat., graphics/Su)

Good, C.V. 1938. *JER* 32 (S): 48-50.
Millison, E.J. 1938. *JASA* 33 (Je): 489-90.
For additional reviews see Buros 1941, 209.

1939. Moir, Henry. 1912. *Life Assurance Primer...* 3d ed. Spectator. (appl./Ts, Tc)

Rietz, H.L. 1913. *AMM* 20 (My): 164.

1940. Monroe, Paul, ed. 1911. *A Cyclopedia of Education.* V. 1. Macmillan. (educ., arith./R)

Freeman, F.N. 1911. *EST* 12 (S): 43-4.

1941. Monroe, Walter S. 1917. *Development of Arithmetic as a School Subject.* USBurEd. Bull. #10. GPO. (educ., arith./R, Su)

Cobb, H.E. 1917. *SSM* 17 (D): 858.

1942. ———, and Max D. Englehart. 1931. *A Critical Summary of Research Relating to the Teaching of Arithmetic.* IllBurEdRes. Bull. #58. Ill. (educ., arith./R)

Anon. 1932. *JER* 25 (F): 138.

1943. Moore, Charles N. 1938. *Summable Series and Convergence Factors.* AMSColl. Publ., v. 22. AMS. (anal., inf. series/R)

Bosanquet, L.S. 1938. *MG* 22 (D): 515-6.
Smail, L.L. 1939. *AMSB* 45 (Mr): 218-9.
Z., A.v. 1939. *NAT* 143 (Ja 28): 140.

1944. **Moore, Eliakim H., ed.** 1897. *Grammar School Arithmetic by Grades.* AmBk. (arith./Te, Tj)

Finkel, B.F. 1897. *AMM* 4 (Ag/S): 232.

1945. ———, **with Raymond W. Barnard.** 1935-1939. *General Analysis.* 2 pt. MemAPS., v. 1, 2 pt. PaPr. (matrices, anal., Hilb. space/R)

Griffiths, L.W. 1940. *NMM* 14 (F): 295-6.
Hildebrandt, T.H. 1936. *ZM* 13 (Ap): 116-7.
———. 1940. *AMSB* 46 (Ja): 9-13.
MacDuffee, C.C. 1936. *AMSB* 42 (Jl): 465-8.
Rado, R. 1936. *MG* 20 (Jl): 215-7.
———. 1941. *MG* 25 (D): 323-5.

1946. **Moore, Eliakim H., Ernest J. Wilczynski, and Max Mason.** 1910. *The New Haven Mathematical Colloquium.* YalePr. (anal., diff. geom., diff. eqns./R)

Birkhoff, G.D. 1911. *AMSB* 17 (My): 414-28.

1947. **Moore, Eliakim H., et al., eds.** 1896. *Mathematical Papers Read at the International Mathematical Congress...* Macmillan. (no. theory, trig., nomog., graphics/R)

Fine, H.B. 1896. *AMSB* 2 (Jl): 327-9.
Finkel, B.F. 1896. *AMM* 3 (My): 158.

1948. **Moore, John H., and George W. Miner.** 1906. *Practical Business Arithmetic.* Ginn. (bus. arith./Tj, Ts)

Ames, A.F. 1907. *SR* 15 (Ap): 310.
Finkel, B.F. 1906. *AMM* 13 (O): 198.

1949. ———. 1915. *Practical Business Arithmetic.* Rev. G.W. Miner. Ginn. (bus. arith./Tj, Ts)

Anon. 1916. *EDAS* 2 (N): 599.

1950. **Moore, Justin H.** 1929. *Handbook of Financial Mathematics.* Prentice. (finance/R)

Huhn, R.v. 1930. *JASA* 25 (Je): 241-2.

1951. ———, **and Julio A. Mira.** 1938. *Practical Business Mathematics.* Longmans. (alg., finance/Tj, Ts)

Rider, P.R. 1939. *NMM* 4 (Ja): 206-7.

1952. **Moore, Robert L.** 1932. *Foundations of Point Set Theory*. AMSColl. Publ., v. 13. AMS. (top./R)
   Brown, A.B. 1933. *AMM* 40 (F): 100-1.
   Daniell, P.J. 1934. *MG* 18 (D): 325.
   Gehman, H.M. 1933. *AMSB* 39 (Jl): 479-83.

1953. **Moorfield, Samuel H., and Howard H. Winstanley.** (1934) 1935. *Mechanics and Applied Heat with Electrotechnics*. Longmans. (phys./Tc)
   McHugh, F.D. 1935. *SA* 153 (S): 166.

1954. **More, Louis T.** 1934. *Isaac Newton, A Biography*. Scribner. (hist., biog., calc./R, Su)
   Gilham, C.W. 1935. *MG* 19 (F): 46-9.
   Langer, R.E. 1935. *SM* 3 (Jl): 256-60.
   Magie, W.F. 1934. *SCI* 80 (N 2): 405-6.
   S., R.A. 1935. *NAT* 135 (Ja 5): 3-5.

1955. **Morey, Charles W.** 1910. *Elementary Arithmetic*. Scribner. (arith./Te)
   Anon. 1911. *MT* 3 (Je): 219.

1956. **Morgan, Frank M.** 1919. *Essentials of Algebra and Geometry...* Assoc. (alg., geom./Tj, Ts)
   Anon. 1919. *AMM* 26 (S): 301.

1957. ———, **and William E. Breckenridge.** 1934. *Solid Geometry*. Houghton. (geom./Ts)
   Anon. 1935. *MT* 28 (Ap): 251.
   Royce, G.L. 1935. *SSM* 35 (F): 218-9.

1958. **Morgan, Frank M., John A. Foberg, and William E. Breckenridge.** 1931. *Plane Geometry*. Ed. J.W. Young. Houghton. (geom./Ts)
   Anon. 1932. *MT* 25 (O): 371-2.
   Munch, H.F. 1931. *HSJ* 14 (N): 413, 415.
   Troxel, O.L. 1932. *SR* 40 (F): 155-6.
   Urbancek, J.J. 1931. *SSM* 31 (N): 1008, 1010.

1959. **Moritz, Robert E.** 1911-1912. *Elements of Plane Trigonometry*. Also, high school ed. Wiley. (trig./Ts)
   A., L. 1913. *MG* 7 (My): 119.
   Cobb, H.E. 1911. *SSM* 11 (Mr): 282, 284.
   ———. 1913. *SSM* 13 (Je): 550.

Finkel, B.F. 1911. *AMM* 18 (Ja): 25.
———. 1912. *AMM* 19 (O/N): 180.

1960. ———. 1913. *Plane and Spherical Trigonometry*. Wiley. (trig./Ts)

Milne, W.P. 1914. *MG* 7 (Jl): 372-3.

1961. ———. 1913. *A Text-Book on Spherical Trigonometry*. Wiley. (trig./Ts)

Cobb, H.E. 1914. *SSM* 14 (Ap): 374.

1962. ———. 1914. *Memorabilia Mathematica*... Macmillan. (nature, logic, hist., recr./R, Su)

Anon. 1914. *MT* 6 (Je): 229-30.
———. 1915. *ED* 36 (O): 132.
Archibald, R.C. 1916. *AMSB* 22 (Ja): 188-92; (My): 399-401.
Bauer, G.N. 1914. *AMM* 21 (N): 296-9.
Cobb, H.E. 1915. *SSM* 15 (Ja): 90.
Keyser, C.J. 1914. *SCI* 40 (O 16): 559-62.
Moritz, R.E. 1916. *AMSB* 22 (My): 398-9.
Skinner, E.B. 1915. *SR* 23 (Mr): 203-4.

1963. ———. 1919. *A Short Course in College Mathematics*... Macmillan. (alg., anal. geom., trig./Ts, Tc)

Anon. 1920. *AMM* 27 (Ap): 172-3.
Cobb, H.E. 1920. *SSM* 20 (Mr): 278.

1964. **Morley, Arthur.** 1912. *Theory of Structures*. Longmans. (structures/Tc, Tg)

Milne, R.M. 1913. *MG* 7 (O): 177-8.

1965. **Morley, Frank, and Frank V. Morley.** 1933. *Inversive Geometry*. Ginn. (alg. geom., mod. geom./Tc)

Snyder, V. 1934. *AMSB* 40 (My): 374-5.

1966. **Morrill, William K.** 1938. *Plane Trigonometry*. Farrar. (trig./Ts)

Adams, L.J. 1938. *NMM* 12 (Ap): 365.
Clawson, J.W. 1938. *AMM* 45 (Ap): 243-4.

1967. **Morris, Charles R.** 1933. *Idealistic Logic*... Macmillan. (logic, phil./R, Su)

Greenwood, T. 1935. *NAT* 135 (My 25): 852-5.

1968. **Morris, Charles W.** 1938. *International Encyclopedia of Unified Science.* V. 1, #2. *Foundations of the Theory of Signs.* ChicagoPr. (fnds./R)

    Ballantine, C. 1939. *AMM* 46 (Mr): 162-3.
    Fitch, F.B. 1940. *PR* 49 (N): 678-80.

1969. **Morris, Isaac H.** 1890. *Practical Plane and Solid Geometry...* Longmans. (geom./Ts)

    Anon. 1891. *JE* 33 (Ja 29): 74.

1970. **Morris, Max, and Orley E. Brown.** 1933. *Differential Equations.* Prentice. (diff. eqns./Tc)

    Anon. 1934. *MT* 27 (F): 107.
    Byrne, W.E. 1934. *NMM* 9 (O): 23-5.
    Gehman, H.M. 1934. *AMM* 41 (Mr): 183-4.

1971. ———. 1937. *Analytic Geometry and Calculus.* McGraw. (anal. geom., calc./Ts, Tc)

    Anon. 1938. *NAT* 142 (D 10): 1018.
    Jeffery, R.L. 1938. *AMM* 45 (Ap): 244-5.
    Kinney, J.M. 1937. *SSM* 37 (N): 1004.

1972. **Morrison, Joseph.** 1880. *An Elementary Treatise on Plane Trigonometry...* Canada. (trig./Ts)

    Anon. 1881. *AN* 8 (Ja): 32.

1973. **Morse, Marston.** 1934. *The Calculus of Variations in the Large.* AMSColl. Publ., v. 18. AMS. (calc. of variations/R)

    Dresden, A. 1936. *AMSB* 42 (S): 607-12.
    Whitehead, J.H.C. 1935. *MG* 19 (Jl): 236-7.

1974. **Morton, Robert L.** 1927. *Teaching Arithmetic...* 2 v. Silver. (arith., educ./Tc, Tg, R)

    Anon. 1927. *CSJ* 10 (D): 152-3.
    Breed, F.S. 1928. *ESJ* 28 (F): 472-3.
    Buswell, G.T. 1928. *JER* 17 (Ap): 304-5.
    Good, C.V. 1927. *EDAS* 13 (N): 571-2.

1975. ———. 1928. *Laboratory Exercises in Educational Statistics...* Silver. (stat./Su)

    Anon. 1930. *CSJ* 12 (Mr): 315.
    Scates, D.E. 1929. *JES* 19 (My): 367-8.

1976. ——. 1937-1939. *Teaching Arithmetic...* 3 v. Rev. ed. Silver. (arith., bus. arith., alg., educ./Tc, Tg, R)

Brownell, W.A. 1938. *ESJ* 39 (S): 68-9.
Christofferson, H.C. 1939. *ESJ* 39 (F): 470-2.
Edwards, A.S. 1939. *EDAS* 25 (O): 551-2.
Hellmich, E.W. 1940. *NMM* 14 (My): 490-1.
J., T.J. 1939. *CSJ* 21 (D): 132-3.
Stone, C.A. 1939. *SSM* 39 (Ap): 391.
——. 1940. *SSM* 40 (Ja): 93-4.
Thiele, C.L. 1940. *ESJ* 40 (Mr): 550-1.

1977. **Mott, Neville F.** 1930. *An Outline of Wave Mechanics.* Macmillan. (quantum mech./Tc, Tg)

Hargreaves, J. 1932. *MG* 16 (O): 285-7.

1978. ——, and **Harrie S.W. Massey.** 1933. *The Theory of Atomic Collisions.* Oxford. (quantum mech./R)

Bethe, H.A. 1934. *NAT* 133 (Mr 10 Supp.): 363-4.

1979. **Moulton, Forest R.** 1902. *An Introduction to Celestial Mechanics.* Macmillan. (celestial mech./Tc, Tg)

Leuschner, A.O. 1906. *AMSB* 12 (Ap): 356-60.

1980. ——. 1926. *New Methods in Exterior Ballistics.* ChicagoPr. (ballistics/R)

Hoar, R.S. 1927. *AMM* 34 (Je/Jl): 325-6.
Hunt, F.R.W. 1927. *MG* 13 (O): 432-3.
Rowe, J.E. 1928. *AMSB* 34 (Mr/Ap): 229-32.

1981. ——. 1930. *Differential Equations.* Macmillan. (diff. eqns./Tc)

Brink, R.W. 1932. *AMM* 39 (O): 482-5.
Ince, E.L. 1930. *MG* 15 (D): 268-71.

1982. ——, et al. 1920. *Periodic Orbits.* Publ. #161. Carnegie. (phys./R)

Anon. 1920. *AMM* 27 (D): 472-3.

1983. **Moyer, James A.** 1905. *Descriptive Geometry...* 2d ed. Wiley. (descr. geom./Tc)

Keyser, C.J. 1905. *SCI* 22 (Jl 28): 113-6.

1984. ——, and **Charles H. Sampson.** 1920. *Practical Trade Mathematics...* Wiley. (arith., mensur., graphs, appl./Tj, Ts)

Regan, J.W. 1923. *MT* 16 (My): 316-8.

1985. **Mozans, H.J.** (pseudonym for John A. Zahm) 1913. *Woman in Science.* Appleton. (hist./R, Su)

   Anon. 1913. *MT* 6 (D): 115.
   For additional reviews see Farber 1981.

1986. **Mudgett, Bruce D.** 1930. *Statistical Tables and Graphs.* Houghton. (stat., graphics/R)

   Anon. 1932. *MT* 25 (Ap): 241.

1987. **Mueller, Clara H.** 1931. *Geometric Concepts.* Wiley. (geom./Su)

   Anon. 1932. *MT* 25 (O): 372.
   Urbancek, J.J. 1931. *SSM* 31 (Je): 774.

1988. **Muir, Thomas.** 1882. *A Treatise on the Theory of Determinants...* Macmillan. (determ./Tc, R)

   Anon. 1882. *MMAG* 1 (Ap): 36.

1989. ———. 1890. *The Theory of Determinants in the Historical Order of its Development.* V. 1. Macmillan. (determ./R)

   Anon. 1890. *SCI* 16 (O 10): 208-9.

1990. ———. 1906-1923. *The Theory of Determinants in the Historical Order of Development.* 4 v. (V. 1., 2d ed.). Macmillan. (determ., hist./R)

   Greenstreet, W.J. 1906. *MG* 3 (My): 319.
   ———. 1924. *MG* 12 (My): 132-3.
   Miller, G.A. 1907. *AMSB* 13 (F): 244-6.
   ———. 1912. *AMSB* 18 (Jl): 512-3.

1991. ———. 1930. *A Treatise on the Theory of Determinants.* Rev. W.H. Metzler. Albany, N.Y.: p.p. (determ./Tc, R)

   Smith, E.R. 1930. *MT* 23 (My): 335-6.

1992. **Mullins, George W., and David E. Smith.** 1927. *Freshman Mathematics.* Ginn. (precalc., calc./Ts, Tc)

   Huber, C.M. 1928. *AMM* 35 (Ag/S): 370-1.
   Kinney, J.M. 1927. *SSM* 27 (D): 1002.
   Noordgaard, M. 1927. *MT* 20 (D): 473-7.

1993. **Murnaghan, Francis D.** 1922. *Vector Analysis and the Theory of Relativity.* Johns. (vector anal., relat., tensor anal./Tc, Tg)

   Batchelder, P.M. 1924. *AMM* 31 (Ja): 43-4.
   Piaggio, H.T.H. 1923. *MG* 11 (Ja): 239-40.

Wilder, C.E. 1924. *AMSB* 30 (My/Je): 276.

1994. ———. 1938. *The Theory of Group Representations.* Johns. (groups, matrices/R)

Brauer, R. 1941. *AMSB* 47 (My): 359-62.
Brown, F.G.W. 1940. *NAT* 146 (Ag 31): 283.
Richardson, A.R. 1939. *MG* 23 (My): 220-1.

1995. Murray, Daniel A. 1897. *Introductory Course in Differential Equations...* Longmans. (diff. eqns./Tc)

Colaw, J.M. 1897. *AMM* 4 (Je/Jl): 195.
Fine, H.B. 1898. *AMSB* 4 (Mr): 275-6.

1996. ———. 1898. *An Elementary Course in the Integral Calculus.* AmBk. (calc./Ts, Tc)

Anon. 1899. *ED* 19 (Ap): 513.
Colaw, J.M. 1898. *AMM* 5 (Ap): 124.

1997. ———, ed. 1899. *Logarithmic and Trigonometric Tables...* Longmans. (tables, trig., logs./R)

Finkel, B.F. 1900. *AMM* 7 (N): 275.

1998. ———. 1899. *Plane Trigonometry...* Longmans. (trig./Ts, Tc)

Colaw, J.M. 1900. *AMM* 7 (Mr): 90.
Finkel, B.F. 1899. *AMM* 6 (D): 312.

1999. ———. 1903. *A First Course in Infinitesimal Calculus.* Longmans. (calc./Ts, Tc)

Anon. 1904. *MG* 3 (My): 40-1.
Finkel, B.F. 1904. *AMM* 11 (Ja): 22.
Fite, W.B. 1905. *AMSB* 11 (My): 442-4.

2000. ———. 1908. *Differential and Integral Calculus.* Longmans. (calc./Ts, Tc)

Carver, W.B. 1911. *AMSB* 17 (Ja): 206-9.
Cobb, H.E. 1909. *SSM* 9 (Ja): 98.
Finkel, B.F. 1908. *AMM* 15 (O): 194.
Keyser, C.J. 1909. *SCI* 29 (Je 18): 974-7.

2001. ———. 1911. *Elements of Plane Trigonometry.* Longmans. (trig./Ts)

Cobb, H.E. 1911. *SSM* 11 (D): 868.
Finkel, B.F. 1911. *AMM* 18 (O): 194.
Millis, James F. 1912. *SR* 20 (O): 572.

2002. ———. 1912. *Elements of Plane Trigonometry and Tables*. Longmans. (trig./Ts)
    Anon. 1912. *MT* 5 (S): 36.
    Cobb, H.E. 1912. *SSM* 12 (O): 650.
    Hennel, C.B. 1913. *AMSB* 20 (D): 156.

2003. **Myers, Garry C.** 1925. *The Prevention and Correction of Errors in Arithmetic*. Plymouth. (educ., arith./R)
    Anon. 1925. *ESJ* 26 (O): 153-4.
    ———. 1927. *CSJ* 10 (D): 155.

2004. ———, **and Caroline E. Myers.** 1930. *My Work Book in Arithmetic*. V. 6. Harter. (arith./Su)
    Stone, C.A. 1931. *SSM* 31 (O): 892.

2005. **Myers, George W.** 1908. *Myers Arithmetic*. 3 v. Scott. (arith./Te, Tj)
    Cobb, H.E. 1908. *SSM* 8 (D): 799.

2006. ———. 1921. *Elementary Algebraic Geometry...* Scott. (alg., geom./Tj, Ts)
    Cobb, H.E. 1922. *SSM* 22 (F): 202-3.
    Laughlin, B. 1922. *CSJ* 4 (Je): 409.

2007. ———, **and George E. Atwood.** 1916. *Elementary Algebra*. Scott. (alg./Tj)
    Anon. 1917. *EDAS* 3 (D): 606.
    ———. 1918. *AE* 21 (F): 331-2.
    Newhall, C.W. 1917. *SSM* 17 (F): 185-6.

2008. **Myers, George W., et al.** 1907. *First-Year Mathematics for Secondary Schools*. ChicagoPr. (arith., alg., geom./Tj, Ts)
    Anon. 1907. *AMM* 14 (N): 212.
    Cobb, H.E. 1908. *SSM* 8 (Ja): 83-4.
    Jones, F.T. 1908. *SR* 16 (F): 140-1.

2009. ———. 1907. *Geometric Exercises for Algebraic Solution...* ChicagoPr. (geom., alg./Ts)
    Cobb, H.E. 1908. *SSM* 8 (Ja): 83-4.
    Finkel, B.F. 1907. *AMM* 14 (N): 212.

2010. ———. 1909-1911. *First-Year Mathematics for Secondary Schools*. Also, *Teacher's Manual*. ChicagoPr. (arith., alg., geom., educ./Tj, Ts, R)

    Anon. 1911. *ED* 32 (O): 125-6.
    Cobb, H.E. 1911. *SSM* 11 (Ja): 90.
    ———. 1911. *SSM* 11 (N): 768, 770.
    ———. 1912. *SR* 20 (Ja): 65.

2011. ———. 1910. *Second-Year Mathematics for Secondary Schools*. ChicagoPr. (geom., alg./Ts)

    Anon. 1911. *ED* 32 (O): 125-6.
    Cobb, H.E. 1910. *SSM* 10 (O): 654, 656.
    ———. 1911. *SR* 19 (Ja): 64-5.
    ———. 1911. *SSM* 11 (N): 768, 770.

N

2012. **Nadler, Maurice.** 1940. *Modern Agricultural Mathematics.* Judd. (arith., geom., appl./Te, Tj, Ts, Su)

    Read, C.B. 1940. *SSM* 40 (Je): 600.

2013. **Nagel, Ernest.** 1939. *International Encyclopedia of Unified Science.* V. 1, #6. *Principles of the Theory of Probability.* ChicagoPr. (prob./R)

    Langford, C.H. 1939. *JSL* 4 (S): 119-20.
    For additional reviews see Buros 1941, 210-1.

2014. **Namer, Emile.** 1931. *Galileo...* Trans., ed. S. Harris. McBride. (hist., biog./R)

    Katsh, A.I. 1932. *SM* 1 (D): 164-5.

2015. **National Committee on Mathematical Requirements.** 1922. *The Reorganization of Mathematics in Secondary Education.* DeptIntBurEd. Bull. #32. GPO. (educ./R)

    Hinkle, E.C. 1922. *CSJ* 5 (S): 39-40.

2016. ———. 1923. *The Reorganization of Mathematics in Secondary Education.* MAA. (educ./R)

    Congdon, A.R. 1924. *AMM* 31 (F): 91-6.
    Goff, R.R. 1923. *ED* 44 (S): 63.
    Hamilton, E.R. 1924. *MG* 12 (D): 257-8.
    Lytle, E.B. 1923. *JER* 8 (N): 357-8.

2017. ———. 1927. *The Reorganization of Mathematics in Secondary Education.* Pt. 1. Houghton. (educ./R)

    Anon. 1927. *ED* 48 (D): 267.

Hoge, J.W. 1928. *SR* 36 (F): 155-7.
Kinney, J.M. 1928. *SSM* 28 (Ja): 106.
Wilson, G.M. 1927. *AE* 31 (D): 159.

2018. **Nazimov, Petr S.** 1928. *Applications of the Theory of Elliptic Functions to the Theory of Numbers.* Trans. A.E. Ross. Brown. (no. theory, ell. fcns./R)

Bell, E.T. 1929. *AMSB* 35 (S/O): 735-6.

2019. **Neelley, John H., and Joshua I. Tracey.** 1932. *Differential and Integral Calculus.* Macmillan. (calc./Ts, Tc)

Anon. 1932. *MT* 25 (D): 492.
———. 1935. *MT* 28 (Ap): 254.
Borofsky, S. 1933. *AMM* 40 (Ap): 235-6.
Brown, F.G.W. 1933. *MG* 17 (My): 141.
Kinney, J.M. 1932. *SSM* 32 (D): 1034.

2020. ———. 1939. *Differential and Integral Calculus.* 2d ed. Macmillan. (calc./Ts, Tc)

Lowenstein, L.L. 1939. *AMM* 46 (D): 647.
Read, C.B. 1939. *SSM* 39 (D): 890-1.
Thielman, H.P. 1940. *NMM* 14 (Ja): 228-9.

2021. **Neely, R.R., and James Killius.** 1921. *Modern Applied Arithmetic...* Blakiston. (arith., appl./Te, Tj)

Anon. 1922. *AE* 26 (N): 140.
———. 1922. *MT* 15 (Ja): 57-8.
Laughlin, B. 1923. *CSJ* 5 (Ja): 222.

2022. **Nelson, Alfred L., and Karl W. Folley.** 1936. *Plane and Spherical Trigonometry.* Harper. (trig./Ts)

Craig, H.V. 1936. *AMM* 43 (D): 635-6.
Sparks, F.W. 1936. *NMM* 11 (O): 66-7.

2023. **Netto, Eugen.** 1892. *The Theory of Substitutions and its Applications to Algebra.* Trans. F.N. Cole. Rev. ed. Register. (Galois theory, groups, eqn. theory/R)

Bolza, O. 1893. *NYMSB* 2 (F): 83-106.

2024. **Neufeld, Julius L.** 1920. *Elementary Algebra.* Blakiston. (alg./Tj, Ts)

Anon. 1921. *MT* 14 (Mr): 159.
Cobb, H.E. 1921. *SSM* 21 (F): 202.

2025. ———. 1922. *Elementary Algebra.* 2 v. Blakiston. (alg./Tj, Ts)

Laughlin, B. 1923. *CSJ* 5 (Mr): 302.

2026. **Neulen, Leon N.** 1931. *Problem Solving in Arithmetic...* ContrEd., #483. Teachers. (educ., arith./R)
Anon. 1932. *JER* 35 (Ap/My): 304-5.
Knight, F.B. 1932. *ESJ* 32 (My): 711-2.

2027. **Neurath, Otto, et al.** 1938. *International Encyclopedia of Unified Science.* V. 1, #1. *Encyclopedia and Unified Science.* ChicagoPr. (fnds./R)
Ballantine, C. 1939. *AMM* 46 (Mr): 162-3.
For additional reviews see Buros 1941, 212-3.

2028. **Neville, Eric H.** 1921. *The Fourth Dimension.* Macmillan. (multidim. geom., relat., hyperspace/R)
Cunningham, E. 1922. *MG* 11 (Jl): 127.
Young, J.W. 1923. *AMSB* 29 (Ja): 38.

2029. ———. (1922) 1923. *Prolegomena to Analytical Geometry in Anisotropic Euclidean Space of Three Dimensions.* Macmillan. (anal. geom., vector anal., alg. geom., diff. geom./Tc, Tg)
Nunn, T.P. 1924. *MG* 12 (Ja): 27-30.

2030. **Newcomb, Ralph S.** 1926. *Modern Methods of Teaching Arithmetic.* Houghton. (educ., arith., alg., geom./Tc, R)
Anon. 1927. *CSJ* 9 (Ap): 318.
———. 1927. *MT* 20 (Ap): 236.
Breed, F.S. 1926. *ESJ* 27 (O): 151-2.
Kinney, J.M. 1926. *SSM* 26 (O): 792.
Palmer, P.L. 1926. *SR* 34 (Je): 475-6.

2031. **Newell, Marquis J., and George A. Harper.** 1914. *Plane Geometry...* Row. (geom./Ts)
Cobb, H.E. 1915. *SSM* 15 (Mr): 267.

2032. ———. 1918. *Plane and Solid Geometry...* Row. (geom./Ts)
Cobb, H.E. 1918. *SSM* 18 (Ja): 98.

2033. **Newman, Frederick H., and Victor H.L. Searle.** 1933. *The General Properties of Matter.* 2d ed. Macmillan. (phys./R)
Murnaghan, F.D. 1933. *AMSB* 39 (S): 657.

2034. **Newman, Maxwell H.A.** 1939. *Elements of the Topology of Plane Sets of Points.* Macmillan. (top./Tc, Tg)

Oppermann, R.H. 1939. *JFI* 228 (S): 408-9.
Smithies, F. 1939. *MG* 23 (D): 487-8.
Wilder, R.L. 1939. *SCI* 90 (O 13): 354-5.

2035. **Newton, Arthur E.** 1938. *Mathematics: General Course.* Ginn. (arith., alg., geom., trig./Tj, Ts)

Neimann, L.C. 1939. *SSM* 39 (Ja): 97-8.

2036. **Newton, Isaac.** 1934. *Mathematical Principles of Natural Philosophy and his System of the World.* Trans. A. Motte, 1729. Trans., rev. F. Cajori. Calif. (hist., anal., geom., phys.-/R)

Archibald, R.C. 1935. *AMM* 42 (F): 101-3.
———. 1935. *SM* 3 (Ja): 69-74.
Neville, E.H. 1935. *MG* 19 (F): 49-52.
Sarton, G. 1935. *ISIS* 23 (2): 456-7.
Smith, D.E. 1934. *AMSB* 40 (N): 781-3.
S., R.A. 1935. *NAT* 135 (Ja 26): 128-9.

2037. **Neyman, Jerzy, with W. Edwards Deming.** 1938. *Lectures and Conferences on Mathematical Statistics.* USDeptAgrGS. (stat., prob./R)

Beale, F.S. 1938. *AMM* 45 (Je/Jl): 377-9.
Maclean, J. 1939. *MG* 23 (My): 225-6.
P., H.T.H. 1938. *NAT* 142 (Ag 13): 274.
Wilks, S.S. 1938. *JASA* 33 (Je): 478-80.
For additional reviews see Buros 1938, 61-2; and Buros 1941, 216-7.

2038. **Nichols, Edgar H.** 1896. *Elementary and Constructional Geometry.* Longmans. (geom./Ts)

Colaw, J.M. 1897. *AMM* 4 (Ag/S): 233-4.

2039. **Nichols, Edward W.** 1892. *Analytic Geometry...* Leach. (anal. geom./Ts, Tc)

Anon. 1893. *ED* 13 (F): 388.

2040. ———. 1900. *Differential and Integral Calculus...* Heath. (calc./Ts, Tc)

Finkel, B.F. 1900. *AMM* 7 (D): 302.

2041. ———. 1908. *Analytic Geometry...* Rev. ed. Heath. (anal. geom./Ts, Tc)

Cobb, H.E. 1909. *SSM* 9 (F): 201.

Finkel, B.F. 1908. *AMM* 15 (N): 215.
Scott, G.H. 1910. *AMSB* 16 (Je): 491.

2042. **Nichols, Herbert, with William E. Parsons.** 1894. *Our Notions of Number and Space.* Ginn. (educ., phil./R)

Anon. 1895. *JE* 41 (F 14): 110.
Colaw, J.M. 1897. *AMM* 4 (Ap): 126.
Kirschmann, A. 1895. *PR* 4 (S): 569-72.
Mu. 1894. *MON* 5 (O): 147-8.

2043. **Nichols, Wilbur F.** 1897-1899. *Graded Lessons in Arithmetic; Grades II-VIII.* 7 v. Thompson. (arith./Te, Tj)

Colaw, J.M. 1900. *AMM* 7 (My): 149.

2044. ———. 1903. *The Progressive Arithmetic.* 3 v. Thompson. (arith./Te, Tj)

Anon. 1903. *ED* 24 (D): 255.
———. 1904. *AE* 8 (S): 53.

2045. ———. 1913. *New Arithmetical Problems.* DuttonB. (arith./Su)

Anon. 1914. *AE* 18 (O): 120.

2046. **Nicholson, James W.** 1888. *An Elementary Algebra...* Hansell. (alg./Tj)

Anon. 1888. *JE* 28 (O 11): 242.
———. 1890. *MMAG* 2 (Jl): 48.

2047. ———. 1889. *An Advanced Arithmetic...* Hansell. (arith./Te, Tj)

Anon. 1890. *MMAG* 2 (Jl): 48.

2048. ———. 1896. *Elements of the Differential and Integral Calculus...* U. Publ. (calc./Ts, Tc)

Finkel, B.F. 1896. *AMM* 3 (F): 62.
Fiske, T.S. 1898. *AMSB* 4 (Mr): 279-80.

2049. ———. 1898. *Elements of Plane and Spherical Trigonometry.* Macmillan. (trig./Ts)

Anon. 1899. *ED* 19 (Ap): 514.
Finkel, B.F. 1898. *AMM* 5 (Ag/S): 219.

2050. **Nicod, Jean.** 1930. *Foundations of Geometry and Induction.* Trans. P.P. Wiener. Harcourt. (logic, fnds., geom./R)

Dresden, A. 1931. *AMSB* 37 (Mr): 152-3.
Quine, W.V. 1930. *AMM* 37 (Je/Jl): 305-7.

Smith, H.B. 1932. *PR* 41 (My): 320-2.

2051. **Nicomachus of Gerasa.** 1926. *Introduction to Arithmetic.* Trans. M.L. D'Ooge. With *Studies in Greek Arithmetic* by Frank E. Robbins and Louis C. Karpinski. Macmillan. (hist./R)

    Berwick, W.E.H. 1927. *MG* 13 (O): 431-2.
    Cajori, F. 1927. *AMM* 34 (My): 269.
    Sarton, G. 1927. *ISIS* 9 (1): 120-3.
    Smith, D.E. 1926. *AMSB* 32 (S/O): 557-60.

2052. **Niles, Sanford.** 1887. *Niles' Advanced Geography...* MerrillM. (geog./Ts, Tc, R)

    Anon. 1888. *JE* 27 (Mr 22): 186.

2053. **Nixon, Randall C.J.**, ed. 1888. *Geometry in Space...* Macmillan. (geom./Ts, Tc)

    Anon. 1888. *SCI* 11 (Je 8): 276.

2054. **Nordgaard, Martin A.** 1922. *A Historical Survey of Algebraic Methods of Approximating the Roots of Numerical Higher Equations up to the Year 1819.* ContrEd., #123. Teachers. (hist., eqn. theory, numerical anal./R)

    Breslich, E.R. 1923. *SR* 31 (Mr): 236.
    Foberg, J.A. 1923. *JER* 7 (F): 161-2.

2055. **Norris, Earle B., and Ralph T. Craigo.** 1913. *Shop Mathematics.* Pt. 2. McGraw. (alg., geom., trig./Ts, Su)

    Cobb, H.E. 1913. *SSM* 13 (N): 748.
    Smith, P.F. 1914. *AMSB* 20 (My): 428-9.

2056. **Norris, Earle B., and Kenneth G. Smith.** 1912. *Shop Mathematics.* Pt. 1. McGraw. (arith., appl./Te, Tj, Su)

    Cobb, H.E. 1913. *SSM* 13 (F): 182.

2057. ———. 1924. *Shop Mathematics.* Pt. 1. McGraw. (arith., appl./Te, Tj, Su)

    Kinney, J.M. 1925. *SSM* 25 (My): 552.

2058. ———. 1931. *Shop Mathematics.* Pt. 1. 3d ed. McGraw. (arith., appl./Te, Tj, Su)

    Hawkins, G.E. 1931. *SSM* 31 (D): 1142.

2059. **Norris, John A., and Charles Laird.** 1891. *Telegraphic Determination of Longitudes in Mexico...* GPO. (tables, cartog./R)

   Jacoby, H. 1891. *NYMSB* 1 (O): 28-30.

2060. **Norris, Percy W., and William W.S. Legge.** 1923. *Mechanics via the Calculus.* Longmans. (mech./Tc)

   Milne, R.M. 1924. *MG* 12 (Mr): 66.

2061. **Northcott, John A.** 1933. *Plane Trigonometry.* Long. (trig./Ts)

   Anon. 1933. *MT* 26 (N): 445.
   Garabedian, C.A. 1933. *AMM* 40 (D): 600-2.
   Kinney, J.M. 1933. *SSM* 33 (N): 912.

2062. **Northrop, Filmer S.C.** 1931. *Science and First Principles.* Macmillan. (relat./R)

   Davis, H.T. 1932. *ISIS* 17 (1): 273-7.
   Eddington, A.S. 1932. *MG* 16 (My): 135-6.
   For additional reviews see Farber 1981.

2063. ———, et al. 1936. *Philosophical Essays for Alfred North Whitehead...* Longmans. (phil., hist., logic/R)

   Adams, G.P. 1937. *PR* 46 (N): 672-4.

2064. **Nowlan, Frederick S.** 1933. *Analytic Geometry.* McGraw. (anal. geom./Ts, Tc)

   Anon. 1933. *MT* 26 (My): 314.
   Kinney, J.M. 1933. *SSM* 33 (Je): 694.
   Sprague, A.H. 1933. *AMM* 40 (Je/Jl): 355-6.

2065. ———. 1934. *Analytic Geometry.* 2d ed. McGraw. (anal. geom./Ts, Tc)

   Anon. 1934. *MT* 27 (N): 359.
   ———. 1934. *NAT* 134 (N 3): 684.
   Robson, A. 1934. *MG* 18 (D): 335-6.

2066. **Nunn, Thomas P.** (1913-1914) 1914-1915. *Exercises in Algebra (Including Trigonometry).* 2 v. Longmans. (alg., precalc., calc./Ts, Tc, Su)

   McClenon, R.B. 1919. *AMM* 26 (Ap): 154-6.
   Smith, D.E. 1917. *AMSB* 23 (Ja): 176-80.

2067. ———. 1914. *The Teaching of Algebra (Including Trigonometry).* Longmans. (alg., precalc., calc., diff. eqns., educ./R)

McClenon, R.B. 1919. *AMM* 26 (Ap): 154-6.
Smith, D.E. 1917. *AMSB* 23 (Ja): 176-80.

2068. **Nyberg, Joseph A.** 1924. *First Course in Algebra*. AmBk. (alg./Tj)

Anon. 1924. *AE* 27 (My): 424, 426.
Chandler, H.W. 1924. *SSM* 24 (Je): 670.
Evans, G.W. 1924. *MT* 17 (My): 315-7.

2069. ———. 1926. *Second Course in Algebra*. AmBk. (alg./Ts)

Anon. 1926. *AE* 29 (My): 424.

2070. ———. 1929. *Plane Geometry*. AmBk. (geom./Ts)

Kinney, J.M. 1929. *SSM* 29 (D): 1016.
M., O.M. 1930. *CSJ* 13 (N): 160.
Munch, H.F. 1929. *HSJ* 12 (Ap): 137.

2071. ———. 1929. *Solid Geometry*. AmBk. (geom./Ts)

Anon. 1929. *HSJ* 12 (D): 335.
———. 1930. *CSJ* 12 (Mr): 319.

2072. ———. 1935. *Survey of High School Mathematics*. AmBk. (genl./Tj, Ts)

Anon. 1936. *MT* 29 (F): 100.
Munch, H.F. 1936. *HSJ* 19 (O): 216.

2073. ———. 1940. *Exercises in Reasoning*. Chicago: b.a. (geom., logic/Su)

Carnahan, W.H. 1940. *SSM* 40 (O): 696-7.
Lazar, N. 1941. *MT* 34 (Mr): 135-6.
Munch, H.F. 1940. *HSJ* 23 (N): 343-4.

2074. **Nystrom, John W.** 1876. *On the French Metric System of Weights and Measures...* Penington. (metric system, duod. arith./R)

Anon. 1877. *NEJE* 5 (Ja 25): 48.

O

2075. **O'Connor, Johnson.** 1934. *Psychometrics...* Harvard. (testing/R)
    Brolyer, C.R. 1936. *AMSB* 42 (N): 799.

2076. **Odell, Charles W.** 1925. *Educational Statistics.* Century. (stat., graphics/Tc)
    Geyer, D.L. 1926. *CSJ* 8 (Ja): 195-7.
    Lotka, A.J. 1926. *JASA* 21 (S): 374.
    Scates, D.E. 1925. *SR* 33 (D): 796-7.
    Trabue, M.R. 1926. *JER* 13 (Mr): 222-3.
    For additional reviews see Farber 1981.

2077. ———. 1926. *The Interpretation of the Probable Error and the Coefficient of Correlation.* IllBurEdRes. Bull. #32. Ill. Bull., v. 23, #52. Ill. (stat./R)
    Holzinger, K.J. 1927. *ESJ* 27 (Mr): 552.

2078. ———. 1935. *Statistical Method in Education.* AppletonC. (stat./Tc)
    Edwards, A.S. 1936. *EDAS* 22 (Ap): 315-7.
    Rulon, P.J. 1936. *AMM* 43 (Mr): 177-80.
    For additional reviews see Buros 1937, 96; and Buros 1938, 63-4.

2079. **Oglesby, Earnest J., and Hollis R. Cooley.** 1929. *Plane Trigonometry.* Prentice. (trig./Ts)
    Kinney, J.M. 1930. *SSM* 30 (Ja): 102.
    Wren, F.L. 1930. *AMM* 37 (F): 86-7.

2080. **O'Hara, Charles W., and Dudley R.B. Ward.** 1937. *An Introduction to Projective Geometry.* Oxford. (proj. geom./Tc)
    Robinson, H.A. 1938. *NMM* 13 (O): 51.

Todd, J.A. 1938. *MG* 22 (F): 86-8.
Z., A.v. 1938. *NAT* 141 (Mr 26): 535.

2081. **Oliver, James E., Lucien A. Wait, and George W. Jones.** 1881. *A Treatise on Trigonometry.* FinchA. (trig./Ts)

Anon. 1881. *AN* 8 (Jl): 136.

2082. ———. 1887. *A Treatise on Algebra.* Finch. (precalc., calc./Ts, Tc)

Anon. 1884. *MMAG* 1 (O): 226.
L., F.P. 1887. *AM* 3 (5): 157.

2083. **Olney, Edward.** 1875. *The Elements of Arithmetic...* Sheldon. (arith./Te, Tj)

Anon. 1875. *NEJE* 2 (Jl 3): 12.

2084. ———. 1877. *The Elements of Arithmetic...* Sheldon. (arith./Te, Tj)

Anon. 1877. *NEJE* 6 (Ag 9): 57.

2085. ———. 1881. *The Complete Algebra...* New ed. Sheldon. (alg./Tj, Ts)

Anon. 1884. *MMAG* 1 (Ap): 172.

2086. ———. 1881. *A Practical Arithmetic...* Sheldon. (arith./Te, Tj)

Anon. 1884. *MMAG* 1 (Ap): 171.

2087. ———. 1884. *Elementary Geometry.* New ed. Sheldon. (geom./Ts)

Anon. 1884. *MMAG* 1 (Ap): 172.

2088. **Omar Khayyam.** 1931. *The Algebra of Omar Khayyam.* Ed., trans. D.S. Kasir. ContrEd., #385. Teachers. (hist., alg./R)

Anon. 1932. *MT* 25 (Ap): 238-41.
Simons, L.G. 1932. *SM* 1 (D): 160-2.

2089. **O'Rahilly, Alfred.** 1938. *Electromagnetics...* Longmans. (electromag./Tc)

Bateman, H. 1939. *SCI* 90 (S 29): 300-2.

2090. **Orleans, Joseph B., and Walter W. Hart.** 1933. *Intermediate Algebra.* HeathNY. (alg./Ts)

Anon. 1933. *MT* 26 (My): 313.
Stone, C.A. 1933. *SSM* 33 (Je): 688.

2091. **Orleans, Joseph B., and Jacob S. Orleans.** 1928. *Orleans Algebra Prognosis Test.* WrldBk. (alg., educ./R)

    Munch, H.F. 1928. *HSJ* 11 (D): 389.

2092. **Orleans, Joseph B., and Hallie S. Poole.** 1932. *Eleventh Year Mathematics...* Heath. (alg., trig./Ts)

    Georges, J.S. 1933. *SR* 41 (Je): 475-7.
    Royce, G.L. 1934. *SSM* 34 (Mr): 328, 330.

2093. **Osborne, George A.** 1886. *Examples of Differential Equations.* Ginn. (diff. eqns./Su)

    Anon. 1886. *ED* 6 (Ap): 531.
    ———. 1886. *SJ* 31 (Ap 17): 52.

2094. ———. 1891. *Elementary Treatise on the Differential and Integral Calculus...* Leach. (calc./Ts, Tc)

    Anon. 1891. *ED* 12 (S): 57.

2095. ———. 1906-1907. *Differential and Integral Calculus...* Rev. ed. Heath. (calc./Ts, Tc)

    Keyser, C.J. 1907. *SCI* 26 (O 4): 437-9.
    M. 1907. *SSM* 7 (N): 712.

2096. **Osburn, Worth J.** 1924-1929. *Corrective Arithmetic...* 2 v. Houghton. (educ., arith./R, Tc)

    Anon. 1926. *AE* 30 (D): 130.
    ———. 1930. *ED* 50 (My): 579.
    Brueckner, L.J. 1930. *ESJ* 30 (Ap): 627-30.
    Buswell, G.T. 1925. *ESJ* 26 (S): 69-71.
    Goff, R.R. 1925. *ED* 45 (F): 381.
    Haley, J. 1925. *MT* 18 (My): 302.
    Kinney, J.M. 1930. *SSM* 30 (F): 217.
    Knight, F.B. 1925. *JER* 11 (My): 384.

2097. **Osgood, William F.** 1897. *Introduction to Infinite Series.* Harvard. (inf. series/R)

    Colaw, J.M. 1897. *AMM* 4 (Ag/S): 233.
    Harkness, J. 1898. *AMSB* 4 (Mr): 277-8.

2098. ———. 1907. *A First Course in the Differential and Integral Calculus.* Macmillan. (calc./Ts, Tc)

    Anon. 1908. *ED* 28 (Ja): 330.
    Finkel, B.F. 1907. *AMM* 14 (O): 190-1.
    Hardy, G.H. 1908. *MG* 4 (Jl): 307-9.

Haskins, C.N. 1909. *AMSB* 15 (Je): 457-62.
Keyser, C.J. 1908. *SCI* 27 (Je 19): 954-7.

2099. ———. 1909. *A First Course in the Differential and Integral Calculus*. Rev. ed. Macmillan. (calc./Ts, Tc)

Haskins, C.N. 1909. *AMSB* 15 (Je): 457-62.

2100. ———. 1921. *Elementary Calculus*. Macmillan. (calc./Ts, Tc)

Anon. 1921. *AMM* 28 (My): 217.
———. 1921. *ED* 41 (Ap): 545.
Cobb, H.E. 1921. *SSM* 21 (My): 510.

2101. ———. 1922. *Introduction to the Calculus*. Macmillan. (calc./Ts, Tc)

Ettlinger, H.J. 1923. *AMM* 30 (D): 444-6.

2102. ———. 1925. *Advanced Calculus*. Macmillan. (adv. calc./Tc)

Bennett, A.A. 1927. *AMM* 34 (Je/Jl): 322-4.
Broadbent, T.A.A. 1926. *MG* 13 (D): 253.
Curtiss, D.R. 1927. *AMSB* 33 (Mr/Ap): 241-6.

2103. ———. [1936] 1938. *Functions of a Complex Variable*. Stechert. (complex var./Tc, Tg)

Cooper, R. 1937. *MG* 21 (D): 433-6.

2104. ———. [1936] 1938. *Functions of Real Variables*. Stechert. (real var./Tc, Tg)

Cooper, R. 1937. *MG* 21 (D): 433-6.

2105. ———. 1937. *Mechanics*. Macmillan. (mech., vector anal./Tc)

Cell, J.W. 1938. *NMM* 12 (Mr): 313-4.
Dean, W.R. 1938. *MG* 22 (Jl): 310.
Franklin, P. 1938. *AMM* 45 (Ja): 39-40.

2106. ———, and William C. Graustein. 1921. *Plane and Solid Analytic Geometry*. Macmillan. (anal. geom./Ts, Tc)

Anon. 1922. *AMM* 29 (F): 66-7.
Ashcroft, L. 1923. *MG* 11 (D): 430.
Cobb, H.E. 1921. *SSM* 21 (D): 916.
Miller, G.A. 1922. *SCI* 56 (O 13): 420-1.

2107. **Otis, Arthur S.** n.d. *Arithmetic Reasoning Test*. WrldBk. (arith., testing/R)

Anon. 1923. *MT* 16 (My): 320.

2108. ———. 1925. *Statistical Method in Educational Measurement.* WrldBk. (stat./Tc)

    Burgess, R.W. 1927. *AMM* 34 (O): 433-5.
    Geyer, D.L. 1926. *CSJ* 8 (Ja): 195-7.
    McClusky, H.Y. 1925. *SR* 33 (S): 549-51.
    Spurgin, W.H. 1925. *SSM* 25 (Je): 668.
    For additional reviews see Farber 1981.

2109. **Overman, James R.** 1920. *Principles and Methods of Teaching Arithmetic.* Lyons. (educ., arith./Tc, Tg, R)

    Anon. 1921. *AMM* 28 (Ap): 176.
    ———. 1921. *ESJ* 21 (Mr): 556.
    ———. 1921. *MT* 14 (My): 294-5.

2110. ———. 1923. *A Course in Arithmetic for Teachers and Teacher-Training Classes.* Lyons. (educ., arith./Tc, Tg)

    Breed, F.S. 1924. *ESJ* 24 (Mr): 552.
    Hinkle, E.C. 1924. *MT* 17 (F): 125-6.

2111. ———. 1931. *An Experimental Study of Certain Factors Affecting Transfer of Training in Arithmetic.* U. Mich. thesis. EdPsyMon., #29. Warwick. (arith., educ./R)

    Olander, H.T. 1932. *ESJ* 32 (Ja): 393-5.
    Osburn, W.J. 1933. *JER* 26 (Ja): 369-70.

P

2112. **Paddock, Clarence E., and Edward E. Holton.** 1920. *Vocational Arithmetic.* Appleton. (arith., appl./Te, Tj)
   Cobb, H.E. 1921. *SSM* 21 (F): 202.

2113. **Page, Helen F.** 1889-1890. *Fractions.* Teachers' Manual and Color Diagrams. Ginn. (arith., educ./R)
   Anon. 1890. *JE* 31 (Mr 13): 171.

2114. **Page, James M.** 1897. *Ordinary Differential Equations...* Macmillan. (diff. eqns./Tc)
   Dickson, L.E. 1899. *AMSB* 5 (Je): 451-5.
   Finkel, B.F. 1897. *AMM* 4 (O): 260-1.
   Lovett, E.O. 1898. *AMSB* 4 (Ap): 349-53.

2115. **Page, Leigh.** 1922. *An Introduction to Electrodynamics...* Ginn. (electrodyn./Tc)
   Daniell, P.J. 1923. *AMSB* 29 (Ja): 39.

2116. ———. 1928. *Introduction to Theoretical Physics.* VanNos. (phys./Tc)
   Cleveland, T.K. 1929. *JFI* 207 (My): 712-3.
   Murnaghan, F.D. 1930. *AMSB* 36 (Ja): 38.

2117. **Paley, Raymond E.A.C., and Norbert Wiener.** 1934. *Fourier Transforms in the Complex Domain.* AMSColl. Publ., v. 19. AMS. (complex var., Fourier anal., exp. fcns., harm. anal./R)
   Bosanquet, L.S. 1935. *MG* 19 (My): 147-8.

2118. **Palmer, Claude I.** 1912-1913. *Practical Mathematics...* 4 v. McGraw. (arith., geom., alg., trig./Te, Tj, Ts)

Brenke, W.C. 1913. *AMM* 20 (N): 281-2.
Cobb, H.E. 1913. *SSM* 13 (F): 180.
———. 1913. *SSM* 13 (Ap): 364.
———. 1913. *SSM* 13 (O): 640.

2119. ———. 1924. *Practical Calculus for Home Study.* McGraw. (calc./Ts, Tc)

Kinney, J.M. 1925. *SSM* 25 (Mr): 326.

2120. ———. 1930. *Practical Mathematics...* V. 2. 3d ed. McGraw. (alg./Tj)

Urbancek, J.J. 1930. *SSM* 30 (O): 848.

2121. ———, and Samuel F. Bibb. 1940. *Practical Mathematics.* 4 v. 4th ed. McGraw. (arith., alg., geom., trig./Te, Tj, Ts)

Warren, H. 1941. *SSM* 41 (D): 904.

2122. **Palmer, Claude I., and William C. Krathwohl.** 1921. *Analytic Geometry...* McGraw. (anal. geom., calc./Ts, Tc)

Anon. 1922. *AMM* 29 (F): 69-70.
Cobb, H.E. 1921. *SSM* 21 (D): 918.

2123. **Palmer, Claude I., and Charles W. Leigh.** 1914. *Plane Trigonometry with Tables.* McGraw. (trig./Ts)

Anon. 1914. *MT* 7 (D): 73.
Cobb, H.E. 1915. *SSM* 15 (Mr): 268.
Craig, C.F. 1915. *AMM* 22 (Ap): 124-5.

2124. ———. 1916. *Plane and Spherical Trigonometry.* 2d ed. McGraw. (trig./Ts)

Cobb, H.E. 1917. *SSM* 17 (Mr): 274.

2125. ———. 1925. *Plane and Spherical Trigonometry.* 3d ed. McGraw. (trig./Ts)

Copeland, L.P. 1926. *AMM* 33 (F): 101-2.
Refior, S.R. 1925. *MT* 18 (N): 440-1.

2126. ———. 1934. *Plane and Spherical Trigonometry.* 4th ed. McGraw. (trig./Ts)

Anon. 1935. *MT* 28 (Mr): 193-4.

2127. **Palmer, Claude I., and Wilson L. Miser.** 1928. *College Algebra.* McGraw. (alg./Ts, Tc)

Boon, F.C. 1929. *MG* 14 (Mr): 374-5.

Donahue, J.E. 1929. *AMM* 36 (Ja): 47-8.
Kinney, J.M. 1929. *SSM* 29 (Mr): 307.

2128. ———. 1937. *College Algebra*. 2d ed. McGraw. (alg./Ts, Tc)

Boon, F.C. 1937. *MG* 21 (O): 305.
Kinney, J.M. 1937. *SSM* 37 (N): 1005.

2129. Palmer, Claude I., and Daniel P. Taylor. 1915. *Plane Geometry*. Ed. G.W. Myers. Scott. (geom./Ts)

Anon. 1916. *MT* 8 (Je): 221.
———. 1917. *AE* 20 (Mr): 442, 446.
Cobb, H.E. 1915. *SSM* 15 (D): 846.

2130. ———. 1918. *Solid Geometry*. Ed. G.W. Myers. Scott. (geom./Ts)

Cobb, H.E. 1919. *SSM* 19 (My): 480.

2131. ———, and Eva C. Farnum. 1924. *Plane Geometry*. Rev. ed. Scott. (geom./Ts)

Anon. 1925. *CSJ* 7 (Je): 395.
———. 1925. *MT* 18 (N): 438.
Stone, C.A. 1924. *SR* 32 (S): 550-1.

2132. Pappus. 1930. *The Commentary of Pappus on Book X of Euclid's Elements*. Trans., ed. G. Junge and W. Thomson. HarvardSem., v. 8. Harvard. (hist./R)

Gandz, S. 1931. *ISIS* 16 (1): 132-6.
Smith, D.E. 1931. *AMSB* 37 (Jl): 497-8.

2133. Parker, George W. 1915. *Elements of Optics...* Longmans. (optics/Tc)

Carmichael, R.D. 1919. *AMSB* 25 (F): 234-5.

2134. Parker, John A. 1851. *The Quadrature of the Circle...* Benedict. (geom./Su)

Schaaf, W.L. 1939. *SM* 6 (Mr): 53.

2135. Parkinson, Wilfrid, and Arthur J. Pressland. 1923. *A Primer of Geometry*. Oxford. (college geom./Tc)

Langley, E.M. 1923. *MG* 11 (D): 432-3.

2136. Parsons, George L. (1926) 1927. *Elementary Integral Calculus*. Macmillan. (calc./Ts, Tc)

Anon. 1926. *MG* 13 (Jl): 176.

2137. ———. 1936. *Elementary Differential and Integral Calculus*. 2 v. Macmillan. (calc./Ts, Tc)

    Middlemiss, R.R. 1937. *AMM* 44 (Mr): 170-1.

2138. **Partington, James R.** 1912. *Higher Mathematics for Chemical Students*. VanNos. (calc., diff. eqns., appl./Tc)

    Wilson, E.B. 1913. *SCI* 37 (Ja 10): 63-4.

2139. **Passano, Leonard M.** 1918. *Plane and Spherical Trigonometry*. Macmillan. (trig./Ts)

    Anon. 1918. *MT* 10 (Je): 212.
    Cobb, H.E. 1918. *SSM* 18 (Je): 568.

2140. ———. 1921. *Calculus and Graphs...* Macmillan. (calc./Ts, Tc)

    Anon. 1922. *ED* 43 (D): 256.
    Bennett, A.A. 1922. *AMM* 29 (Ap): 170-1.
    Cobb, H.E. 1922. *SSM* 22 (Ap): 404.
    Piaggio, H.T.H. 1922. *MG* 11 (D): 210-1.

2141. ———. 1930. *Plane and Spherical Trigonometry*. Rev. ed. Bound with *Logarithmic and Trigonometric Tables* by Earle R. Hedrick. Macmillan. (trig./Ts)

    Craig, C.F. 1931. *AMM* 38 (Je/Jl): 335.
    Kinney, J.M. 1931. *SSM* 31 (Ap): 488.

2142. **Paterson, William E.** (1908) 1909. *School Algebra*. Pt. 1. Oxford. (alg./Tj, Ts)

    Milne, J.J. 1908. *MG* 4 (D): 392-4.

2143. ———, and **Enoch O. Taylor.** 1914. *Elementary Geometry...* V. 1. Oxford. (geom./Ts)

    Child, J.M. 1914. *MG* 7 (O): 410.

2144. **Patterson, Boyd C.** 1937. *Projective Geometry*. Wiley. (proj. geom./Tc)

    Anon. 1938. *NAT* 141 (My 7): 811.
    DuVal, P. 1937. *MG* 21 (D): 445.
    Georges, J.S. 1937. *SSM* 37 (N): 1009.
    Johnson, R.A. 1938. *AMM* 45 (My): 313-4.
    Robinson, H.A. 1938. *NMM* 12 (F): 258.

2145. **Patterson, George W.** 1911. *Revolving Vectors...* Macmillan. (vector anal., phys./Tc)

    Cobb, H.E. 1912. *SSM* 12 (F): 168.

2146. **Patterson, Karl B., and Arthur O. Hickson.** 1936. *Plane Trigonometry.* Crofts. (trig./Ts)

   Miser, W.L. 1937. *NMM* 11 (F): 249.
   Radius, C. 1937. *SSM* 37 (O): 877.

2147. **Pauling, Linus C., and Samuel Goudsmit.** 1930. *The Structure of Line Spectra.* McGraw. (atomic phys./Tc, Tg)

   Barnes, J. 1930. *JFI* 210 (S): 393.

2148. **Pauling, Linus C., and Edgar B. Wilson, Jr.** 1935. *Introduction to Quantum Mechanics...* McGraw. (quantum mech./Tc, Tg)

   Condon, E.U. 1936. *SCI* 83 (Ja 31): 105-6.

2149. **Payson, John P.** 1888. *Elements of Practical Arithmetic...* Lee. (arith./Te, Tj)

   Anon. 1888. *JE* 27 (Ap 26): 266.

2150. **Peacock, George.** [1842-1845] 1940. *A Treatise on Algebra.* 2 v. Reprint. Scripta. (alg., trig., eqn. theory/Ts, Tc, R)

   Broadbent, T.A.A. 1942. *MG* 26 (O): 196-7.
   Karpinski, L.C. 1942. *AMM* 49 (Ap): 254-5.

2151. **Pearl, Raymond.** 1923. Introduction to *Medical Biometry and Statistics.* Saunders. (stat., appl./Tc, R)

   Davenport, C.B. 1924. *JASA* 19 (Je): 264.
   Richards, O.W. 1925. *AMM* 32 (Ag/S): 425-7.
   For an additional review see Farber 1981.

2152. ———. 1940. *Introduction to Medical Biometry and Statistics.* 3d ed. Saunders. (stat., appl./Tc, R)

   Berkson, J. 1942. *JASA* 37 (Mr): 145-7.
   For additional reviews see Buros 1941, 226-8; and Farber 1981.

2153. **Pearson, Egon S.** (1938) 1939. *Karl Pearson...* Macmillan. (biog., stat./R)

   Ciocco, A. 1939. *JASA* 34 (S): 588-9.
   Davis, H.T. 1940 (publ. 1947). *ISIS* 32 (1): 158-64.
   Yule, G.U. 1939. *NAT* 143 (F 11): 220-2.
   For additional reviews see Buros 1941, 229-31.

2154. **Pearson, Karl.** 1914-1930. *The Life, Letters and Labours of Francis Galton.* 3 v. in 4. Macmillan. (hist., biog., stat./R)

   Pearl, R. 1925. *SCI* 61 (F 20): 209-12.

———. 1931. *SCI* 73 (F 27): 238-40.
Sarton, G. 1926. *ISIS* 8 (1): 181-8.
———. 1934. *ISIS* 22 (1): 253-5.

2155. **Peck, William G.** 1859. *Elements of Mechanics...* BarnesB. (mech./Tc)
Runkle, J.D. 1859. *MMON* 1 (My): 286-7.

2156. ———. 1874. *Complete Arithmetic...* Barnes. (arith./Te, Tj)
Anon. 1882. *MMAG* 1 (Jl): 52.

2157. ———. 1875. *First Lessons in Numbers.* Barnes. (arith./Te)
Anon. 1875. *NEJE* 1 (Mr 27): 156.

2158. ———. 1876. *Manual of Geometry and Conic Sections...* Barnes. (geom., mensur., trig./Ts, Su)
Anon. 1876. *NEJE* 4 (S 23): 132.

2159. ———. 1887. *Elementary Treatise on Determinants.* Barnes. (determ./Ts, Tc)
Anon. 1887. *ED* 7 (My): 665.

2160. **Peck, William M.** 1893. *Advanced Arithmetic...* Lovell. (arith./Tj)
Anon. 1893. *ED* 14 (N): 192.

2161. ———. 1894. *Graded Lessons in Number.* Pt. 2. Lovell. (arith./Te)
Anon. 1894. *JE* 40 (Ag 30): 146.

2162. **Peirce, Benjamin O.** 1886. *Elements of the Theory of the Newtonian Potential Functions.* Ginn. (phys./Tc)
Anon. 1886. *SJ* 31 (My 15): 317.

2163. ———. 1899. *A Short Table of Integrals.* Rev. ed. Ginn. (calc., tables/R)
Brown, E.W. 1899. *AMSB* 6 (D): 116-7.
Colaw, J.M. 1899. *AMM* 6 (N): 292.

2164. ———. 1902. *Elements of the Theory of the Newtonian Potential Function.* 3d ed. Ginn. (phys./Tc)
Finkel, B.F. 1902. *AMM* 9 (O): 242.

2165. ———. 1910. *A Short Table of Integrals*. Rev. ed. Ginn. (calc., tables/R)
   Finkel, B.F. 1910. *AMM* 17 (N): 229.

2166. ———. 1926. *Mathematical and Physical Papers, 1903-1913*. Harvard. (elec., mag., vector anal./R)
   Adams, E.P. 1927. *AMSB* 33 (Jl/Ag): 496.
   Bateman, H. 1928. *AMM* 35 (F): 88-9.
   Bates, L.F. 1927. *SP* 22 (Jl): 157.
   Sucksmith, W. 1927. *MG* 13 (Jl): 399.
   Warner, G.W. 1926. *SSM* 26 (D): 1020.

2167. ———. 1929. *A Short Table of Integrals*. 3d ed. Ginn. (calc., tables/R)
   Johnson, R.A. 1929. *AMM* 36 (Je/Jl): 337.
   Warner, G.W. 1929. *SSM* 29 (D): 1014.

2168. **Peirce, Charles S.S.** 1931-1935. *Collected Papers*. 6 v. Ed. C. Hartshorne and P. Weiss. Harvard. (logic, fnds., sets, inf. series/R)
   Anon. 1933. *MON* 43 (Jl): 312.
   ———. 1934. *MON* 44 (Jl): 312-3.
   ———. 1935. *NAT* 135 (Ja 26): 131.
   Braithwaite, R.B. 1934. *MIND* 43 (O): 487-511.
   Davis, H.T. 1933. *ISIS* 19 (1): 217-20.
   Feuer, L.S. 1936. *ISIS* 26 (1): 203-8.
   G., T. 1936. *NAT* 138 (D 19): 1037.
   Keyser, C.J. 1938. *SM* 5 (Ja): 58-62.
   Langford, C.H. 1936. *AMSB* 42 (N): 795.
   Mâlik, Charles. 1935. *ISIS* 23 (2): 477-83.
   Quine, W.V. 1933. *ISIS* 19 (1): 220-9.
   ———. 1934. *ISIS* 22 (1): 285-97.
   ———. 1935. *ISIS* 22 (2): 551-3.
   Townsend, H.G. 1934. *PR* 43 (Mr): 209-12.
   ———. 1935. *PR* 44 (Ja): 85-7.
   For additional reviews see Farber 1981.

2169. ———, et al. 1883. *Studies in Logic*. Little. (logic/Su)
   Anon. 1883. *SCIIJ* 1 (Je 8): 514-6.

2170. **Peirce, James M.** 1873. *The Elements of Logarithms...* Ginn. (logs., trig., tables/Ts, R)
   Anon. 1874. *NAT* 9 (Ja 8): 179-80.

2171. **Percival, Archibald S.** (1907) 1908. *Practical Integration...* Macmillan. (calc./Tc)

    Jackson, C.S. 1909. *MG* 5 (Mr): 66.

2172. ———. 1913. *Geometrical Optics.* Longmans. (appl., optics/Tc)

    Greenstreet, W.J. 1913. *MG* 3 (My): 123-4.
    Stevens, W. LeC. 1913. *SCI* 38 (S 26): 443-5.

2173. **Perkin, Frederic M.** 1907. *The Metric and British Systems of Weights, Measures, and Coinage.* Macmillan. (metric system/R)

    Finkel, B.F. 1908. *AMM* 15 (Ja): 24.

2174. **Perkins, George R.** 1842. *A Treatise on Algebra.* Hutchinson. (alg./Ts, Tc)

    Anon. 1842. *AJS* 42 (Jl/S): 380.

2175. **Persons, Warren M.** 1928. *The Construction of Index Numbers.* Houghton. (stat./R)

    King, W.I. 1929. *JASA* 24 (Je): 220-1.

2176. **Peters, Charles C., and Walter R. Van Voorhis.** 1935. *Statistical Procedures and Their Mathematical Bases.* PaStSchEd. (stat./Tc)

    Findley, W.G. 1936. *EDAS* 22 (S): 478-80.
    Gulliksen, H. 1936. *JER* 30 (O): 133-5.
    For additional reviews see Buros 1937, 97-8; and Farber 1981.

2177. ———. 1940. *Statistical Procedures and Their Mathematical Bases.* McGraw. (stat./Tc)

    Read, C.B. 1941. *SSM* 41 (Ja): 98-9.
    Sandon, F. 1941. *MG* 25 (Jl): 190-2.
    Stephan, F.F. 1941. *AMM* 48 (D): 694-6.
    For additional reviews see Buros 1941, 231-2; and Buros 1951, 314-9.

2178. **Peters, J., et al.** 1935. *British Association for the Advancement of Science. Mathematical Tables. V. 5. Factor Table Giving the Complete Decomposition of All Numbers Less than 100,000.* Ed. Committee for the Calculation of Math. Tables. Macmillan. (no. theory, tables/R)

    Lehmer, D.H. 1936. *SCI* 84 (D 11): 535-6.
    Piaggio, H.T.H. 1936. *NAT* 137 (Je 20): 1015.
    Wrench, J.W., Jr. 1936. *AMSB* 42 (Jl): 475.

Works and Reviews 281

For additional reviews see Buros 1941, 48.

2179. **Pettee, George D.** 1896. *Plane Geometry.* SilverB. (geom./Ts)

Anon. 1897. *ED* 17 (F): 383.

2180. **Pettit, Harvey P., and Peter Luteyn.** 1932. *College Algebra.* Wiley. (alg./Ts, Tc)

Wells, E.D. 1933. *AMM* 40 (My): 288-9.

2181. **Philip, Maximilian.** 1932. *The Principles of Financial and Statistical Mathematics.* Prentice. (stat., finance/Ts, Tc)

Musselman, J.R. 1933. *JASA* 28 (S): 371.

2182. ———. 1936. *Mathematical Analysis.* Longmans. (precalc., calc./Ts, Tc)

Anon. 1937. *MT* 30 (Ja): 38-9.
Nelson, C.A. 1937. *AMM* 44 (D): 652-3.
Underwood, R.S. 1937. *NMM* 11 (Ja): 202-4.

2183. **Philips, George M., and Robert F. Anderson.** 1912. *The Silver-Burdett Arithmetics.* V. 3. SilverB. (arith./Tj)

Anon. 1914. *AE* 17 (Mr): 444.

2184. **Phillips, Andrew W., and Irving Fisher.** 1896. *Elements of Geometry.* Harper. (geom./Ts)

Anon. 1896. *JE* 44 (S 3): 163.
Finkel, B.F. 1896. *AMM* 3 (O): 261-2.
Maddison, I. 1897. *AMSB* 3 (Ap): 253-5.

2185. **Phillips, Andrew W., and Wendell M. Strong.** 1899. *Elements of Trigonometry...* Harper. (trig./Ts)

Anon. 1899. *ED* 19 (Ap): 514.
Finkel, B.F. 1899. *AMM* 6 (Ja): 23.

2186. **Phillips, Edgar G.** 1930. *A Course of Analysis.* Macmillan. (real var./Tc, Tg)

Chittenden, E.W. 1932. *AMSB* 38 (Mr): 168-9.
Gehman, H.M. 1931. *AMM* 38 (Mr): 166-8.

2187. ———. 1933. *An Introductory Course of Mechanics.* Macmillan. (mech./Tc)

Anon. 1934. *NAT* 133 (My 5): 668.
Street, R.O. 1933. *MG* 17 (D): 346.

2188. ———. 1940. *A Course of Analysis*. Macmillan. (real var./Tc, Tg)
   Broadbent, T.A.A. 1940. *MG* 24 (O): 304.
   Duren, W.L. Jr. 1942. *NMM* 16 (F): 270-1.
   Read, C.B. 1941. *SSM* 41 (Ja): 98.

2189. ———. 1940. *Functions of a Complex Variable...* Intsci. (complex var./Tc, Tg)
   Anon. 1941. *MR* 2 (Mr): 78.

2190. **Phillips, Henry B.** 1915. *Analytic Geometry*. Wiley. (anal. geom./Ts, Tc)
   Anon. 1915. *MT* 8 (D): 105.
   Carver, W.B. 1916. *AMSB* 22 (Je): 465-8.
   Clements, G.R. 1916. *AMM* 23 (Ap): 117-8.
   Cobb, H.E. 1916. *SSM* 16 (Ap): 279-80.

2191. ———. 1916-1917. *Differential and Integral Calculus*. 2 v. Wiley. (calc./Ts, Tc)
   Anon. 1917. *MT* 10 (D): 121-2.
   Cobb, H.E. 1918. *SSM* 18 (Mr): 286-7.
   Cowley, E.B. 1918. *AMSB* 24 (Jl): 488-9.
   Jourdain, P.E.B. 1917. *SP* 12 (O): 343.
   ———. 1919. *SP* 14 (Jl): 150-2.
   Underhill, A.L. 1917. *AMM* 24 (F): 78-9.

2192. ———. 1922. *Differential Equations*. Wiley. (diff. eqns./Tc)
   Piaggio, H.T.H. 1922. *MG* 11 (D): 210-1.

2193. ———. 1924. *Differential Equations*. 2d ed. Wiley. (diff. eqns./Tc)
   Piaggio, H.T.H. 1926. *MG* 13 (Mr): 90.
   White, F.P. 1926. *SP* 20 (Ap): 711.

2194. ———. 1927. *Calculus*. Wiley. (calc./Ts, Tc)
   Broadbent, T.A.A. 1929. *MG* 14 (My): 465.
   White, F.P. 1928. *SP* 22 (Ap): 707.

2195. ———. 1933. *Vector Analysis*. Wiley. (vector anal., phys./Tc)
   Murnaghan, F.D. 1933. *AMM* 40 (Je/Jl): 349.
   Neville, E.H. 1933. *MG* 17 (O): 281.
   Shook, C.A. 1934. *AMSB* 40 (Ja): 21.

2196. ———. 1934. *Differential Equations*. 3d ed. Wiley. (diff. eqns./Tc)
   Anon. 1934. *NAT* 134 (N 3): 684.
   Brand, L. 1935. *AMM* 42 (Ap): 242.

Piaggio, H.T.H. 1934. *MG* 18 (D): 332.

2197. ———. 1940. *Calculus*. Pt. 1. Cummings. (calc./Ts, Tc)

Bullock, R.C. 1941. *NMM* 16 (D): 167.

2198. **Pickett, Hale C.** 1938. *An Analysis of Proofs and Solutions of Exercises Used in Plane Geometry Tests*. ContrEd., #747. Teachers. (educ., geom./R)

Cooper, E.M. 1939. *SM* 6 (Mr): 47-8.
Fawcett, H. 1940. *NMM* 14 (F): 292.
Munch, H.F. 1939. *HSJ* 22 (O): 255.
Turner, I.S. 1939. *MT* 32 (Ja): 42.
Urbancek, J.J. 1939. *SSM* 39 (F): 194.

2199. **Pickford, Alfred G.** 1909. *Elementary Projective Geometry*. Putnam. (proj. geom./Tc)

Anon. 1910. *MG* 5 (D): 370.
Finkel, B.F. 1910. *AMM* 17 (Je/Jl): 154.

2200. **Pickworth, Charles N.** 1920. *The Slide Rule...* 17th ed. VanNos. (slide rules/R)

Anon. 1921. *AMM* 28 (N/D): 457.

2201. **Pidduck, Frederick B.** 1937. *Lectures on the Mathematical Theory of Electricity*. Oxford. (elec./R)

Quimby, S.L. 1938. *SCI* 88 (D 2): 529.

2202. **Pierce, Arthur H.** 1901. *Studies in Auditory and Visual Space Perception*. Longmans. (educ./Su)

Judd, C.H. 1902. *PR* 11 (My): 303-7.

2203. **Pierce, Ella M.** 1900. *The Elements of Arithmetic*. SilverB. (arith./Te, Tj)

Anon. 1901. *ED* 21 (Ja): 320.
Colaw, J.M. 1900. *AMM* 7 (Ag/S): 205.

2204. ———. 1900. *First Steps in Arithmetic*. SilverB. (arith./Te)

Anon. 1900. *NYE* 3 (Je): 623.

2205. ———. 1902. *An Intermediate Arithmetic*. Silver. (arith./Te, Tj)

Anon. 1902. *AE* 5 (Je): 623.
———. 1902. *ED* 22 (Ap): 519.

2206. **Pierpont, James.** 1905-1912. *Lectures on the Theory of Functions of Real Variables.* 2 v. Ginn. (real var./Tc, Tg)

    Anon. 1907. *SSM* 7 (Ja): 74.
    ———. 1912. *MT* 5 (D): 133.
    Bliss, G.A. 1906. *AMSB* 13 (D): 119-30.
    ———. 1913. *AMSB* 20 (D): 146-7.
    Finkel, B.F. 1905. *AMM* 12 (D): 241.
    ———. 1912. *AMM* 19 (O/N): 182.
    Jourdain, P.E.B. 1906. *MG* 3 (My): 313-6.
    Miller, G.A. 1907. *SCI* 25 (F 22): 299-300.

2207. ———. 1914. *Functions of a Complex Variable.* Ginn. (complex var./Tc, Tg)

    Manning, H.P. 1916. *AMSB* 22 (Ap): 343-50.

2208. **Pigrome, E.R.** 1924. *Exercises in Trigonometry.* Oxford. (trig./Su)

    Greenstreet, W.J. 1925. *MG* 12 (Ja): 295-6.

2209. **Pirie, George.** 1875. *Lessons on Rigid Dynamics.* Macmillan. (dyn./Tc)

    Anon. 1876. *NAT* 13 (F 24): 323.

2210. **Planck, Max K.E.L.** 1923. *A Survey of Physics.* Trans. R. Jones and D.H. Williams. Dutton. (quantum mech./R)

    Picolet, L.E. 1925. *JFI* 200 (N): 701-2.

2211. ———. 1927. *Treatise on Thermodynamics.* Trans. A. Ogg. 3d ed. Longmans. (thermo./Tc, Tg)

    Thomas, L.H. 1928. *MG* 14 (My): 152-3.

2212. **Plant, Louis C.** 1930. *Agricultural Mathematics.* McGraw. (alg., stat./Tj, Ts)

    Anon. 1932. *MT* 25 (Ap): 241.
    Smith, H.W. 1931. *AMM* 38 (Ja): 38-9.
    Stone, C.A. 1930. *SSM* 30 (My): 594.

2213. ———, and **Theodore R. Running.** 1939. *First Year College Mathematics.* AmBk. (precalc./Ts, Tc)

    Gord, L.D. 1940. *NMM* 14 (Ap): 428-9.

2214. **Plummer, Amos W.** 1898. *A Supplement to Accompany the Advanced Arithmetic...* Heath. (arith./Su)

    Colaw, J.M. 1900. *AMM* 7 (Mr): 89.

2215. **Plummer, Henry C.K.** 1940. *Probability and Frequency.* Macmillan. (prob., stat./Tc)

    Aitken, A.C. 1940. *NAT* 146 (Jl 27): 114.
    Piaggio, H.T.H. 1940. *MG* 24 (F): 63-5.
    For additional reviews see Buros 1941, 236-7.

2216. **Poincaré, Henri.** 1905. *Science and Hypothesis.* Trans. G.B. Halsted. Science. (non-Eucl. geom., prob., phys., fnds./R)

    M., T.E. 1906. *SSM* 6 (My): 425-6.

2217. ———. 1907. *The Value of Science.* Trans. G.B. Halsted. Science. (phys., phil./Su)

    Wenley, R.M. 1908. *SCI* 27 (Mr 6): 386-9.

2218. **Poland, William.** 1892. *The Laws of Thought...* Silver. (logic/Tc)

    Anon. 1892. *ED* 12 (My): 580.

2219. **Pontrjagin, Lev S.** 1939. *Topological Groups.* Trans. E. Lehmer. Princeton. (top./R)

    Birkhoff, G. 1940. *SCI* 91 (Ap 19): 385.
    Puckett, W.T. Jr. 1940. *AMSB* 46 (My): 382-4.
    Steenrod, N.E. 1940. *MR* 1 (F): 44.
    Whitehead, J.H.C. 1940. *MG* 24 (My): 130-1.
    ———. 1940. *NAT* 146 (Jl 13): 44-5.

2220. **Poole, Edgar G.C.** 1936. *Introduction to the Theory of Linear Differential Equations.* Oxford. (diff. eqns./Tc)

    B., F.G.W. 1936. *NAT* 138 (O 10 Supp.): 629-30.
    Ince, E.L. 1937. *MG* 21 (F): 64-5.

2221. **Poor, Charles L.** 1918. *Simplified Navigation for Ships and Aircraft...* Century. (appl., navig./Ts)

    Anon. 1919. *AMM* 26 (Mr): 116-7.

2222. **Poor, Vincent C.** 1931. *Electricity and Magnetism...* Wiley. (vector anal., elec., mag./Tc)

    Dadourian, H.M. 1932. *AMSB* 38 (Ja): 12.
    Schelkunoff, S.A. 1932. *AMM* 39 (Ja): 41-2.

2223. ———. 1934. *Analytical Geometry.* Wiley. (anal. geom./Ts, Tc)

    Anon. 1934. *NAT* 134 (O 20 Supp.): 616.
    Knox, R.H. Jr. 1934. *NMM* 9 (D): 85-6.
    Robson, A. 1934. *MG* 18 (D): 335-6.
    Siceloff, L.P. 1935. *AMM* 42 (Ag/S): 443-4.

2224. **Popplewell, William C.** 1915. *The Elements of Surveying and Geodesy*. Longmans. (surv., geodesy/R, Su)
    Cobb, H.E. 1916. *SSM* 16 (Ap): 384.
    Lovitt, W.V. 1918. *AMSB* 24 (F): 260.

2225. **Potter, Arthur W.** 1904. *Grammar School Algebra*. AmBk. (alg./Tj)
    Anon. 1905. *ED* 25 (My): 572-3.

2226. **Potter, Mary A.** 1939. *Useful Mathematics Workbook*. Ginn. (arith., geom./Su)
    Silverman, H.D. 1940. *SSM* 40 (Je): 601.

2227. **Powell, Jesse J.** 1929. *A Study of Problem Material in High School Algebra*. ContrEd., #405. Teachers. (educ., alg./R)
    Breslich, E.R. 1931. *JER* 23 (F): 174.
    Goodhue, M. 1930. *SSM* 30 (Je): 708.

2228. **Poyser, Arthur W.** 1889. *Magnetism and Electricity*. Longmans. (elec., mag./Tc)
    Anon. 1890. *ED* 10 (Ja): 338.

2229. **Prasad, Ganesh.** 1909. *A Text-book of Differential Calculus...* Longmans. (calc./Ts, Tc)
    Cobb, H.E. 1911. *SSM* 11 (Je): 575.
    Finkel, B.F. 1911. *AMM* 18 (Ap): 96.
    Wilson, E.B. 1913. *AMSB* 19 (Ap): 363-7.

2230. ———. 1910. *A Text-book of Integral Calculus...* Longmans. (calc./Ts, Tc)
    Cobb, H.E. 1911. *SSM* 11 (Je): 575.
    Wilson, E.B. 1913. *AMSB* 19 (Ap): 363-7.

2231. **Pratt, John H.** 1871. *A Treatise on Attractions, Laplace's Functions, and the Figure of the Earth*. 4th ed. Macmillan. (phys., trig./R, Su)
    Stuart, J. 1872. *NAT* 6 (My 30): 79-80.

2232. **Prescott, John.** 1913. *Mechanics of Particles and Rigid Bodies*. Longmans. (mech./Tc)
    Greenstreet, W.J. 1913. *MG* 7 (D): 219.
    Longley, W.R. 1915. *AMSB* 21 (My): 416-7.

2233. ———. 1923. *Mechanics of Particles and Rigid Bodies.* 2d ed. Longmans. (mech./Tc)

    Echols, W.H. 1924. *AMM* 31 (Je): 302-4.

2234. ———. 1924. *Applied Elasticity.* Longmans. (elast./Tc, Tg)

    Rettger, E.W. 1928. *AMM* 35 (Ap): 198-9.

2235. **Pressey, Luella C., and Sidney L. Pressey.** 1926. *Methods of Handling Test Scores.* WrldBk. (stat./Tc, R)

    Spurgin, W.N. 1926. *SSM* 26 (Ap): 442.

2236. **Preston, DeForest A., and Edward L. Stevens.** 1910. *Preston-Stevens Elementary Arithmetic.* Macmillan. (arith./Te)

    Anon. 1910. *ED* 31 (D): 274.
    Cobb, H.E. 1910. *SSM* 10 (D): 842, 844.

2237. **Preston, Thomas.** 1890. *The Theory of Light.* Macmillan. (phys./Tc)

    Davies, J.E. 1891. *NYMSB* 1 (D): 75-8.

2238. **Prince, John T.** 1893-1894. *Arithmetic by Grades...* 8 v. Ginn. (arith./Te, Tj)

    Anon. 1894. *JE* 40 (S 20): 194.
    Colaw, J.M. 1894. *AMM* 1 (N): 413-4.

2239. **Proctor, Richard A.** 1894. *Easy Lessons in the Differential Calculus.* 5th ed. Longmans. (calc./Ts, Tc)

    Fiske, T.S. 1898. *AMSB* 4 (F): 237-8.

2240. **Progressive Education Association. Committee on the Function of Mathematics in General Education for the Commission on the Secondary School Curriculum.** 1940. *Mathematics in General Education...* AppletonC. (educ./R)

    James, M.M., D. Brown, and S. Brachfeld. 1940. *BRD* 36 (Ann): 741.
    Mayor, J.R. 1941. *NMM* 15 (My): 433-5.
    Munch, H.F. 1940. *HSJ* 23 (O): 294.
    Ritzma, P.B. 1940. *CSJ* 33 (N/D): 88-9.

2241. **Pryde, James, ed.** 1896. *Mathematical Tables...* New ed. VanNos. (trig., mensur., tables/R)

    Anon. 1896. *ED* 17 (N): 191.

2242. **Ptolemaeus, Claudius.** 1940. *Tetrabiblos.* Ed., trans. F.E. Robbins. Harvard. (hist./R)

    Neugebauer, O. 1941. *MR* 2 (O): 305.

2243. **Punnett, Margaret.** 1914. *The Groundwork of Arithmetic...* With *Exercises.* Longmans. (arith./R)

    Child, J.M. 1914. *MG* 7 (My): 344.

2244. **Putnam, Thomas M.** 1923. *Mathematical Theory of Finance.* Wiley. (finance/Ts, Tc)

    Cobb, H.E. 1923. *SSM* 23 (D): 914.
    Davis, A. 1923. *MT* 16 (N): 448.
    Dodd, E.L. 1924. *AMM* 31 (Mr): 143-4.

2245. ———. 1925. *Mathematical Theory of Finance.* 2d ed. Wiley. (finance/Ts, Tc)

    Elderton, W.P. 1926. *MG* 13 (Jl): 177.

2246. **Pyle, John O.** 1924. *Plane Geometry.* Prel. ed. Blakiston. (geom./Ts)

    Kinney, J.M. 1925. *SSM* 25 (N): 888.

2247. ———. 1925. *Plane Geometry...* 2d prel. ed. Philadelphia, Pa.: n.p. (geom./Ts)

    Kinney, J.M. 1926. *SSM* 26 (O): 792.

Q

2248. **Quine, Willard Van O.** 1934. *A System of Logistic.* Harvard. (fnds., logic, phil./R)
    Braithwaite, R.B. 1935. *MG* 19 (Jl): 240.
    Bronstein, D.J. 1936. *PR* 45 (Jl): 416-8.
    Church, A. 1935. *AMSB* 41 (S): 598-603.
    Gill, B.P. 1936. *SM* 4 (Ja): 75-9.
    Greenwood, T. 1935. *NAT* 135 (My 25): 852-5.
    Leonard, H.S. 1935. *ISIS* 24 (1): 168-72.
    For additional reviews see Farber 1981.

2249. ———. 1940. *Mathematical Logic.* Norton. (logic/Tc)
    Bennett, A.A. 1941. *MR* 2 (Mr): 65.
    Church, A. 1940. *JSL* 5 (D): 163-4.
    Fitch, F.B. 1941. *SM* 8 (S): 177-8.
    Friedman, B. 1941. *ISIS* 33 (2): 289-91.
    Ingalls, A.G. 1941. *SA* 165 (N): 303.
    Nagel, E. 1940. *JP* 37 (N 7): 640-2.
    Rosser, B. 1942. *AMSB* 48 (Ja): 21.
    Toms, E. 1943. *PHIL* 18 (N): 265-8.
    Wellmuth, J.J. 1941. *THO* 16 (S): 557-9.
    White, M.G. 1942. *PR* 51 (Ja): 74-6.

R

2250. **Rabinovitch, Israel E.** 1903. *The Foundations of the Euclidean Geometry...* New York: b.a. (fnds., geom./R)
    Finkel, B.F. 1905. *AMM* 12 (Ja): 28.

2251. **Radford, Ernest M.** 1904. *Mathematical Problem Papers.* Macmillan. (college geom., anal. geom./Su)
    Davis, R.F. 1904. *MG* 3 (D): 115-6.

2252. **Rainey, Thomas.** 1850. *Rainey's Improved Abacus...* Truman. (arith., bus. arith./Tj)
    Anon. 1851. *AJS* 11 (My): 449.

2253. **Rainich, George Y.** 1932?. *Mathematics of Relativity...* Edwards. (vector anal., relat., tensor anal./Su, R)
    Littauer, S.B. 1933. *AMM* 40 (My): 289-90.
    Murnaghan, F.D. 1932. *AMSB* 38 (N): 790.

2254. **Ramsey, Arthur S.** 1929-1937. *Dynamics...* 2 v. Macmillan. (dyn./Tc)
    B., F.G.W. 1937. *NAT* 140 (Ag 7): 217.
    Dean, W.R. 1937. *MG* 21 (Jl): 241.
    Longley, W.R. 1930. *AMSB* 36 (S): 616.
    Tuckey, C.O. 1929. *MG* 14 (D): 584.

2255. ———. 1934. *Statics...* Macmillan. (statics/Tc)
    Phillips, H.B. 1935. *AMM* 42 (Je): 387-8.
    Tuckey, C.O. 1934. *MG* 18 (My): 141-2.

2256. ———. 1936. *Hydrostatics...* Macmillan. (hydrostatics/Tc)
    Anon. 1936. *NAT* 138 (S 5): 386.

Bickley, W.G. 1937. *MG* 21 (F): 74-5.
Ingalls, A.G. 1936. *SA* 155 (Ag): 119.

2257. ———. 1937. *Electricity and Magnetism...* Macmillan. (elec., mag./Tc)

F., A. 1938. *NAT* 142 (N 19): 896.
Oppermann, R.H. 1937. *JFI* 224 (Ag): 256.

2258. ———. (1940) 1941. *An Introduction to the Theory of Newtonian Attraction.* Macmillan. (phys., adv. calc./Tc)

Hassé, H.R. 1941. *MG* 25 (My): 120-3.

2259. **Ramsey, Frank P.** 1931. *The Foundations of Mathematics, and Other Logical Essays.* Ed. R.B. Braithwaite. Harcourt. (fnds., logic, phil./R)

Bernstein, B.A. 1932. *AMSB* 38 (S): 611-2.
Church, A. 1932. *AMM* 39 (Je/Jl): 355-7.

2260. **Randall, Otis E.** 1905. *Elements of Descriptive Geometry.* Ginn. (descr. geom./Tc)

Glenn, O.E. 1905. *AMM* 12 (N): 216.
Hewes, L.I. 1906. *AMSB* 13 (D): 142-3.
Langley, E.M. 1907. *MG* 4 (O): 132-3.

2261. **Ransom, William R.** 1918. *Freshman Mathematics.* Longmans. (precalc./Ts, Tc)

Mullins, G.W. 1919. *AMM* 26 (Je): 244-9.

2262. **Rashevsky, Nicolas.** 1938. *Mathematical Biophysics...* ChicagoPr. (biol./R)

Pearl, R. 1939. *AMSB* 45 (Mr): 223-4.
Thompson, D'A.W. 1938. *NAT* 142 (N 26): 931-2.
Waterman, A.T. 1939. *AJS* 237 (Jl): 518-9.
For additional reviews see Buros 1941.

2263. ———. 1940. *Advances and Applications of Mathematical Biology.* ChicagoPr. (biol., diff. eqns./R)

Ciocco, A. 1941. *AMSB* 47 (Ja): 7.
Householder, A.S. 1941. *NMM* 15 (Ap): 384-6.
Reeve, E.C.R. 1940. *NAT* 146 (O 5): 444-5.
For additional reviews see Buros 1941, 239-40.

2264. **Rasor, Samuel E.** 1921. *Mathematics for Students of Agriculture.* Macmillan. (appl., arith., alg., geom., surv./Tj, Ts)

Turnbull, H.W. 1922. *MG* 11 (Jl): 130-1.

2265. **Raub, Albert N.** 1877. *The Complete Arithmetic...* Porter. (arith./Te, Tj)

Anon. 1877. *JE* 6 (Ag 16): 70.

2266. ———. 1877. *Elementary Arithmetic...* Porter. (arith./Te, Tj)

Anon. 1877. *NEJE* 6 (Ag 16): 70.

2267. ———. 1894. *The Werner Mental Arithmetic...* Werner. (arith., appl./Te, Tj)

Anon. 1894. *JE* 40 (D 13): 399.
Smith, D.E. 1896. *SR* 4 (Ap): 239-40.

2268. **Rawlins, James M.** 1899. *Lippincott's Arithmetics...* 3 v. Lippincott. (arith./Te, Tj)

Colaw, J.M. 1900. *AMM* 7 (My): 150.

2269. ———. 1901. *Lippincott's Elementary Algebra...* Lippincott. (alg./Tj)

Anon. 1901. *ED* 22 (D): 255.

2270. **Ray, Joseph.** 1877. *Ray's New Primary, New Intellectual, and New Practical Arithmetic.* 3 v. Rev. ed. VanAnt. (arith./Te, Tj)

Anon. 1877. *NEJE* 6 (S 12): 143.

2271. ———. 1880. *Ray's New Higher Arithmetic.* VanAnt. (arith./Te, Tj)

Anon. 1880. *AN* 7 (N): 200.

2272. **Raymond, William G.** 1896. *A Text-Book of Plane Surveying.* AmBk. (surv./Tj, Ts)

Finkel, B.F. 1897. *AMM* 4 (Ja): 34.

2273. **Reagan, Lewis M., Ellis R. Ott, and Daniel T. Sigley.** 1940. *College Algebra.* Farrar. (alg./Ts, Tc)

Duren, W.L. Jr. 1941. *NMM* 15 (Ja): 215.
Read, C.B. 1940. *SSM* 40 (O): 699.
Snyder, V. 1940. *AMM* 47 (Je/Jl): 390.

2274. **Reavis, William C., and Ernst R. Breslich.** 1927. *Diagnostic Tests...* ChicagoPr. (educ., arith./R)

Anon. 1928. *CSJ* 10 (Je): 397.

2275. **Reddick, Harry W., and Frederic H. Miller.** 1938. *Advanced Mathematics for Engineers.* Wiley. (real var., diff. eqns., complex var., appl./Tc, R)

   Allen, E.B. 1941. *AMM* 48 (Mr): 204-5.
   B., A. 1939. *NAT* 144 (Ag 26 Supp.): 369.
   Cell, J.W. 1938. *NMM* 13 (D): 140-1.
   Hunter, W. 1939. *MG* 23 (Jl): 311-2.

2276. **Redgrove, Herbert S.** 1913. *Experimental Mensuration...* VanNos. (geom./Ts)

   Cobb, H.E. 1914. *SSM* 14 (Je): 543-4.

2277. **Rees, Paul K., and Fred W. Sparks.** 1939. *College Algebra.* McGraw. (alg./Ts, Tc)

   Carnahan, W. 1939. *SSM* 39 (D): 892.
   Corliss, J.J. 1940. *AMM* 47 (Ja): 41-2.

2278. **Reeve, William D.** 1922. *General Mathematics.* V. 2. Ginn. (genl./Ts, Tc)

   Evans, G.W. 1923. *MT* 16 (Ja): 57-8.
   Stone, C.A. 1922. *SR* 31 (Ja): 75-6.

2279. ———. 1926. *A Diagnostic Study of the Teaching Problems in High School Mathematics.* Ginn. (educ., testing/R)

   Anon. 1926. *MT* 19 (Ap): 250.
   Munch, H.F. 1928. *HSJ* 11 (O): 281.
   Stone, C.A. 1926. *EDAS* 12 (My): 358-9.

2280. ———, ed. 1929. *Significant Changes and Trends in the Teaching of Mathematics...* NCTM Yrbk., #4. Teachers. (educ./R)

   Werremeyer, F.N. 1929. *JER* 20 (O): 212.

2281. ———, ed. 1930. *The Teaching of Geometry.* NCTM Yrbk., #5. Teachers. (educ., geom./R)

   Buckner, C.A. 1930. *EDAS* 16 (S): 474-5.
   Durell, C.V. 1932. *MG* 16 (D): 363-4.
   Kinney, J.M. 1932. *SSM* 32 (Je): 684.

2282. ———, ed. 1931. *Mathematics in Modern Life.* NCTM Yrbk., #6. Teachers. (educ., appl./R)

   Breslich, E.R. 1932. *SR* 40 (F): 151.
   Durell, C.V. 1932. *MG* 16 (D): 363-4.
   Kinney, J.M. 1932. *SSM* 32 (Je): 684.

2283. ———, ed. 1932. *The Teaching of Algebra.* NCTM Yrbk., #7. Teachers. (educ./R)

Durell, C.V. 1932. *MG* 16 (D): 363-4.
Kinney, J.M. 1932. *SSM* 32 (Je): 684.

2284. ———, ed. 1933. *The Teaching of Mathematics in the Secondary School.* NCTM Yrbk., #8. Teachers. (educ./R)

Morton, R.L. 1933. *MT* 26 (My): 316-8.

2285. ———, ed. 1935. *The Teaching of Arithmetic.* NCTM Yrbk., #10. Teachers. (educ., arith./R)

Durell, C.V. 1935. *MG* 19 (O): 314.
Kinney, J.M. 1935. *SSM* 35 (N): 890, 892.
Knight, F.B. 1937. *JER* 30 (Ja): 362-4.
Wilson, G.M. 1937. *JER* 30 (Ja): 360-2.

2286. ———, ed. 1936. *The Place of Mathematics in Modern Education.* NCTM Yrbk., #11. Teachers. (educ./R)

Georges, J.S. 1937. *SR* 45 (Mr): 230-1.
Smith, C.D. 1937. *NMM* 12 (N): 104-8.

2287. ———. 1940. *General Mathematics Workbooks.* 3 v. Odyssey. (arith., alg., geom./Su)

Lazar, N. 1941. *MT* 34 (Mr): 138-9.

2288. ———, ed. 1940. *The Place of Mathematics in Secondary Education...* NCTM Yrbk., #15. Teachers. (educ./R)

Breslich, E.R. 1941. *MT* 34 (Mr): 139-40.
Hertzler, S. 1941. *EDAS* 27 (S): 473-4.
Landers, M.K. 1940. *SM* 7 (1-4): 133-8.
Munch, H.F. 1940. *HSJ* 23 (O): 293.
Ritzma, P.B. 1940. *CSJ* 22 (N/D): 88-9.
Trump, P.L. 1941. *JER* 34 (Mr): 547-8.
Urbancek, J.J. 1942. *SSM* 42 (D): 904.

2289. ———, and **Raleigh Schorling.** 1915. *A Review of High-School Mathematics.* ChicagoPr. (alg., geom., trig./Tj, Ts)

Anon. 1915. *MT* 8 (S): 60.
Cobb, H.E. 1915. *SSM* 15 (N): 746, 748.
Smith, D.E. 1917. *AMSB* 23 (My): 375.

2290. **Reeve, William D., et al, eds.** 1927. *Curriculum Problems in Teaching Mathematics.* NCTM Yrbk., #2. Teachers. (educ., arith., alg., geom./R)

Breslich, E.R. 1927. *ESJ* 28 (O): 152-3.

2291. **Reiche, Fritz.** 1922-1923. *The Quantum Theory.* Trans. H.S. Hatfield and H.H.L.A. Brose. Dutton. (quantum mech./R)

Kennard, E.H. 1924. *AMM* 31 (N): 450.
Lunn, A.C. 1923. *SSM* 23 (Je): 608, 610.

2292. ———. 1930. *The Quantum Theory.* Trans. H.S. Hatfield and H.H.L.A. Brose. Dutton. (quantum mech./R)

Stone, M.H. 1933. *AMSB* 39 (N): 856.

2293. **Reichgott, David, and Lee R. Spiller.** 1938. *Today's Geometry.* Prentice. (geom./Ts)

K., J.M. 1939. *CSJ* 20 (Mr/Ap): 197.
Urbancek, J.J. 1938. *SSM* 38 (O): 832.

2294. **Reid, Legh W.** 1910. *The Elements of the Theory of Algebraic Numbers.* Macmillan. (no. theory/Tc, Tg)

Anon. 1910. *MT* 3 (D): 90.
Dickson, L.E. 1911. *SCI* 33 (F 3): 188-9.
Finkel, B.F. 1910. *AMM* 17 (N): 227.
Skinner, E.B. 1913. *AMSB* 20 (D): 147-51.

2295. **Reye, Theodor.** 1898. *Lectures on the Geometry of Position.* Pt. 1. Trans., ed. T.F. Holgate. Macmillan. (proj. geom./R)

Anon. 1899. *ED* 19 (Ap): 513.
Finkel, B.F. 1898. *AMM* 5 (Je/Jl): 188-90.
McCormack, T.J. 1899. *MON* 9 (Ap): 465-6.
Scott, C.A. 1899. *AMSB* 5 (Ja): 175-81.

2296. **Reymond, Arnold.** 1927. *History of the Sciences in Greco-Roman Antiquity.* Trans. R.G. de Bray. Dutton. (hist./R)

Cajori, F. 1927. *PHYR* 30 (Ag): 224.
Leffmann, H. 1927. *JFI* 203 (My): 730-1.
Smith, D.E. 1927. *AMSB* 33 (N/D): 783-4.
———. 1928. *AMM* 35 (Mr): 138-9.

2297. **Reynolds, Joseph B.** 1928. *Elementary Mechanics.* Prentice. (mech./Tc)

Hunt, G.H. 1930. *AMM* 37 (F): 92-3.

2298. **Rice, Anna L.** 1921. *Oral Exercises in Number...* Gregg. (arith./Su)

Anon. 1922. *ESJ* 22 (Ap): 634.

2299. **Rice, Herbert L.** 1899. *The Theory and Practice of Interpolation...* Nichols. (mech. quadrature, interp./R)

   Brown, E.W. 1900. *AMSB* 6 (Je): 402-4.
   Finkel, B.F. 1900. *AMM* 7 (Ag/S): 203.

2300. **Rice, James.** 1923. *Relativity...* Longmans. (relat./Tc, Tg)

   Mirick, G.R. 1924. *MT* 17 (Ap): 243-4.
   Piaggio, H.T.H. 1924. *MG* 12 (Mr): 63-5.
   Reynolds, C.N. Jr. 1924. *AMSB* 30 (My/Je): 278.

2301. **Rice, John M., and William W. Johnson.** 1879. *An Elementary Treatise on the Differential Calculus...* Rev. ed. Wiley. (calc./Ts, Tc)

   Anon. 1880. *AN* 7 (Ja): 32.
   ———. 1880. *ED* 1 (N): 198-200.
   ———. 1880. *MV* 1 (Ja): 119.
   ———. 1880. *NAT* 22 (S 30): 509.

2302. **Rich, Arthur W.** 1900. *The New Higher Arithmetic.* Flanagan. (arith./Te, Tj)

   Colaw, J.M. 1900. *AMM* 7 (D): 303.

2303. ———. 1900. *The New Practical Arithmetic.* Flanagan. (arith./Te, Tj)

   Colaw, J.M. 1900. *AMM* 7 (D): 303.

2304. **Richards, Zalmon.** 1885. *The Natural Arithmetic...* Winchell. (arith./Te, Tj)

   Anon. 1886. *SJ* 31 (F 13): 108.

2305. **Richardson, Clarence H.** 1934. *An Introduction to Statistical Analysis.* Harcourt. (stat., prob./Tc)

   Huhn, R.v. 1934. *JASA* 29 (S): 343-5.
   Wilson, W.A. 1934. *AMM* 41 (Ag/S): 443.
   For additional reviews see Buros 1938, 67; and Buros 1941, 245.

2306. **Richardson, George, and Arthur S. Ramsey.** 1894. *Modern Plane Geometry...* Macmillan. (geom., proj. geom./Ts, Tc)

   Anon. 1895. *JE* 41 (F 7): 95.
   Colaw, J.M. 1897. *AMM* 4 (Ap): 126.

2307. **Richardson, Lewis F.** 1922. *Weather Prediction...* Macmillan. (meteor., appl., diff. eqns./R, Su)

Johnson, N.K. 1922. *MG* 11 (Jl): 125-7.

2308. **Richardson, Robert P., and Edward H. Landis.** 1916. *Fundamental Conceptions of Modern Mathematics...* Pt. 1. Open. (fnds., sets/R)

    Anon. 1916. *MON* 16 (O): 640.
    ———. 1917. *SR* 25 (S): 529-31.
    Cobb, H.E. 1916. *SSM* 16 (O): 656.
    Dresden, A. 1916. *AMSB* 23 (D): 139-47.
    Mensenkamp, L.E. 1917. *EDAS* 3 (Ja): 44-45.
    Miller, G.A. 1916. *SCI* 44 (Ag 4): 173-5.
    Parker, DeW.H. 1917. *AMM* 24 (Mr): 120-1.

2309. **Richardson, Sophia F.** 1914. *Solid Geometry.* Ginn. (geom./Ts, Tc)

    Anon. 1915. *MT* 7 (Je): 174.
    Cobb, H.E. 1915. *SSM* 15 (Mr): 271.
    Copeland, L.P. 1916. *AMM* 23 (D): 383-4.
    Robbins, R.B. 1915. *AMSB* 21 (My): 414-5.

2310. **Richeson, Allie W.** 1935. *Financial Mathematics.* Prentice. (finance/Ts, Tc)

    Grove, C.C. 1936. *AMM* 43 (My): 298.
    Robinson, H.A. 1935. *AMM* 42 (D): 615-6.
    ———. 1935. *NMM* 20 (D): 112.

2311. **Richtmeyer, Cleon C., and Judson W. Foust.** 1936. *Business Mathematics.* McGraw. (bus. arith./Tj, Ts)

    James, M.M., D. Brown, and S. Brachfeld. 1937. *BRD* 33 (Ann): 826.
    Putnam, R.G. 1936. *AMM* 43 (N): 570.
    Urbancek, J.J. 1937. *SSM* 37 (Ja): 124.

2312. **Richtmyer, Floyd K.** 1928. *Introduction to Modern Physics.* McGraw. (phys./Tc)

    Cleveland, T.K. 1929. *JFI* 207 (Ja): 152-3.

2313. ———. 1934. *Introduction to Modern Physics.* 2d ed. McGraw. (phys./Tc)

    Ingalls, A.G. 1934. *SA* 150 (Je): 332.

2314. **Rickoff, Andrew J.** 1886. *Appletons' Standard Arithmetics.* 2 v. (v. 1 coauthor E.C. Davis). Appleton. (arith./Te, Tj)

    Anon. 1886. *AC* 1 (S): 233.

——. 1886. *ED* 7 (S): 80.
——. 1886. *SJ* 31 (Je 26): 433.

2315. **Rider, Paul R.** 1938. *Essentials of the Mathematics of Investment.* Farrar. (finance/Ts, Tc)

   Bell, C. 1938. *NMM* 13 (O): 51-3.
   Weida, F.M. 1938. *AMM* 45 (Je/Jl): 382-3.

2316. ——. 1939. *An Introduction to Modern Statistical Methods.* Wiley. (stat./Tc)

   Bartlett, M.S. 1940. *NAT* 145 (F 24 Supp.): 296.
   Curtiss, J.H. 1940. *AMSB* 46 (My): 384-6.
   Feller, W. 1940. *MR* 1 (F): 63.
   Hartkemeier, H.P. 1939. *JASA* 34 (Je): 424-5.
   Wishart, J. 1939. *MG* 23 (O): 419-20.
   For additional reviews see Buros 1941, 245-9.

2317. ——. 1940. *College Algebra.* Macmillan. (alg./Ts, Tc)

   Kenney, J.F. 1940. *NMM* 15 (N): 103.
   Mears, F.M. 1941. *AMM* 48 (Ja): 54-5.
   Urbancek, J.J. 1940. *SSM* 40 (N): 794.

2318. ——, and **Alfred Davis.** 1923. *Plane Trigonometry.* VanNos. (trig./Ts)

   Anon. 1924. *MT* 17 (Mr): 189-90.
   Cobb, H.E. 1924. *SSM* 24 (F): 220.

2319. **Riegel, Robert.** 1924. *Elements of Business Statistics.* Appleton. (stat./Tc)

   Richter, F.E. 1925. *JASA* 20 (Je): 287-8.

2320. **Rietz, Henry L.** 1927. *Mathematical Statistics.* CarusMon., #3. Open. (stat./R)

   Anon. 1928. *CSJ* 10 (Ja): 194.
   Crum, W.L. 1928. *AMSB* 34 (Mr/Ap): 235-7.
   Glover, J.W. 1927. *AMM* 34 (N): 488-90.
   Jones, D.C. 1928. *MG* 14 (Mr): 89-90.
   Kinney, J.M. 1927. *SSM* 27 (D): 1004.
   Pearson, E.S. 1928. *SP* 22 (Ap): 708-9.
   Wilson, E.B. 1927. *JASA* 22 (D): 532.

2321. **Rietz, Henry L., and Arthur R. Crathorne.** 1909. *College Algebra.* Holt. (alg./Ts, Tc)

   Anon. 1911. *MG* 5 (Ja): 399-400.
   Cobb, H.E. 1909. *SSM* 9 (D): 933.

> Finkel, B.F. 1909. *AMM* 16 (N): 196.
> McKelvey, J.V. 1911. *AMSB* 17 (F): 262-4.

2322. ———. 1919. *College Algebra*. Rev. ed. Holt. (alg./Ts, Tc)

> Anon. 1919. *MT* 12 (S): 35.
> Burgess, R.W. 1920. *AMM* 27 (Jl/S): 311-3.

2323. ———. 1929. *College Algebra*. 3d ed. Holt. (alg./Ts, Tc)

> Anon. 1929. *AMM* 36 (O): 444.
> Kinney, J.M. 1929. *SSM* 19 (D): 1012.

2324. ———. 1933. *Introductory College Algebra*. Rev. ed. Holt. (alg./Ts, Tc)

> Kinney, J.M. 1933. *SSM* 33 (Je): 694.

2325. ———. 1939. *College Algebra*. 4th ed. Holt. (alg./Ts, Tc)

> Comfort, E. 1940. *NMM* 14 (Mr): 358-9.
> McKelvey, J.V. 1939. *AMM* 46 (Ag/S): 445-6.
> Read, C.B. 1939. *SSM* 39 (N): 794.

2326. ———, and J. Charles Rietz. 1921. *Mathematics of Finance*. Holt. (finance/Ts, Tc)

> Anon. 1922. *AMM* 29 (Ja): 18-9.
> Carver, H.C. 1922. *JASA* 18 (Mr): 148.

2327. ———. 1932. *Mathematics of Finance*. Rev. ed. Holt. (finance/Ts, Tc)

> Grove, C.C. 1933. *AMM* 40 (Ja): 46-7.
> Kinney, J.M. 1932. *SSM* 32 (D): 1032, 1034.

2328. **Rietz, Henry L., Arthur R. Crathorne, and Edson H. Taylor.** 1915. *School Algebra*. 2 v. Holt. (alg./Tj, Ts, Tc)

> Anon. 1915. *MT* 8 (D): 107.
> ———. 1916. *EDAS* 2 (N): 600.
> Cobb, H.E. 1915. *SSM* 15 (D): 844.
> ———. 1916. *SSM* 16 (F): 192.

2329. **Rietz, Henry L., John F. Reilly, and Roscoe Woods.** 1935. *Plane Trigonometry*. Macmillan. (trig./Ts)

> Anon. 1936. *MT* 29 (F): 98.
> Curry, H.B. 1936. *AMM* 43 (Ag/S): 416-9.
> Silverman, H.D. 1935. *SSM* 35 (D): 1002, 1004.
> Smith, P.K. 1935. *NMM* 10 (O): 31.
> Underwood, R.S. 1936. *NMM* 10 (Ap): 282.

2330. ———. 1936. *Plane and Spherical Trigonometry*. Rev. ed. Macmillan. (trig./Ts)

    Corliss, J.J. 1936. *SSM* 36 (D): 1046.

2331. **Rietz, Henry L.**, et al., eds. 1924. *Handbook of Mathematical Statistics*. Houghton. (stat./R)

    Anon. 1925. *JASA* 20 (Je): 280-3.
    Burgess, R.W. 1925. *AMM* 32 (Je/Jl): 305-8.
    Camp, B.H. 1925. *AMSB* 31 (Jl): 361-7.

2332. **Rigge, William F.** 1926. *Harmonic Curves*. Creighton. (harm. anal./R)

    Brown, E.W. 1928. *AMSB* 34 (Mr/Ap): 245.
    Myers, G.W. 1927. *SSM* 27 (Ap): 436, 438.

2333. **Riggleman, John R.** 1936. *Graphic Methods for Presenting Business Statistics*. 2d ed. McGraw. (stat./Tc)

    Croxton, F.E. 1936. *JASA* 31 (S): 625-7.
    For additional reviews see Buros 1938, 68; and Buros 1941, 250.

2334. ———, and **Ira N. Frisbee**. 1932. *Business Statistics*. McGraw. (stat./Tc)

    Ferger, W.F. 1932. *JASA* 27 (D): 457-8.

2335. ———. 1938. *Business Statistics*. 2d ed. McGraw. (stat./Tc)

    Fritz, W.G. 1939. *JASA* 34 (Je): 419-20.
    For additional reviews see Buros 1941, 250-1.

2336. **Riggs, Norman C.** 1910. *Analytic Geometry*. Macmillan. (anal. geom./Ts, Tc)

    Anon. 1910. *MT* 3 (D): 91.
    Cobb, H.E. 1911. *SSM* 11 (Ja): 88.

2337. ———. 1930. *Applied Mechanics*. Macmillan. (mech./Tc)

    Littauer, S.B. 1931. *AMM* 38 (F): 108-9.

2338. **Ritt, Joseph F.** 1932. *Differential Equations from the Algebraic Standpoint*. AMSColl. Publ., v. 14. AMS. (diff. eqns./R)

    Carmichael, R.D. 1933. *AMM* 40 (Ap): 233-4.
    Ince, E.L. 1933. *MG* 17 (F): 58-9.
    Thomas, J.M. 1934. *AMSB* 40 (Mr): 197-200.

2339. **Rivenburg, Romeyn H.** 1914. *A Review of Algebra.* AmBk. (alg./Su)
    Anon. 1915. *AE* 19 (D): 248.
    ———. 1915. *MT* 7 (Je): 175.
    Bussey, W.H. 1915. *AMM* 22 (S): 226.
    Cobb, H.E. 1915. *SSM* 15 (Je): 542.

2340. **Roantree, William F.** 1935. *Modern Arithmetic Exercises...* Globe. (arith./Su)
    Munch, H.F. 1936. *HSJ* 19 (F): 66.

2341. ———, **and Mary S. Taylor.** 1925. *An Arithmetic for Teachers.* Macmillan. (educ., arith./Tc, Tg, R)
    Anon. 1926. *CSJ* 8 (Ap): 320.
    ———. 1927. *MT* 20 (Ap): 238.
    Goff, R.R. 1926. *ED* 46 (Mr): 449.
    Kinney, J.M. 1926. *SSM* 26 (Ap): 444.
    Locke, L.L. 1926. *MT* 19 (F): 123.

2342. ———. 1932. *An Arithmetic for Teachers.* Rev. ed. Macmillan. (educ., arith./Tc, Tg, R)
    Anon. 1932. *MT* 25 (D): 491-2.
    Hawkins, G.E. 1932. *SSM* 32 (D): 1032.

2343. **Robb, Alfred A.** 1914. *A Theory of Time and Space.* Putnam. (relat./R)
    Shaw, J.B. 1916. *AMSB* 22 (My): 411-3

2344. ———. 1921. *The Absolute Relations of Time and Space.* Macmillan. (relat./R)
    Bateman, H. 1922. *AMSB* 28 (Jl): 318.

2345. ———. 1936. *Geometry of Time and Space.* 2d ed. Macmillan. (multidim. geom., relat./R)
    Bakst, A. 1937. *MT* 30 (Mr): 139.
    Birkhoff, G.D. 1936. *SCI* 84 (N 27): 485-6.
    Forder, H.G. 1936. *MG* 20 (O): 282-3.
    James, M.M., D. Brown, and S. Brachfeld. 1936. *BRD* 32 (Ann): 811.
    Lewis, T. 1936. *NAT* 137 (Ap 18): 639-40.

2346. **Robbins, Charles K., and Neil Little.** 1940. *Calculus.* Macmillan. (calc./Ts, Tc)
    Knebelman, M.S. 1941. *NMM* 15 (Ja): 210.

Littauer, S.B. 1941. *AMM* 48 (Ja): 55-6.
Read, C.B. 1940. *SSM* 40 (O): 697-8.

2347. **Robbins, Edward R.** 1906. *Plane Geometry.* AmBk. (geom./Ts)
Anon. 1907. *ED* 27 (Mr): 439.
Finkel, B.F. 1907. *AMM* 14 (My): 114.

2348. ———. 1907. *Plane and Solid Geometry.* AmBk. (geom./Ts)
Anon. 1907. *ED* 28 (O): 128-9.
———. 1907. *JE* 66 (Ag 22): 189.

2349. ———. 1909. *Plane Trigonometry.* AmBk. (trig./Ts)
Anon. 1910. *AE* 14 (O): 92.
———. 1910. *ED* 30 (F): 402.
———. 1910. *MT* 2 (Mr): 128.

2350. ———. 1915. *Robbins's New Plane Geometry.* AmBk. (geom./Ts)
Anon. 1915. *ED* 36 (O): 127-8.
———. 1915. *EDAS* 1 (D): 692.
———. 1915. *MT* 8 (S): 59.
———. 1916. *AE* 19 (Mr): 438.
———. 1916. *ED* 36 (F): 411.
Cobb, H.E. 1915. *SSM* 15 (N): 746.
Gates, F.W. 1915. *AMM* 22 (O): 266-7.

2351. ———. 1916. *Robbins's New Solid Geometry.* AmBk. (geom./Ts)
P., M.T. 1916. *ED* 37 (N): 206.

2352. ———, and **Frederick H. Somerville.** 1904. *Exercises in Algebra.* AmBk. (alg./Su)
Anon. 1904. *AE* 8 (D): 239.
———. 1906. *ED* 26 (F): 372.

2353. **Roberts, Herbert A.** 1900. *A Treatise on Elementary Dynamics...* Macmillan. (dyn./Tc)
Wilson, E.B. 1902. *AMSB* 8 (My): 341-9.

2354. **Roberts, Maria M., and Julia T. Colpitts.** 1918. *Analytic Geometry.* Wiley. (anal. geom./Ts, Tc)
Cobb, H.E. 1920. *SSM* 20 (Je): 560.
Currier, C.H. 1919. *AMM* 26 (Je): 250-2.

2355. ———. 1926. *Analytic Geometry.* 2d ed. Wiley. (anal. geom./Ts, Tc)

Anon. 1927. *SP* 21 (Ja): 534.

2356. **Roberts, William R.W.** 1938. *Elliptic and Hyperelliptic Integrals...* Macmillan. (ell. fcns./R)

B., F.G.W. 1940. *NAT* 145 (Ja 27 Supp.): 138-9.
Georges, J.S. 1939. *SSM* 39 (Ap): 391-2.

2357. **Robertson, John K.** 1929. *Introduction to Physical Optics.* VanNos. (optics/Tc)

P., L.E. 1930. *JFI* 209 (Mr): 424-5.

2358. **Robinson, Arthur E.** 1936. *The Professional Education of Elementary Teachers in the Field of Arithmetic.* ContrEd., #672. Teachers. (educ., arith./R)

Guiler, W.S. 1937. *ESJ* 37 (Je): 794-5.

2359. **Robinson, Daniel S.** 1924. *The Principles of Reasoning...* Appleton. (logic/Tc)

Cunningham, H.E. 1926. *PR* 35 (Jl): 386-7.

2360. **Robinson, Gilbert de B.** 1940. *The Foundations of Geometry.* MathExpo., #1. Toronto. (proj. geom., fnds./R)

Anon. 1941. *MR* 2 (Ap): 135.
Feld, J.M. 1941. *SM* 8 (D): 253-5.
Levy, H. 1941. *AMM* 48 (Je/Jl): 402.
Todd, J.A. 1941. *MG* 25 (Jl): 186-7.

2361. **Robinson, Horatio N.** 1892. *Robinson's New Practical Arithmetic.* AmBk. (arith./Te, Tj)

Anon. 1893. *ED* 13 (Ap): 516.

2362. ———. 1892. *Robinson's New Rudiments of Arithmetic.* AmBk. (arith./Te, Tj)

Anon. 1893. *ED* 13 (Ap): 513.

2363. ———. 1893. *Robinson's New Primary Arithmetic.* AmBk. (arith./Te)

Anon. 1893. *ED* 13 (Ap): 513.

2364. ———. 1895. *Robinson's New Higher Arithmetic...* AmBk. (arith./Tj)

Anon. 1896. *ED* 16 (Ap): 511.
———. 1896. *JE* 44 (Jl 16): 82.

2365. **Robinson, James Jr.** 1824. *Elements of Arithmetick...* Lincoln. (arith./Te, Tj)

   Anon. 1826. *AJE* 1 (My): 319.

2366. **Robson, Alan.** 1940. *An Introduction to Analytical Geometry.* Macmillan. (anal. geom./Ts, Tc)

   Maxwell, E.A. 1940. *MG* 24 (Jl): 218-22.

2367. **Roe, Harry B., David E. Smith, and William D. Reeve.** 1928. *Mathematics for Agriculture and Elementary Science.* Ginn. (genl./Ts)

   Kinney, J.M. 1928. *SSM* 28 (Je): 680, 682.

2368. **Roever, William H.** 1933. *The Mongean Method of Descriptive Geometry...* Macmillan. (descr. geom./Tc)

   Emch, A. 1934. *AMM* 41 (Je/Jl): 379-80.

2369. ———. 1940. *The Weight Field of Force of the Earth.* WashStudScTech., #11. St. Louis, Mo.: n.p. (mech./R)

   Heins, A.E. 1941. *MR* 2 (Je): 206.

2370. **Rogers, Agnes L.** 1918. *Experimental Tests of Mathematical Ability...* ContrEd., #89. Teachers. (educ./R)

   Miller, G.A. 1918. *SS* 8 (Jl): 116-7.

2371. **Rogers, Howard J.,** ed. 1905. *Congress of Arts and Science, Universal Exposition...* V. 1. *Philosophy and Mathematics.* Houghton. (logic/R)

   Lovejoy, A.O. 1906. *SCI* 23 (Ap 27): 655-9.

2372. **Rojansky, Vladimir B.** 1938. *Introductory Quantum Mechanics.* Prentice. (quantum mech./Tc, Tg)

   Anon. 1939. *NAT* 144 (O 28 Supp.): 743-4.
   Lamson, K.W. 1939. *AMSB* 45 (My): 348.
   Oppermann, R.H. 1939. *JFI* 227 (Mr): 429.
   Shortley, G.H. 1939. *SCI* 90 (N 3): 420-2.

2373. **Room, Thomas G.** (1938) 1939. *The Geometry of Determinantal Loci.* Macmillan. (proj. geom./Tc, Tg, R)

   B., D.W. 1939. *NAT* 144 (D 9): 960.
   Fraser, P. 1939. *MG* 23 (O): 412-4.
   James, M.M., D. Brown, and S. Brachfeld. 1939. *BRD* 35 (Ann): 833.

Oppermann, R.H. 1939. *JFI* 227 (My): 728.
Snyder, V. 1939. *AMSB* 45 (Jl): 499-501.

2374. **Root, Ralph E.** 1927. *The Mathematics of Engineering*. Williams. (precalc., calc., diff. eqns., complex var./Tc, R)

Campbell, A.D. 1928. *AMM* 35 (Ag/S): 372-5.
Knight, M.A., M.M. James, and M.L. Berg. 1927. *BRD* 23 (Ann): 636.
Picolet, L.E. 1927. *JFI* 204 (30 (S): 421-2.

2375. **Ropp, Christian.** 1887. *Ropp's Commercial Calculator...* Ropp. (comp./R)

Anon. 1889. *JE* 30 (N 14): 314.

2376. **Roray, Nelson L.** 1916. *Industrial Arithmetic...* Blakiston. (arith., appl./Tj)

Anon. 1916. *MT* 9 (S): 68.

2377. ———. 1917. *Industrial Arithmetic for Girls...* Blakiston. (arith., bus. arith./Tj)

Anon. 1917. *MT* 10 (D): 121.
———. 1918. *AE* 22 (O): 90.
———. 1918. *CSJ* 1 (N/D): 32.
Cobb, H.E. 1919. *SSM* 19 (Ja): 98.
Palmer, F.H. 1917. *ED* 38 (N): 194.

2378. **Rose, Clarence E.** 1940. *Matrix and Tensor Algebra...* Chemical. (matrices, tensor anal./R)

Birkhoff, G. 1941. *AMSB* 47 (N): 847.

2379. **Rosenbach, Joseph B., and Edwin A. Whitman.** 1929. *Plane Trigonometry*. Wiley. (trig./Ts)

Guggenbühl, L. 1930. *AMM* 37 (F): 93-4.

2380. ———. 1933. *College Algebra*. Ginn. (alg./Ts, Tc)

Anon. 1934. *MT* 27 (F): 107.
Foster, M. 1934. *AMM* 41 (Ap): 258-9.
Georges, J.S. 1933. *SSM* 33 (D): 1024.

2381. ———. 1939. *College Algebra*. Rev. ed. Ginn. (alg./Ts, Tc)

Foster, M. 1939. *AMM* 46 (D): 647.
Read, C.B. 1939. *SSM* 39 (N): 795.

2382. ———, and **David Moskovitz.** 1937. *Plane and Spherical Trigonometry...* Ginn. (trig./Ts)
   Warner, L.C. 1937. *SSM* 37 (My): 616.

2383. ———. 1937. *Plane Trigonometry...* Ginn. (trig./Ts)
   Warner, L.C. 1937. *SSM* 37 (My): 616.
   Wells, M.E. 1938. *AMM* 45 (Mr): 182.

2384. **Rosenberg, Reuben R.** 1934. *Business Mathematics...* Gregg. (bus. arith./Ts)
   Anon. 1936. *MT* 29 (F): 99.
   Kinney, L.B. 1935. *SR* 43 (F): 153-5.

2385. ———. 1935. *Essentials of Business Mathematics...* Gregg. (bus. arith./Ts)
   Anon. 1936. *MT* 29 (F): 99.
   Cobb, H.G. 1936. *HSJ* 19 (My): 177.

2386. ———. 1935. *Teaching Methods and Testing Materials in Business Mathematics.* Gregg. (educ., bus. arith./Tc, Tg, R)
   Anon. 1936. *MT* 29 (F): 98-9.
   Cobb, H.G. 1936. *HSJ* 19 (My): 177.
   Hoffacker, G.L. 1936. *ED* 56 (My): 574.

2387. **Rosenberger, Noah B.** 1921. *The Place of the Elementary Calculus in the Senior High School Mathematics...* ContrEd., #117. Teachers. (educ., hist., calc./R)
   Breslich, E.R. 1922. *SR* 30 (S): 552-3.
   Cobb, H.E. 1922. *SSM* 22 (Je): 594.
   Evans, G.W. 1922. *MT* 15 (Mr): 185-6.

2388. **Rosseland, Svein.** 1936. *Theoretical Astrophysics...* Oxford. (astrophys., stat. mech./R)
   McCrea, W.H. 1936. *MG* 20 (D): 342-4.

2389. **Roth, Leon.** 1937. *Descartes' "Discourse on Method".* Oxford. (nature, hist./R)
   G., T. 1938. *NAT* 141 (Ap 30): 769.

2390. **Rothe, Rudolf E., Franz Ollendorff, and Karl Pohlhausen.** 1933. *Theory of Functions as Applied to Engineering Problems.* Trans. A. Herzenberg. Tech. (complex var./R)
   Anon. 1934. *NAT* 133 (Mr 10 Supp.): 370.
   Campbell, A.D. 1934. *AMM* 41 (My): 319-21.

2391. **Rothrock, David A.** 1910. *Elements of Plane and Spherical Trigonometry*. Macmillan. (trig./Ts)
    Cobb, H.E. 1911. *SSM* 11 (Ja): 88.
    Finkel, B.F. 1910. *AMM* 17 (N): 230.

2392. ———, **and Martha A. Whitacre.** 1932. *First Year Algebra*. Scribner. (alg./Tj)
    Anon. 1932. *MT* 25 (Ap): 241.
    Kinney, J.M. 1932. *SSM* 32 (Je): 683.

2393. ———. 1933. *Second Year Algebra*. Scribner. (alg./Ts)
    Anon. 1934. *MT* 27 (F): 108.
    Stone, C.A. 1934. *SSM* 34 (My): 548.

2394. **Rougier, Louis A.P.** 1921. *Philosophy and the New Physics...* Trans. M. Masius. Blakiston. (relat., quantum mech./Su, R)
    Adams, E.P. 1922. *AMSB* 28 (Jl): 319.
    Anon. 1921. *AMM* 28 (N/D): 455.
    Leffmann, H. 1921. *JFI* 192 (S): 404-5.

2395. **Rouse, Louis J.** 1931. *College Algebra*. Wiley. (alg./Ts, Tc)
    Dean, M.W. 1932. *AMM* 39 (Ag/S): 423-4.

2396. ———. 1939. *College Algebra*. 2d ed. Wiley. (alg./Ts, Tc)
    Carnahan, W.H. 1939. *SSM* 39 (Ap): 393-4.
    Lob, H. 1939. *MG* 23 (Jl): 330-1.
    Simmons, H.A. 1939. *NMM* 13 (Mr): 297-8.
    Snyder, V. 1939. *AMM* 46 (My): 286.

2397. **Rowe, Charles E.** 1939. *Engineering Descriptive Geometry...* VanNos. (descr. geom./Tc)
    Beisel, B.R. 1939. *AMM* 46 (N): 594.
    Read, C.B. 1939. *SSM* 39 (D): 890.

2398. **Rowe, Joseph E.** 1927. *Introductory Mathematics*. Prentice. (alg./Ts, Tc)
    Warner, G.W. 1929. *SSM* 29 (Ja): 104.

2399. **Rowell, L.S.** 1890. *Reasons Why, and What to Say in Explaining Arithmetic*. Flanagan. (educ., arith./R)
    Anon. 1890. *JE* 32 (O 9): 235.

2400. *Royal Society of London Catalogue of Scientific Papers, 1800-1900.* V. 1. 1908. Putnam. (bibl./R)

  Miller, G.A. 1908. *SCI* 28 (O 30): 610-1.
  ———. 1909. *AMSB* 15 (Ja): 192-5.

2401. **Ruark, Arthur, and Harold C. Urey.** 1930. *Atoms, Molecules and Quanta.* McGraw. (quantum mech./R)

  Cleveland, T.K. 1930. *JFI* 209 (My): 701-2.
  Lindsay, R.B. 1931. *AMSB* 37 (Jl): 506-7.

2402. **Rubey, Harry.** 1934. *Engineering Surveys.* Macmillan. (surv., logs./Tc)

  Anon. 1935. *MT* 28 (Ap): 252.

2403. **Ruch, Giles M., and Frederic B. Knight.** 1932. *Standard Service Algebra.* Scott. (alg./Tj)

  Anon. 1933. *MT* 26 (F): 117-8.
  Georges, J.S. 1933. *SR* 41 (Je): 475-7.
  Munch, H.F. 1932. *HSJ* 15 (D): 391, 393.
  Stone, C.A. 1933. *SSM* 33 (Ap): 462.

2404. ———, **and George E. Hawkins.** 1938. *Living Mathematics.* Scott. (arith., geom., bus. arith./Tj, Ts)

  K., W. 1939. *CSJ* 20 (Mr/Ap): 197.
  Snyder, W.A. 1939. *NMM* 13 (F): 252-4.

2405. **Ruch, Giles M., Frederic B. Knight, and John W. Studebaker.** 1937. *Mathematics and Life.* 2 v. Scott. (arith., bus. arith./Tj)

  Graham, F.D. 1938. *SSM* 38 (N): 952-3.
  K., W. 1938. *CSJ* 19 (Mr/Ap): 190.
  Silverman, H.D. 1938. *SSM* 38 (F): 233-4.

2406. **Ruch, Giles M., et al.** 1925. *Compass Diagnostic Tests...* Scott. (educ., arith./R)

  Geyer, D.L. 1926. *CSJ* 9 (S): 31-6.

2407. **Ruge, Arnold, et al.** 1913. *Encyclopaedia of the Philosophical Sciences.* V. 1. *Logic.* Trans. B.E. Meyer. Macmillan. (logic/R)

  Schmidt, K. 1917. *PR* 26 (Ja): 70-87.

2408. **Rugg, Harold O.** 1917. *Statistical Methods Applied to Education...* Houghton. (stat./Tc, Tg)

  Anon. 1917. *ESJ* 18 (N): 239.

———. 1917. *SR* 25 (N): 693.
Geyer, D.L. 1926. *CSJ* 8 (Ja): 195-7.
Gruenberg, B.C. 1919. *QPASA* 16 (D): 547-8.
O'Gorman, J.M. 1917. *EDAS* 3 (D): 595-6.
Stetson, P.C. 1917. *ESJ* 18 (D): 314-6.
———. 1917. *SR* 25 (D): 765-8.

2409. ———. 1925. *A Primer of Graphics and Statistics...* Houghton. (stat., graphics/Tc, Tg)

Anon. 1925. *AE* 29 (S): 40-1.
Geyer, D.L. 1926. *CSJ* 8 (Ja): 195-7.
Good, C.V. 1926. *SR* 34 (F): 157-8.
Reich, G.M. 1926. *JER* 13 (My): 375.
Scates, D.E. 1925. *ESJ* 26 (O): 151-2.
Touton, F.C. 1925. *EDAS* 11 (N): 572-3.

2410. ———, and John R. Clark. 1918. *Scientific Method in the Reconstruction of Ninth Grade Mathematics.* ChicagoPr. (educ., alg./R)

Anon. 1918. *MT* 10 (Je): 213.
———. 1919. *ED* 39 (Ap): 513.
Cobb, H.E. 1918. *SSM* 18 (O): 674.
Owen, W.B. 1918. *SR* 26 (Je): 451-5.
Reeve, W.D. 1918. *ESJ* 18 (Je): 811-4.

2411. ———. 1919-1920. *Fundamentals of High School Mathematics.* WrldBk. (alg., geom./Tj, Ts)

Anon. 1920. *MT* 12 (Je): 173.
———. 1921. *AMM* 28 (N/D): 457.
Breslich, E.R. 1920. *SR* 28 (S): 556.
Cobb, H.E. 1920. *SSM* 20 (Je): 560.

2412. **Runge, Carl D.T.** 1912. *Graphical Methods.* Columbia. (anal. geom., calc., graphics/Ts, Tc)

Greenstreet, W.J. 1914. *MG* 7 (Ja): 251-2.

2413. ———. 1919. *Vector Analysis.* Trans. H. Levy. Dutton. (vector anal./Tc)

Davis, A. 1924. *MT* 17 (F): 126.

2414. ———. 1923. *Vector Analysis.* Trans. H. Levy. Dutton. (vector anal./Tc)

Cobb, H.E. 1924. *SSM* 24 (F): 222.
Reynolds, J.B. 1924. *AMM* 31 (My): 242-4.
Shaw, J.B. 1924. *AMSB* 30 (Jl): 375.

2415. **Runkle, John D.** 1888. *Elements of Plane Analytic Geometry.* Ginn. (anal. geom./Ts, Tc)
    Anon. 1889. *JE* 29 (F 28): 139.
    ———. 1889. *SCI* 13 (F 22): 149.

2416. **Running, Theodore R.** 1917. *Empirical Formulas.* WileyMatMon., #19. Wiley. (least squares, numerical anal., graphics/R)
    Crathorne, A.R. 1920. *AMSB* 26 (My): 376-7.
    Jourdain, P.E.B. 1919. *SP* 14 (O): 341.

2417. ———. 1927. *Graphical Mathematics.* Wiley. (calc., graphics/Su)
    Ettlinger, H.J. 1928. *AMM* 35 (N): 487-8.

2418. ———. 1937. *Graphical Calculus.* Wahr. (calc., graphics, appl./Tc)
    Ogburn, J.H. 1938. *AMM* 45 (My): 316-7.
    Reeve, W.D. 1938. *MT* 31 (My): 254-5.

2419. **Rupert, William W.** 1900. *Famous Geometrical Theorems and Problems...* Heath. (geom., hist./R, Su)
    Anon. 1901. *ED* 21 (Ap): 512.
    Colaw, J.M. 1900. *AMM* 7 (D): 302-3.
    McDonald, J.H. 1901. *SR* 9 (F): 125.

2420. **Rushmer, Clarence E., and Clarence J. Dence.** 1923-1926. *High School Algebra.* 2 v. AmBk. (alg./Tj, Ts)
    Anon. 1923. *AE* 26 (20 (Je): 472.
    ———. 1923. *MT* 16 (O): 382.
    ———. 1924. *ED* 45 (N): 192.
    ———. 1926. *AE* 29 (My): 428.
    Hinkle, E.C. 1923. *CSJ* 6 (D): 159-60.

2421. **Russell, Bertrand A.W.** 1897. *An Essay on the Foundations of Geometry.* Macmillan. (fnds., proj. geom., non-Eucl. geom., hist./R)
    Murray, D.A. 1899. *PR* 8 (Ja): 49-57.

2422. ———. 1903. *The Principles of Mathematics.* V. 1. Macmillan. (fnds., logic/R)
    Finkel, B.F. 1903. *AMM* 10 (Je/Jl): 182.
    Wilson, E.B. 1904. *AMSB* 11 (N): 74-93.

2423. ———. 1914. *Our Knowledge of the External World...* Open. (phil., fnds./R)

    Carmichael, R.D. 1915. *AMM* 22 (Ap): 126.
    Cobb, H.E. 1915. *SSM* 15 (Je): 545.
    Jourdain, P.E.B. 1914. *MG* 7 (O): 404-6.
    ———. 1920. *ISIS* 3 (2): 311-4.
    Keyser, C.J. 1916. *AMSB* 23 (N): 91-7.

2424. ———. 1919. *Introduction to Mathematical Philosophy.* Macmillan. (phil., logic/R)

    Keyser, C.J. 1920. *AMM* 27 (My): 213-7.
    Pfeiffer, G.A. 1920. *AMSB* 27 (N): 81-90.

2425. ———. 1921. *The Analysis of Mind.* Macmillan. (phil./Su)

    Keyser, C.J. 1921. *SCI* 54 (N 25): 518-20.
    For additional reviews see Farber 1981.

2426. ———. 1938. *The Principles of Mathematics.* 2d ed. Norton. (fnds., logic/R)

    Creedy, F. 1938. *AMSB* 44 (S): 613-4.
    Davis, H.T. 1939. *ISIS* 30 (2): 298-302.
    Forder, H.G. 1938. *MG* 22 (Jl): 300-1.
    Ingalls, A.G. 1938. *SA* 158 (Je): 380.
    Langer, S.K. 1938. *JSL* 3 (D): 156-7.
    Meder, A.E. Jr. 1940. *SM* 7 (1-4): 138-41.
    Stebbing, L.S. 1938. *PHIL* 13 (O): 481-3.

2427. ———. 1940. *An Inquiry into Meaning and Truth.* Norton. (logic/R)

    Quine, W.V. 1941. *JSL* 6 (Mr): 29-30.

2428. **Russell, John W.** 1905. *An Elementary Treatise on Pure Geometry...* 2d ed. Oxford. (proj. geom./Tc)

    Greenstreet, W.J. 1906. *MG* 3 (My): 319-20.
    Veblen, O. 1907. *AMSB* 14 (O): 29-31.

2429. **Russell, Rufus G.** 1907. *Guide to Arithmetic...* Jennings. (educ., arith./R)

    Anon. 1907. *JE* 66 (S 19): 300.

2430. **Rutherford, Daniel E.** 1932. *Modular Invariants.* CambTrM&MP., #27. Macmillan. (no. theory/R)

    Campbell, A.D. 1933. *AMM* 40 (F): 105-7.
    Hazlett, O.C. 1933. *AMSB* 39 (N): 839-42.

Young, A. 1932. *MG* 16 (D): 353-4.

2431. ———. 1939. *Vector Methods...* Intsci. (diff. geom., mech., pot. theory, vector anal./Tg)

Todd, J.A. 1940. *NAT* 146 (N 23): 665-6.

2432. **Rutherford, Ernest.** 1913. *Radioactive Substances and their Radiations.* Putnam. (radact./R)

Carmichael, R.D. 1916. *AMSB* 22 (Ja): 200.

2433. **Rutledge, George.** 1923. *Fundamental Topics in the Differential and Integral Calculus.* Ginn. (calc./Ts, Tc)

Anon. 1923. *MT* 16 (D): 504.
Cobb, H.E. 1923. *SSM* 23 (D): 916.
Lodge, A. 1924. *MG* 12 (My): 119.
Morgan, F.M. 1925. *AMM* 32 (My): 256.

S

2434. **Sabin, Stewart B., and Charles D. Lowry.** 1894. *Elementary Lessons in Algebra.* AmBk. (alg./Tj)

   Colaw, J.M. 1897. *AMM* 4 (Ap): 127.

2435. **Saccheri, Girolamo.** 1920. *Girolamo Saccheri's Euclides Vindicatus.* Ed., trans. G.B. Halsted. Open. (hist., non-Eucl. geom./R)

   Anon. 1920. *EDAS* 6 (D): 532.
   Archibald, R.C. 1921. *AMM* 28 (Ja): 28-30.

2436. **Sadler, Warren H., and William R. Will.** 1890. *Sadler's Practical Arithmetic...* Sadler. (arith./Te, Tj)

   Anon. 1890. *JE* 32 (N 6): 298.

2437. **Salmon, George.** 1912-1915. *A Treatise on the Analytic Geometry of Three Dimensions.* 2 v. Rev. R.A.P. Rogers. 5th ed. Longmans. (anal. geom., proj. geom., alg. geom., diff. geom./Ts, Tc, Tg, R)

   Anon. 1912. *MT* 4 (Je): 174.
   Finkel, B.F. 1912. *AMM* 19 (Ap): 87.
   Snyder, V. 1912. *AMSB* 19 (N): 80-3.
   ———. 1915. *AMSB* 22 (D): 147-9.

2438. **Sample, Anna E.** 1927. *Fifty Number Games...* Beckley. (arith., educ./Su)

   Anon. 1928. *CSJ* 11 (N): 119.

2439. **Sampson, Charles H.** 1915. *Mechanical Drawing and Practical Drafting.* BradleyS. (mech. drawing, proj. geom., persp./Ts, Tc)

    Anon. 1915. *ED* 36 (O): 125-6.

2440. **Sanborn, George K.** 1934. *Exercises in First Year Algebra.* AmBk. (alg./Su)

    Hawkins, G.E. 1934. *SSM* 34 (N): 896.

2441. **Sanders, Alan.** 1901. *Elements of Plane Geometry.* AmBk. (geom./Ts)

    Anon. 1901. *AE* 5 (S): 53.
    ———. 1901. *ED* 22 (N): 191.
    ———. 1902. *AMM* 9 (Mr): 89.

2442. ———. 1903. *Elements of Plane and Solid Geometry.* AmBk. (geom./Ts)

    Anon. 1904. *ED* 24 (Mr): 448.

2443. **Sanderson, Frederick W., and George W. Brewster.** 1910. *A Geometry for Schools.* Putnam. (geom./Ts)

    Anon. 1911. *ED* 32 (D): 253.

2444. **Sanford, Vera.** 1927. *The History and Significance of Certain Standard Problems in Algebra.* ContrEd., #251. Teachers. (educ., alg., hist./R)

    Atkin, E.I. 1928. *JER* 17 (F): 139-40.
    Jackson, R.L. 1930. *AMM* 37 (O): 445-6.
    Myers, G.W. 1928. *SSM* 28 (Mr): 322, 324.
    Simons, L.G. 1929. *MT* 22 (F): 125-6.

2445. ———. 1930. *A Short History of Mathematics.* Ed. J.W. Young. Houghton. (hist., educ./Ts, Tc, R)

    Cowley, E.B. 1931. *AMSB* 37 (My): 333.
    Gilham, C.W. 1931. *MG* 15 (Jl): 438-9.
    Kinney, J.M. 1930. *SSM* 30 (O): 846.
    Munch, H.F. 1930. *HSJ* 13 (My): 263.
    Simons, L.G. 1930. *AMM* 37 (10): 540-2.
    ———. 1931. *MT* 24 (F): 122-4.

2446. **Sanger, Ralph G.** 1939. *Synthetic Projective Geometry.* McGraw. (proj. geom./Tc)

    Mayor, J.R. 1940. *NMM* 14 (F): 292-4.
    Read, C.B. 1939. *SSM* 39 (N): 794-5.

Snyder, V. 1939. *AMM* 46 (Ag/S): 444.

2447. **Sarton, George.** 1927-1931. *Introduction to the History of Science*. 2 v. Williams. (hist./R)

    Archibald, R.C. 1929. *AMM* 36 (Ap): 222-4.
    Cajori, F. 1927. *SCI* 66 (S 16): 260-2.
    Haskins, C.H. 1928. *ISIS* 10 (1): 88-92.
    Leffmann, H. 1927. *JFI* 204 (Jl): 131-3.
    Stokley, J. 1932. *JFI* 214 (Jl): 119-21.
    For additional reviews see Farber 1981.

2448. ———. 1936. *The Study of the History of Mathematics*. Harvard. (hist./R)

    Archibald, R.C. 1939. *AMM* 46 (D): 648-9.
    Dunnington, G.W. 1937. *NMM* 11 (Ja): 204-5.
    Heath, T.L. 1936. *NAT* 138 (O 24): 700-1.
    Neville, E.H. 1937. *MG* 21 (F): 71-2.
    Nichols, I.C. 1937. *NMM* 12 (D): 154-5.
    Smith, D.E. 1936. *SM* 4 (Jl): 263-6.
    For additional reviews see Farber 1981.

2449. ———. 1936. *The Study of the History of Science*. Harvard. (hist./R)

    Archibald, R.C. 1939. *AMM* 46 (D): 648-9.
    Heath, T.L. 1936. *NAT* 138 (O 24): 700-1.
    Smith, D.E. 1936. *SM* 4 (Jl): 263-6.
    For additional reviews see Buros 1941, 257-8; and Farber 1981.

2450. **Sasuly, Max.** 1934. *Trend Analysis of Statistics*... Brookings. (stat., least squares/Tc)

    Craig, A.T. 1935. *JASA* 30 (Je): 478-80.
    Davis, H.T. 1936. *ISIS* 25 (2): 491-93.
    Halbert, K.W. 1935. *AMSB* 41 (S): 607-10.
    Waugh, A.E. 1935. *AMM* 42 (O): 505-7.
    For additional reviews see Buros 1938, 69-70; Buros 1941, 258-9; and Farber 1981.

2451. **Sawyer, Henry E.** 1877. *Metric Manual*... AMB. (metric system, educ./Su)

    Anon. 1877. *NEJE* 6 (N 22): 238.

2452. **Saxelby, Frank M.** 1905. *A Course in Practical Mathematics*. Longmans. (trig., calc., diff. eqns., vector anal./Tc)

    Smith, D.E. 1906. *AMSB* 12 (Je): 458-63.
    Young, J.W.A. 1906. *SR* 14 (Je): 460-1.

2453. ———. 1908. *An Introduction to Practical Mathematics.* Longmans. (arith., alg., mensur./Tj, Ts)

    Roberts, W.M. 1908. *MG* 4 (D): 395.
    Stark, W.E. 1910. *SR* 18 (Ja): 54.
    Studley, D. 1909. *SSM* 9 (N): 811.

2454. ———. 1927. *An Introduction to Practical Mathematics.* New ed. Longmans. (arith., alg., mensur./Tj, Ts)

    Adams, C.W. 1928. *MG* 14 (Ja): 24.

2455. **Scarborough, James B.** 1930. *Numerical Mathematical Analysis.* Johns. (numerical anal./Tc, R)

    Aitken, A.C. 1932. *MG* 16 (F): 61-2.
    Brouwer, D. 1931. *SCI* 73 (My 8): 498.
    Escott, E.B. 1931. *AMM* 38 (Ag/S): 396-402.
    Longley, W.R. 1932. *AMSB* 38 (My): 331-2.
    P., L.E. 1931. *JFI* 211 (Ap): 530-1.
    Rietz, H.L. 1931. *JASA* 26 (S): 360.
    For additional reviews see Farber 1981.

2456. **Schaaf, William L.** 1928. *A Course for Teachers of Junior High School Mathematics.* ContrEd., #313. Teachers. (educ./Tc, Tg)

    Georges, J.S. 1929. *SR* 37 (Ja): 76-7.

2457. ———. 1930. *Progressive Business Arithmetic...* Heath. (bus. arith./Tj, Ts)

    Urbancek, J.J. 1930. *SSM* 30 (O): 850.
    Weersing, F.J. 1931. *SR* 39 (Mr): 230-1.

2458. ———. 1931. *Mathematics for Junior High School Teachers.* Johnson. (educ., arith., geom., trig., stat./R)

    Haas, A. 1932. *AMM* 39 (Ja): 35-6.
    Munch, H.F. 1931. *HSJ* 14 (My): 301.
    R., P.B. 1931. *CSJ* 14 (O): 95-6.
    Stone, C.A. 1931. *SSM* 31 (O): 890, 892.

2459. **Schlauch, William S.** 1936. *General Mathematics for Students of Business.* Crofts. (finance, trig., calc., stat./Ts, Tc)

    Kinney, J.M. 1937. *SSM* 37 (N): 1003-4.
    Nichols, I.C. 1938. *NMM* 12 (My): 420-1.
    Reeve, W.D. 1937. *MT* 30 (Mr): 138.
    Richeson, A.W. 1938. *AMM* 45 (Mr): 177.

2460. ———. 1939. *Business Arithmetic...* Crofts. (finance/Ts, Tc)
    Carnahan, W. 1939. *SSM* 39 (D): 893.
    Specthrie, S.W. 1940. *NMM* 15 (D): 159-60.

2461. **Schlick, Moritz.** 1920. *Space and Time in Contemporary Physics...* Trans. H.H.L.A. Brose. Oxford. (relat./R)
    Anon. 1920. *MT* 13 (D): 63-4.

2462. **Schmall, Charles N.** 1905. *A First Course in Analytical Geometry...* VanNos. (anal. geom./Ts, Tc)
    Cowley, E.B. 1907. *AMSB* 13 (F): 246-7.

2463. ———, **and Samuel M. Shack.** 1904. *Elements of Plane Geometry...* VanNos. (geom./Ts)
    Anon. 1904. *ED* 25 (N): 188.
    Hill, E.E. 1905. *SSM* 5 (Mr): 220-1.

2464. **Schnell, Leroy H., and Mildred Crawford.** 1938. *Clear Thinking, an Approach through Plane Geometry.* Harper. (geom./Ts)
    Carnahan, W.H. 1938. *SSM* 38 (N): 950.
    Hawkins, G.E. 1939. *SR* 47 (Mr): 233-5.

2465. **Schoch, William.** 1904. *Introduction to Geometry...* AllynB. (geom./Ts)
    Myers, G.W. 1905. *SSM* 5 (Ap): 305.

2466. **Schorling, Raleigh.** 1925. *A Tentative List of Objectives in the Teaching of Junior High School Mathematics...* Wahr. (educ./R)
    Downey, W.F. 1925. *MT* 18 (D): 503.
    ———. 1926. *SR* 34 (Ja): 73-4.
    ———. 1926. *SSM* 26 (Ap): 446.

2467. ———. 1936. *The Teaching of Mathematics...* AnnArb. (educ./R)
    Anon. 1937. *EDAS* 23 (My): 398.
    Cahoon, G.P. 1938. *EDAS* 24 (Ja): 78-9.
    Nyberg, J.A. 1937. *SSM* 37 (F): 244.
    Reeve, W.D. 1937. *MT* 30 (N): 349.
    Smith, C.D. 1937. *NMM* 11 (Ap): 342-4.
    Taylor, E.H. 1937. *SR* 45 (My): 388-90.

2468. ———, **and John R. Clark.** 1924. *Modern Mathematics.* 3 v. WrldBk. (arith., alg., geom./Tj, Ts)
    Anon. 1924. *AE* 28 (O): 92, 94.

Campbell, W.H. 1924. *SSM* 24 (O): 780, 782.
Evans, G.W. 1924. *MT* 17 (My): 315-7.
Goff, R.R. 1925. *ED* 45 (Mr): 448.
Roantree, W.F. 1924. *MT* 17 (My): 312-4.
Stone, C.A. 1924. *SR* 32 (N): 717-8.

2469. ———. 1929. *Modern Algebra.* 2 v. (V. 2 coauthor Selma A. Lindell). WrldBk. (alg., stat./Tj, Ts)

Anon. 1930. *CSJ* 12 (F): 272.
Hawkins, G.E. 1931. *SSM* 31 (Mr): 364.
Kinney, J.M. 1929. *SSM* 29 (Je): 670, 672.

2470. ———. 1929. *Modern Mathematics.* 2 v. New ed. WrldBk. (alg., geom., trig./Tj, Ts)

Kinney, J.M. 1930. *SSM* 30 (F): 218.
Zant, J.H. 1929. *MT* 22 (N): 431-2.

2471. ———. 1935-1936. *Mathematics in Life.* 4 ut. WrldBk. (arith., mensur., geom./Te, Tj)

Mallory, A.E. 1936. *SR* 44 (D): 794.
Munch, H.F. 1936. *HSJ* 19 (O): 221.
Reeve, W.D. 1937. *MT* 30 (Mr): 139.
Silverman, H.D. 1936. *SSM* 36 (My): 562.
Wilson, G.M. 1935. *ED* 55 (My): 572-3.

2472. ———. 1937. *Mathematics in Life.* WrldBk. (meas., bus. arith., alg./Tj, Ts)

Hawkins, G.E. 1938. *SR* 46 (Ap): 313-5.
Sears, W.P. Jr. 1937. *ED* 58 (N): 191.
Silverman, H.D. 1938. *SSM* 38 (D): 1052-3.
W., L.C. 1938. *CSJ* 19 (My/Je): 234.

2473. **Schorling, Raleigh, and William D. Reeve.** 1919. *General Mathematics.* V. 1. Ginn. (genl./Ts)

Anon. 1920. *AE* 24 (D): 186.
———. 1920. *MT* 12 (Mr): 127.
Breslich, E.R. 1920. *SR* 28 (S): 557.
Cobb, H.E. 1920. *SSM* 20 (Ap): 374-5.

2474. **Schorling, Raleigh, John R. Clark, and Selma A. Lindell.** 1927. *Instructional Tests in Algebra...* WrldBk. (educ., alg./R)

Anon. 1928. *CSJ* 11 (S): 39.
Kinney, J.M. 1927. *SSM* 27 (Je): 664.
Stokes, C.N. 1927. *MT* 20 (Ja): 50-1.

2475. **Schorling, Raleigh, John R. Clark, and Mary A. Potter.** 1928. *Instructional Tests in Arithmetic.* 4 v. and teacher's manual. WrldBk. (arith., educ./R)

Anon. 1929. *CSJ* 12 (S): 37-8.
Morton, R.L. 1929. *JER* 19 (F): 144-5.

2476. **Schorling, Raleigh, and John R. Clark, with Rolland R. Smith.** 1935-1936. *Modern-School Mathematics.* 3 v. WrldBk. (arith., geom., alg., trig./Tj, Ts)

K., W. 1938. *CSJ* 19 (F): 144.
Mallory, A.E. 1935. *SR* 43 (N): 716-7.
Munch, H.F. 1937. *HSJ* 20 (Mr): 115-6.
Royce, G.L. 1936. *SSM* 36 (Ja): 106, 108.

2477. ———. 1936. *Modern-School Algebra...* WrldBk. (alg./Tj)

K., W. 1938. *CSJ* 19 (F): 144.
Munch, H.F. 1938. *HSJ* 21 (My): 191.

2478. **Schrödinger, Erwin.** 1935. *Science and the Human Temperament.* Trans. J. Murphy and W.H. Johnston. Norton. (fnds./Su)

Northrop, F.S.C. 1936. *AMSB* 42 (N): 791-2.

2479. **Schubert, Hermann C.H.** 1898. *Mathematical Essays and Recreations.* Trans. T.J. McCormack. Open. (recr., fnds./R, Su)

Finkel, B.F. 1899. *AMM* 6 (Mr): 95-6.

2480. **Schultz, Henry.** 1928. *Statistical Laws of Demand and Supply...* ChicagoPr. (stat./Su)

Wright, P.G. 1929. *JASA* 24 (Je): 207-15.

2481. **Schultze, Arthur.** 1905-1906. *Advanced Algebra.* Macmillan. (alg./Ts, Tc)

Anon. 1906. *ED* 26 (Je): 633.
Coar, H.L. 1906. *SR* 14 (S): 547-8.
Keyser, C.J. 1907. *SCI* 26 (O 4): 437-9.
Myers, G.W. 1906. *SSM* 6 (Ap): 332-3.

2482. ———. 1905. *Elementary Algebra.* Macmillan. (alg./Tj)

Anon. 1906. *ED* 26 (F): 372.

2483. ———. 1908. *Graphic Algebra.* Macmillan. (alg., graphics/R)

Anon. 1908. *ED* 28 (Ap): 524.
Cobb, H.E. 1908. *SSM* 8 (My): 435.

Keyser, C.J. 1908. *SCI* 27 (Je 19): 954-7.
Roberts, W.M. 1908. *MG* 4 (D): 395.
Slaught, H.E. 1908. *SR* 16 (D): 688-9.

2484. ———. 1910. *Elements of Algebra.* Macmillan. (alg./Tj)

Anon. 1911. *ED* 31 (My): 636.
Cobb, H.E. 1910. *SSM* 10 (O): 647.
———. 1911. *SR* 19 (Ap): 280.

2485. ———. 1912. *The Teaching of Mathematics in Secondary Schools.* Macmillan. (educ./R)

Anon. 1913. *AE* 17 (S): 58.
Coolidge, J.L. 1913. *AMSB* 19 (My): 411-6.
Schorling, R. 1913. *SR* 21 (S): 504-6.
Shumway, R.R. 1913. *AMM* 20 (Mr): 97-8.

2486. ———. 1925. *Elementary Algebra.* Rev. W.E. Breckenridge. Macmillan. (alg./Tj)

Goff, R.R. 1926. *ED* 46 (My): 575.

2487. ———. 1925. *Elementary and Intermediate Algebra.* Rev. W.E. Breckenridge. Macmillan. (alg./Tj, Ts)

Anon. 1926. *AE* 29 (Je): 474, 476.
———. 1926. *CSJ* 8 (My): 359.
Goff, R.R. 1926. *ED* 46 (My): 575.
Kinney, J.M. 1926. *SSM* 26 (F): 216.

2488. ———, and Frank L. Sevenoak. 1901. *Plane and Solid Geometry.* Macmillan. (geom./Ts)

Anon. 1901. *ED* 22 (N): 190.
———. 1901. *NYE* 4 (Je): 628.

2489. ———. 1913. *Schultze and Sevenoak's Plane and Solid Geometry.* Rev. A. Schultze. Macmillan. (geom./Ts)

Anon. 1914. *AE* 17 (F): 378.

2490. ———. 1925. *Plane Geometry.* Rev. E. Schuyler. Macmillan. (geom./Ts)

Goff, R.R. 1926. *ED* 46 (Ja): 323.

2491. ———. 1935-1936. *Plane Geometry.* Rev. L.C. Stone. New ed. Macmillan. (geom./Ts)

Anon. 1936. *MT* 29 (F): 101.
Reeve, W.D. 1937. *MT* 30 (N): 348.

Silverman, H.D. 1935. *SSM* 35 (D): 1004.

2492. **Schumann, Charles H. Jr.** 1936. *Descriptive Geometry...* 2d ed. VanNos. (descr. geom./Tc)

Roller, H.D. 1937. *SSM* 37 (Ja): 122.

2493. **Schuyler, Aaron.** 1873. *Surveying and Navigation, with a Preliminary Treatise on Trigonometry and Mensuration.* Wilson. (trig., appl., surv./Ts)

Anon. 1874. *AN* 1 (Ja): 16.

2494. ———. 1875. *Plane and Spherical Trigonometry and Mensuration.* Wilson. (trig./Ts)

Anon. 1876. *NEJE* 4 (S 16): 120.

2495. ———. 1876. *Elements of Geometry...* Wilson. (geom./Ts)

Anon. 1876. *AN* 3 (Mr): 96.
———. 1876. *NEJE* 4 (S 16): 120.

2496. **Schwatt, Isaac J.** 1895. *A Geometrical Treatment of Curves Which are Isogonal Conjugate to a Straight Line with Respect to a Triangle.* Leach. (college geom./Su)

Finkel, B.F. 1895. *AMM* 2 (S/O): 295-6.
Morley, F. 1897. *AMSB* 3 (F): 195-6.

2497. ———. 1924. *An Introduction to the Operations with Series.* PaPr. (inf. series/R)

Fort, T. 1925. *AMM* 32 (Ag/S): 383.
Smail, L.L. 1926. *AMSB* 32 (Ja/F): 88.

2498. **Scoones, Paul, and L. Todd.** 1908. *The Eton Algebra.* Pt. 1. Macmillan. (alg./Su)

Milne, J.J. 1908. *MG* 4 (D): 392-4.

2499. **Scott, Charlotte A.** 1894. *An Introductory Account of Certain Modern Ideas and Methods in Plane Analytical Geometry.* Macmillan. (proj. geom., anal. geom./Tc)

Cole, F.N. 1896. *AMSB* 2 (My): 265-71.
Finkel, B.F. 1894. *AMM* 1 (O): 370.

2500. ———. 1924. *An Introductory Account of Certain Modern Ideas and Methods in Plane Analytical Geometry.* 2d ed. Stechert. (proj. geom., anal. geom./Tc)

Cowley, E.B. 1926. *AMSB* 32 (My/Je): 295.

Snyder, V. 1925. *AMM* 32 (D): 513.

2501. **Scott, Irving O.** 1919. *Examination Exercises in Algebra*. AllynB. (alg./R)

Anon. 1920. *MT* 12 (Mr): 127.

2502. **Scott, Robert F.** 1904. *The Theory of Determinants*... Rev. G.B. Mathews. 2d ed. Macmillan. (determ./Tc)

Metzler, W.H. 1905. *MG* 3 (My): 183.

2503. **Scott, Samuel B.** 1937. *Algebra for Parents*... Magee. (alg./Tj, Ts)

Reeve, W.D. 1937. *MT* 30 (N): 349.

2504. **Searle, George F.C.** 1926. *Experimental Optics: A Manual*... Macmillan. (optics/Su)

Crowther, J.A. 1926. *MG* 13 (Mr): 93-4.

2505. **Seaver, Edwin P.** 1889. *Elementary Trigonometry*... Taintor. (trig./Ts)

Anon. 1889. *ED* 10 (O): 141.
———. 1889. *JE* 30 (O 3): 219.

2506. ———. 1907. *Mathematical Handbook*. McGraw. (trig., calc., tables/R)

Wilson, J.L., and C.E. Fanning. 1908. *BRD* 4 (Ann): 322.

2507. **Secrist, Horace.** 1917. *An Introduction to Statistical Methods*. Macmillan. (stat./Tc)

Lovitt, W.V. 1918. *AMSB* 25 (N): 89-90.
P., J.H. 1918. *QPASA* 16 (Je): 113-4.
Rietz, H.L. 1918. *AMM* 25 (Ap): 167-8.
For additional reviews see Farber 1981.

2508. ———. 1920. *Readings and Problems in Statistical Methods*. Macmillan. (stat./Su)

Weyforth, W.O. 1921. *QPASA* 17 (Mr): 668-70.

2509. ———. 1925. *An Introduction to Statistical Methods*. Rev. ed. Macmillan. (stat./Tc)

Camp, B.H. 1926. *AMSB* 32 (Jl/Ag): 389-91.
For additional reviews see Farber 1981.

2510. **Sedgwick, William T., and Harry W. Tyler.** 1917. *A Short History of Science*. Macmillan. (hist./Su, R)

S., C.H. 1918. *SSM* 18 (Je): 567.
For additional reviews see Farber 1981.

2511. ———. 1939. *A Short History of Science.* Rev. H.W. Tyler and R.P. Bigelow. Macmillan. (hist./Su, R)

Cohen, I.B. 1941. *ISIS* 33 (1): 74-9.
Karpinski, L.C. 1940. *NMM* 14 (Ap): 429-30.
Knight, E.W. 1940. *HSJ* 23 (O): 295-6.
Oppermann, R.H. 1940. *JFI* 230 (Jl): 138-9.
Sherman, S. 1940. *AMM* 47 (Ap): 233-4.
For additional reviews see Buros 1941, 262-5; and Farber 1981.

2512. **Seeley, Levi.** 1888. *Grubé's Method of Teaching Arithmetic.* Kellogg. (arith., educ./R)

Anon. 1888. *JE* 27 (Ap 19): 250.

2513. **Seidlin, Joseph.** 1931. *A Critical Study of the Teaching of Elementary College Mathematics.* ContrEd., #482. Teachers. (educ./R)

Christofferson, H.C. 1932. *JER* 25 (Ap/My): 302-4.
Johnson, R.A. 1932. *AMM* 39 (F): 114-5.
Tyler, H.W. 1935. *MT* 28 (Ap): 254-5.

2514. **Sensenig, David Martin.** 1888. *Numbers Symbolized; an Elementary Algebra.* Appleton. (alg./Tj)

Anon. 1888. *ED* 9 (O): 147.
———. 1888. *JE* 28 (Ag 30): 146.

2515. ———. 1889-1890. *Numbers Universalized. An Advanced Algebra.* 2 v. Appleton. (alg./Ts, Tc)

Anon. 1889. *ED* 10 (O): 141.
———. 1889. *JE* 30 (O 10): 237.
———. 1889. *SCI* 14 (Ag 9): 102.
———. 1890. *ED* 10 (My): 582.
———. 1890. *JE* 31 (Mr 20): 186.
———. 1890. *SCI* 15 (Ap 11): 236.

2516. ———, **and Robert F. Anderson.** 1900. *The New Complete Arithmetic...* Silver. (arith./Te, Tj)

Anon. 1901. *ED* 22 (O): 126.
Colaw, J.M. 1900. *AMM* 7 (Ag/S): 205.

2517. ———. 1902. *Essentials of Arithmetic.* Silver. (arith./Te, Tj)

Anon. 1902. *AE* 6 (O): 117.

―――. 1903. *ED* 23 (Ja): 320.

2518. ―――. 1903. *An Introductory Arithmetic*. Silver. (arith./Te, Tj)

    Anon. 1904. *ED* 24 (My): 578.

2519. **Sestini, Benedict.** 1852. *A Treatise of Analytical Geometry*. Gideon. (anal. geom./Ts, Tc)

    Anon. 1852. *AJS* 14 (N): 453.

2520. ―――. 1871. *Manual of Geometrical and Infinitesimal Analysis*. Murphy. (anal. geom., calc./Su)

    Anon. 1871. *AJS* 2 (Jl): 76.

2521. **Seward, Albert C.,** ed. 1917. *Science and the Nation*. Putnam. (phys., educ./Su)

    Archibald, R.C. 1917. *AMSB* 24 (N): 98-9.

2522. **Sewell, Walter E.** 1938. *Review Course in Algebra*. Heath. (alg./Tj, Ts)

    Carnahan, W.H. 1939. *SSM* 39 (Ja): 96.
    Garabedian, H.L. 1938. *NMM* 13 (N): 103.
    Munch, H.F. 1939. *HSJ* 22 (O): 255.
    W., E. 1939. *MT* 32 (My): 239.

2523. **Seymour, F. Eugene.** 1925. *Plane Geometry*. AmBk. (geom./Ts)

    Kinney, J.M. 1926. *SSM* 26 (F): 218.

2524. ―――. 1930. *Solid Geometry*. AmBk. (geom./Ts)

    Anon. 1930. *HSJ* 13 (O): 320.

2525. **Shaw, Charles G.** 1935. *Logic...* Prentice. (logic/Tc)

    Dotterer, R.R. 1936. *PR* 45 (Jl): 425.
    G., T. 1936. *NAT* 138 (Ag 1): 187.

2526. **Shaw, James B.** 1907. *Synopsis of Linear Associative Algebra...* Publ. #78. Carnegie. (linear alg./R)

    Jourdain, P.E.B. 1919. *SP* 14 (O): 340-1.

2527. ―――. 1918. *Lectures on the Philosophy of Mathematics*. Open. (phil./Su)

    Anon. 1918. *MT* 10 (Je): 212.
    Dresden, A. 1919. *AMSB* 25 (My): 374-7.

2528. ———. 1922. *Vector Calculus...* VanNos. (vector anal., phys./Tc)

Cobb, H.E. 1923. *SSM* 23 (Ja): 96.
Phillips, H.B. 1923. *AMSB* 29 (O): 375.

2529. ———. 1929. *Freshman Algebra...* Crowell. (alg./Ts, Tc)

Huber, C.M. 1929. *AMM* 36 (Ag/S): 389-91.
Warren, E.C. 1929. *AMM* 36 (Ag/S): 388-9.

2530. **Shaw, Sarah J.D. (Harland) (Mrs. W.N. Shaw).** 1903. *First Lessons in Observational Geometry.* Longmans. (geom./Ts)

Anon. 1904. *MG* 3 (My): 41-2.

2531. **Sheldon & Co.** 1886. *Sheldons' Complete Arithmetic...* Sheldon. (arith./Te, Tj)

Anon. 1886. *ED* 7 (D): 301.
———. 1886. *SJ* 32 (Jl 24): 60.

2532. ———. 1886. *Sheldons' Elementary Arithmetic...* Sheldon. (arith./Te, Tj)

Anon. 1886. *ED* 7 (D): 301.
———. 1886. *SJ* 32 (S 11): 144.
———. 1886. *SJ* 32 (O 2): 192.

2533. **Shepard, William K.** 1907. *Problems in Strength of Materials.* Ginn. (str. mat./Tc)

Jackson, C.S. 1908. *MG* 4 (O): 340.
Ponzer, E.W. 1908. *AMSB* 14 (Je): 452-3.

2534. **Sheppard, William F.** 1923. *From Determinant to Tensor.* Oxford. (vector anal., determ., matrices, relat./Tc, Tg)

Bennett, A.A. 1924. *AMM* 32 (Mr): 140-1.
Cobb, H.E. 1924. *SSM* 24 (F): 222.
Muir, T. 1924. *MG* 12 (Ja): 26-7.
Murnaghan, F.D. 1925. *AMSB* 31 (O): 468-9.

2535. **Sherwin, Thomas.** 1842. *An Elementary Treatise on Algebra...* Mussey. (alg./Tj, Ts)

Anon. 1842. *AJS* 43 (Ap/Je): 190-1.

2536. **Sherwood, Thomas K., and Charles E. Reed.** 1939. *Applied Mathematics in Chemical Engineering.* McGraw. (calc., diff. eqns., numerical anal., errors/Tc)

Anon. 1940. *NAT* 145 (Ap 27 Supp.): 658-9.
Cell, J.W. 1941. *NMM* 15 (F): 266-7.

Smith, T.L. 1939. *NMM* 14 (D): 172-3.

2537. **Shewhart, Walter A.** 1931. *Economic Control of Quality of Manufactured Product.* VanNos. (stat., graphics/Su, R)

    Crathorne, A.R. 1933. *AMM* 40 (Je/Jl): 353-5.
    Roos, C.F. 1933. *AMSB* 39 (N): 843-5.

2538. ———, with W. Edwards Deming. 1939. *Statistical Method from the Viewpoint of Quality Control.* USDeptAgrGS. (stat./Su, R)

    Bartky, W. 1942. *AMM* 49 (Mr): 188.
    F., R.A. 1940. *NAT* 146 (Ag 3): 150.
    Manuele, J. 1940. *JASA* 35 (Je): 426-7.

2539. **Shibli, Jabir.** 1928. *Plane and Spherical Trigonometry...* Ginn. (trig./Ts)

    Harter, G.A. 1929. *AMM* 36 (Ap): 227.
    Kinney, J.M. 1928. *SSM* 29 (Je): 666.
    Zant, J.H. 1929. *MT* 22 (N): 432-3.

2540. ———. 1932. *Recent Developments in the Teaching of Geometry.* State College, Pa.: b.a. (educ., geom., hist./R)

    Benz, H.E. 1932. *SR* 40 (S): 549-50.
    Georges, J.S. 1933. *SSM* 33 (Ja): 114, 116.
    Schaaf, W.L. 1933. *AMM* 40 (Ja): 46.
    Smith, D.E. 1934. *MT* 27 (F): 109-10.
    Tuckey, C.O. 1934. *MG* 18 (Je): 213.

2541. ———. 1936. *Plane and Spherical Trigonometry...* New ed. Ginn. (trig./Ts)

    Anon. 1937. *MT* 30 (Ja): 38.
    Kinney, J.M. 1937. *SSM* 37 (F): 242.
    Miser, W.L. 1936. *NMM* 11 (D): 158.

2542. **Shively, Levi S.** 1939. *An Introduction to Modern Geometry.* Wiley. (college geom., proj. geom./Tc)

    Musselman, J.R. 1939. *NMM* 14 (D): 175.
    Read, C.B. 1940. *SSM* 40 (Ja): 96.
    Snyder, V. 1939. *AMM* 46 (O): 507.
    Tuckey, C.O. 1939. *MG* 23 (D): 493.

2543. **Shoemaker, Waite A., and Isabel Lawrence.** 1888. *The New Practical Arithmetic.* Appleton. (arith./Te, Tj)

    Anon. 1888. *JE* 28 (Je 28): 24.

2544. **Shohat, James A., Einar Hille, and Joseph L. Walsh.** 1940. *A Bibliography on Orthogonal Polynomials.* NRC Bull. #103. NRC. (orthog. polyn./R)

   Agnew, R.P. 1941. *AMSB* 47 (My): 350-2.
   Copson, E.T. 1941. *MG* 25 (Jl): 183.
   Szegö, G. 1941. *MR* 2 (Je): 197.

2545. **Short, Robert L., and William H. Elson.** 1910. *Secondary School Mathematics.* V. 1. Heath. (alg., geom./Tj, Ts)

   Anon. 1910. *ED* 31 (N): 209.
   Cobb, H.E. 1910. *SSM* 10 (D): 844, 846.

2546. ———. 1916. *Introduction to Mathematics.* Rev. ed. Heath. (arith., alg., geom./Tj, Ts)

   Anon. 1916. *MT* 9 (D): 133.
   Cobb, H.E. 1917. *SSM* 17 (Mr): 276.

2547. **Shorter, Lewis R.** 1931. *Introduction to Vector Analysis...* Macmillan. (vector anal., phys./Tc)

   Esty, T.C. 1932. *AMM* 29 (F): 110-2.
   Lodge, A. 1932. *MG* 16 (My): 155-6.

2548. **Shortley, George H., Royal Weller, and Bernard Fried.** 1940. *Numerical Solution of Laplace's and Poisson's Equations...* OhioStudEng., v. 9, #5. EngExpStat., Bull. #107. OhioCollEng. (finite differences, diff. eqns., phys., harm. anal./R)

   Stoker, J.J. 1941. *MR* 2 (N): 368.

2549. **Shuster, Carl N.** 1940. *A Study of the Problems in Teaching the Slide Rule.* ContrEd., #805. Teachers. (educ., slide rules, meas., comp./R)

   Anon. 1940. *ED* 61 (D): 252.
   Bradley, A.D. 1941. *SM* 8 (Mr): 46-7.
   Davis, J.E. 1942. *NMM* 16 (Mr): 313.

2550. ———, **and Fred L. Bedford.** 1935. *Field Work in Mathematics.* AmBk. (arith., alg., geom., trig., surv., appl./R)

   Anon. 1935. *MT* 28 (Ap): 253-4.
   Smith, P.K. 1936. *NMM* 10 (My): 318-9.

2551. **Shutts, George C.** 1889. *Teachers' Handbook of Arithmetic.* Ginn. (arith., educ./Tc, R)

   Anon. 1889. *ED* 9 (Ap): 566-7.

———. 1889. *JE* 29 (Ap 4): 218.

2552. **Siceloff, Lewis P., and David E. Smith.** 1924. *College Algebra*. Ginn. (alg./Ts, Tc)

    Turnbull, H.W. 1924. *MG* 12 (D): 261.

2553. **Siceloff, Lewis P., George Wentworth, and David E. Smith.** 1922. *Analytic Geometry...* Ginn. (anal. geom./Ts, Tc)

    Cobb, H.E. 1922. *SSM* 22 (O): 696.
    ———. 1923. *SSM* 23 (My): 510.
    Field, S.E. 1923. *AMM* 30 (My/Je): 203.
    Turnbull, H.W. 1923. *MG* 11 (Mr): 282.

2554. **Siddons, Arthur W., and C.T. Daltry.** 1933-1934. *Elementary Algebra*. 3 pt. Rev. ed. Macmillan. (alg./Tj, Ts)

    Boon, F.C. 1933. *MG* 17 (D): 349-50.
    ———. 1934. *MG* 18 (My): 137-8.
    ———. 1935. *MG* 19 (F): 64.

2555. **Siddons, Arthur W., and Reginald T. Hughes.** 1926. *Practical Geometry...* Macmillan. (geom./Ts)

    Dobbs, W.J. 1927. *MG* 13 (Jl): 397.

2556. ———. 1928. *Trigonometry*. Macmillan. (trig./Ts, Tc)

    Rupp, C.A. 1929. *AMM* 36 (Ap): 228-9.

2557. ———. 1928-1929. *Trigonometry*. 2 v. Macmillan. (trig./Ts, Tc)

    Carslaw, H.S. 1930. *MG* 15 (Mr): 86-7.
    Gibbins, N.M. 1930. *MG* 15 (Mr): 85-6.
    Levy, H. 1930. *MG* 15 (Jl): 179-80.
    Lockwood, E.H. 1930. *MG* 15 (O): 225-6.
    Neville, E.H. 1930. *MG* 15 (Jl): 180.
    Siddons, A.W. 1930. *MG* 15 (My): 126-8.
    Trimble, C.J.A. 1931. *MG* 15 (Ja): 304-5.

2558. **Siddons, Arthur W., and Kenneth S. Snell.** 1938. *A New Geometry*. Macmillan. (geom./Ts)

    Carnahan, W.H. 1939. *SSM* 39 (Ja): 94.
    Dobbs, W.J. 1939. *MG* 23 (F): 107-10.
    Reeve, W.D. 1939. *MT* 32 (Ja): 40.

2559. ———. 1939. *Introduction to Geometry*. Macmillan. (geom./Ts)

    Barker, G.H. 1940. *SSM* 40 (Ja): 99.
    Dobbs, W.J. 1940. *MG* 24 (F): 72.

2560. **Siddons, Arthur W., and Archer Vassall.** 1910. *Practical Measurements.* Putnam. (geom., comp./Ts)
   Anon. 1911. *MG* 5 (Ja): 400.
   Finkel, B.F. 1910. *AMM* 17 (N): 228-9.
   Ponzer, E.W. 1911. *AMSB* 18 (D): 144.

2561. **Sides, Winfield M.** 1931. *Examples in Plane Trigonometry.* McGraw. (trig./Su)
   Stone, C.A. 1932. *SSM* 32 (Mr): 336.

2562. **Siefert, Henry O.R.** 1902. *Principles of Arithmetic.* Heath. (educ., arith./Su, R)
   Anon. 1902. *AE* 6 (N): 179.

2563. **Sierpinski, Waclaw.** 1934. *Introduction to General Topology.* Trans. C.C. Krieger. Toronto. (top./R)
   Grimshaw, M.E. 1934. *MG* 18 (D): 325-6.
   Lefschetz, S. 1935. *AMSB* 41 (My): 319.

2564. **Sigwart, Christoph von.** 1895. *Logic.* 2 v. Trans. H. Dendy. 2d ed. Macmillan. (logic, prob., stat./R)
   C., J.E. 1895. *PR* 4 (Mr): 230-1.
   Mu. 1895. *MON* 5 (Jl): 622-3.

2565. **Silberstein, Ludwik.** 1913. *Vectorial Mechanics.* Macmillan. (mech., vector anal./Tc)
   Wilson, E.B. 1914. *AMSB* 21 (O): 41-3.

2566. ———. 1922. *The Theory of General Relativity and Gravitation.* VanNos. (relat./Tc, Tg, R)
   Eisenhart, L.P. 1924. *AMSB* 30 (Ja/F): 71-8.

2567. ———. 1923. *Synopsis of Applicable Mathematics...* VanNos. (precalc., calc., real var., complex var., vector anal., tensor anal./R)
   Cobb, H.E. 1924. *SSM* 24 (F): 220, 222.
   P., L.E. 1923. *JFI* 199 (Je): 858-9.
   For an additional review see Farber 1981.

2568. ———. 1924. *The Theory of Relativity.* 2d ed. Macmillan. (relat./Tc, Tg, R)
   Piaggio, H.T.H. 1925. *MG* 12 (O): 480-2.

2569. ———. 1926. *Vectorial Mechanics.* 2d ed. Macmillan. (vector anal., mech./Tc)

    Neville, E.H. 1926. *MG* 13 (Mr): 90.

2570. ———. 1930. *The Size of the Universe...* Oxford. (multidim. geom., relat./R)

    Eddington, A.S. 1930. *MG* 15 (O): 224-5.
    Robertson, H.P. 1932. *AMM* 39 (D): 600-3.

2571. **Silberstein, Nathan, Marquis J. Newell, and George A. Harper.** 1938. *Algebra and Its Uses.* 2 v. Rev. ed. RowE. (alg., geom., trig., precalc./Tj, Ts, Tc)

    Carnahan, W.H. 1939. *SSM* 39 (O): 695.
    K., W. 1939. *CSJ* 21 (S/O): 46.

2572. **Sills, Max H.** 1935. *Self-Teaching Arithmetic Problems...* Globe. (arith./Su)

    Munch, H.F. 1936. *HSJ* 19 (F): 66.

2573. **Silver, H.J.** 1899. *Primary Exercises in Arithmetic.* 4 v. AmBk. (arith./Su)

    Colaw, J.M. 1900. *AMM* 7 (Mr): 89.

2574. **Simmons, Harvey A., and Greenville D. Gore.** 1937. *Plane Trigonometry...* Wiley. (trig./Ts)

    Dockeray, N.R.C. 1937. *MG* 21 (D): 449-50.
    Northrup, E.P. 1938. *AMM* 45 (Ja): 40-1.
    Smith, P.K. 1937. *NMM* 12 (O): 56-8.
    Warner, G.W. 1937. *SSM* 37 (N): 1002.

2575. ———. 1940. *Wiley Trigonometric Tables.* Wiley. (trig., tables/R)

    Snyder, V. 1941. *AMM* 48 (F): 143.

2576. **Simons, Lao G.** 1924. *Introduction of Algebra into American Schools in the Eighteenth Century.* USBurEd. Bull. #18. GPO. (hist./R)

    Sanford, V. 1925. *MT* 18 (N): 443-5.

2577. ———. 1936. *Bibliography of Early American Textbooks on Algebra...* ScrMatStud., #1. Scripta. (hist./R)

    Reeve, W.D. 1937. *MT* 30 (Mr): 139-40.
    Sanford, V. 1940. *AMM* 47 (Ap): 230-1.

2578. ———. 1939. *Fabre and Mathematics, and Other Essays*. ScrMatLib., #4. Scripta. (hist., biog., educ./Su, R)

    Daniells, M.E. 1939. *AMM* 46 (D): 646-7.
    Oppermann, R.H. 1939. *JFI* 228 (O): 526-7.
    Read, C.B. 1940. *SSM* 40 (Ja): 96.
    Reeve, W.D. 1940. *MT* 33 (Ja): 46.
    Stark, M.E. 1940. *NMM* 14 (My): 496.

2579. **Simpson, Thomas M.** 1930. *Plane Trigonometry...* Winston. (trig./Ts)

    Anon. 1931. *MT* 24 (O): 401-2.
    Kinney, J.M. 1931. *SSM* 31 (Je): 778, 780.

2580. ———, **Zareh M. Pirenian, and Bolling H. Crenshaw.** 1936. *Mathematics of Finance*. 2d ed. Prentice. (finance, stat./Ts, Tc)

    Arnold, H.E. 1937. *AMM* 44 (Je/Jl): 375-6.

2581. **Sisam, Charles H.** 1936. *Analytic Geometry*. Holt. (anal. geom./Ts, Tc)

    Kinney, J.M. 1936. *SSM* 36 (Je): 689.
    Miser, W.L. 1936. *NMM* 10 (My): 319-21.

2582. ———. 1940. *College Algebra*. Holt. (alg./Ts, Tc)

    Bardell, R.H. 1940. *NMM* 15 (N): 102-3.
    Kozak, A.V. 1942. *AMM* 49 (Ag/S): 471.
    Urbancek, J.J. 1940. *SSM* 40 (N): 793-4.

2583. **Sisk, Benjamin F.** 1905. *The Foundations of Higher Arithmetic*. Silver. (fnds., arith./Tc)

    Anon. 1905. *ED* 26 (D): 246.

2584. **Skinner, Ernest B.** 1913. *The Mathematical Theory of Investment*. Ginn. (finance/Ts, Tc)

    Fanning, C.E., and M.K. Reely. 1914. *BRD* 10 (Ann): 491.
    Wilson, E.B. 1915. *SCI* 42 (Ag 20): 248-9.

2585. ———. 1917. *College Algebra*. Ed. E.R. Hedrick. Macmillan. (alg./Ts, Tc)

    Anon. 1917. *EDAS* 3 (N): 559.
    ———. 1917. *MT* 10 (D): 122.
    ———. 1919. *ED* 40 (S): 56.
    Cobb, H.E. 1918. *SSM* 18 (Mr): 286.
    Cowley, E.B. 1920. *AMSB* 26 (Ap): 323-9.

Keyser, C.J. 1918. *SCI* 47 (My 31): 539-42.

2586. ———. 1924. *The Mathematical Theory of Investment.* Rev. ed. Ginn. (finance/Ts, Tc)

    Rider, P.R. 1925. *AMM* 32 (N): 476-7.

2587. ———. 1932. *Introduction to Trigonometry and Analytic Geometry.* Macmillan. (trig., anal. geom./Ts, Tc)

    Anon. 1932. *MT* 25 (D): 492.
    Gill, B.P. 1933. *AMM* 40 (Ap): 237.

2588. **Skinner, Joseph J.** 1876. *Principles of Approximate Computations.* Holt. (comp., trig., logs./Ts, Su)

    Anon. 1876. *AN* 3 (Jl): 132.
    Q. 1876. *NEJE* 3 (Je 17): 300.

2589. **Slade, Samuel, and Louis Margolis.** 1936. *Mathematics for Technical and Vocational Schools.* 2d ed. Wiley. (arith., alg., geom., trig./Tj, Ts)

    Bowman, F. 1936. *MG* 20 (Jl): 228.
    Coles, R.S. 1937. *SSM* 37 (Ja): 124, 126.

2590. **Slate, Frederick.** 1900. *The Principles of Mechanics.* Pt. 1. Macmillan. (mech./Tc)

    Wilson, E.B. 1902. *AMSB* 8 (My): 341-9.

2591. **Slater, Jesse T.** (1922-1927) 1924-1927. *Experimental and Practical Mensuration.* 3 v. Oxford. (mensur./Su)

    Ashcroft, L. 1931. *MG* 15 (Mr): 365.

2592. **Slater, John C., and Nathaniel H. Frank.** 1933. *Introduction to Theoretical Physics.* McGraw. (phys./Tc)

    Ettlinger, H.J. 1935. *AMM* 42 (Je): 389-90.
    F., A. 1934. *NAT* 133 (Mr 10 Supp.): 372.
    Page, L. 1934. *SCI* 80 (D 21): 590.

2593. **Slaught, Herbert E., and Nels J. Lennes.** 1907-1908. *High School Algebra.* 2 v. AllynB. (alg./Tj, Ts)

    Carver, W.B. 1909. *SR* 17 (F): 133-5.
    Cobb, H.E. 1908. *SSM* 8 (O): 613.
    Finkel, B.F. 1907. *AMM* 14 (O): 191.
    ———. 1908. *AMM* 15 (Ap): 94.
    Lytle, E.B. 1909. *AMSB* 15 (Ap): 357-62.
    M. 1907. *SSM* 7 (O): 621-22.

McKinney, T.E. 1908. *SR* 16 (Mr): 205-7.

2594. ———. 1910. *Plane Geometry...* AllynB. (geom./Ts)
Anon. 1910. *MT* 3 (D): 93.
Morgan, W.P. 1910. *SSM* 10 (Je): 566-7.
Owens, F.W. 1911. *AMSB* 17 (Ap): 374-5.

2595. ———. 1911. *Plane and Solid Geometry...* AllynB. (geom./Ts)
Finkel, B.F. 1911. *AMM* 18 (N): 217.

2596. ———. 1911. *Solid Geometry...* AllynB. (geom./Ts)
Anon. 1911. *MT* 3 (Je): 219.
Owens, F.W. 1912. *AMSB* 18 (Ja): 198-9.

2597. ———. 1912. *First Principles of Algebra...* AllynB. (alg./Tj, Ts)
Anon. 1912. *MT* 5 (S): 37.

2598. ———. 1915. *Elementary Algebra.* AllynB. (alg./Tj)
Anon. 1915. *MT* 8 (S): 60-1.
———. 1916. *AE* 19 (Ap): 500.
Cobb, H.E. 1916. *SSM* 16 (Ap): 280.

2599. ———. 1916. *Intermediate Algebra.* AllynB. (alg./Ts)
Anon. 1916. *MT* 9 (S): 68.

2600. ———. 1918. *Plane Geometry...* Rev. ed. AllynB. (geom./Ts)
Anon. 1918. *MT* 10 (Mr): 164.
Cobb, H.E. 1918. *SSM* 18 (Je): 569.

2601. ———. 1919. *Solid Geometry...* Rev. ed. AllynB. (geom./Ts)
Anon. 1919. *MT* 12 (S): 35.
———. 1920. *AMM* 27 (O): 373.
———. 1921. *AE* 24 (Je): 474.

2602. ———. 1926. *The New Algebra.* AllynB. (alg./Tj)
Kinney, J.M. 1927. *SSM* 27 (N): 891.

2603. **Slichter, Charles S.** 1914. *Elementary Mathematical Analysis...* McGraw. (precalc./Ts, Tc)
Anon. 1914. *MT* 7 (D): 74.
Cobb, H.E. 1914. *SSM* 14 (D): 827.
Karpinski, L.C. 1916. *AMSB* 22 (Ap): 354-7.
Snyder, V. 1915. *AMM* 22 (F): 52-4.

Wilson, E.B. 1915. *AMM* 22 (F): 54-9.

2604. ———. 1918. *Elementary Mathematical Analysis...* 2d ed. McGraw. (precalc./Ts, Tc)

Anon. 1919. *MT* 12 (S): 35.
Cobb, H.E. 1919. *SSM* 19 (My): 480, 482.
Mullins, G.W. 1919. *AMM* 26 (Je): 244-9.

2605. ———. 1925. *Elementary Mathematical Analysis...* Rev. W. Weaver. 3d ed. McGraw. (precalc./Ts, Tc)

Kinney, J.M. 1926. *SSM* 26 (O): 792.

2606. ———. 1938. *Science in a Tavern...* Wis. (hist., educ., biog./Su)

Ashley-Montagu, M.F. 1939. *ISIS* 31 (1): 232-3.
Bushey, J.H. 1940. *NMM* 14 (My): 491-2.
Flexner, W. 1939. *AMSB* 45 (Jl): 510-1.
Reeve, W.D. 1941. *MT* 34 (Mr): 136.
For additional reviews see Buros 1941, 273-4.

2607. **Sloane, Florence N.** 1894. *Practical Lessons in Fractions...* Heath. (arith./Su)

Anon. 1894. *JE* 40 (O 4): 227.

2608. **Sloane, Thomas O'C.** 1909. *Elementary Electrical Calculations...* VanNos. (elec./Su)

P., L.E. 1909. *JFI* 168 (D): 481.

2609. ———. 1922. *Rapid Arithmetic...* VanNos. (arith., recr./Su)

Cobb, H.E. 1923. *SSM* 23 (My): 510.

2610. ———. 1930. *Arithmetic of Electricity.* 23d ed. Henley. (arith., appl./Tj)

Stone, R.B. 1930. *SSM* 30 (N): 972.

2611. **Slobin, Hermon L., and Marvin R. Solt.** 1935. *A First Course in the Calculus.* Farrar. (calc./Ts, Tc)

Anon. 1936. *MT* 29 (F): 99.
Kinney, J.M. 1935. *SSM* 35 (N): 892.
Musselman, J.R. 1936. *AMM* 43 (F): 95-6.
Smith, P.K. 1935. *NMM* 10 (O): 31-2.

2612. **Slobin, Hermon L., and Walter E. Wilbur.** 1932. *Freshman Mathematics...* Long. (precalc./Ts, Tc)

Anon. 1933. *MT* 26 (My): 314.

Kinney, J.M. 1932. *SSM* 32 (Je): 683.
Shook, C.A. 1933. *AMM* 40 (My): 290-1.

2613. ———. 1938. *Freshman Mathematics*. Rev. ed. Farrar. (precalc./Ts, Tc)

Georges, J.S. 1938. *SSM* 38 (N): 953.

2614. **Slocum, Stephen E.** 1914. *Resistance of Materials...* Ginn. (str. mat./Tc)

Johnston, W.A. 1915. *AMM* 22 (S): 227-8.

2615. ———, **and Edward L. Hancock.** 1906. *Text-Book on the Strength of Materials*. Ginn. (str. mat./Tc)

Greenstreet, W.J. 1907. *MG* 4 (O): 136.
Myers, G.W. 1907. *AMSB* 14 (O): 37-9.

2616. **Smail, Lloyd L.** 1923. *Elements of the Theory of Infinite Processes*. McGraw. (inf. series, cont. frac., anal./Tc, Tg)

Cobb, H.E. 1924. *SSM* 24 (Ja): 108.
Fort, T. 1925. *AMM* 32 (Ag/S): 382-3.
Neville, E.H. 1924. *MG* 12 (O): 224.
White, F.P. 1924. *SP* 18 (Ap): 644.

2617. ———. 1925. *History and Synopsis of the Theory of Summable Infinite Processes*. Or. (inf. series/R)

Fort, T. 1926. *AMM* 33 (Ja): 43.
Ritt, J.F. 1928. *AMSB* 34 (Mr/Ap): 245.

2618. ———. 1925. *Mathematics of Finance*. McGraw. (finance/Ts, Tc)

Elderton, W.P. 1926. *MG* 13 (Mr): 92.
Knight, M.A., M.M. James, and M.L. Berg. 1926. *BRD* 22 (Ann): 648.
Richeson, A.W. 1926. *AMM* 33 (My): 272-3.

2619. ———. 1926. *Plane Trigonometry*. McGraw. (trig./Ts)

Stephens, R.P. 1927. *AMM* 34 (Ap): 209-10.

2620. ———. 1931. *College Algebra*. McGraw. (alg./Ts, Tc)

Gehman, H.M. 1931. *AMM* 38 (D): 574-7.
Kinney, J.M. 1931. *SSM* 31 (Je): 782.
Winger, R.M. 1932. *AMM* 39 (Mr): 173-4.

2621. ———. 1934. *Mathematics of Finance*. 2d ed. McGraw. (finance/Ts, Tc)

Richeson, A.W. 1935. *AMM* 42 (F): 105-6.

2622. **Smart, Harold R.** 1925. *The Philosophical Presuppositions of Mathematical Logic.* CornellStudPhil., #17. Longmans. (logic/R)

Smith, H.B. 1926. *PR* 35 (My): 293-4.

2623. ———. 1931. *The Logic of Science.* Appleton. (logic, fnds./Su)

Anon. 1933. *MON* 43 (Jl): 299-300.
Carmichael, R.D. 1932. *AMSB* 38 (Jl): 475.
For an additional review see Farber 1981.

2624. **Smart, William M.** 1938. *Stellar Dynamics.* Macmillan. (phys./R)

Buchanan, H.E. 1939. *AMSB* 45 (Jl): 504-5.

2625. **Smith, Abraham.** 1917. *The New Barnes Problem Books.* 4 v. Barnes. (arith./Tj, Su)

Anon. 1917. *MT* 10 (S): 53.
Cobb, H.E. 1917. *SSM* 17 (N): 756.

2626. **Smith, Charles.** 1886. *Elementary Algebra.* Macmillan. (alg./Tj, Ts)

Anon. 1886. *SJ* 32 (Jl 10): 28.

2627. ———. 1888. *A Treatise on Algebra.* Macmillan. (alg./Ts, Tc)

Anon. 1888. *SCI* 11 (Ap 20): 191.

2628. ———. 1894. *Elementary Algebra...* Rev. I. Stringham. Macmillan. (alg./Tj, Ts)

Anon. 1894. *JE* 40 (N 1): 294.
Finkel, B.F. 1894. *AMM* 1 (Jl): 250.
Howe, S.L. 1895. *SR* 3 (Ap): 240-3.

2629. ———. 1895. *Arithmetic for Schools.* Rev. C.L. Harrington. Macmillan. (arith./Te, Tj)

Smith, D.E. 1900. *SR* 8 (Ja): 49-51.

2630. ———. 1895. *Elementary Algebra...* Complete ed. Rev. I. Stringham. Macmillan. (alg./Tj, Ts)

Howe, S.L. 1895. *SR* 3 (O): 511-2.

2631. **Smith, Charles M.** 1917. *Electric and Magnetic Measurements.* Macmillan. (elec., mag./Su)

Carmichael, R.D. 1918. *AMSB* 25 (N): 91.

2632. **Smith, David E.** 1900. *The Teaching of Elementary Mathematics.* Macmillan. (educ., arith., alg., geom., hist./R, Su)

Anon. 1900. *NYE* 3 (Je): 624.
Finkel, B.F. 1900. *AMM* 7 (Ap): 120-1.

2633. ———. 1904. *Arithmetic.* 3 v. Ginn. (arith./Te, Tj)

Anon. 1904. *ED* 25 (O): 124.

2634. ———. 1904. *Grammar School Algebra.* Ginn. (alg./Tj)

Anon. 1905. *AE* 8 (F): 370.
———. 1905. *ED* 25 (My): 572.
Finkel, B.F. 1904. *AMM* 11 (N): 217.

2635. ———, ed. 1905. *A Portfolio of Portraits of Eminent Mathematicians.* Open. (hist., biog./Su)

Myers, G.W. 1905. *SSM* 5 (O): 594-5.

2636. ———. 1908-1909. *Rara Arithmetica.* Ginn. (hist., arith./R)

Anon. 1910. *MT* 2 (Je): 178-9.
Cajori, F. 1910. *SCI* 32 (Jl 22): 114-5.
Cobb, H.E. 1910. *SSM* 10 (Je): 561.
———. 1911. *SR* 19 (Ap): 281.
Finkel, B.F. 1910. *AMM* 17 (F): 50.
Jackson, L.L. 1910. *AMSB* 16 (Mr): 312-4.

2637. ———. 1909. *The Teaching of Arithmetic.* Teachers. (educ., arith./R, Su)

Anon. 1910. *ED* 31 (S): 70.
Cobb, H.E. 1910. *SSM* 10 (Je): 559.

2638. ———. 1911. *The Teaching of Geometry.* Ginn. (educ., geom./R, Su)

Anon. 1911. *ED* 32 (N): 194-5.
———. 1911. *MT* 4 (D): 79.
———. 1913. *AE* 17 (O): 120.
Cobb, H.E. 1911. *SSM* 11 (D): 864.
———. 1912. *SR* 20 (Ja): 64-5.
McKelvey, J.V. 1915. *AMSB* 21 (F): 249.

2639. ———. 1913. *The Teaching of Arithmetic.* Ginn. (educ., arith./R, Su)

Anon. 1913. *MT* 6 (S): 53.

───. 1914. *AE* 17 (Je): 632.
Child, J.M. 1914. *MG* 7 (My): 344.
Cobb, H.E. 1913. *SSM* 13 (D): 842.
Karpinski, L.C. 1914. *AMM* 21 (Mr): 85-6.

2640. ───. 1919. *Number Stories of Long Ago*. Ginn. (arith., hist., recr./Su)

Anon. 1919. *AE* 23 (O): 91.
───. 1919. *AMM* 26 (S): 301.
───. 1919. *ESJ* 20 (S): 72-3.
───. 1921. *CSJ* 3 (F): 191.

2641. ───. 1921. *Computing Jetons*. NumN&Mon., #9. ANS. (hist./Su)

Anon. 1921. *AMM* 28 (N/D): 453-4.
Sarton, G. 1923. *ISIS* 5 (3): 553.

2642. ───. 1921. *The Sumario Compendioso of Brother Juan Diez...* Ginn. (hist., arith., alg./R)

Archibald, R.C. 1921. *AMM* 28 (N/D): 451-3.
Miller, G.A. 1921. *SCI* 53 (My 13): 458-9.
Sarton, G. 1921-1922. *ISIS* 4 (2): 409.
Young, J.W. 1921. *AMSB* 27 (Je/Jl): 484.

2643. ───. 1923. *Essentials of Plane and Solid Geometry*. Ginn. (geom./Ts)

Cobb, H.E. 1924. *SSM* 24 (F): 220.

2644. ───. 1923. *Essentials of Plane Geometry*. Ginn. (geom./Ts)

Anon. 1923. *MT* 16 (N): 447-8.
Cobb, H.E. 1923. *SSM* 23 (O): 712.

2645. ───. 1923-1925. *History of Mathematics*. 2 v. Ginn. (hist./R, Su)

Dickson, L.E. 1925. *AMM* 32 (D): 511-2.
Langley, E.M. 1924. *MG* 12 (My): 126-7.
───. 1925. *MG* 12 (Jl): 446-7.
Miller, G.A. 1925. *SCI* 61 (My 8): 491-2.
Sanford, V. 1925. *MT* 18 (My): 305-8.
Sarton, G. 1924. *ISIS* 6 (3): 440-4.
───. 1926. *ISIS* 8 (1): 221-5.
Young, J.W.A. 1924. *SSM* 24 (My): 548, 550.
───. 1925. *SSM* 25 (Je): 666.

2646. ───. 1923. *Mathematics*. Marshall. (hist./R, Su)

Langley, E.M. 1924. *MG* 12 (Ja): 25.
Miller, G.A. 1923. *SCI* 58 (O 12): 288-90.
Sanford, V. 1924. *MT* 17 (F): 122-3.
Sarton, G. 1924. *ISIS* 6 (2): 188.

2647. ———. 1923. *The Progress of Arithmetic...* Ginn. (educ., arith., hist./R)

Anon. 1924. *AE* 27 (Ja): 234.
Buswell, G.T. 1924. *ESJ* 24 (Ja): 394-5.
Cobb, H.E. 1924. *SSM* 24 (F): 218, 220.
Hinkle, E.C. 1923. *MT* 16 (D): 507-8.

2648. ———. 1924. *Essentials of Solid Geometry.* Ginn. (geom./Ts)

Anon. 1924. *AE* 28 (D): 188.
Goff, R.R. 1924. *ED* 45 (S): 63.
Kinney, J.M. 1925. *SSM* 25 (F): 220.

2649. ———. 1929. *A Source Book in Mathematics.* McGraw. (hist./R, Su)

Anon. 1931. *MON* 41 (Ap): 313.
Copeland, L.P. 1930. *AMM* 37 (Je/Jl): 310-2.
Greenstreet, W.J. 1930. *MG* 15 (Jl): 171-2.
Karpinski, L.C. 1932. *AMSB* 38 (My): 333-4.
Kinney, J.M. 1930. *SSM* 30 (My): 598.
P., L.E. 1930. *JFI* 209 (Ja): 141-2.
Sarton, G. 1930. *ISIS* 14 (1): 268-70.

2650. ———. 1934. *The Poetry of Mathematics and Other Essays.* ScrMatLib., #1. Scripta. (hist., phil., educ./Su)

Bell, E.T. 1935. *AMM* 42 (N): 558-62.
Greenwood, T. 1935. *MG* 19 (My): 158.
I., A.G. 1935. *SA* 152 (Mr): 167.
Kinney, J.M. 1935. *SSM* 35 (F): 218.
Reeve, W.D. 1935. *MT* 28 (Ap): 250-1.
Sanford, V. 1935. *SM* 3 (Ap): 172-5.

2651. ———. 1936-1938. *Portraits of Eminent Mathematicians, with Brief Biographical Sketches.* 2 pf. Scripta. (hist., biog./Su)

Anon. 1937. *MT* 30 (Ja): 85-6.
Broadbent, T.A.A. 1936. *MG* 20 (D): 352.
———. 1938. *MG* 22 (Jl): 320.
Fort, T. 1938. *AMM* 45 (Ag/S): 467.
McClenon, R.B. 1938. *AMM* 45 (Ja): 39.
Schroeder, H. 1938. *NMM* 13 (O): 55-6.
Simons, Lao G. 1936. *SM* 4 (O): 315-6.

2652. ———. 1939. *Addenda to Rara Arithmetica*. Ginn. (hist., arith./R)
    Jackson, L.L. 1939. *AMM* 46 (O): 504-6.
    Yeldham, F.A. 1939. *MG* 23 (O): 409.

2653. ———, **and Jekuthiel Ginsburg**. 1934. *A History of Mathematics in America Before 1900*. CarusMon., #5. Open. (hist./R)
    Archibald, R.C. 1935. *AMSB* 41 (S): 603-6.
    Brasch, F.E. 1935. *ISIS* 22 (2): 553-6.
    Mitchell, U.G. 1935. *SM* 3 (Ja): 76-8.
    Nichols, I.C. 1934. *NMM* 9 (N): 59-61.
    Sanford, V. 1934. *MT* 27 (N): 353-4.
    Schaaf, W.L. 1935. *AMM* 42 (Mr): 166-8.

2654. ———. 1937. *Numbers and Numerals...* Teachers. (hist., arith., fnds./Su)
    D., C. 1937. *CSJ* 19 (S/O): 48.
    Mitchell, U.G. 1938. *AMM* 45 (Ja): 41-2.
    Munch, H.F. 1937. *HSJ* 20 (My): 201.
    Sanford, V. 1937. *MT* 30 (6): 300-1.
    Simons, L.G. 1938. *SM* 5 (Ap): 131-2.
    Yeldham, F.A. 1937. *MG* 21 (Jl): 246.
    For additional reviews see Farber 1981.

2655. **Smith, David E., and Louis C. Karpinski**. 1911. *The Hindu-Arabic Numerals*. Ginn. (hist./R, Su)
    Anon. 1911. *AMM* 18 (O): 193.
    ———. 1911. *ED* 32 (O): 126.
    ———. 1911. *MT* 4 (S): 41-2.
    Cajori, F. 1912. *SCI* 35 (Mr 29): 501-4.
    Cobb, H.E. 1912. *SSM* 12 (Ja): 77.
    McKelvey, J.V. 1915. *AMSB* 21 (Ja): 202-3.
    For an additional review see Farber 1981.

2656. **Smith, David E., and Yoshio Mikami**. 1914. *A History of Japanese Mathematics*. Open. (hist./R, Su)
    Anon. 1914. *MT* 6 (Mr): 183.
    Cobb, H.E. 1914. *SSM* 14 (Je): 542.
    Jourdain, P.E.B. 1914. *MG* 7 (My): 339-41.
    Karpinski, L.C. 1914. *AMM* 21 (My): 152-3.
    ———. 1914. *SCI* 40 (N 6): 675-6.
    Keyser, C.J. 1914. *SCI* 40 (O 16): 559-62.
    McKelvey, J.V. 1915. *AMSB* 21 (F): 249-50.

2657. **Smith, David E., and William D. Reeve.** 1924-1925. *Essentials of Algebra.* 2 v. Ginn. (alg., trig./Tj, Ts)

    Anon. 1924. *MT* 17 (My): 317.
    Goff, R.R. 1926. *ED* 46 (Ja): 323.
    Kinney, J.M. 1925. *SSM* 25 (N): 884.
    Refior, S.R. 1925. *MT* 18 (N): 442-3.

2658. ———. 1927. *The Teaching of Junior High School Mathematics.* Ginn. (educ., arith., alg., geom., trig./R, Su)

    Anon. 1928. *CSJ* 10 (F): 234.
    Everett, J.P. 1928. *MT* 21 (Ja): 55-6.
    Myers, G.W. 1928. *SSM* 28 (Mr): 324.
    Schorling, R. 1928. *JER* 18 (Je): 89-90.

2659. **Smith, David E., and Caroline E. Seely.** 1918. *Union List of Mathematical Periodicals.* BurEd., Bull. #9. GPO. (bibl./R)

    Archibald, R.C. 1918. *AMSB* 25 (D): 134-7.

2660. **Smith, David E., John A. Foberg, and William D. Reeve.** 1925-1926. *General High School Mathematics.* 2 v. Ginn. (genl./Ts)

    Anon. 1927. *MT* 20 (Ap): 239-40.
    Goff, R.R. 1927. *ED* 47 (My): 575.
    Kinney, J.M. 1926. *SSM* 26 (F): 216.
    ———. 1927. *SSM* 27 (My): 552.

2661. **Smith, David E., Eva M. Luse, and Edward L. Morss.** 1929. *The Problem and Practice Arithmetics.* V. 1. Ginn. (arith./Te, Tj)

    Warner, G.W. 1929. *SSM* 29 (D): 1020.

2662. ———. 1929. *Walks and Talks in Numberland.* Ginn. (arith., educ./Te)

    Anon. 1929. *CSJ* 12 (O): 79-80.
    Warner, G.W. 1929. *SSM* 29 (D): 1020.

2663. **Smith, David E., William D. Reeve, and Edward L. Morss.** 1926. *Exercises and Tests in Algebra...* Ginn. (educ., testing, alg./R)

    Kinney, J.M. 1926. *SSM* 26 (N): 902.
    Sanford, V. 1929. *MT* 22 (Ja): 62-3.
    Stokes, C.N. 1927. *MT* 20 (Ja): 50-2.

2664. ———. 1928. *Essentials of Trigonometry.* Ginn. (trig./Ts)

    Goff, R.R. 1928. *ED* 49 (N): 189-90.
    Kinney, J.M. 1928. *SSM* 28 (O): 792.

2665. ———. 1928. *Exercises and Tests in Plane Geometry*. Ginn. (geom., testing/R)

    Sanford, V. 1929. *MT* 22 (Mr): 181.

2666. ———. 1933. *Text and Tests in Plane Geometry*. Ginn. (geom./Ts)

    Munch, H.F. 1933. *HSJ* 16 (Ap): 163.
    Sanford, V. 1933. *MT* 26 (F): 119-21.
    Stone, C.A. 1933. *SSM* 33 (My): 568.

2667. ———. 1934. *Exercises and Tests in Intermediate Algebra*. Ginn. (alg., testing/R)

    Christofferson, H.C. 1934. *MT* 27 (N): 355.

2668. **Smith, David P. Jr., and Leslie T. Fagan.** 1940. *Mathematics Review Exercises*. Ginn. (arith., alg., geom., trig./Su)

    Friedman, B. 1940. *SSM* 40 (D): 896.
    M., R. 1940. *CSJ* 22 (S/O): 44.

2669. **Smith, Edward S., Meyer Salkover, and Howard K. Justice.** 1938. *Calculus*. Wiley. (calc./Ts, Tc)

    Daniells, M.E. 1938. *NMM* 13 (N): 107.
    Morris, R. 1938. *AMM* 45 (N): 615-6.

2670. **Smith, Edwin R.** 1938. *College Algebra*. Cordon. (alg./Ts, Tc)

    Gore, G.D. 1938. *NMM* 13 (N): 104-6.

2671. **Smith, Eugene R.** 1909. *Plane Geometry...* AmBk. (geom./Ts)

    Anon. 1910. *AE* 13 (Je): 473.
    ———. 1910. *MT* 2 (Mr): 128.
    Finkel, B.F. 1910. *AMM* 17 (Ja): 22.

2672. ———, with **William H. Metzler.** 1913. *Solid Geometry...* AmBk. (geom./Ts)

    Anon. 1913. *MT* 6 (D): 113.
    ———. 1914. *AE* 18 (S): 54.
    ———. 1914. *ED* 34 (My): 604.
    Bussey, W.H. 1913. *AMM* 10 (Ap): 130.
    Cobb, H.E. 1913. *SSM* 13 (Je): 554.

2673. **Smith, George W.** 1890. *A Complete Algebra...* VanAnt. (alg./Tj)

    Anon. 1890. *JE* 31 (My 29): 346.

2674. **Smith, Henry B.** 1938. *A First Book in Logic*. Rev. ed. Crofts. (logic/Tc)

Dotterer, R.H. 1939. *PR* 48 (N): 656.
Langford, C.H. 1938. *JSL* 3 (D): 170.

2675. **Smith, Henry L., and Merrill T. Eaton.** 1940. *The Teaching of Arithmetic to Low-Ability Students...* IndSchEd., Bull., v. 16, #6. IndBurCoopRes. (educ., arith./R)

M., R. 1941. *CSJ* 22 (Ap/Je): 185.

2676. **Smith, Herbert G.** 1938. *Figuring with Graphs and Scales.* Stanford. (graphics, logs., slide rules, nomog./R, Su)

Sandon, F. 1939. *MG* 23 (My): 235.

2677. **Smith, J. Fred.** 1897. *School Geometry...* Scott. (geom./Ts)

Colaw, J.M. 1897. *AMM* 4 (D): 326.

2678. **Smith, James G.** 1934. *Elementary Statistics...* Holt. (stat./Tc)

Hotelling, H. 1935. *AMM* 42 (Mr): 169-71.
Smart, L. E. 1934. *JASA* 29 (D): 455-6.
For additional reviews see Buros 1938, 71-2; and Buros 1941, 274-5.

2679. **Smith, James H.** 1894. *Elementary Algebra.* Longmans. (alg./Tj)

Anon. 1894. *JE* 40 (Je 28): 20.

2680. **Smith, John H.** 1939. *Tests of Significance...* ChicagoPr. (stat./R)

Fisher, R.A. 1940. *NAT* 145 (Je 29 Supp.): 1010.
Schwartz, H. 1940. *JASA* 35 (Mr): 182.
Wagner, C.C. 1940. *AMM* 47 (Mr): 163-4.
For additional reviews see Buros 1941, 275-6.

2681. **Smith, Percey F.** 1902-1903. *Elementary Calculus...* AmBk. (calc./Ts, Tc)

Anon. 1902. *AMM* 9 (Ap): 120.
———. 1902. *ED* 23 (O): 123.
Mason, M. 1904. *AMSB* 10 (Jl): 511-2.

2682. ———, **and Arthur S. Gale.** 1904-1905. *The Elements of Analytic Geometry.* Ginn. (anal. geom./Ts, Tc)

Anon. 1907. *SSM* 7 (Ja): 75-6.
Finkel, B.F. 1905. *AMM* (Ja): 28.
Kellogg, O.D. 1905. *AMSB* 12 (N): 90-2.
Keyser, C.J. 1905. *SCI* 22 (Jl 28): 113-6.

2683. ———. 1905. *Introduction to Analytic Geometry*. Ginn. (anal. geom./Ts, Tc)

    Anon. 1905. *ED* 25 (Je): 639.
    Budden, E. 1907. *MG* 4 (My): 91.
    Kellogg, O.D. 1905. *AMSB* 12 (N): 90-2.

2684. ———. 1912. *New Analytic Geometry*. Ginn. (anal. geom./Ts, Tc)

    Anon. 1913. *MT* 5 (Mr): 184.
    Bussey, W.H. 1913. *AMM* 20 (F): 60-1.
    Cobb, H.E. 1912. *SSM* 12 (D): 820.
    ———. 1913. *SR* 21 (N): 647-9.
    Finkel, B.F. 1912. *AMM* 19 (O/N): 179.
    Smith, E.R. 1914. *AMSB* 21 (N): 94-6.

2685. Smith, Percey F., and William A. Granville. 1910. *Elementary Analysis*. Ginn. (anal. geom., calc./Ts, Tc)

    Anon. 1910. *MT* 3 (D): 91.
    Cobb, H.E. 1911. *SSM* 11 (Ja): 90.
    Finkel, B.F. 1910. *AMM* 17 (N): 227-8.
    Westlund, J. 1912. *AMSB* 19 (O): 27-9.

2686. Smith, Percey F., and William R. Longley. 1910. *Theoretical Mechanics*. Ginn. (mech./Tc)

    Anon. 1910. *AMM* 17 (Ag/S): 180.
    MacMillan, W.D. 1911. *AMSB* 18 (N): 84-7.

2687. ———. 1929. *Mathematical Tables and Formulas*. Wiley. (tables/R)

    Neville, E.H. 1929. *MG* 14 (Jl): 508-9.
    Ross, R. 1929. *SP* 24 (Jl): 143.

2688. ———. 1931. *Intermediate Calculus*. Ginn. (calc./Tc)

    Gibbins, N.M. 1932. *MG* 16 (O): 294-5.
    Kinney, J.M. 1931. *SSM* 31 (D): 1138.
    Musselman, J.R. 1932. *AMM* 39 (Mr): 171-2.

2689. Smith, Percey F., Arthur S. Gale, and John H. Neelley. 1928. *New Analytic Geometry*. Rev. ed. Ginn. (anal. geom./Ts, Tc)

    Funk, J.C. 1929. *AMM* 36 (Je/Jl): 332-4.
    Kinney, J.M. 1928. *SSM* 28 (D): 1018.

2690. ———. 1938. *New Analytic Geometry*. Alt. ed. Ginn. (anal. geom./Ts, Tc)

    Corliss, J.J. 1938. *SSM* 38 (My): 598.

2691. **Smith, Richmond M.** 1888. *Statistics and Economics...* AEA Publ., v. 3, #4-5. AEA. (stat./Su)

    Adams, H.C. 1889. *PASA* 5 (Mr): 216-9.

2692. **Smith, Robert H.** 1889. *Graphics...* Pt. 1. Longmans. (descr. geom., graphics/Tc)

    Anon. 1890. *SCI* 15 (My 2): 277.

2693. ———. 1897. *The Calculus for Engineers and Physicists...* Lippincott. (calc./Ts, Tc)

    Colaw, J.M. 1897. *AMM* 4 (D): 325.

2694. **Smith, Rolland R.** 1925. *Beginners' Geometry.* Macmillan. (geom./Ts)

    Anon. 1925. *CSJ* 8 (D): 159.
    Goff, R.R. 1926. *ED* 46 (Mr): 448.
    Kinney, J.M. 1926. *SSM* 26 (F): 216.

2695. ———, **and John R. Clarke.** 1939. *Modern-School Solid Geometry.* WrldBk. (geom./Ts)

    Mallory, V.S. 1939. *AMM* 46 (N): 591.
    Munch, H.F. 1940. *HSJ* 23 (Ja): 48.
    Silverman, H.D. 1940. *SSM* 40 (F): 199.

2696. **Smith, Rolland R., and Leland W. Smith.** 1930. *Solid Geometry.* Macmillan. (geom./Ts)

    Austin, E.E. 1930. *SSM* 30 (O): 844.
    Christofferson, H.C. 1931. *MT* 24 (O): 400-1.
    Zipf, F.T. 1931. *CSJ* 14 (D): 190.

2697. **Smith, Roswell C.** 1827. *Practical and Mental Arithmetic...* 2d ed. RichardsonLG. (arith., bus. arith./Te, Tj)

    Anon. 1828. *AJE* 3 (Ja): 70.

2698. **Smith, Seba.** 1850. *New Elements of Geometry.* Putnam. (geom./Ts)

    Anon. 1851. *AJS* 11 (Ja): 147.

2699. **Smith, William B.** 1886. *Elementary Co-ordinate Geometry...* Ginn. (anal. geom./Ts, Tc)

    Anon. 1886. *SJ* 32 (Jl 24): 60.
    ———. 1887. *MV* 2 (Ja): 101.

2700. ———. 1893. *Introductory Modern Geometry...* Macmillan. (mod. geom./Tc)

    Davis, E.W. 1893. *NYMSB* 3 (O): 8-14.
    Scott, C.A. 1893. *NYMSB* 2 (Ap): 175-8.

2701. ———. 1898. *Infinitesimal Analysis.* V. 1. Macmillan. (calc., real var./Tc, Tg)

    Anon. 1899. *ED* 19 (Ap): 513.
    Finkel, B.F. 1898. *AMM* 5 (Ag/S): 220.

2702. **Smith, William G.** 1912. *Practical Descriptive Geometry.* McGraw. (descr. geom./Tc)

    Finkel, B.F. 1912. *AMM* 19 (O/N): 181.

2703. **Smith, William H.** 1924. *Graphic Statistics in Management.* McGraw. (stat., graphics/Tc)

    Huhn, R.v. 1925. *JASA* 20 (Je): 290-3.

2704. **Smoley, Constantine K.** 1908. *Smoley's Tables...* 5th ed. Engineering. (tables, logs., trig./R)

    P., L.E. 1909. *JFI* 167 (Ja): 67-8.

2705. ———. 1937. *Segmental Functions...* Scranton, Pa.: b.a. (trig./Su)

    McHugh, F.D. 1938. *SA* 158 (Ap): 254.
    Oppermann, R.H. 1938. *JFI* 225 (Mr): 366-7.
    Reynolds, J.B. 1938. *AMM* 45 (Je/Jl): 384.

2706. **Smutz, Floyd A., and Randolph F. Gingrich.** 1938. *Descriptive Geometry...* 2d ed. VanNos. (descr. geom./Tc)

    Roller, H.D. 1939. *SSM* 39 (Mr): 297.

2707. **Smyth, William.** 1859. *Elements of the Differential and Integral Calculus.* 2d ed. SanbornC. (calc./Ts, Tc)

    Anon. 1861. *MMON* 3 (F): 159-60.

2708. **Snedecor, George W.** 1934. *Calculation and Interpretation of Analysis of Variance and Covariance.* IowaStCIScMon. #1. Collegiate. (stat./R)

    Eisenhart, C. 1937. *SA* 156 (Ap): 277.
    Hotelling, H. 1935. *JASA* 30 (Mr): 117-8.
    For additional reviews see Buros *1938,* 72-3; and Buros *1941,* 276.

2709. ———. 1937. *Statistical Methods...* Collegiate. (stat./Tc)

Deming, W.E. 1938. *AMM* 45 (N): 614-5.
Treloar, A.E. 1938. *JASA* 33 (Mr): 271-3.
For additional reviews see Buros 1938, 73-5; and Buros 1941, 276-8.

2710. ———. 1938. *Statistical Methods...* 2d ed. Collegiate. (stat./Tc)
Deming, W.E. 1939. *AMM* 46 (Je/Jl): 356.
———. 1939. *JASA* 34 (Je): 421-2.
Dodd, E.L. 1939. *SCI* 89 (Ap 7): 317-8.
For additional reviews see Buros 1941.

2711. ———. 1940. *Statistical Methods...* 3d ed. IowaStPr. (stat./Tc)
Goulden, C.H. 1941. *JASA* 36 (Je): 313.
For additional reviews see Buros 1941.

2712. **Snyder, Virgil, and John I. Hutchinson.** 1902. *Differential and Integral Calculus.* AmBk. (calc./Ts, Tc)
Anon. 1903. *ED* 24 (O): 123.
Finkel, B.F. 1902. *AMM* 9 (N): 275-6.

2713. ———. 1912. *Elementary Textbook on the Calculus.* AmBk. (calc./Ts, Tc)
Anon. 1912. *MT* 5 (D): 132.
Cobb, H.E. 1913. *SSM* 13 (Mr): 268.
Finkel, B.F. 1912. *AMM* 19 (D): 201.
Wilson, E.B. 1915. *AMSB* 21 (Je): 471-6.

2714. **Snyder, Virgil, and Charles H. Sisam.** 1914. *Analytic Geometry of Space.* Holt. (anal. geom., diff. geom., proj. geom./Tc, Tg)
Bill, E.G. 1915. *AMM* 22 (My): 156-60.
Keyser, C.J. 1914. *SCI* 40 (O 16): 559-62.
Winger, R.M. 1916. *AMSB* 22 (Ap): 350-4.

2715. **Snyder, Virgil, et al.** 1928-1934. *Selected Topics in Algebraic Geometry.* 2 v. NRC Bull. #63, 96. NRC. (alg. geom./R)
Hollcroft, T.R. 1932. *AMSB* 38 (Ja): 7-11.
———. 1936. *AMSB* 42 (S): 613-6.

2716. **Society for the Promotion of Engineering Education.** 1912. *Syllabus of Mathematics: A Symposium...* NewEra. (educ./R)
Finkel, B.F. 1912. *AMM* 19 (O/N): 182.
Jourdain, P.E.B. 1913. *MG* 7 (Jl): 155.
M., R.M. 1913. *MG* 7 (My): 117-8.

2717. **Sohon, Frederick W.** 1932. *Introduction to Theoretical Seismology.* Pt. 2. Wiley. (phys./R)

    I., A.G. 1932. *SA* 146 (Je): 379.

2718. **Sokolnikoff, Ivan S.** 1939. *Advanced Calculus.* McGraw. (adv. calc., anal./Tc)

    Anon. 1940. *NAT* 145 (Je 29): 1008.
    Bennett, A.A. 1940. *SCI* 91 (My 3): 433-4.
    Churchill, R.V. 1940. *NMM* 14 (Ap): 424-5.
    Cooper, R. 1942. *MG* 26 (Jl): 148-9.
    Friedman, B. 1940. *SSM* 40 (My): 492.
    Ketchum, P.W. 1940. *AMSB* 46 (S): 735-7.

2719. ———, **and Elizabeth S. Sokolnikoff.** 1934. *Higher Mathematics...* McGraw. (diff. eqns., vector anal., ell. integrals, adv. calc., prob., stat./Tc, Tg)

    Anon. 1935. *NAT* 135 (Mr 9 Supp.): 386.
    Bickley, W.G. 1934. *MG* 18 (O): 282-3.
    Byrne, W.E. 1935. *NMM* 9 (Mr): 182-3.
    Gehman, H.M. 1934. *AMM* 41 (D): 625-7.

2720. **Solomon, Charles, and Herman H. Wright.** 1929. *Plane Geometry.* Scribner. (geom./Ts)

    Hoge, G.W. 1930. *SSM* 30 (Ap): 456.
    Zant, J.H. 1930. *MT* 23 (F): 128.

2721. **Somerville, Frederick H.** 1905. *First Year in Algebra.* AmBk. (alg./Tj)

    Ames, A.F. 1906. *SR* 14 (Je): 465-6.
    Anon. 1906. *ED* 26 (F): 372.
    ———. 1906. *EST* 6 (Ap): 439.
    Stark, W.E. 1909. *SR* 17 (Mr): 211.

2722. ———. 1908. *Elementary Algebra.* AmBk. (alg./Tj)

    Anon. 1908. *AE* 11 (Je): 506.
    ———. 1908. *ED* 28 (My): 599.
    Stark, W.E. 1909. *SR* 17 (O): 585-6.

2723. ———. 1913. *Elementary Algebra Revised.* AmBk. (alg./Tj)

    Anon. 1913. *MT* 6 (Je): 230.

2724. **Sommerfeld, Arnold J.W.** 1930. *Wave Mechanics.* Trans. H.H.L.A. Brose. Dutton. (wave mech./R)

    Ingalls, A.G. 1930. *SA* 143 (N): 414.

2725. ———. 1934. *Atomic Structure and Spectral Lines.* Trans. H.H.L.A. Brose. Dutton. (atomic phys./Tc, Tg)

Cleveland, T.K. 1935. *JFI* 219 (Mr): 384-5.

2726. **Sommerville, Duncan M.Y.** 1919. *The Elements of Non-Euclidean Geometry.* Open. (non-Eucl. geom./Tc)

Allen, E.S. 1922. *AMSB* 28 (Ap/My): 223.
Anon. 1920. *ED* 41 (N): 206.

2727. ———. 1930. *An Introduction to the Geometry of n Dimensions.* Dutton. (multidim. geom./Tc, Tg, R)

Moore, C.L.E. 1930. *AMSB* 36 (N): 788-9.
Wong, B.C. 1931. *AMM* 38 (My): 286-7.

2728. ———. 1934. *Analytical Geometry of Three Dimensions.* Macmillan. (anal. geom., proj. geom., alg. geom./Tc, Tg)

Anon. 1934. *NAT* 133 (Je 30): 967.
Turnbull, H.W. 1934. *MG* 18 (D): 340-1.

2729. **Sorenson, Herbert.** 1936. *Statistics for Students of Psychology and Education.* McGraw. (stat./Tc)

Edwards, A.S. 1937. *EDAS* 23 (Ap): 313-4.
Odell, C.W. 1937. *JER* 30 (Mr): 531-2.
Scates, D.E. 1936. *ESJ* 37 (D): 312-3.
Toops, H.A. 1936. *JASA* 31 (S): 624-5.
Walker, H.M. 1937. *SR* 45 (D): 794-5.
For additional reviews see Buros 1937, 107-9; and Buros 1941, 281-2.

2730. **Southall, James P.C.** 1910. *The Principles and Methods of Geometrical Optics...* Macmillan. (optics/R)

Moulton, F.R. 1911. *SCI* 33 (Je 2): 856-7.
Southall, J.P.C. 1912. *AMSB* 19 (N): 79-80.
Wilson, E.B. 1912. *AMSB* 19 (N): 74-9.

2731. ———. 1933. *Mirrors, Prisms, and Lenses...* 3d ed. Macmillan. (optics/Tc, Tg)

Martin, L.C. 1934. *NAT* 134 (D 29): 989-90.
P., L.E. 1933. *JFI* 215 (Ap): 494-5.

2732. **Southwell, Richard V.** 1936. *An Introduction to the Theory of Elasticity...* Oxford. (elast./Tc, Tg)

Filon, L.N.G. 1936. *MG* 20 (Jl): 217-9.

Timoshenko, S. 1936. *NAT* 138 (Jl 11): 54-5.

2733. ———. (1940) 1941. *Relaxation Methods in Engineering Science...* Oxford. (phys./R)

Bickley, W.G. 1941. *MG* 25 (Jl): 180-2.
Poritsky, H. 1942. *MR* 3 (My): 152.

2734. **Southworth, Gordon A.** 1893-1895. *The Essentials of Arithmetic...* 2 v. Leach. (arith./Te, Tj)

Anon. 1893. *ED* 13 (Ap): 514.
———. 1895. *ED* 16 (O): 128.
Colaw, J.M. 1900. *AMM* 7 (Mr): 89-90.
Finkel, B.F. 1895. *AMM* 2 (Jl/Ag): 250.
Smith, D.E. 1896. *SR* 4 (Mr): 180-3.

2735. ———. 1903. *Problems in Arithmetic...* Sanborn. (arith./Su)

Anon. 1903. *ED* 24 (O): 122.

2736. **Spare, John.** 1865. *The Differential Calculus...* Bradley. (calc./Ts, Tc)

Newton, H.A. 1865. *AJS* 39 (Mr): 236.

2737. **Sparks, Fred W., and Paul K. Rees.** 1937. *Plane Trigonometry.* Prentice. (trig./Ts)

Clawson, J.W. 1938. *AMM* 45 (Ap): 244.
Kaltenborn, H.S. 1940. *NMM* 14 (My): 493.

2738. **Sparks, Frederick.** 1890. *Longman's School Trigonometry.* Longmans. (trig./Ts)

Anon. 1890. *JE* 32 (S 11): 171.

2739. **Speer, William W.** 1888. *Form Lessons, to Prepare For and to Accompany the Study of Number.* Donohue. (arith., educ./Su)

Anon. 1888. *JE* 27 (Ap 26): 266.

2740. ———. 1896-1899. *Arithmetic.* 3 v. Ginn. (arith./Te, Tj, R)

Anon. 1897. *ED* 17 (Je): 643.
———. 1897. *ED* 18 (O): 126.
———. 1897. *NYE* 1 (D 20): 242.
Colaw, J.M. 1897. *AMM* 4 (Ag/S): 232-3.
———. 1897. *AMM* 4 (D): 327.
———. 1900. *AMM* 7 (Mr): 89.

2741. **Spencer, William G.** 1877. *Inventional Geometry...* Appleton. (geom., educ./Su)

Anon. 1877. *NEJE* 5 (Ja 18): 36.

2742. **Spengler, Oswald.** 1926. *The Decline of the West.* Trans. C.F. Atkinson. Knopf. (hist./R)

Lockwood, E.H. 1928. *MG* 14 (D): 274-6.

2743. **Sperry, Pauline.** 1928. *Short Course in Spherical Trigonometry.* Johnson. (trig./Ts)

Wells, M.E. 1929. *AMM* 36 (Ag/S): 394-5.

2744. **Spillman, William J., and Emil Lang.** 1924. *The Law of Diminishing Returns.* WrldBk. (stat./Su)

Forsyth, C.H. 1926. *AMSB* 32 (Ja/F): 86.
Kinney, J.M. 1925. *SSM* 25 (My): 552, 554.
Pearson, F.A. 1927. *AMM* 34 (Ag/S): 378.
For an additional review see Farber 1981.

2745. **Spooner, Henry J.** 1911. *Industrial Drawing and Geometry...* Longmans. (geom., mech. drawing/Ts, Tc)

Anon. 1912. *ED* 32 (F): 389.

2746. **Sprague, Atherton H.** 1934. *Essentials of Plane Trigonometry.* Prentice. (trig./Ts)

Anon. 1934. *MT* 27 (N): 360.
Dorroh, J.L. 1935. *AMM* 42 (D): 613.
Royce, G.L. 1935. *SSM* 35 (F): 218.

2747. ———. 1934. *Essentials of Plane Trigonometry and Analytic Geometry.* Prentice. (trig., anal. geom./Ts, Tc)

Anon. 1934. *MT* 27 (N): 360.
Dorroh, J.L. 1935. *AMM* 42 (D): 613.
Kinney, J.M. 1934. *SSM* 34 (N): 898.

2748. **Staffelbach, Elmer H., and George E. Freeland.** 1928. *Exercises in Change-Making.* With teachers' manual. AmBkC. (arith., educ./Su)

Anon. 1929. *CSJ* 12 (N): 127-8.

2749. **Stager, Henry W.** 1916. *A Sylow Factor Table of the First Twelve Thousand Numbers.* Publ. #151. Carnegie. (groups, tables/R)

Lehmer, D.N. 1917. *SCI* 45 (F 2): 115-6.

2750. **Stalnaker, John M**. 1936. *Report on the Mathematics Attainment Test of June 1936*. CollEntExBdRes. Bull. #7. New York: n.p. (educ./R)

    Brown, B.H. 1937. *AMM* 44 (Je/Jl): 376-7.

2751. **Stamper, Alva W**. 1909. *A History of the Teaching of Elementary Geometry...* ContrEd., #23. Teachers. (educ., geom., hist./R)

    Cajori, F. 1909. *SCI* 30 (D 19): 887-8.
    Cobb, H.E. 1910. *SSM* 10 (F): 178-9.
    Wreidt, E.A. 1910. *SR* 18 (O): 577-8.

2752. ———. 1913. *A Textbook on the Teaching of Arithmetic*. AmBk. (educ., arith./Tc, Tg, R)

    Anon. 1913. *MT* 6 (D): 117.
    ———. 1915. *ED* 36 (O): 133.
    Cobb, H.E. 1914. *SSM* 14 (Ja): 94.
    Jackson, L.L. 1914. *SCI* 39 (Ap 17): 579-80.
    Karpinski, L.C. 1914. *AMM* 21 (Mr): 85-6.

2753. **Stanley, Anthony D**. 1847. *Tables of Logarithms of Numbers, and of Logarithmic Sines, Tangents and Secants...* Durrie. (tables, logs., trig./R)

    Anon. 1848. *AJS* 5 (Ja): 145-7.

2754. **Starling, Sydney G**. (1935) 1936. *Mechanical Properties of Matter*. Macmillan. (mech./Tc)

    C., J.A. 1936. *NAT* 137 (F 8): 207.

2755. **Starr, Edgar M., and Edwin G. Olds**. 1930. *Vocational Mathematics*. Blakiston. (arith., alg., geom., trig./Tj, Ts)

    P., L.E. 1930. *JFI* 209 (Ap): 559-60.
    Stone, C.A. 1930. *SSM* 30 (Ap): 460.

2756. **Stebbing, Lizzie S**. 1930. *A Modern Introduction to Logic*. Crowell. (logic/Tc)

    Anon. 1932. *MON* 42 (Ja): 158.
    Thalheimer, R. 1933. *PR* 42 (Jl): 431-2.
    For additional reviews see Farber 1981.

2757. **Steele, Charles E., and George W. Muench**. 1930. *Applied Business Arithmetic*. WrldBk. (bus. arith./Tj, Ts)

    Blair, L. 1930. *SSM* 30 (O): 850, 852.
    Munch, H.F. 1930. *HSJ* 13 (O): 316.

2758. **Steele, Robert.** (1922) 1923. *The Earliest Arithmetics in English.* Oxford. (hist./R)

  Greenstreet, W.J. 1924. *MG* 12 (My): 128-30.

2759. **Steffensen, Johan F.** 1927. *Interpolation.* Williams. (finite differences, interp./Tc)

  Fraser, D.C. 1928. *MG* 14 (O): 235-43.
  Glover, J.W. 1927. *JASA* 22 (D): 522-23.
  Ingraham, M.H. 1929. *AMM* 36 (O): 444-6.
  Longley, W.R. 1928. *AMSB* 34 (S/O): 674.
  Picolet, L.E. 1927. *JFI* 203 (Ap): 598-9.

2760. **Stefflre, Léon.** 1902. *The Book We Need.* Whitaker. (arith./Te, Tj)

  Finkel, B.F. 1902. *AMM* 9 (N): 275.

2761. **Steinhaus, Hugo.** 1938. *Mathematical Snapshots.* Trans. C. Irvine and M. Bardach. Ed. A.J. Ward. Stechert. (geom., games, recr., no. theory, top., hist./R, Su)

  Bell, E.T. 1939. *SCI* 89 (Mr 17): 248-9.
  Broadbent, T.A.A. 1939. *MG* 23 (O): 422-3.
  Finkel, B.F. 1939. *SM* 6 (Mr): 37-9.
  Fort, T. 1939. *AMM* 46 (Je/Jl): 354.
  Reeve, W.D. 1940. *MT* 33 (Ja): 47.
  Yates, R.C. 1939. *NMM* 13 (Ap): 351-2.

2762. **Steinmetz, Charles P.** 1900. *Theory and Calculation of Alternating Current Phenomena.* 3d ed. ElecWd. (elec./Tc)

  Whitehead, J.B. Jr. 1901. *AMSB* 7 (Je): 399-408.

2763. ———. 1911. *Engineering Mathematics.* McGraw. (trig., calc., appl., numerical anal./Ts, Tc)

  Wills, A.P. 1911. *SCI* 34 (N 17): 685-6.

2764. ———. 1923. *Four Lectures on Relativity and Space.* McGraw. (relat., geom./Su)

  Kuderna, J.G. 1923. *MT* 16 (O): 383-4.

2765. **Stelson, Hugh E.** 1940. *The Mathematics of Business...* Houghton. (finance/Ts, Tc)

  Blanch, G. 1940. *AMM* 47 (N): 649-50.
  Urbancek, J.J. 1942. *SSM* 42 (D): 905.

2766. **Stephens, Eugene.** 1937. *The Elementary Theory of Operational Mathematics.* McGraw. (anal., diff. eqns., matrices/Tc)

Anon. 1938. *NAT* 141 (Ap 16): 668.
Byrne, W.E. 1938. *NMM* 12 (Mr): 312.
McLachlan, N.W. 1938. *MG* 22 (My): 201-2.
Scarborough, J.B. 1939. *AMSB* 45 (Jl): 506-7.

2767. **Stevens, Blamey.** 1936. *The Identity Theory.* 2d ed. Stechert. (phys./Su)

Anon. 1936. *SA* 155 (Ag): 118.

2768. **Stevens, Frederick H.** 1895. *Elementary Mensuration.* Macmillan. (mensur./Te, Tj, Ts)

Finkel, B.F. 1896. *AMM* 3 (Ja): 26.

2769. **Stevens, James S.** 1915. *Theory of Measurements...* VanNos. (prob., least squares, errors/Su)

Palmer, A. de F. 1915. *SCI* 41 (Je 4): 828-9.

2770. **Stevens, Lou Belle, and James H. Van Sickle.** 1923. *The Pilot Arithmetics.* Teachers' manual and v. 1. Newson. (arith., educ./Te, R)

Anon. 1924. *AE* 27 (F): 282, 284.
———. 1925. *AE* 28 (Mr): 328, 330.
Cobb, H.E. 1924. *SSM* 24 (My): 548.
Goff, R.R. 1924. *ED* 44 (Je): 644.
———. 1926. *ED* 47 (S): 62.
Hinkle, E.C. 1924. *MT* 17 (D): 500-1.
Johnson, J.T. 1924. *CSJ* 6 (My): 358.

2771. **Steward, George C.** 1928. *The Symmetrical Optical System.* CambTrM&MP., #25. Macmillan. (optics/R)

Bromwich, T.J. I'A. 1929. *MG* 14 (Ja): 309-10.
Uhler, H.S. 1929. *AMSB* 35 (N/D): 884.

2772. **Stewart, Caleb A.** 1940. *Advanced Calculus.* Saunders. (adv. calc., anal./Tc)

Cooper, R.C. 1942. *MG* 26 (Jl): 148-9.

2773. **Stewart, Seth T.** 1891. *Plane and Solid Geometry.* AmBk. (geom./Ts)

Anon. 1891. *ED* 12 (N): 192.
———. 1891. *JE* 34 (O 1): 219.

2774. **Stock, St. George W.J.** 1889. *Deductive Logic.* Longmans. (logic/Tc)

Anon. 1889. *JE* 29 (Ap 18): 251.

2775. **Stockton, John R.** 1938. *An Introduction to Business Statistics.* Heath. (stat./Tc)

    Hadley, C.D. 1938. *JASA* 33 (D): 757-9.
    Stone, C.A. 1939. *SSM* 39 (Je): 589.
    Thompson, J.M. 1938. *AMM* 45 (O): 542-3.

2776. **Stoddard, John F.** 1889. *Stoddard's New Intellectual Arithmetic.* Sheldon. (arith./Te, Tj)

    Anon. 1889. *JE* 29 (Je 20): 395.

2777. **Stöcker, K.H.** 1897. *Elements of Constructive Geometry...* Trans. W. Noetling. Silver. (mensur./Tj, Ts)

    Anon. 1897. *ED* 18 (D): 258.
    ——. 1897. *NYE* 1 (N 20): 177.

2778. **Stokes, Claude N., and Vera Sanford.** 1935. *First Course in Algebra.* Holt. (alg./Tj)

    Anon. 1936. *MT* 29 (Ja): 49.
    Benz, H.E. 1937. *SR* 45 (Ja): 73-4.
    Georges, J.S. 1936. *SR* 44 (Mr): 233.
    Royce, G.L. 1936. *SSM* 36 (Ja): 108.

2779. ——. 1936. *Second Course in Algebra.* Holt. (alg./Ts)

    Benz, H.E. 1937. *SR* 45 (Ja): 73-4.
    K., W. 1938. *CSJ* 19 (F): 144.
    Silverman, H.D. 1937. *SSM* 37 (F): 246.

2780. **Stokes, George G.** 1904. *Mathematical and Physical Papers.* V. 4. Ed. J. Larmor. Macmillan. (phys./R)

    Anon. 1904. *MG* 3 (My): 41.

2781. ——. 1907. *Memoir and Scientific Correspondence of the late Sir George Gabriel Stokes.* 2 v. Ed. J. Larmor. Putnam. (hist., phys./R)

    Brown, E.W. 1908. *AMSB* 14 (Mr): 291-293.

2782. **Stone, Cliff W.** 1908. *Arithmetical Abilities...* ContrEd., #19. Teachers. (arith., educ./R)

    Cobb, H.E. 1909. *SSM* 9 (Ap): 414.
    Millis, J.F. 1909. *EST* 9 (Je): 525-6.
    Peterson, H.A. 1910. *SR* 18 (Ja): 54-5.
    Ruediger, W.C. 1909. *ED* 30 (O): 130.

Wilson, J.L., and C.E. Fanning. 1909. *BRD* 5 (Ann): 422.

2783. **Stone, John C.** 1918. *The Teaching of Arithmetic*. SanbornCh. (educ., arith./R)

Anon. 1918. *ESJ* 19 (S): 70-1.
——. 1920. *AMM* 27 (N): 420.

2784. ——. 1919-1921. *Junior High School Mathematics*. 3 v. SanbornCh. (arith., bus. arith., alg., geom., trig., stat./Tj, Ts)

Anon. 1921. *MT* 14 (Mr): 159-60.
Cobb, H.E. 1922. *SSM* 22 (F): 204.
Hinkle, E.C. 1919. *CSJ* 1 (My): 30.

2785. ——. 1925. *The Stone Arithmetic*. 3 v. SanbornCh. (arith./Te, Tj)

Beattie, A.W. 1925. *ESJ* 25 (Je): 796-7.

2786. ——. 1926-1927. *The New Mathematics*. 3 v. SanbornCh. (genl., comp., appl./Tj, Ts)

Georges, J.S. 1926. *SR* 34 (O): 635-6.
Kinney, J.M. 1926. *SSM* 26 (D): 1018.
——. 1928. *SSM* 28 (Ja): 106.

2787. ——, and **Howard F. Hart**. 1924. *Elementary Algebra*. SanbornCh. (alg./Tj)

Anon. 1924. *MT* 17 (O): 374.
Kinney, J.M. 1925. *SSM* 25 (F): 220.

2788. ——. 1926. *A Second Course in Algebra*. SanbornCh. (alg., trig./Ts)

Kinney, J.M. 1926. *SSM* 26 (D): 1016.

2789. **Stone, John C., and Virgil S. Mallory**. 1929. *Stone-Mallory Modern Plane Geometry*. SanbornCh. (geom./Ts)

Kinney, J.M. 1929. *SSM* 29 (N): 890.
Stone, C.A. 1929. *SR* 37 (D): 795-6.

2790. ——. 1935. *Mathematics for Everyday Use...* SanbornCh. (meas., alg., geom., trig., bus. arith./Tj, Ts)

Anon. 1936. *MT* 29 (F): 100.
Ehrlich, M.J. 1935. *SSM* 35 (O): 768, 770.
Schroeder, H. 1936. *NMM* 11 (N): 114.

2791. ——. 1936. *A First Course in Algebra*. SanbornCh. (alg./Tj)

Anon. 1936. *MT* 29 (F): 100-1.
Munch, H.F. 1936. *HSJ* 19 (O): 221-2.

2792. ———. 1937. *A Second Course in Algebra*. Rev. ed. SanbornCh. (alg., trig./Ts)

Reeve, W.D. 1937. *MT* 30 (Mr): 141.

2793. **Stone, John C., and James F. Millis.** 1905. *Essentials of Algebra.* Sanborn. (alg./Ts)
Anon. 1905. *ED* 26 (S): 61.
Cobb, H.E. 1908. *SSM* 8 (F): 171.
Finkel, B.F. 1905. *AMM* 12 (Je/Jl): 148.

2794. ———. 1908. *A Secondary Arithmetic...* Sanborn. (arith., bus. arith., stat./Tj, Ts)
Cobb, H.E. 1909. *SSM* 9 (Ja): 101.

2795. ———. 1910. *Elementary Geometry...* Sanborn. (geom./Ts)
Cobb, H.E. 1910. *SSM* 10 (Je): 563.
———. 1913. *SR* 21 (N): 647-9.
Finkel, B.F. 1912. *AMM* 19 (F): 40.

2796. ———. 1910. *Elementary Solid Geometry*. Sanborn. (geom./Ts)
Cobb, H.E. 1911. *SSM* 11 (Mr): 284.

2797. ———. 1911-1912. *Elementary Algebra.* 2 v. Sanborn. (alg./Tj)
Cobb, H.E. 1911. *SSM* 11 (O): 669-70.
———. 1912. *SSM* 12 (N): 734.

2798. ———. 1911. *The Stone-Millis Arithmetic Complete.* 3 v. Sanborn. (arith./Te, Tj)
Cobb, H.E. 1911. *SSM* 11 (Je): 576.

2799. ———. 1916. *Plane Geometry.* SanbornCh. (geom./Ts)
Cobb, H.E. 1916. *SSM* 16 (Ap): 280.

2800. **Stone, John C., and Clifford N. Mills.** 1932. *Unit Mastery Arithmetics.* 3 v. SanbornCh. (arith./Te, Tj)
Anon. 1933. *MT* 26 (Ap): 249-50.
Kinney, J.M. 1932. *SSM* 32 (Ap): 437.
Laughlin, B. 1932. *CSJ* 15 (S/D): 40.

2801. ———, and **Virgil S. Mallory.** 1933-1934. *Unit Mastery Mathematics.* 3 v. SanbornCh. (arith., bus. arith., geom., alg., trig./Tj, Ts)

    Anon. 1935. *MT* 28 (Ap): 248-9.
    Hawkins, G.E. 1934. *SSM* 34 (Je): 673-4.
    Troxel, O.L. 1935. *SR* 43 (Ja): 76-7.

2802. **Stone, Marshall H.** 1932. *Linear Transformations in Hilbert Space...* AMSColl. Publ., v. 15. AMS. (anal., Hilb. space, integral eqns./R)

    Burchnall, J.L. 1933. *MG* 17 (My): 131-2.
    Hille, E. 1934. *AMSB* 40 (N): 777-80.

2803. **Strader, William W., and Lawrence D. Rhoads.** 1927. *Plane Geometry...* Winston. (geom./Ts)

    Anon. 1928. *ED* 48 (My): 589.
    Christofferson, H.C. 1928. *MT* 21 (Ja): 56-7.
    Kinney, J.M. 1928. *SSM* 28 (Je): 680.

2804. ———. 1929. *Solid Geometry...* Winston. (geom./Ts, Tc)

    Christofferson, H.C. 1930. *MT* 23 (Ap): 269-70.
    Kinney, J.M. 1930. *SSM* 30 (Ap): 458.

2805. ———. 1940. *Modern Trend Geometry.* Winston. (geom./Ts)

    Read, C.B. 1941. *SSM* 41 (My): 505.

2806. **Stratton, William T., and Robert D. Daugherty.** 1939. *Plane Trigonometry...* Prentice. (trig./Ts)

    Corliss, J.J. 1940. *SSM* 40 (F): 199.
    Montague, H.F. 1940. *AMM* 47 (F): 102-3.
    Pettit, H.P. 1939. *NMM* 14 (D): 173-5.

2807. **Stratton, William T., and Benjamin L. Remick.** 1916. *Agricultural Arithmetic.* Macmillan. (arith., appl./Te, Tj)

    Cobb, H.E. 1917. *SSM* 17 (Mr): 275.

2808. **Strayer, George D., and Clifford B. Upton.** 1928. *Strayer-Upton Arithmetics.* 3 v. AmBk. (arith./Te, Tj)

    Anon. 1929. *CSJ* 11 (Mr): 279.

2809. ———. 1929. *Junior Mathematics.* 2 v. AmBk. (arith., alg., geom./Tj, Ts)

    Anon. 1930. *CSJ* 12 (F): 272.
    Georges, J.S. 1930. *SSM* 30 (D): 1086, 1088.

Stone, C.A. 1931. *ESJ* 31 (F): 476-7.

2810. ———. 1934. *Strayer-Upton Practical Arithmetics*. 2 v. AmBk. (arith./Te, Tj)

    Olander, H.T. 1935. *ESJ* 35 (F): 476-7.

2811. **Strickland, Ruth G.** 1938. *A Study of the Possibilities of Graphs as a Means of Instruction...* ContrEd., #745. Teachers. (educ., graphics, stat./R)

    Edwards, A.S. 1940. *EDAS* 26 (S): 479-80.
    W., E. 1939. *MT* 32 (My): 238.

2812. **Stringham, Irving.** 1893. *Uniplanar Algebra...* Berkeley. (alg., goniom. ratios, hyperb. ratios, complex var., cyclometry, eqn. theory/Tc, Tg)

    Finkel, B.F. 1894. *AMM* 1 (Ja): 30.
    Saurel, P. 1894. *SR* 2 (Ap): 241-2.

2813. **Strong, Edward W.** 1936. *Procedures and Metaphysics...* Calif. (hist., phil., fnds./R)

    Johnson, F.R. 1938. *ISIS* 29 (1): 110-3.
    Johnson, R.F. 1939. *SM* 6 (D): 235-7.
    Struik, D.J. 1939. *AMM* 46 (F): 99-101.
    Wiener, P.P. 1938. *PR* 47 (Ja): 86-7.

2814. **Strong, Theodore.** 1859. *A Treatise on Elementary and Higher Algebra*. Pratt. (alg., calc., eqn. theory/Ts, Tc)

    Anon. 1860. *AJS* 30 (S): 306-7.
    ———. 1860. *MMON* 2 (Ap): 254.

2815. **Sueltz, Ben A.** 1934. *The Status of Teachers of Secondary Mathematics in the United States*. Cortland, N.Y.: n.p. (educ./R)

    Black, M. 1938. *MG* 22 (D): 527-8.
    Smith, C.D. 1936. *NMM* 10 (Ap): 283-4.

2816. **Sullivan, John W.N.** 1925. *The History of Mathematics in Europe...* Oxford. (hist./Su)

    Cajori, F. 1925. *AMM* 32 (D): 512-3.
    Light, G.H. 1926. *AMSB* 32 (Ja/F): 88.
    Refior, S.R. 1925. *MT* 18 (N): 441-2.
    For an additional review see Farber 1981.

2817. ———. 1938. *Isaac Newton...* Macmillan. (hist., biog./R)

Ashley-Montagu, M.F. 1941. *ISIS* 33 (2): 253-4.
Dunnington, G.W. 1938. *NMM* 13 (D): 141-2.
Gilham, C.W. 1938. *MG* 22 (O): 408-9.
P., H.C. 1938. *NAT* 141 (Je 11): 1032-5.

2818. **Summit Experimental School. Cincinnati, Ohio. Supervisory Staff.** 1929-1935. *The Alpha Individual Arithmetics.* 8 v. in 16 pt. Ginn. (arith./Te, Tj)

DeBoer, L. 1932. *CSJ* 14 (Ja): 238.
Laughlin, B. 1932. *CSJ* 15 (S/D): 40.
Warner, G.W. 1929. *SSM* 29 (D): 1020.

2819. **Sumner, Stephen C.** 1922. *Supervised Study in Mathematics and Science.* Macmillan. (educ., alg., geom./Su)

Anon. 1923. *ED* 43 (My): 586.
Clark, J.R. 1924. *EDAS* 10 (F): 127-8.
———. 1924. *MT* 17 (F): 123-5.
Cobb, H.E. 1923. *SSM* 23 (Ap): 404, 406.
Laughlin, B. 1923. *CSJ* 6 (S): 36-7.

2820. **Sundara Rao, Tandalam.** 1901. *Geometric Exercises in Paper Folding.* Ed. W.W. Beman and D.E. Smith. Open. (geom., educ./Su)

Finkel, B.F. 1901. *AMM* 8 (O): 212.

2821. **Sutcliffe, William G.** 1925. *Elementary Statistical Methods.* McGraw. (stat./Tc)

Huhn, R.v. 1926. *JASA* 21 (Je): 245-7.

2822. **Sutton, Clarence W., and Nels J. Lennes.** 1918. *Business Arithmetic.* AllynB. (bus. arith./Tj, Ts)

Anon. 1918. *MT* 11 (D): 97.
———. 1919. *AMM* 26 (Ap): 159.
Forsyth, C.H. 1920. *AMSB* 26 (My): 375-6.

2823. **Sutton, William S., and William Kimbrough.** 1892. *Primary Book.* Heath. (arith./Te)

Anon. 1893. *ED* 13 (Ja): 325.

2824. **Suzzallo, Henry.** 1912. *The Teaching of Primary Arithmetic...* Houghton. (educ., arith./Su)

Anon. 1912. *MT* 4 (Je): 173.
Cobb, H.E. 1912. *SSM* 12 (Je): 538-9.

2825. **Swann, William F.G.** 1934. *The Architecture of the Universe.* Macmillan. (phil., relat./R)

    D., H. 1935. *NAT* 135 (Mr 2): 324-5.

2826. **Swenson, John A.** 1923. *High School Mathematics...* Macmillan. (alg., geom., trig., anal. geom., genl./Tj, Ts)

    Anon. 1923. *ED* 44 (N): 196.
    Hinkle, E.C. 1924. *CSJ* 6 (Ja): 196.
    Stone, C.A. 1924. *SR* 32 (Ap): 311.
    Taylor, M.S. 1923. *MT* 16 (My): 315-6.

2827. ———. 1934-1937. *Integrated Mathematics.* V. 1-3,5. Edwards. (alg., geom., trig., stat., precalc., calc./Tj, Ts, Tc)

    Benz, H.E. 1936. *SR* 44 (Ap): 312-3.
    Munch, H.F. 1937. *HSJ* 20 (Mr): 117-8.
    ———. 1937. *HSJ* 20 (Ap): 154.
    Silverman, H.D. 1936. *SSM* 36 (Mr): 334.
    ———. 1936. *SSM* 36 (My): 562, 564.
    Smith, D.E. 1936. *MT* 29 (F): 97.
    ———. 1937. *MT* 30 (Ap): 197-8.
    Smith, P.K. 1935. *NMM* 9 (My): 259-60.
    Weimar, M.B. 1935. *MT* 28 (Mr): 192-3.

2828. **Sykes, Mabel, and Clarence E. Comstock.** 1918. *Plane Geometry.* Rand. (geom./Ts)

    Anon. 1920. *MT* 12 (Je): 172.
    Cobb, H.E. 1920. *SSM* 20 (Ap): 376.

2829. ———. 1922. *Solid Geometry.* Rand. (geom./Ts)

    Cobb, H.E. 1922. *SSM* 22 (O): 692, 694.

2830. ———, **and Charles M. Austin.** 1932. *Plane Geometry.* Rand. (geom./Ts)

    Anon. 1933. *MT* 26 (Ap): 250.
    Stone, C.A. 1933. *SSM* 33 (Je): 688-9.

2831. **Sykes, Mabel, with Herbert E. Slaught, and Nels J. Lennes.** 1912. *A Source Book of Problems for Geometry...* Allyn. (geom., appl./Su, R)

    Anon. 1913. *MT* 5 (Mr): 185.
    Cobb, H.E. 1913. *AMM* 20 (My): 164.
    ———. 1913. *SSM* 13 (Mr): 266.

2832. **Sylvester, James J.** 1904-1912. *The Collected Mathematical Papers*. 4 v. Putnam. (abst. alg., matrices, no. theory, phys., invariants, partitions/R)

    Anon. 1904. *MG* 3 (Jl): 70-1.
    ———. 1909. *MG* 5 (Je/Jl): 116-7.
    ———. 1910. *MG* 5 (O): 343-4.
    Dickson, L.E. 1909. *AMSB* 15 (F): 232-9.
    ———. 1911. *AMSB* 17 (F): 254-5.
    Greenstreet, W.J. 1913. *MG* 7 (My): 126-7.
    Myers, G.W. 1909. *SSM* 9 (Ja): 99.

2833. **Symonds, Percival M.** 1923. *Special Disability in Algebra*. ContrEd., #132. Teachers. (educ., alg./R)

    Douglas, H.R. 1923. *JER* 8 (D): 459-60.

2834. *Symposium on Mathematics for Engineering Students*. [1908] 1908. *SCI* 28 (Jl 7,24,31; Ag 7,28; S 4). Reprint. Lancaster, Pa.: n.p. (educ./R)

    Tyler, H.W. 1909. *AMSB* 15 (Je): 450-7.

2835. **Synge, John L.** (1937) 1938. *Geometrical Optics...* CambTrM&MP., #37. Macmillan. (optics/R)

    James, M.M., D. Brown, and S. Brachfeld. 1938. *BRD* 34 (Ann): 940.
    Piaggio, H.T.H. 1938. *NAT* 142 (Jl 23): 135-6.
    Steward, G.C. 1938. *MG* 22 (My): 195-6.

2836. **Szegö, Gabor.** 1939. *Orthogonal Polynomials*. AMSColl. Publ., v. 23. AMS. (anal., orthog. polyn., phys./R)

    Copson, E.T. 1940. *MG* 26 (F): 66-7.
    Jackson, D. 1940. *SCI* 91 (My 31): 526-7.
    P., H.T.H. 1940. *NAT* 145 (Ja 27 Supp.): 139.
    Shohat, J. 1940. *AMSB* 46 (Jl): 583-7.
    ———. 1940. *MR* 1 (Ja): 14.

T

2837. **Taber, Clarence W., and Ruth A. Wardall.** 1923. *Economics of the Family.* Lippincott. (bus. arith./Tj, Ts)

   Anon. 1924. *MT* 17 (F): 126-7.

2838. **Talmey, Max.** 1932. *The Relativity Theory Simplified...* Falcon. (relat., biog./Su)

   Atchinson, C.S. 1934. *AMM* 41 (F): 96-7.
   Ingalls, A.G. 1933. *SA* 148 (Mr): 190.

2839. **Tanner, John H.** 1904. *Elementary Algebra.* AmBk. (alg./Tj)

   Anon. 1904. *ED* 25 (N): 188-9.
   ———. 1904. *EST* 5 (O): 128.
   Myers, G.W. 1905. *EST* 5 (Ap): 518-9.
   ———. 1906. *SR* 14 (My): 387-8.
   Pierpont, J. 1905. *AMSB* 11 (My): 444-5.

2840. ———. 1907. *High School Algebra.* AmBk. (alg./Tj)

   Anon. 1907. *ED* 28 (D): 256.
   ———. 1907. *JE* 66 (N 7): 497.
   ———. 1909. *ED* 29 (Ja): 330-1.
   Cobb, H.E. 1908. *SSM* 8 (F): 169.
   Slaught, H.E. 1908. *SR* 16 (D): 689.

2841. ———, **and Joseph Allen.** 1898. *An Elementary Course in Analytic Geometry.* AmBk. (anal. geom./Ts, Tc)

   Anon. 1899. *ED* 19 (Ap): 514.
   Finkel, B.F. 1898. *AMM* 5 (O): 1898.

2842. ———. 1911. *Brief Course in Analytic Geometry.* AmBk. (anal. geom./Ts, Tc)

   Anon. 1911. *MT* 4 (D): 77.

―――. 1912. *ED* 32 (Ja): 323.
Cobb, H.E. 1912. *SSM* 12 (Mr): 260.
Finkel, B.F. 1912. *AMM* 19 (F): 40.
Hennel, C.B. 1913. *AMSB* 20 (D): 156-7.

2843. **Tarleton, Francis A.** 1913. *An Introduction to the Mathematical Theory of Attraction.* V. 2. Longmans. (light, spher. harm., ellips. harm./Tc)
Greenstreet, W.J. 1913. *MG* 7 (O): 184.

2844. **Taylor, Edson H.** 1915. *Mathematics in the Lower and Middle Commercial and Industrial Schools...* Ed. D.E. Smith, et al. USBurEd. Bull. #35. GPO. (educ./R)
Anon. 1916. *EDAS* 2 (Ap): 275.

2845. ―――. 1926. *Arithmetic for Teacher-Training Classes.* Holt. (educ., arith./Tc, Tg)
Anon. 1927. *MT* 20 (Ap): 240-1.
Goff, R.R. 1927. *ED* 47 (Je): 638.
Kinney, J.M. 1927. *SSM* 27 (My): 552.

2846. ―――. 1937. *Arithmetic for Teacher-Training Classes.* Rev. ed. Holt. (educ., arith./Tc, Tg)
Reeve, W.D. 1937. *MT* 30 (N): 350.
Warner, L.C. 1937. *SSM* 37 (N): 1006.

2847. ―――, and Fiske Allen. 1919-1922. *Junior High School Mathematics.* 3 v. Holt. (arith., alg., geom./Tj, Ts)
Anon. 1919. *EDAS* 5 (N): 461.
―――. 1919. *MT* 11 (Je): 207.
―――. 1920. *EDAS* 6 (F): 117.
Cobb, H.E. 1919. *SSM* 19 (O): 668.
―――. 1919. *SSM* 19 (N): 765-6.
―――. 1923. *SSM* 23 (Ja): 94.
Hinkle, E.C. 1919. *CSJ* 1 (My): 30.
Slocum, S.E. 1920. *AMSB* 26 (Jl): 462-3.

2848. **Taylor, Edson H., and Grover C. Bartoo.** 1939. *An Introduction to College Geometry.* Lithocraft. (college geom., mod. geom./Tc)
Read, C.B. 1941. *SSM* 41 (Ap): 405.

2849. **Taylor, F. Sherwood.** 1939. *The March of Mind: A Short History of Science.* Macmillan. (hist./Su)
Anon. 1939. *NAT* 144 (Jl 29): 196.

Cohen, I.B. 1941. *ISIS* 33 (1): 74-9.
Goldsmith, A.R. 1939. *ISIS* 31 (1): 233.
Oppermann, R.H. 1939. *JFI* 228 (Ag): 254-5.
For additional reviews see Buros 1941.

2850. **Taylor, Frank G.** 1899. *An Introduction to the Differential and Integral Calculus and Differential Equations.* Longmans. (calc., diff. eqns./Ts, Tc)

Finkel, B.F. 1899. *AMM* 6 (Ap): 128.

2851. **Taylor, Harold D.** 1906. *A System of Applied Optics.* Macmillan. (optics/Tc)

Morton, W.B. 1907. *MG* 4 (Mr): 38-9.

2852. **Taylor, James H.** 1939. *Vector Analysis.* Prentice. (vector anal., tensor anal./Tc)

Bourgin, D.G. 1940. *AMM* 47 (O): 564-5.
Milne-Thompson, L.M. 1940. *MG* 24 (My): 146.
Moulton, E.J. 1939. *NMM* 14 (N): 120.
Taub, A.H. 1940. *MR* 1 (F): 46-7.

2853. **Taylor, James M.** 1889. *A College Algebra.* AllynB. (alg./Ts, Tc)

Anon. 1890. *ED* 11 (O): 135.

2854. ———. 1893. *An Academic Algebra.* AllynB. (alg./Ts, Tc)

Smith, W.B. 1894. *SR* 2 (Ja): 42-3.

2855. ———. 1898. *Elements of the Differential and Integral Calculus...* Rev. ed. Ginn. (calc./Ts, Tc)

Anon. 1899. *ED* 19 (Ap): 513-4.
Colaw, J.M. 1898. *AMM* 5 (O): 248.

2856. ———. 19--. *A College Algebra.* 7th ed. AllynB. (alg./Ts, Tc)

Epstein, S. 1905. *AMM* 12 (Ap): 99-100.

2857. ———. 1900. *Elements of Algebra.* AllynB. (alg./Tj)

Finkel, B.F. 1900. *AMM* 7 (D): 301.

2858. ———. 1904. *Plane Trigonometry.* Ginn. (trig./Ts)

Anon. 1904. *AMM* 11 (Je/Jl): 149.
H., H. 1904. *MG* 3 (D): 114.

2859. **Taylor, Thomas U.** 1898. *Prismoidal Formulae and Earthwork.* Wiley. (hist., prism. form./R)

Finkel, B.F. 1898. *AMM* 5 (Je/Jl): 188.

2860. ———, **and Charles Puryear.** 1902. *The Elements of Plane and Spherical Trigonometry.* Ginn. (trig./Ts)

Dickson, L.E. 1903. *AMM* 10 (Ja): 26.

2861. **Telling, Helen G.** 1936. *The Rational Quartic Curve...* CambTrM&MP., #34. Macmillan. (alg. geom., proj. geom., multidim. geom./R)

P., H.T.H. 1936. *NAT* 138 (N 28): 905.
Todd, J.A. 1936. *MG* 20 (D): 345-6.
Tracey, J.I. 1937. *AMSB* 43 (Jl): 460.

2862. **Temple, George F.J., and William G. Bickley.** 1933. *Rayleigh's Principle and its Applications to Engineering...* Oxford. (elast./R)

Prescott, J. 1933. *MG* 17 (D): 339-40.

2863. **Terry, George S.** 1938. *Duodecimal Arithmetic.* Longmans. (duod. arith., tables/R)

Aitken, A.C. 1938. *MG* 22 (D): 517-8.
Ingalls, A.G. 1938. *SA* 159 (O): 217.
Leavens, D.H. 1938. *JASA* 33 (D): 756-7.
N., E.H. 1938. *NAT* 142 (N 12): 852.

2864. **Terry, Paul W.** 1922. *How Numerals are Read...* SuppEdMon., #18. ChicDeptEd. (educ., arith./R)

West, P.V. 1922. *ESJ* 23 (S): 68-9.

2865. **Thiele, Carl L.** 1938. *The Contribution of Generalization to the Learning of the Addition Facts.* ContrEd., #763. Teachers. (educ., arith./R)

Wilson, G.M. 1939. *ED* 59 (Je): 644.

2866. ———, **and Irene Sauble.** 1932. *My First Drill Book in Numbers.* Rand. (arith./Te)

Anon. 1933. *MT* 26 (Ap): 249.

2867. ———, **and Nettie W. Oglesby.** 1927. *My First Number Book...* Rand. (arith./Te)

Anon. 1928. *CSJ* 11 (D): 159.

2868. **Thomas, Augustus O.** 1916. *Rural Arithmetic.* AmBk. (arith./Te, Tj, Su)

Anon. 1918. *ED* 38 (Mr): 553.
———. 1918. *EDAS* 4 (Je): 338.
———. 1918. *MT* 10 (Mr): 162.

2869. **Thomas, Joseph M.** 1937. *Differential Systems.* AMSColl. Publ., v. 21. AMS. (diff. eqns./R)

    Bochner, S. 1938. *AMSB* 44 (My): 314-5.
    Ince, E.L. 1937. *MG* 21 (D): 445-6.
    Z., A.v. 1937. *NAT* 140 (D 4): 950-1.

2870. ———. 1938. *Theory of Equations.* McGraw. (eqn. theory/Tc)

    Broadbent, T.A.A. 1939. *MG* 23 (F): 117.
    Kinney, J.M. 1939. *SSM* 39 (Je): 588.
    Lewis, F.A. 1939. *AMM* 46 (F): 96-7.
    Reeve, W.D. 1939. *MT* 32 (Ja): 40.

2871. **Thomas, Robert G.** 1919. *Applied Calculus...* VanNos. (calc./Tc)

    Cobb, H.E. 1919. *SSM* 19 (N): 766, 768.

2872. ———. 1924. *Essentials of Applied Calculus...* Rev. ed. VanNos. (calc./Tc)

    Kinney, J.M. 1925. *SSM* 25 (My): 552.
    Palmer, C.I. 1926. *AMM* 33 (Mr): 150-1.

2873. **Thomas, Tracy Y.** 1931. *The Elementary Theory of Tensors...* McGraw. (tensor anal., vector anal., dyn./Tc)

    Franklin, P. 1931. *AMSB* 37 (S): 654.
    Piaggio, H.T.H. 1932. *MG* 16 (My): 155.
    Struik, D.J. 1932. *AMM* 39 (F): 112-4.

2874. ———. 1934. *The Differential Invariants of Generalized Spaces.* Macmillan. (diff. geom./R)

    Piaggio, H.T.H. 1934. *NAT* 134 (O 20 Supp.): 611-2.
    Smith, H.L. 1935. *NMM* 9 (F 5): 151-2.
    Whitehead, J.H.C. 1935. *MG* 19 (F): 54-5.

2875. **Thompson, Ansle W.H.** 1914. *A New Analysis of Plane Geometry, Finite and Differential...* Putnam. (geom., diff. geom./Tc)

    Foraker, F.A. 1915. *AMM* 22 (N): 306-8.
    Graves, G.H. 1918. *AMSB* 25 (N): 89.

2876. **Thompson, Clyde O.** 1932. *Thompson's Business Arithmetic.* Prentice. (bus. arith./Tj, Ts)

    Clohesy, A. 1932. *CSJ* 14 (Ja): 238.

2877. ———. 1934. *Thompson's Business Arithmetic*. Prentice. (bus. arith./Tj, Ts)

Anon. 1936. *MT* 29 (F): 99.

2878. ———. 1935. *Elements of Practical Arithmetic*. Prentice. (arith., bus. arith./Tj, Ts)

Anon. 1937. *MT* 30 (Ja): 38.

2879. **Thompson, D'Arcy W.** 1917. *On Growth and Form*. Putnam. (appl., hist., least squares, prob., cont. frac./R)

Archibald, R.C. 1918. *AMSB* 24 (My): 403-7.

2880. **Thompson, Henry D.** 1896. *Elementary Solid Geometry and Mensuration*. Macmillan. (geom./Ts)

Finkel, B.F. 1896. *AMM* 3 (O): 260.
Maddison, I. 1897. *AMSB* 3 (Ap): 253-5.

2881. **Thompson, James E.** 1931. *Mathematics for Self-Study*. 4 v. VanNos. (arith., alg., calc., trig./Tj, Ts)

Anon. 1931. *SA* 145 (Jl): 70.

2882. **Thompson, Zadock.** 1828. *The Youth's Assistant in Theoretic and Practical Arithmetic...* New ed. WatsonA. (arith./Te, Tj)

Anon. 1829. *AJE* 4 (Ja/F): 94.

2883. **Thomson, George P., and William Cochrane.** 1939. *The Theory and Practice of Electron Diffraction*. Macmillan. (wave mech./Tc)

Taylor, W.H. 1939. *MG* 23 (O): 418.

2884. **Thomson, James.** 1912. *Collected Papers in Physics and Engineering*. Ed. J. Larmor and J. Thomson. Putnam. (phys./R)

Jackson, C.S. 1913. *MG* 3 (My): 122.

2885. **Thomson, James B.** 1844. *Elements of Geometry...* Durrie. (geom./Ts)

Anon. 1844. *AJS* 48 (O/D): 210.

2886. ———, **and Elihu T. Quimby.** 1880. *The Collegiate Algebra...* ClarkM. (alg./Ts, Tc)

Anon. 1880. *MV* 1 (Ja): 119.

2887. **Thomson, John.** 1934. *An Introduction to Atomic Physics.* VanNos. (atomic phys./Tc)

   Oppermann, R.H. 1936. *JFI* 222 (O): 506.

2888. **Thomson, Joseph J.** 1895. *Elements of the Mathematical Theory of Electricity and Magnetism.* Macmillan. (elec., mag./Tc)

   Mackenzie, A.S. 1896. *AMSB* 2 (Jl): 329-32.

2889. **Thorndike, Edward L.** 1921. *The New Methods in Arithmetic.* Rand. (educ., arith./R)

   Buswell, G.T. 1921. *ESJ* 22 (D): 311-2.
   Hinkle, E.C. 1921. *CSJ* 3 (Je): 316.
   ———. 1921. *MT* 14 (O): 352-4.
   Mead, C.D. 1922. *JER* 5 (My): 434-6.

2890. ———. 1922. *The Psychology of Arithmetic.* Macmillan. (educ., arith./R)

   Freeman, F.N. 1922. *ESJ* 22 (Je): 789-90.
   Goff, R.R. 1922. *ED* 43 (S): 60.
   Hamilton, E.R. 1924. *MG* 12 (Jl): 174-6.
   Laughlin, B. 1922. *CSJ* 5 (S): 39.
   Mead, C.D. 1922. *JER* 6 (S): 163-5.

2891. ———. 1925. *The Thorndike Series of Junior High School Mathematics.* 2 v. Rand. (arith./Te, Tj)

   Anon. 1926. *AE* 30 (D): 130.

2892. ———, et al. 1923. *The Psychology of Algebra.* Macmillan. (educ., alg./R)

   Anon. 1925. *AE* 28 (Ja): 236, 238.
   Cobb, H.E. 1923. *SSM* 23 (D): 916.
   Foberg, J.A. 1924. *JER* 9 (Ja): 82-3.
   Goff, R.R. 1924. *ED* 44 (F): 388.
   Gonnelly, J.F. 1924. *CSJ* 6 (Ja): 199.
   Hamilton, E.R. 1924. *MG* 12 (Jl): 174-6.
   Stone, C.A. 1924. *SR* 32 (Mr): 232-3.

2893. **Thorndike, Lynn.** 1923. *A History of Magic and Experimental Science...* 2 v. Macmillan. (hist./Su)

   Cajori, F. 1924. *AMM* 31 (My): 244-6.
   Sarton, G. 1924. *ISIS* 6 (1): 74-89.
   For additional reviews see Farber 1981.

2894. ———. 1929. *Science and Thought in the Fifteenth Century...* Columbia. (hist./R)

Sarton, G. 1930. *ISIS* 14 (1): 235-40.
For additional reviews see Farber 1981.

2895. **Thurston, Ernest L.** 1898. *Practical Tests in Commercial and Higher Arithmetic.* SilverB. (bus. arith./R)

Anon. 1899. *ED* 19 (Mr): 449.

2896. ———. 1913. *Business Arithmetic for Secondary Schools.* Macmillan. (bus. arith./Tj, Ts)

Anon. 1913. *ED* 34 (N): 192.
———. 1914. *AE* 17 (My): 572.
Beers, G.A. 1913. *SR* 21 (D): 716.
Cobb, H.E. 1913. *SSM* 13 (Je): 554.

2897. **Thurston, Robert H.** 1883. *Conversion Tables of Metric and British or United States Weights and Measures...* Wiley. (tables, metric system/R)

Anon. 1883. *SCI* 1 (Je 29): 606.

2898. **Thurstone, Louis L.** 1922. *Thurstone Vocational Guidance Tests...* WrldBk. (arith., alg., geom., testing/R)

Otis, A.S. 1922. *MT* 15 (D): 506-7.

2899. ———. 1925. *The Fundamentals of Statistics.* Macmillan. (stat./Tc)

Geyer, D.L. 1926. *CSJ* 8 (Ja): 195-7.
McCallister, J.M. 1925. *SR* 33 (O): 631-2.
Morton, R.L. 1926. *JER* 13 (Ja): 58.
Symonds, P.M. 1925. *EDAS* 11 (O): 501-2.

2900. ———. 1935. *The Vectors of Mind...* ChicagoPr. (stat./R)

Wilks, S.S. 1936. *AMSB* 42 (N): 790-1.
For additional reviews see Buros 1937, 113-4; Buros 1941, 301-3; and Farber 1981.

2901. **Tibbetts, George P.** 1892. *College Requirements in Algebra...* Ginn. (alg./Su)

Anon. 1892. *ED* 12 (Mr): 451.

2902. **Tiegs, Ernest W., and Claude C. Crawford.** 1930. *Statistics for Teachers.* Houghton. (stat./Tc, Tg)

Long, H.M. 1931. *JER* 24 (S): 144-6.

Tyler, R.W. 1931. *ESJ* 31 (Ja): 390.

2903. **Timoshenko, Stephen.** 1930. *Strength of Materials.* 2 v. VanNos. (str. mat./Tc, Tg)

Eksergian, R. 1930. *JFI* 210 (O): 524-6.
Holl, D.L. 1930. *AMSB* 36 (N): 784-786.

2904. ———. 1934. *Theory of Elasticity.* McGraw. (elast./Tc)

Anon. 1935. *NAT* 135 (Je 29): 1056-8.
Phillips, H.B. 1935. *AMSB* 41 (Ja): 10.

2905. ———. 1940. *Strength of Materials.* Pt. 1. 2d ed. VanNos. (str. mat./Tc)

Oppermann, R.H. 1941. *JFI* 231 (Ja): 96.

2906. ———, and **Gleason H. MacCullough.** 1935. *Elements of Strength of Materials.* VanNos. (str. mat./Tc)

Oppermann, R.H. 1935. *JFI* 220 (Jl): 142.

2907. ———. 1940. *Elements of Strength of Materials.* 2d ed. VanNos. (str. mat./Tc)

Oppermann, R.H. 1940. *JFI* 230 (D): 788.

2908. **Tintner, Gerhard.** 1940. *The Variate Difference Method.* CowlesResEcMon. #5. Principia. (stat./R)

Girschick, M.A. 1940. *JASA* 35 (S): 559-61.
Wilks, S.S. 1941. *AMSB* 47 (Jl): 534-6.
Wold, H. 1940. *MR* 1 (Ag): 250.
For additional reviews see Buros 1941, 308-11; and Farber 1981.

2909. **Titchmarsh, Edward C.** (1930) 1931. *The Zeta-Function of Riemann.* CambTrM&MP., #26. Macmillan. (complex var., no. theory/R)

Hutchinson, J.I. 1931. *AMM* 38 (Je/Jl): 328-9.

2910. ———. 1932. *The Theory of Functions.* Oxford. (complex var., real var./Tc, Tg)

Besicovitch, A.S. 1933. *MG* 17 (Jl): 211-2.
Ford, L.R. 1935. *AMM* 42 (Mr): 168-9.

2911. ———. 1939. *The Theory of Functions.* 2d ed. Oxford. (complex var., real var./Tc, Tg)

Broadbent, T.A.A. 1939. *MG* 23 (Jl): 335.

N., E.H. 1939. *NAT* 144 (N 25 Supp.): 898-9.

2912. **Todhunter, Isaac.** 1873. *A History of the Mathematical Theories of Attraction and the Figure of the Earth...* 2 v. Macmillan. (hist./R)

Tucker, R. 1874. *NAT* 9 (Mr 19): 378-80; (Mr 26): 399-401.

2913. ———. 1891. *Plane Trigonometry...* Rev. R.W. Hogg. Macmillan. (trig./Ts, Tc)

Anon. 1891. *NAT* 44 (Ag 13): 342.

2914. **Todhunter, Ralph.** 1931. *Institute of Actuaries' Text-Book on Compound Interest and Annuities-Certain.* Rev. R.C. Simmonds and T.P. Thompson. 3d ed. Macmillan. (finance/Ts, Tc)

Lidstone, G.J. 1932. *MG* 16 (F): 62-3.

2915. **Tolman, Richard C.** 1917. *The Theory of the Relativity of Motion.* Calif. (relat./R)

Phillips, H.B. 1919. *SCI* 49 (F 7): 148.

2916. ———. 1927. *Statistical Mechanics...* ChemicalC. (stat. mech./R)

Davis, H.T. 1928. *SSM* 28 (Ja): 108.
Picolet, L.E. 1927. *JFI* 204 (Jl): 133-4.

2917. ———. 1934. *Relativity, Thermodynamics and Cosmology.* Oxford. (relat., thermo./Tc, R)

McCrea, W.H. 1934. *MG* 18 (D): 327-8.

2918. ———. 1938. *The Principles of Statistical Mechanics.* Oxford. (stat. mech./Tc)

McCrea, W.H. 1939. *MG* 23 (O): 415-7.
Uhlenbeck, G.E. 1940. *SCI* 92 (S 27): 287-8.
W., A.H. 1939. *NAT* 144 (Ag 26): 348-9.

2919. **Totten, Charles A.L.** 1884. *An Important Question in Metrology...* Wiley. (metric system/Su)

Anon. 1884. *MMAG* 1 (Jl): 227.

2920. **Touton, Frank C.** 1924. *Solving Geometric Originals.* ContrEd., #146. Teachers. (educ., geom./R)

Foberg, J.A. 1925. *JER* 12 (N): 317.
Perry, W.M. 1925. *MT* 18 (My): 303-5.

2921. **Tower, Oswald.** 1922. *Exercise Book in Algebra; a Revision of McCurdy's "Exercise Book in Algebra".* Heath. (alg./Su)

    Anon. 1923. *ED* 43 (Ap): 518.
    Cobb, H.E. 1923. *SSM* 23 (Mr): 296.

2922. ———, **and Winfield M. Sides.** 1940. *Reviews and Examinations in Algebra.* Heath. (alg./Su)

    Anon. 1940. *SSM* 40 (My): 495.
    Munch, H.F. 1940. *HSJ* 23 (My): 248.
    Newell, M.J. 1940. *NMM* 14 (My): 495-6.

2923. **Townsend, Edgar J.** 1915. *Functions of a Complex Variable.* Holt. (complex var./Tc, Tg)

    Dalaker, H.H. 1917. *AMM* 24 (My): 228-9.
    Phillips, H.B. 1917. *AMSB* 23 (Ja): 184-9.

2924. ———. 1928. *Functions of Real Variables.* Holt. (real var./Tc, Tg)

    DoBell, H.A. 1929. *MT* 22 (Mr): 182.
    Raab, A.W. 1929. *AMM* 36 (Je/Jl): 330-2.
    Wilson, W.A. 1929. *AMSB* 35 (Jl/Ag): 576-7.

2925. ———, **and George A. Goodenough.** 1908. *First Course in Calculus.* Holt. (calc./Ts, Tc)

    Anon. 1910. *MG* 5 (D): 371-2.
    Finkel, B.F. 1909. *AMM* 16 (Ap): 78.
    Keyser, C.J. 1908. *SCI* 27 (Je 19): 954-7.
    Lennes, N.J. 1913. *AMSB* 19 (Mr): 316-7.

2926. ———. 1910. *Essentials of Calculus.* Holt. (calc./Ts, Tc)

    Anon. 1911. *MT* 3 (Mr): 131-2.
    Finkel, B.F. 1912. *AMM* 19 (O/N): 181.
    Lennes, N.J. 1913. *AMSB* 19 (Mr): 316-7.

2927. **Tracy, John C.** 1914. *Descriptive Geometry.* 2 v. (V. 2 coauthor Herbert B. North). Wiley. (descr. geom./Tc)

    Anon. 1914. *MT* 7 (S): 34.
    ———. 1918. *MT* 10 (Mr): 164.

2928. **Treloar, Alan E.** 1939. *Elements of Statistical Reasoning.* Wiley. (stat./Tc)

    Bennett, A.A. 1940. *MR* 1 (F): 63.
    Berkson, J. 1940. *JASA* 35 (S): 556-8.
    Gulliksen, H. 1940. *JER* 33 (My): 714-6.
    Rider, P.R. 1941. *AMSB* 47 (S): 677.

For additional reviews see Buros 1941, 313-8; and Farber 1981.

2929. **Trevor, Joseph E.** 1927. *The General Theory of Thermodynamics...* Ginn. (thermo./Tc)

   Picolet, L.E. 1927. *JFI* 204 (O): 555-6.

2930. **Tschuprow, Alexandr A.** 1939. *Principles of the Mathematical Theory of Correlation.* Trans. M. Kantorowitsch. Nordemann. (stat., prob./Tc)

   Crathorne, A.R. 1940. *AMSB* 46 (My): 389.
   Feller, W. 1940. *MR* 1 (My): 151.
   Neyman, J. 1939. *JASA* 34 (D): 755.
   Wishart, J. 1940. *MG* 24 (My): 149-50.
   For additional reviews see Buros 1941, 318-21; and Farber 1981.

2931. **Tukey, John W.** 1940. *Convergence and Uniformity in Topology.* AnnMStud., #2. Princeton. (top./R)

   Cohen, L.W. 1941. *MR* 2 (Mr): 67-8.
   Steenrod, N.E. 1941. *AMSB* 47 (My): 353-4.

2932. **Turnbull, Herbert W.** 1939. *Theory of Equations.* Intsci. (eqn. theory/Tc)

   Todd, J.A. 1940. *NAT* 146 (N 23): 665-6.

2933. **Turner, George C.** 1908. *Graphics Applied to Arithmetic, Mensuration and Statics.* Macmillan. (arith., mensur., statics/Su)

   Jackson, C.S. 1909. *MG* 5 (Mr): 66.

2934. **Turner, Ivan S.** 1939. *The Training of Mathematics Teachers for Secondary Schools...* NCTM Yrbk., #14. Teachers. (educ./R)

   Atkin, E.I. 1940. *SM* 7 (1-4): 128-31.
   Hellmich, E.W. 1941. *NMM* 6 (Mr): 326-7.
   Katra, A.E. 1941. *MT* 34 (F): 95.
   Kinney, J.M. 1940. *SSM* 40 (N): 792.
   M., R. 1940. *CSJ* 21 (My/Je): 304.
   Munch, H.F. 1940. *HSJ* 23 (My): 245.
   Taylor, E.H. 1941. *EDAS* 27 (Mr): 238-9.

2935. **Turrill, Sherman M.** 1910. *Elementary Course in Perspective.* VanNos. (descr. geom./Tc)

   Anon. 1910. *ED* 30 (My): 607.

2936. **Tutin, John.** 1934. *The Atom.* Longmans. (quantum mech./Tc, Tg)

   Fowler, R.H. 1934. *NAT* 133 (Je 9): 852-5.

2937. **Tuttle, Lucius.** 1916. *The Theory of Measurements.* Jefferson. (meas., stat., slide rules/Tc)

   Cobb, H.E. 1917. *SSM* 17 (O): 652.
   Jourdain, P.E.B. 1919. *SP* 13 (Ap): 673.
   Palmer, A. de F. 1917. *SCI* 46 (Jl 27): 89-90.

2938. ———, and **John Satterly.** 1925. *The Theory of Measurements.* Longmans. (meas., stat., slide rules/Tc)

   Anon. 1927. *MG* 13 (Ja): 289-90.
   Uhler, H.S. 1926. *AMSB* 32 (S/O): 562-3.

2939. **Tweedie, Charles.** 1922. *James Stirling...* Oxford. (hist., biog./R)

   Bennett, A.A. 1924. *AMM* 31 (Ja): 44-5.
   Cajori, F. 1923. *ISIS* 5 (2): 429-32.
   Greenstreet, W.J. 1923. *MG* 11 (Mr): 290.
   McClenon, R.B. 1923. *AMSB* 29 (Ap): 184-5.

2940. **Tyler, B.M.** 1827. *Arithmetick...* Clark. (arith./Te, Tj)

   Anon. 1827. *AJE* 2 (Jl): 447.

U

2941. **Underwood, Ralph S., and Fred W. Sparks.** 1940. *Living Mathematics...* McGraw. (alg., no. theory, trig., anal. geom., calc., prob./Ts, Tc)
    Friedman, B. 1940. *SSM* 40 (D): 896.
    Johnson, M.M. 1941. *NMM* 15 (F): 263.
    Jones, B.W. 1940. *AMM* 47 (O): 561-2.
    Ruti, N.E. 1940. *NMM* 15 (O): 51-2.
    Sears, W.P. Jr. 1943. *ED* 63 (Ap): 515.
    Styler, H.V. 1940. *MG* 24 (D): 363.

2942. **Upton, Clifford B.** 1930. *Strayer-Upton Junior Mathematics, Modern Algebra, Ninth Year.* AmBk. (alg., trig./Tj)
    Georges, J.S. 1930. *SSM* 30 (D): 1086, 1088.
    Munch, H.F. 1930. *HSJ* 13 (O): 316.
    Stone, C.A. 1931. *ESJ* 31 (F): 476-7.

2943. ———. 1933. *First Days with Numbers.* AmBk. (arith./Te)
    Anon. 1934. *MT* 27 (F): 107.

2944. ———. 1936. *Practical Algebra...* AmBk. (alg./Tj)
    Munch, H.F. 1936. *HSJ* 19 (O): 217.
    Sanford, V. 1937. *MT* 30 (Mr): 140-1.

2945. **Urner, Samuel E., and William B. Orange.** 1937. *Intermediate Algebra.* McGraw. (alg./Ts)
    Boon, F.C. 1938. *MG* 22 (My): 204-5.

2946. **Ushenko, Andrew P.** 1936. *The Theory of Logic...* Harper. (logic/Tc)
    Baylis, C.A. 1936. *JSL* 1 (S): 113-4.
    Quine, W.V. 1938. *PR* 47 (Ja): 94.

For additional reviews see Farber 1981.

2947. **Usherwood, Thomas S., and Charles J.A. Trimble.** 1913. *First Book of Practical Mathematics.* Macmillan. (arith., alg., mensur./Te, Tj)

   Dobbs, W.J. 1914. *MG* 7 (My): 345.

2948. **Uspensky, James V.** 1937. *Introduction to Mathematical Probability.* McGraw. (prob./Tc)

   Anon. 1938. *NAT* 141 (Ap 30): 769.
   Georges, J.S. 1938. *SSM* 38 (N): 953.
   Greenwood, J.A. 1938. *AMM* 45 (Ag/S): 471.
   Piaggio, H.T.H. 1938. *MG* 22 (My): 202-4.
   For additional reviews see Buros 1938, 79-80; and Buros 1941, 321-2.

2949. ———, **and Maxwell A. Heaslet.** 1939. *Elementary Number Theory.* McGraw. (no. theory/Tc)

   Cramer, G.F. 1940. *NMM* 14 (My): 494.
   Davenport, H. 1940. *NAT* 146 (S 28): 418-9.
   Lehmer, D.H. 1940. *MR* 1 (F): 38-9.
   Mordell, L.G. 1940. *MG* 24 (O): 295-8.
   Oldenburger, R. 1940. *AMSB* 46 (Mr): 202-5.

V

2950. **Vail, William H.** 1910. *Div-A-Let, Division by Letters...* 2d ed. Vail. (recr./Su)
   Cobb, H.E. 1910. *SMM* 10 (Je): 558.

2951. **Van Hoesen, Henry B., with Frank K. Walter.** 1928. *Bibliography, Practical, Enumerative, Historical...* Scribner. (bibl./R)
   Hille, Einar. 1929. *AMM* 36 (N): 487.
   For additional reviews see Farber 1981.

2952. **Van Horn, Clarence E.** 1938. *A Preface to Mathematics.* Chapman. (precalc., calc./Su, R)
   Lob, H. 1939. *MG* 23 (D): 493-4.
   Nicely, O.W. 1939. *SMM* 39 (Ja): 96.
   Oppermann, R.H. 1939. *JFI* 227 (Ja): 136-7.

2953. *Van Nostrand's Scientific Encyclopedia.* 1938. VanNos. (encycl./R)
   Jones, F.T. 1938. *SMM* 38 (N): 947-8.

2954. **Van Orstand, Charles E.** 1921. *Tables of the Exponential Function and of the Circular Sine and Cosine...* NASMem., v. 14, #5. GPO. (exp. fcns., trig., tables/R)
   Archibald, R.C. 1921. *AMM* 28 (Ag/S): 311-2.

2955. **Van Tuyl, George H.** 1911. *Complete Business Arithmetic.* AmBk. (bus. arith./Tj, Ts)
   Anon. 1911. *MT* 4 (D): 78.
   ———. 1912. *ED* 32 (Ja): 323.
   ———. 1913. *AE* 17 (O): 115-6.
   ———. 1916. *EDAS* 2 (N): 601.
   Millis, J.F. 1913. *SR* 21 (Je): 434-5.
   Smith, D.E. 1914. *AMSB* 21 (D): 138-40.

2956. ———. 1913. *Essentials of Business Arithmetic*. AmBk. (bus. arith./Tj, Ts)

    Anon. 1914. *ED* 34 (Ja): 336.
    ———. 1916. *EDAS* 2 (N): 601.

2957. ———. 1923. *Modern Business Mathematics*. AmBk. (bus. arith./Tj, Ts)

    Anon. 1924. *ED* 45 (O): 127.

2958. ———. 1924. *New Complete Business Arithmetic*. AmBk. (bus. arith./Tj, Ts)

    Anon. 1924. *AE* 7 (My): 426, 428.
    Keen, H.F. 1925. *SMM* 25 (N): 882, 884.

2959. ———. 1924. *New Essentials of Business Arithmetic*. AmBk. (bus. arith./Tj, Ts)

    Keen, H.F. 1925. *SMM* 26 (N): 882, 884.

2960. ———. 1935. *Mathematics at Work*. AmBk. (arith., bus. arith., alg., geom., trig./Tj, Ts)

    Anon. 1936. *MT* 29 (F): 96.
    Munch, H.F. 1936. *HSJ* 19 (O): 217.

2961. **Van Velzer, Charles A., and George C. Shutts.** 1894. *Plane and Solid Geometry...* Tracy. (geom./Ts)

    Hathaway, A.S. 1896. *AMSB* 3 (D): 108-10.

2962. **Van Velzer, Charles A., and Charles S. Slichter.** 1892. *University Algebra*. Tracy. (alg./Ts, Tc)

    Colaw, J.M. 1897. *AMM* 4 (Ap): 125.

2963. **Van Vleck, Edward B., Henry S. White, and Frederick S. Woods.** 1905. *The Boston Colloquium...* Macmillan. (alg. geom., non-Eucl. geom., inf. series, cont. frac./R)

    Hutchinson, J.I. 1906. *AMSB* 13 (N): 85-7.
    Keyser, C.J. 1905. *SCI* 22 (Jl 23): 113-6.

2964. **Van Vleck, John H.** 1932. *The Theory of Electric and Magnetic Susceptibilities*. Oxford. (quantum mech., elec., mag./R)

    Lennard-Jones, J.E. 1934. *MG* 18 (D): 328-9.
    Morse, P.M. 1932. *SCI* 76 (O 7): 326-8.

2965. **Vance, Ray.** 1922. *Business and Investment Forecasting...* Brookmire. (econ./R)

    Wilson, E.B. 1923. *AMSB* 29 (Je): 281.

2966. **Veblen, Oswald.** 1922. *Analysis Situs.* AMSColl. Lect., v. 5, pt. 2. AMS. (top., matrices/R)

    Bennett, A.A. 1923. *AMM* 30 (F): 71-2.
    Lefschetz, S. 1924. *AMSB* 30 (Jl): 357-8.
    Rietz, H.L. 1922. *SCI* 56 (N 17): 575.

2967. ———. 1927. *Invariants of Quadratic Differential Forms.* CambTrM&MP., #24. Macmillan. (determ., vector anal., tensor anal., diff. geom., affine geom./R)

    Murnaghan, F.D. 1929. *AMM* 36 (Ja): 42-4.
    Newman, M.H.A. 1928. *MG* 14 (My): 149-51.
    Taylor, J.H. 1929. *AMSB* 35 (My/Je): 416.

2968. ———. 1931. *Analysis Situs.* AMSColl. Publ., v. 5, pt. 2. 2d ed. AMS. (top., matrices/R)

    Estermann, T. 1931. *SP* 26 (O): 341.
    Newman, M.H.A. 1932. *MG* 16 (D): 352-3.

2969. ———, **and Nels J. Lennes.** 1907. *Introduction to Infinitesimal Analysis...* Wiley. (real var., calc./Tc, Tg)

    Jourdain, P.E.B. 1907. *MG* 4 (My): 88-90.
    Keyser, C.J. 1907. *SCI* 26 (O 4): 437-9.
    Pierpont, James. 1908. *AMSB* 15 (D): 133-4.

2970. **Veblen, Oswald, and John H.C. Whitehead.** 1932. *The Foundations of Differential Geometry.* CambTrM&MP., #29. Macmillan. (diff. geom., fnds./R)

    MacDuffee, C.C. 1933. *AMSB* 39 (My): 322-4.
    Neville, E.H. 1932. *MG* 16 (D): 354-5.

2971. **Veblen, Oswald, and John W. Young.** [1910] 1916. *Projective Geometry.* V. 1. Reprint. Ginn. (proj. geom./Tc, R)

    Anon. 1910. *AMM* 17 (O): 204.
    Coolidge, J.L. 1911. *AMSB* 18 (N): 70-81.
    Emch, A. 1919. *AMM* 26 (My): 194-201.
    Jourdain, P.E.B. 1919. *SP* 13 (Ap): 669-70.

2972. ———. 1918. *Projective Geometry.* V. 2. Ginn. (proj. geom./Tc, R)

    Anon. 1919. *MT* 11 (Je): 207.

Emch, A. 1919. *AMM* 26 (My): 194-201.
Jourdain, P.E.B. 1919. *SP* 13 (Ap): 669-70.
Moore, R.L. 1920. *AMSB* 26 (Je): 412-25.

2973. **Vega, Georg von**. 1859. *Logarithmetic Tables of Numbers and Trigonometrical Functions*. Trans. W.L.F. Fischer. Westermann. (logs., trig., tables/R)

Anon. 1860. *MMON* 2 (Ap): 253.

2974. **Venable, Charles S.** 1875. *Elements of Geometry...* U. Publ. (geom./Ts)

Q. 1875. *NEJE* 1 (My 1): 216.

2975. ———. 1887. *Introduction to Modern Geometry*. U. Publ. (college geom., proj. geom./Tc, R)

T., W.M. 1887. *AM* 3 (6): 185-6.

2976. ———. 1888. *Elementary Arithmetic*. U. Publ. (arith./Te, Tj)

Anon. 1888. *JE* 28 (O 4): 226.

2977. ———. 1888. *Practical Arithmetic*. U. Publ. (arith./Te, Tj)

Anon. 1888. *JE* 28 (O 4): 226.

2978. ———. 1890. *Elements of Geometry*. U. Publ. (geom./Ts)

Finkel, B.F. 1895. *AMM* 2 (Jl/Ag): 250.

2979. **Verblunsky, Samuel**. (1939) 1940. *An Introduction to the Theory of Functions of a Real Variable*. Oxford. (real var./Tc, Tg)

Anon. 1940. *MR* 1 (Ap): 109.
———. 1940. *NAT* 145 (F 24 Supp.): 296.
Daniell, P.J. 1940. *MG* 24 (My): 142-3.

2980. **Verity, Edmund R.** 1924. *Mathematics for Technical Students*. Longmans. (precalc., calc./Ts, Tc)

Dakin, A. 1925. *MG* 12 (My): 393.
Palmer, C.I. 1926. *AMM* 22 (Mr): 151.

2981. **Vincent, Harry D.** 1914. *Vocational Arithmetic*. Houghton. (arith., appl./Te, Tj)

Anon. 1915. *MT* 7 (Je): 173.
———. 1915. *SR* 23 (F): 141.

2982. **Von Karman, Theodore, and Maurice A. Biot.** 1940. *Mathèmatical Methods in Engineering.* McGraw. (diff. eqns., Bessel fcns., Fourier anal., finite differences, phys., appl./Tc)

> **Bickley, W.G.** 1941. *MG* 25 (My): 123-5.
> **Byrne, W.E.** 1940. *NMM* 14 (Ap): 424.
> **Franklin, P.** 1941. *MR* 2 (Mr): 77.
> **Hazeltine, A.** 1942. *AMSB* 48 (S): 646-51.
> **James, M.M., D. Brown, and S. Brachfeld.** 1940. *BRD* 36 (Ann): 496.
> **Oppermann, R.H.** 1940. *JFI* 230 (Jl): 139-40.
> **Read, Cecil B.** 1940. *SMM* 40 (Je): 600-1.
> **Von Mises, R.** 1940. *SCI* 91 (My 31): 527-8.

2983. **Von Mises, Richard.** 1939. *Probability, Statistics and Truth.* Trans. J. Neyman, D. Sholl, and E. Rabinowitsch. Macmillan. (stat., prob./R)

> **Dodd, E.L.** 1939. *AMSB* 45 (N): 815-7.
> **Koopman, B.O.** 1940. *MR* 1 (F): 61.
> **Piaggio, H.T.H.** 1939. *MG* 23 (Jl): 309-10.
> **Wald, A.** 1939. *JASA* 34 (S): 591-2.
> For additional reviews see Buros 1941, 204-9; and Farber 1981.

2984. **Vosburgh, William L., and Frederick W. Gentleman.** 1917-1919. *Junior High School Mathematics.* 3 v. Macmillan. (arith., alg., mensur., geom./Tj)

> **Anon.** 1917. *EDAS* 3 (N): 561.
> ———. 1917. *MT* 10 (D): 121.
> ———. 1917. *SR* 25 (D): 762-5.
> ———. 1918. *EDAS* 4 (My): 288.
> ———. 1918. *MT* 10 (Je): 212.
> ———. 1919. *MT* 12 (D): 75-6.
> **Cobb, H.E.** 1918. *SMM* 18 (Mr): 286.
> ———. 1918. *SMM* 18 (O): 672.
> ———. 1919. *SMM* 19 (N): 766.

2985. ———, **and Jasper O. Hassler.** 1924. *Junior High School Mathematics.* 3 v. Rev. ed. Macmillan. (arith., geom., alg./Tj)

> **Anon.** 1924. *MT* 17 (D): 502-3.
> ———. 1925. *AE* 28 (F): 284, 286, 287.
> **Clark, J.R.** 1925. *EDAS* 11 (Ja): 69-70.
> **Goff, R.R.** 1925. *ED* 45 (Mr): 444.
> **Kinney, J.M.** 1925. *SMM* 25 (F): 222.

W

2986. **Walker, Buz M.** 1906. *On the Resolution of Higher Singularities of Algebraic Curves into Ordinary Nodes.* U. Chicago diss. Chicago: n.p. (alg. geom./R)

   White, H.S. 1908. *AMSB* 14 (Ap): 336-7.

2987. **Walker, Evelyn.** 1932. *A Study of the Traité des Indivisibles of Gilles Persone de Roberval.* ContrEd., #446. Teachers. (hist., calc./R)

   Mitchell, U.G. 1933. *AMSB* 39 (S): 658-9.
   Simons, L.G. 1932. *SM* 1 (S): 80-3.

2988. **Walker, Helen M.** 1929. *Studies in the History of Statistical Method...* Williams. (stat., hist./R, Su)

   Brink, R.W. 1929. *AMM* 36 (Ag/S): 395-6.
   Holzinger, K.J. 1929. *ESJ* 30 (D): 308-9.
   Jones, D.C. 1930. *MG* 15 (Ja): 30.
   Miner, J.R. 1930. *JASA* 25 (Mr): 113-4.
   Sarton, G. 1930. *ISIS* 13 (2): 382-3.

2989. ———. 1934. *Mathematics Essentials for Elementary Statistics...* Holt. (arith., alg./Ts, Su)

   Anon. 1934. *MT* 27 (N): 358.
   Holzinger, K.J. 1935. *JER* 29 (Ap): 632-3.
   Kinney, J.M. 1934. *SSM* 34 (N): 898.
   Richeson, A.W. 1935. *AMM* 42 (F): 104-5.
   Toops, H.A. 1935. *JASA* 30 (Je): 483-4.
   For additional reviews see Buros 1938, 82; and Buros 1941, 324.

2990. ———, **and Walter N. Durost.** 1936. *Statistical Tables...* Teachers. (stat./R)

Edwards, A.S. 1937. *EDAS* 23 (My): 400.
Good, C.V. 1937. *JER* 30 (Ap): 606-8.
Toops, H.A. 1937. *JASA* 32 (D): 812-3.
For additional reviews see Buros 1937, 117; and Buros 1938, 82-3.

2991. **Walker, James.** (1904) 1905-. *The Analytical Theory of Light*. Macmillan. (optics, light/Tc)

M., C.E. 1906. *SCI* 23 (Mr 9): 385-6.

2992. **Walker, Miles.** 1933. *Conjugate Functions for Engineers...* Oxford. (conj. fcns., complex var., phys./R)

Anon. 1934. *NAT* 134 (Ag 4): 164.
Cairns, W.D. 1934. *AMM* 41 (My): 322.

2993. **Walker, Timothy.** 1829. *Elements of Geometry...* RichardsonL. (geom./Ts)

Anon. 1829. *AJE* 4 (My/Je): 285-6.

2994. **Walsh, John H.** 1903. *New Primary Arithmetic* and *New Grammar School Arithmetic*. 3 v. Heath. (arith./Te, Tj)

Anon. 1903. *AE* 6 (Je): 625.
———. 1903. *ED* 24 (S): 59.

2995. ———. 1911. *An Introductory Algebra*. Heath. (alg./Tj)

Anon. 1912. *ED* 32 (Mr): 456-7.
———. 1913. *AE* 16 (Mr): 360.
Cobb, H.E. 1912. *SSM* 12 (Mr): 262.
Millis, J.F. 1912. *SR* 20 (O): 572.

2996. ———. 1911. *Practical Methods in Arithmetic*. Heath. (educ., arith./Su)

Anon. 1912. *ED* 32 (Mr): 457.
———. 1915. *EDAS* 1 (D): 695.
Cobb, H.E. 1911. *SSM* 11 (O): 671.

2997. ———. 1919. *Walsh's Business Arithmetic*. Gregg. (bus. arith./Tj, Ts)

Anon. 1920. *ED* 40 (F): 393.
Breslich, E.R. 1919. *SR* 27 (S): 564.

2998. ———, and **Henry Suzzallo.** 1914. *Walsh-Suzzallo Arithmetics*. 2 v. Heath. (arith./Te, Tj)

Anon. 1914. *MT* 7 (S): 35.

───. 1915. *AE* 18 (Ap): 508-9.
───. 1915. *AE* 18 (Je): 634.
Cobb, H.E. 1914. *SSM* 14 (D): 826.

2999. **Walsh, Joseph L.** 1935. *Interpolation and Approximation by Rational Functions in the Complex Domain*. AMSColl. Publ., v. 20. AMS. (complex var., inf. series/R)

Langer, R.E. 1937. *SCI* 85 (Ja 29): 121-2.
Szegö, G. 1936. *AMSB* 42 (S): 604-7.
Whittaker, J.M. 1936. *MG* 20 (My): 158-9.

3000. **Walsh, Michael.** 1826. *The Mercantile Arithmetic...* Rev. ed. RichardsonL. (bus. arith./Tj, Ts)

Anon. 1827. *AJE* 2 (Je): 382.

3001. ───. 1828. *The Mercantile Arithmetic...* New ed. RichardsonL. (bus. arith./Tj, Ts)

Anon. 1829. *AJE* 4 (Jl/Ag): 349-50.

3002. **Walton, Seymour, and Harry A. Finney.** 1921. *Mathematics of Accounting and Finance*. Ronald. (finance/Ts, Tc)

Knight, M.A., and M.M. James. 1921. *BRD* 17 (Ann): 448.

3003. **Wansbrough, William D.** 1912. *The A B C of the Differential Calculus*. 3d ed. VanNos. (calc./Ts, Tc)

Anon. 1912. *MT* 5 (D): 136.
Cobb, H.E. 1913. *SSM* 13 (Mr): 268.
Finkel, B.F. 1912. *AMM* 19 (O/N): 178.

3004. **Waples, Douglas, and Charles A. Stone.** 1929. *The Teaching Unit, a Type Study*. Appleton. (educ., alg./Su)

Nyberg, J.A. 1930. *SSM* 30 (Ja): 106.
Zant, J.H. 1929. *MT* 22 (N): 430-1.

3005. **Ward, Mary A., and Benjamin Veit.** 1915. *Ward's Counting and Table Drill Book*. Heath. (arith., tables/R)

Anon. 1915. *AE* 19 (O): 120, 122.

3006. **Warren, Alfred T.** 1903. *Experimental and Theoretical Course of Geometry*. Oxford. (geom./Ts)

Langley, E.M. 1903. *MG* 2 (Jl): 315.
Moritz, R.E. 1904. *AMSB* 10 (Jl): 504-10.

3007. **Warren, Arthur G.** 1940. *Mathematics Applied to Electrical Engineering.* VanNos. (anal./R, Su)

    Barnes, J.L. 1940. *MR* 1 (Ap): 108-9.
    Lowry, H.V. 1940. *MG* 24 (My): 135-7.
    Schelkunoff, S.A. 1941. *AMSB* 47 (N): 846.

3008. **Warren, S. Edward.** 1860. *General Problems from the Orthographic Projections of Descriptive Geometry.* Wiley. (descr. geom., trig./Tc)

    Anon. 1861. *AJS* 31 (Ja): 148-9.
    ———. 1861. *MMON* 3 (F): 155-9.

3009. ———. 1861. *A Manual of Elementary Geometrical Drawing...* Wiley. (mech. drawing/Su)

    Anon. 1862. *AJS* 33 (Mr): 303.

3010. ———. 1867. *Plane Problems in Elementary Geometry...* Wiley. (geom./Su)

    Anon. 1867. *AJS* 43 (Mr): 284.

3011. ———. 1873. *An Elementary Course of Free-Hand Geometrical Drawing...* Wiley. (mech. drawing/Ts)

    Anon. 1875. *NEJE* 1 (My 1): 215.
    Warren, S.E. 1875. *NEJE* 1 (Je 19): 300.

3012. ———. 1874. *Elements of Descriptive Geometry.* Pt. 1. Wiley. (descr. geom./Tc)

    Anon. 1875. *NEJE* 1 (My 8): 227.
    ———. 1875. *NEJE* 1 (My 29): 264.
    Warren, S.E. 1875. *NEJE* 1 (My 15): 240.
    ———. 1875. *NEJE* 1 (Je 19): 300.

3013. ———. 1877. *The Elements of Descriptive Geometry...* Wiley. (descr. geom./Tc)

    Anon. 1877. *NEJE* 6 (N 1): 203.
    ———. 1877. *NEJE* 6 (D 13): 274-5.

3014. **Washburne, Carleton W., et al.** 1927. *Washburne Individual Arithmetic.* 12 v. and a Teacher's Manual. WrldBk. (arith./Te, Tj)

    Anon. 1931. *ED* 51 (Mr): 448.

3015. **Waterbury, Leslie A.** 1915. *A Vest-Pocket Handbook of Mathematics for Engineers.* 2d ed. Wiley. (precalc., calc., phys., tables/R)

Cobb, H.E. 1916. *SSM* 16 (F): 190.

3016. ———, **with George A. Goodenough, and Henry H. Higbie.** 1918. *A Vest-Pocket Handbook of Mathematics for Engineers.* 3d ed. Wiley. (precalc., calc., phys., tables/R)

Anon. 1919. *AMM* 26 (Ap): 158-9.

3017. **Watson, Bruce M., and J. Whitney Colleton.** 1931. *Modern Practical Mathematics, Ninth Grade.* Heath. (alg./Tj)

Benz, H.E. 1932. *SR* 40 (F): 156-7.

3018. **Watson, Bruce M., and Charles E. White.** 1911. *Complete Arithmetic.* Heath. (arith./Te, Tj)

Cobb, H.E. 1912. *SSM* 12 (F): 166.

3019. ———. 1911. *Elementary Arithmetic.* Heath. (arith./Te)

Anon. 1913. *AE* 16 (Ap): 402-3.
Cobb, H.E. 1912. *SSM* 12 (F): 166.

3020. ———. 1918. *Modern Arithmetic.* 3 v. Heath. (arith./Te, Tj)

Anon. 1918. *EDAS* 4 (D): 556.
———. 1919. *MT* 11 (Mr): 142.
Cobb, H.E. 1919. *SSM* 19 (My): 480.

3021. **Watson, Emery E., and Margaret M. Watson.** 1935. *Elements of Projective Geometry.* Heath. (proj. geom./Tc)

Anon. 1936. *MT* 29 (F): 99.
Johnson, R.A. 1936. *AMM* 43 (My): 296-7.
Kinney, J.M. 1936. *SSM* 36 (Mr): 331-2.

3022. **Watson, George N.** (1922) 1923. *A Treatise on the Theory of Bessel Functions.* Macmillan. (Bessel fcns./Tg, R)

Anon. 1934. *MG* 18 (D): 349-50.
Carmichael, R.D. 1924. *AMSB* 30 (Jl): 362-4.

3023. **Watson, Henry W.** (1876) 1877. *A Treatise on the Kinetic Theory of Gases.* Macmillan. (phys., prob./Tc)

Maxwell, J.C. 1877. *NAT* 16 (Jl 26): 242-6.

3024. **Waugh, Albert E.** 1938. *Elements of Statistical Method.* McGraw. (stat./Tc)

Georges, J.S. 1938. *SSM* 38 (N): 953.
Reeve, W.D. 1938. *MT* 31 (My): 256.
Stocking, S.B. 1938. *JASA* 33 (Je): 488-9.
For additional reviews see Buros 1938, 85-6; and Buros 1941, 327.

3025. ———. 1938. *Laboratory Manual and Problems for "Elements of Statistical Method".* McGraw. (stat./Su)

Stone, C.A. 1939. *SSM* 39 (Je): 589-90.
For additional reviews see Buros 1941, 327.

3026. **Weatherburn, Charles E.** 1921. *Elementary Vector Analysis...* Open. (vector anal./Tc)

Eagle, A. 1921. *MON* 31 (O): 636.

3027. ———. 1924. *Advanced Vector Analysis...* Open. (vector anal./Tc)

Silberstein, L. 1925. *MG* 12 (Ja): 293.

3028. ———. 1927-1930. *Differential Geometry of Three Dimensions.* 2 v. Macmillan. (diff. geom./Tc, Tg)

Graustein, W.C. 1928. *AMSB* 34 (N/D): 785-6.
Hodge, W.V.D. 1927. *MG* 13 (O): 425-6.
———. 1930. *MG* 15 (O): 224.
Kinney, J.M. 1931. *SSM* 31 (Ja): 106.
Lane, E.P. 1931. *AMM* 38 (Ja): 36-8.

3029. ———. 1938. *An Introduction to Riemannian Geometry and the Tensor Calculus.* Macmillan. (diff. geom., tensor anal./Tc, Tg)

Kinney, J.M. 1939. *SSM* 39 (Mr): 295-6.
Todd, J.A. 1938. *MG* 22 (O): 415.
Vanderslice, J.L. 1939. *AMSB* 45 (Mr): 222.

3030. **Webber, Winfield P.** 1920. *Elementary Applied Mathematics...* Wiley. (genl./Tj, Ts)

Anon. 1920. *AMM* 27 (O): 373-4.
———. 1920. *MT* 13 (S): 38.
Cobb, H.E. 1921. *SSM* 21 (F): 204.

3031. ———, **and Louis C. Plant.** 1919. *Introductory Mathematical Analysis.* Wiley. (precalc., calc., trig./Ts, Tc)

Anon. 1919. *MT* 11 (Je): 207.
Cobb, H.E. 1919. *SSM* 19 (O): 668.
Gale, A.S. 1920. *AMM* 27 (Ja): 23-4.

3032. **Wedderburn, Joseph H.M.** 1934. *Lectures on Matrices.* AMSColl. Publ., v. 17. AMS. (matrices/R)

> **Anon.** 1935. *NAT* 136 (O 12 Supp.): 595.
> **MacDuffee, C.C.** 1935. *AMSB* 41 (Jl): 471-2.
> **Turnbull, H.W.** 1935. *MG* 19 (O): 308-10.

3033. **Weeks, Raymond.** 1924. *Boys' Own Arithmetic.* Dutton. (arith., educ./Su)

> **Anon.** 1925. *ED* 45 (Ja): 319.
> **Maier, G.W.M.** 1925. *MT* 18 (My): 300-1.
> **Pound, O.** 1925. *ESJ* 25 (Je): 797-9.
> **Smith, D.E.** 1926. *AMSB* 32 (Mr/Ap): 175.

3034. **Weidenhamer, Edward.** 1898-1899. *Mental Arithmetic.* Myers. (arith./Te, Tj)

> **Colaw, J.M.** 1900. *AMM* 7 (Ag/S): 204.

3035. **Weinberg, Julius R.** 1936. *An Examination of Logical Positivism.* Harcourt. (logic/Tc)

> **Quine, W.V.** 1937. *JSL* 2 (Je): 89-90.

3036. **Weisner, Louis.** 1938. *Introduction to the Theory of Equations.* Macmillan. (eqn. theory/Tc)

> **Anon.** 1939. *NAT* 144 (Ag 26 Supp.): 370.
> **Burchnall, J.L.** 1939. *MG* 23 (Jl): 329-30.
> **Georges, J.S.** 1939. *SSM* 39 (Ap): 392.
> **Lewis, F.A.** 1939. *AMM* 46 (F): 94-5.
> **Mackie, E.L.** 1940. *NMM* 14 (My): 494-5.

3037. **Welch, Emma A.** 1886. *Intermediate Problems in Arithmetic...* Bardeen. (arith./Su)

> **Anon.** 1886. *SJ* 32 (D 11): 361.

3038. **Welchons, Alvin M., and William R. Krickenberger.** 1933. *Plane Geometry* and *Solid Geometry.* 2 v. Ginn. (geom./Ts)

> **Anon.** 1933. *MT* 26 (My): 316.
> **Hawkins, G.E.** 1933. *SSM* 33 (Ap): 462.
> **Johnson, J.T.** 1934. *SR* 42 (Mr): 234-6.
> **Munch, H.F.** 1933. *HSJ* 16 (Ap): 161.

3039. ———. 1940. *Plane Geometry.* Rev. ed. Ginn. (geom./Ts)

> **M., R.** 1940. *CSJ* 22 (N/D): 94.
> **Read, C.B.** 1940. *SSM* 40 (D): 896-7.

3040. **Weld, Le Roy D.** 1916. *Theory of Errors and Least Squares...* Macmillan. (numerical anal., least squares, prob./Tc, R)

    Brown, E.W. 1917. *AMSB* 24 (D): 158-9.
    Curtiss, R.H. 1916. *AMM* 23 (S): 249-50.
    Grove, C.C. 1916. *SCI* 44 (S 1): 316.
    Jourdain, P.E.B. 1917. *SP* 12 (Jl): 161.

3041. **Wells, Volney H.** 1937. *First Year College Mathematics.* 2 v. VanNos. (trig., precalc., calc./Ts, Tc)

    Jeffery, R.L. 1938. *AMM* 45 (Je/Jl): 379-80.
    Kinney, J.M. 1937. *SSM* 37 (N): 1004.
    Sears, W.P. Jr. 1938. *ED* 58 (My): 573-4.

3042. **Wells, Webster.** 1885. *A Complete Course in Algebra...* Leach. (alg./Tj)

    Anon. 1886. *SJ* 31 (Mr 27): 204.

3043. ———. 1886. *The Elements of Geometry.* Leach. (geom./Ts)

    Anon. 1886. *AC* 1 (N): 318.
    ———. 1887. *AC* 2 (My): 186.
    ———. 1887. *ED* 7 (Ap): 590.

3044. ———. 1887. *The Essentials of Plane and Spherical Trigonometry.* Leach. (trig./Ts)

    Anon. 1888. *JE* 27 (F 16): 106.

3045. ———. 1888. *Essentials of Trigonometry.* Leach. (trig./Ts)

    Anon. 1888. *AC* 3 (Je): 325-6.

3046. ———. 1890. *College Algebra.* Leach. (alg./Ts, Tc)

    Anon. 1890. *MMAG* 2 (O): 66.
    ———. 1891. *ED* 11 (F): 388.
    ———. 1891. *JE* 33 (F 12): 106.

3047. ———. 1894. *The Elements of Geometry.* Rev. ed. Leach. (geom./Ts)

    Anon. 1894. *JE* 40 (Je 28): 22.
    Finkel, B.F. 1894. *AMM* 1 (Je): 216.

3048. ———. 1899. *New Higher Algebra.* Heath. (alg./Ts, Tc)

    Anon. 1899. *NYE* 3 (O): 117.
    Brown, B.F. 1900. *SR* 8 (My): 299-300.
    Finkel, B.F. 1899. *AMM* 6 (Ag/S): 217.

3049. ———. 1900. *Complete Trigonometry*. Heath. (trig./Ts)
   Colaw, J.M. 1900. *AMM* 7 (D): 302.

3050. ———. 1904. *Advanced Course in Algebra*. Heath. (alg./Ts, Tc)
   Anon. 1904. *ED* 25 (N): 190.
   ———. 1904. *MG* 3 (Jl): 69-70.
   Finkel, B.F. 1904. *AMM* 11 (Je/Jl): 149.
   Myers, G.W. 1905. *SR* 13 (Ja): 86-7.

3051. ———. 1906. *Algebra for Secondary Schools*. Heath. (alg./Ts, Tc)
   Anon. 1906. *AE* 9 (My): 566.
   Comstock, C.E. 1906. *SR* 14 (O): 617-8.
   Finkel, B.F. 1906. *AMM* 13 (O): 197.

3052. ———. 1908. *A First Course in Algebra*. Heath. (alg./Tj)
   Anon. 1909. *ED* 29 (Je): 704.
   Cobb, H.E. 1908. *SSM* 8 (O): 613.
   Stark, W.E. 1909. *SR* 17 (O): 586.

3053. ———, and Walter W. Hart. 1912. *First Year Algebra*. Heath. (alg./Tj)
   Anon. 1912. *MT* 5 (S): 37.
   ———. 1913. *AE* 16 (Ja): 256.
   Cobb, H.E. 1912. *SSM* 12 (N): 740.
   Millis, J.F. 1913. *SR* 21 (Je): 435.

3054. ———. 1912. *New High School Algebra*. Heath. (alg./Tj, Ts)
   Anon. 1916. *MT* 8 (Je): 219.

3055. ———. 1913. *Second Course in Algebra*. Heath. (alg./Ts)
   Cobb, H.E. 1914. *SSM* 14 (Ap): 370.

3056. ———. 1915. *Plane Geometry*. Heath. (geom./Ts)
   Cobb, H.E. 1915. *SSM* 15 (O): 648.

3057. ———. 1916. *Plane and Solid Geometry*. Heath. (geom./Ts)
   Anon. 1916. *MT* 8 (Je): 220.
   ———. 1917. *AE* 21 (S): 56; 2 (O): 119-20.
   Breslich, E.R. 1916. *SR* 24 (O): 635.
   Cobb, H.E. 1916. *SSM* 16 (Ap): 375.
   Taylor, E.H. 1916. *AMM* 24 (Mr): 119-20.

3058. ———. 1919. *New High School Arithmetic...* Heath. (arith., geom., bus. arith./Tj, Ts)
   Anon. 1919. *EDAS* 5 (N): 462.
   ———. 1919. *MT* 12 (S): 34-5.
   Breslich, E.R. 1919. *SR* 27 (S): 564.
   Cobb, H.E. 1919. *SSM* 19 (O): 669.

3059. ———. 1923. *Modern High School Algebra.* Heath. (alg., geom./Tj, Ts)
   Cobb, H.E. 1923. *SSM* 23 (D): 912.
   Goff, R.R. 1924. *ED* 44 (F): 388.
   Heath, W.A. 1923. *SR* 31 (D): 791-2.

3060. ———. 1926. *Modern Plane Geometry.* Heath. (geom./Ts)
   Anon. 1926. *ED* 47 (N): 190-1.
   ———. 1927. *CSJ* 9 (Ja): 199.
   Hoge, J.W. 1927. *SR* 35 (Ap): 315-6.
   Kinney, J.M. 1927. *SSM* 27 (Ja): 104.

3061. ———. 1927. *Modern Plane and Solid Geometry.* Heath. (geom./Ts)
   Kinney, J.M. 1928. *SSM* 28 (My): 544.

3062. ———. 1929. *Modern Algebra...* Heath. (alg./Ts)
   Anon. 1930. *AMM* 37 (Ja): 29.
   Kinney, J.M. 1930. *SSM* 30 (Mr): 344.

3063. ———. 1933. *Modern Higher Algebra.* Heath. (alg., trig./Ts, Tc)
   Anon. 1933. *MT* 26 (N): 446.
   Georges, J.S. 1933. *SSM* 33 (D): 1022.

3064. ———. 1933. *New High School Arithmetic.* Rev. ed. Heath. (arith./Tj)
   Stone, C.A. 1934. *SSM* 34 (Mr): 324-5.

3065. ———. 1934. *Progressive Second Algebra.* Heath. (alg./Ts)
   Anon. 1934. *MT* 27 (N): 359.
   Royce, G.L. 1934. *SSM* 34 (O): 786.

3066. ———. 1935. *Progressive Plane Geometry.* Heath. (geom./Ts)
   Anon. 1935. *MT* 28 (Ap): 253.
   Hawkins, G.E. 1935. *SR* 43 (O): 633-5.

3067. **Welsh, Alfred H.** 1883. *Essentials of Geometry.* Griggs. (geom./Ts)

Anon. 1883. *MMAG* 1 (O): 138.

3068. **Welte, Herbert D., and Frederic B. Knight.** 1929. *Standard Service Geometry Work-Book.* Scott. (geom./Su)

Kinney, J.M. 1929. *SSM* 29 (D): 1016.

3069. **Wentworth, George.** 1907. *New Elementary Arithmetic.* Ginn. (arith./Te)

Anon. 1907. *ED* 28 (O): 129.
———. 1907. *JE* 66 (Jl 4): 49.
———. 1909. *AE* 13 (O): 93.
Finkel, B.F. 1907. *AMM* 14 (My): 114.
S. 1907. *SSM* 7 (D): 792.

3070. ———, **and David E. Smith.** 1909. *Complete Arithmetic.* Ginn. (arith./Te, Tj)

Anon. 1909. *AMM* 16 (Ag/S): 148.
Cobb, H.E. 1909. *SSM* 9 (N): 810-1.
Scott, G.H. 1910. *AMSB* 16 (Je): 491-2.

3071. ———. 1910. *Oral Arithmetic.* Ginn. (arith./Te, Tj)

Anon. 1911. *ED* 31 (F): 416.

3072. ———. 1911. *Vocational Algebra.* Ginn. (alg., appl./Tj)

Anon. 1911. *AMM* 18 (O): 192-3.
———. 1913. *AE* 16 (Ja): 251.
Cobb, H.E. 1911. *SSM* 11 (N): 766.
Millis, J.F. 1912. *SR* 20 (O): 572.

3073. ———. 1912. *Work and Play with Numbers.* Ginn. (arith., educ./Te)

Anon. 1912. *AE* 16 (N): 158.
Cobb, H.E. 1912. *SSM* 12 (D): 828.

3074. ———. 1913. *Academic Algebra.* Ginn. (alg., mensur./Tj, Ts)

Anon. 1913. *AE* 17 (D): 250.
———. 1913. *ED* 34 (S): 65.
———. 1913. *MT* 5 (Je): 247.
Cobb, H.E. 1913. *SSM* 13 (O): 646.
Shumway, R.R. 1913. *AMM* 20 (Je): 193-4.

3075. ———. 1913. *School Algebra.* 2 v. Ginn. (alg./Tj, Ts)

Anon. 1913. *AE* 17 (D): 250.
———. 1913. *MT* 6 (S): 52-3.
Cobb, H.E. 1913. *SSM* 13 (D): 842.
Shumway, R.R. 1913. *AMM* 20 (S): 229.

3076. ———. 1914. *Plane Trigonometry and Tables*. Ginn. (trig./Ts)

Anon. 1914. *MT* 7 (D): 72.
Craig, C.F. 1915. *AMM* 22 (Ap): 124.
Grove, C.C. 1916. *AMSB* 22 (F): 246-7.

3077. ———. 1914. *Trigonometric and Logarithmic Tables*. Ginn. (tables, trig., logs./R)

Anon. 1916. *MT* 9 (S): 68.
S., C.H. 1916. *SSM* 16 (D): 850-1.

3078. ———. 1915. *Plane and Spherical Trigonometry and Tables*. Ginn. (trig./Ts)

Anon. 1916. *MT* 8 (Mr): 163.
Cobb, H.E. 1916. *SSM* 16 (Ap): 382.
Duval, P.R. 1916. *AMM* 23 (O): 299-300.
Safford, F.H. 1917. *AMSB* 23 (Ja): 189-90.

3079. ———. 1919. *Higher Arithmetic*. Ginn. (arith./Tj)

Anon. 1919. *MT* 12 (S): 36.
———. 1921. *AE* 24 (Je): 469.
Cobb, H.E. 1919. *SSM* 19 (D): 862.

3080. ———. 1920. *School Arithmetics*. 3 v. Ginn. (arith./Te, Tj)

Cobb, H.E. 1921. *SSM* 21 (D): 918.

3081. ———, **and Joseph C. Brown**. 1917-1918. *Junior High School Mathematics*. 3 v. Ginn. (arith., alg., geom., trig./Tj, Ts)

Anon. 1918. *MT* 11 (D): 98-9.
Cobb, H.E. 1919. *SSM* 19 (Ja): 98.
Hinkle, E.C. 1920. *CSJ* 2 (Je): 32.
Slocum, S.E. 1920. *AMSB* 26 (My): 373-5.

3082. ———. 1925-1926. *Junior High School Mathematics*. 3 v. Rev. ed. Ginn. (arith., alg., geom., trig./Tj, Ts)

Anon. 1928. *ED* 48 (F): 400.
Kinney, J.M. 1926. *SSM* 26 (F): 212, 214.
———. 1927. *SSM* 27 (Mr): 328.

3083. **Wentworth, George, David E. Smith, and Herbert D. Harper.**
1922. *Fundamentals of Practical Mathematics*. Ginn. (arith., mensur., trig., appl./Tj, Ts)
  Anon. 1922. *MT* 15 (My): 315.
  Breslich, E.R. 1922. *SR* 30 (D): 792.
  Cobb, H.E. 1922. *SSM* 22 (O): 696.

3084. ———. 1922. *Machine-Shop Mathematics*. Ginn. (alg., appl./Tj)
  Breslich, E.R. 1923. *SR* 31 (Ap): 316-7.
  Cobb, H.E. 1922. *SSM* 22 (O): 696.

3085. **Wentworth, George, David E. Smith, and William S. Schlauch.**
1917-1918. *Commercial Algebra*. 2 v. Ginn. (alg., finance/Tj, Ts)
  Allen, F.E. 1920. *AMSB* 26 (Ja): 177-9.
  Anon. 1918. *MT* 10 (Mr): 163-4.
  ———. 1918. *MT* 11 (D): 98.
  Cobb, H.E. 1918. *SSM* 18 (Je): 569.
  ———. 1919. *SSM* 19 (Ja): 98.

3086. **Wentworth, George A.** 1881. *Elements of Algebra*. GinnH. (alg./Tj, Ts)
  Baker, M. 1881. *SCIWR* 2 (S 17): 447-8.

3087. ———. 1885. *A Grammar School Arithmetic*. Ginn. (arith./Te)
  Anon. 1886. *SJ* 31 (Ap 17): 52.

3088. ———. 1885. *Shorter Course in Algebra*. Ginn. (alg./Tj)
  Anon. 1886. *SJ* 31 (Ja 16): 44.

3089. ———. 1886. *Elements of Analytic Geometry*. Ginn. (anal. geom./Ts, Tc)
  Anon. 1886. *ED* 7 (S): 77.

3090. ———. 1888. *A College Algebra*. Ginn. (alg./Ts, Tc)
  Anon. 1888. *ED* 9 (D): 289-90.
  ———. 1889. *JE* 29 (F 21): 123.

3091. ———. 1888. *A Text-Book of Geometry*. Ginn. (geom./Ts)
  Anon. 1888. *JE* 28 (S 27): 210.

3092. ———. 1890. *A School Algebra*. Ginn. (alg./Tj, Ts)
  Anon. 1890. *ED* 11 (O): 134.

———. 1890. *JE* 32 (O 2): 219.

3093. ———. 1894. *The First Steps in Algebra*. Ginn. (alg./Tj)
Anon. 1894. *JE* 40 (O 11): 247.
Finkel, B.F. 1894. *AMM* 1 (Jl): 249-50.

3094. ———. 1895. *A Mental Arithmetic*. Ginn. (arith./Te, Tj)
Anon. 1895. *ED* 16 (S): 62.

3095. ———. 1895. *Plane and Spherical Trigonometry*. Rev. ed. Ginn. (trig./Ts)
Finkel, B.F. 1895. *AMM* 2 (N): 341-2.

3096. ———. 1896. *A Practical Arithmetic*. Ginn. (arith./Te, Tj)
Anon. 1896. *ED* 17 (N): 187.
———. 1896. *JE* 44 (O 8): 246.

3097. ———. 1896. *Syllabus of Geometry*. Ginn. (geom./R)
Anon. 1896. *ED* 16 (Mr): 446.
Finkel, B.F. 1896. *AMM* 3 (Ap): 125.

3098. ———. 1899. *Plane and Solid Geometry*. Rev. ed. Ginn. (geom./Ts)
Colaw, J.M. 1900. *AMM* 7 (Ap): 121.

3099. ———. 1905. *An Elementary Arithmetic*. Ginn. (arith./Te, Tj)
Anon. 1907. *AE* 11 (S): 57-8.

3100. ———. 1906. *Elementary Algebra*. Ginn. (alg./Tj)
Anon. 1906. *AMM* 13 (Ap): 93.
———. 1906. *ED* 26 (Je): 636.

3101. ———. 1910. *Wentworth's Plane Geometry*. Rev. G. Wentworth and D.E. Smith. Ginn. (geom./Ts)
Anon. 1910. *ED* 31 (D): 273.
Finkel, B.F. 1910. *AMM* 17 (Ag/S): 179.
Studley, D. 1911. *SSM* 11 (Ja): 90, 92.

3102. ———. 1911. *Wentworth's Plane and Solid Geometry*. Rev. G. Wentworth and D.E. Smith. Ginn. (geom./Ts)
Anon. 1911. *ED* 32 (O): 125.
———. 1913. *AE* 16 (My): 464.
Cobb, H.E. 1911. *SSM* 11 (N): 766.

3103. ———, and George A. Hill. 1894. *An Examination Manual in Plane Geometry*. Ginn. (geom./R)
   Anon. 1894. *AMM* 1 (Ap): 138.
   ———. 1894. *ED* 14 (My): 575.
   ———. 1894. *JE* 40 (Je 28): 20.

3104. ———. 1901. *The First Steps in Geometry*. Ginn. (geom./Ts)
   Anon. 1901. *AE* 5 (S): 53.
   ———. 1901. *ED* 22 (N): 192.

3105. Wentworth, George A., and E.M. Reed. 1885. *The First Steps in Number*. Ginn. (arith./Te)
   Anon. 1886. *SJ* 31 (Ap 24): 268.
   ———. 1886. *SJ* 32 (O 30): 256.

3106. ———. 1885. *First Steps in Number...* Pupils' ed. Ginn. (arith./Te)
   Anon. 1886. *SJ* 31 (F 6): 92.

3107. ———. 1889. *Wentworth's Primary Arithmetic*. Ginn. (arith./Te)
   Anon. 1889. *JE* 30 (S 19): 187.

3108. Wentworth, George A., James A. McLellan, and John S.C. Glashan. 1889. *Algebraic Analysis*. Pt. 1. Ginn. (eqn. theory, determ., alg./Ts, Tc)
   Anon. 1889. *ED* 9 (Je): 713.
   ———. 1889. *JE* 29 (Je 6): 363.
   Finkel, B.F. 1894. *AMM* 1 (Ja): 31.

3109. Werremeyer, Daniel W. 1925-1926. *Cumulative Mathematics*. 3 v. Harcourt. (arith., graphs, bus. arith., alg., geom., trig./Tj, Ts)
   Goff, R.R. 1926. *ED* 46 (My): 573.
   Humphrey, C.F. 1926. *ESJ* 26 (Ap): 631-2.
   K., G.P. 1926. *SSM* 26 (F): 218.

3110. ———. 1913. *Arithmetic by Practice*. Century. (arith./Te, Tj)
   Cobb, H.E. 1913. *SSM* 13 (O): 645.

3111. ———, and Charles H. Lake. 1927. *Minimum Essentials of Mathematics*. Silver. (arith., alg., trig./Tj, Ts)
   Anon. 1930. *CSJ* 12 (Ja): 223.

3112. Wert, James E. 1938. *Educational Statistics*. McGraw. (stat./Tc)

Odell, C.W. 1939. *JER* 32 (Ap): 617-8.
For additional reviews see Buros 1938, 86; and Buros 1941, 327-9.

3113. **West, Carl J.** 1918. *Introduction to Mathematical Statistics.* Adams. (stat./Tc)

Field, A.S. 1918. *QPASA* 16 (S): 152-6.
Forsyth, C.H. 1918. *AMM* 25 (N): 395-6.

3114. **Weyl, Hermann.** 1922. *Space-Time-Matter.* Trans. H.H.L.A. Brose. Dutton. (affine geom., relat./R)

Eddington, A.S. 1922. *NAT* 109 (My 20): 634-636.
Murnaghan, F.D. 1923. *AMM* 30 (Mr/Ap): 140-2.
Piaggio, H.T.H. 1922. *MG* 11 (O): 174-7.
Stradling, G. 1923. *JFI* 195 (Mr): 412-3.

3115. ———. 1932. *The Open World.* Trans. L. Hofmann. YalePr. (phil., infinity/Su)

Davis, H.T. 1935. *ISIS* 23 (1): 281-4.
Ingalls, A.G. 1932. *SA* 147 (S): 191.
Keyser, C.J. 1932. *SM* 1 (D): 156-60.

3116. ———. 1932. *The Theory of Groups and Quantum Mechanics.* Trans. H.P. Robertson. Dutton. (groups, quantum mech./R)

Condon, E.U. 1932. *SCI* 75 (Je 3): 586-8.
Stone, M.H. 1936. *AMSB* 42 (Mr): 165-70.

3117. ———. 1934. *Mind and Nature.* PaPr. (phil./Su)

McCrea, W.H. 1935. *MG* 19 (F): 58-9.

3118. ———. 1939. *The Classical Groups...* Princeton. (groups/R, Su)

Hall, P. 1940. *MG* 24 (Jl): 216-8.
Jacobson, N. 1940. *AMSB* 46 (Jl): 592-5.
Whitehead, J.H.C. 1940. *NAT* 146 (Jl 13): 44-5.

3119. ———. 1940. *Algebraic Theory of Numbers.* AnnMStud., #1. Princeton. (no. theory/Tc, Tg)

Brauer, R. 1941. *MR* 2 (F): 37-8.

3120. **Wheat, Harry G.** 1929. *The Relative Merits of Conventional and Imaginative Types of Problems in Arithmetic.* ContrEd., #359. Teachers. (arith., educ./R)

Morton, R.L. 1930. *JER* 21 (Ja): 60-2.
Stone, M.B. 1934. *ED* 54 (Ap): 506-7.

Williams, E.S. 1930. *ESJ* 30 *(Ja): 395-7.*

3121. ———. 1937. *The Psychology and Teaching of Arithmetic.* Heath. (educ., arith., hist./R)

    Buswell, G.T. 1939. *ESJ* 39 (Ja): 389-90.
    Edwards, A.S. 1938. *EDAS* 24 (My): 396-7.
    Fleming, C.M. 1938. *MG* 22 (O): 412-3.
    K., W. 1938. *CSJ* 19 (Mr/Ap): 188.
    Randall, J.H. 1938. *ED* 58 (Je): 636-7.

3122. **Wheeler, Albert H.** 1907. *Algebra for Grammar Schools...* Little. (alg./Tj)

    Anon. 1907. *ED* 28 (O): 129.
    ———. 1907. *JE* 66 (S 12): 273.

3123. ———. 1907. *First Course in Algebra.* Little. (alg./Tj)

    Anon. 1907. *ED* 28 (O): 129.
    M. 1907. *SSM* 7 (N): 711.
    Stark, W.E. 1909. *SR* 17 (Mr): 211.

3124. ———. 1907. *First Course in Algebra...* Brief ed. Little. (alg./Tj)

    Anon. 1907. *JE* 66 (S): 245.

3125. ———. 1914. *Examples in Algebra.* Little. (alg./Su)

    Anon. 1914. *MT* 7 (D): 75.
    Cobb, H.E. 1914. *SSM* 14 (D): 825.

3126. **Wheeler, Henry N.** 1877. *The Elements of Plane Trigonometry.* GinnH. (trig./Ts)

    Anon. 1877. *NEJE* 5 (Ja 11): 24.

3127. ———. 1888. *Second Lessons in Arithmetic...* Houghton. (arith./Te, Tj)

    Anon. 1888. *ED* 9 (N): 208.
    ———. 1888. *JE* 28 (Je 28): 24.
    ———. 1889. *AC* 4 (Je): 305.

3128. **Whetham, William C.D., and Margaret D. Whetham, cmps.** 1924. *Cambridge Readings in the Literature of Science...* Macmillan. (hist./R, Su)

    Greenstreet, W.J. 1925. *MG* 12 (Ja): 294-5.

3129. **Whipple, George C.** 1919. *Vital Statistics, An Introduction to the Science of Demography.* Wiley. (stat./Tc)

Dodd, E.L. 1919. *AMM* 26 (D): 452-4.
Dublin, L.I. 1919. *SCI* 50 (Ag 22): 187-8.
Elderton, E.M. 1920. *SP* 14 (Ap): 696-7.
For an additional review see Farber 1981.

3130. **Whipple, Guy M., ed.** 1930. *Report of the Society's Committee on Arithmetic.* NSSE Yrbk., #29. Public. (arith., educ./R)

G., D.L. 1930. *CSJ* 12 (Je): 457.

3131. **Whitaker, Herbert C.** 1898. *Elements of Trigonometry, with Tables.* Partridge. (trig./Ts)

Finkel, B.F. 1898. *AMM* 5 (Je/Jl): 188.

3132. **Whitcraft, Leslie H.** 1933. *Some Influences of the Requirements and Examinations of the College Entrance Examination Board on Mathematics in Secondary Schools...* ContrEd., #557. Teachers. (educ./R)

Sanford, V. 1933. *MT* 26 (D): 501-2.
Wilson, G.M. 1933. *ED* 54 (N): 191.
For additional reviews see Buros 1937, 119.

3133. **White, Charles Edgar.** 1913. *Theory of the Irreducible Cases of Equations...* Pt. 2. Buckhannon, W.Va.: b.a. (eqn. theory/R)

Cobb, H.E. 1914. *SSM* 14 (Ap): 370.

3134. **White, Charles Edward.** 1892. *Number Lessons...* Heath. (arith./Te)

Anon. 1892. *ED* 12 (Ap): 514.

3135. **White, Emerson E.** 1883. *A New Complete Arithmetic...* AmBk. (arith./Te, Tj)

Anon. 1891. *JE* 34 (Ag 13): 106.

3136. ———. 1890. *First Book of Arithmetic for Pupils...* AmBk. (arith./Te, Tj)

Anon. 1891. *JE* 34 (Je 25): 20.

3137. ———. 1896. *A School Algebra...* AmBk. (alg./Ts)

Anon. 1896. *ED* 17 (N): 190.
———. 1896. *JE* 44 (O 22): 282.
Finkel, B.F. 1896. *AMM* 3 (O): 261.

3138. ———. 1902. *Grammar School Algebra...* AmBk. (alg./Tj)

Anon. 1902. *AE* 6 (S): 54.
———. 1902. *ED* 23 (O): 123.

3139. **White, Henry S.** 1925. *Plane Curves of the Third Order.* Harvard. (anal. geom., higher plane curves, proj. geom./R, Su)

    Anon. 1926. *MG* 13 (Mr): 91.
    Hollcroft, T.R. 1927. *AMM* 34 (Ag/S): 379.
    Kinney, J.M. 1926. *SSM* 26 (Ap): 446.
    Sisam, C.H. 1926. *AMSB* 32 (S/O): 555-6.
    White, F.P. 1926. *SP* 21 (O): 344.

3140. **White, Joseph M.** 1897. *Oral Arithmetic.* AmBk. (arith./Te, Tj)

    Anon. 1899. *ED* 19 (Mr): 448.

3141. **White, William F.** 1908. *A Scrap-Book of Elementary Mathematics...* Open. (recr., hist./R, Su)

    Cobb, H.E. 1908. *SSM* 8 (Je): 533.
    ———. 1910. *SR* 18 (Ja): 56-7.
    Finkel, B.F. 1908. *AMM* 15 (Mr): 70.
    Smith, D.E. 1909. *AMSB* 15 (Ja): 190-2.

3142. **Whitehead, Alfred N.** (1906) 1907. *The Axioms of Projective Geometry.* CambTrM&MP., #4. Putnam. (proj. geom., fnds./R)

    Macaulay, F.S. 1908. *MG* 4 (Je): 287-90.

3143. ———. 1907. *The Axioms of Descriptive Geometry.* CambTrM&MP., #5. Putnam. (proj. geom., descr. geom., fnds./R)

    Macaulay, F.S. 1908. *MG* 4 (Je): 287-90.
    Owens, F.W. 1909. *AMSB* 15 (Je): 465-6.

3144. ———. 1911. *An Introduction to Mathematics.* Holt. (fnds., precalc., calc., phys./R)

    Anon. 1911. *AMM* 18 (N): 218.
    ———. 1911. *MT* 4 (S): 41.
    Carmichael, R.D. 1913. *AMM* 20 (N): 282-3.
    Cobb, H.E. 1911. *SSM* 11 (N): 766.

3145. ———. 1919. *An Enquiry Concerning the Principles of Natural Knowledge.* Macmillan. (phil./R)

    Carmichael, R.D. 1920. *AMSB* 27 (O): 35-6.

3146. ———. 1920. *The Concept of Nature.* Macmillan. (relat./R)

Birkhoff, G.D. 1922. *AMSB* 28 (Ap/My): 215-21.

3147. ———. 1922. *The Principle of Relativity...* Macmillan. (relat./R)

    Murnaghan, F.D. 1925. *AMM* 32 (Je/Jl): 311-3.
    Piaggio, H.T.H. 1923. *MG* 11 (Ja): 239-40.

3148. ———. 1929. *The Aims of Education...* Macmillan. (phil./Su)

    Barber, H.C. 1930. *MT* 23 (O): 396.
    For additional reviews see Farber 1981.

3149. ———. 1938. *Modes of Thought.* Macmillan. (phil./Su)

    Forder, H.G. 1939. *MG* 23 (My): 235-6.

3150. ———, and **Bertrand A.W. Russell.** 1910-1912. *Principia Mathematica.* 2 v. Putnam. (phil., fnds., logic, cardinal nos., inf. series/R)

    Cohen, M.R. 1912. *PR* 21 (Ja): 87-91.
    Keyser, C.J. 1912. *SCI* 35 (Ja 19): 106-10.
    ———. 1913. *SCI* 38 (Jl 18): 90-3.
    Shaw, J.B. 1912. *AMSB* 18 (My): 386-411.

3151. ———. 1927. *Principia Mathematica.* V. 2,3. 2d ed. Macmillan. (phil., logic/R)

    Anon. 1934. *MG* 18 (D): 350-1.
    Church, A. 1928. *AMSB* 34 (Mr/Ap): 237-40.
    Langford, C.H. 1928. *ISIS* 10 (2): 513-9.
    Lewis, C.I. 1928. *AMM* 35 (Ap): 200-5.

3152. **Whitehead, John B.** 1939. *Electricity and Magnetism...* McGraw. (elec., mag./Tc)

    Anon. 1940. *NAT* 145 (F 24 Supp.): 298.

3153. **Whitford, Edward E.** 1912. *The Pell Equation.* Columbia U. diss. New York: b.a. (no. theory, hist./R)

    Carmichael, R.D. 1914. *AMM* 21 (Je): 188-9.
    Cunningham, A. 1913. *MG* 7 (Ja): 18.
    Putnam, T.M. 1915. *AMSB* 21 (Ap): 357.

3154. **Whitlock, T.G.** 1931. *Elementary Applied Aerodynamics.* Oxford. (aerodyn./Tc)

    Levy, H. 1934. *MG* 18 (F): 61-2.

3155. **Whitney, Frederick L.** 1929. *Statistics for Beginners in Education...* Appleton. (stat./Tc)

Carroll, R.P. 1930. *JER* 21 (Ja): 55.
Holzinger, K.J. 1930. *ESJ* 30 (Ja): 393-4.
Smythe, W.E. 1930. *SSM* 30 (F): 216.
For an additional review see Farber 1981.

3156. **Whittaker, Edmund T.** 1902. *A Course of Modern Analysis.* Macmillan. (fcns., harm. anal., inf. series/Tg, R)
Bôcher, M. 1904. *AMSB* 10 (Ap): 351-4.

3157. ———. (1904) 1905. *A Treatise on the Analytical Dynamics of Particles and Rigid Bodies...* Macmillan. (dyn./Tc)
Wilson, E.B. 1906. *AMSB* 12 (Je): 451-8.

3158. ———. 1910. *A History of the Theories of Aether and Electricity...* Longmans. (phys., hist./R)
T., H.H. 1913. *MG* 7 (My): 116.
Wilson, E.B. 1913. *AMSB* 19 (My): 423-7.

3159. ———. 1917. *A Treatise on the Analytical Dynamics of Particles and Rigid Bodies...* 2d ed. Putnam. (dyn./Tc)
Birkhoff, G.D. 1920. *AMSB* 26 (Ja): 183.

3160. ———. 1927. *A Treatise on the Analytical Dynamics of Particles and Rigid Bodies...* 3d ed. Macmillan. (dyn./Tc)
Cherry, T.M. 1928. *MG* 14 (Jl): 198-9.
Longley, W.R. 1928. *AMSB* 34 (S/O): 671.

3161. ———. 1937. *A Treatise on the Analytical Dynamics of Particles and Rigid Bodies...* 4th ed. Macmillan. (dyn./Tc)
Wilson, A.H. 1938. *MG* 22 (O): 415.

3162. ———, and **George Robinson.** 1923. *A Short Course in Interpolation.* VanNos. (numerical anal., interp./Tc)
Conwell, G.H. 1924. *MT* 17 (O): 375-6.
Sheppard, W.F. 1924. *MG* 12 (O): 220-1.

3163. ———. 1924. *The Calculus of Observations...* VanNos. (stat., prob., least squares, numerical anal./Tc)
Fisher, A. 1924. *JASA* 19 (S): 413-7.
Jackson, J. 1924. *MG* 12 (My): 124-5.

3164. **Whittaker, Edmund T., and George N. Watson.** 1928. *A Course of Modern Analysis.* 4th ed. Macmillan. (fcns., harm. anal., inf. series/Tg, R)

O., W. 1928. *MG* 14 (O): 245.

3165. **Whittaker, John M.** 1935. *Interpolatory Function Theory*. CambTrM&MP., #33. Macmillan. (anal., interp./R)

    Ferrar, W.L. 1935. *MG* 19 (D): 372-3.
    Hille, E. 1936. *AMSB* 42 (My): 305-6.
    P., H.T.H. 1936. *NAT* 137 (Mr 14 Supp.): 448.

3166. **Wiemer, Frederick M., and M.A. Bailey.** 1899. *Bailey-Wiemer Series--First and Second Books in Arithmetic*. 2 v. AmBk. (arith./Te, Tj)

    Colaw, J.M. 1900. *AMM* 7 (My): 148-9.

3167. **Wiener, Norbert.** 1933. *The Fourier Integral...* Macmillan. (Fourier anal./Tc)

    Titchmarsh, E.C. 1933. *MG* 17 (My): 129-30.

3168. **Wigmore, John H.** 1917. *Science and Learning in France...* Donnelly. (hist./R)

    Archibald, R.C. 1918. *AMSB* 24 (Je): 442-5.
    For additional reviews see Farber 1981.

3169. **Wilczynski, Ernest J., cmp.** 1914. *Logarithmic and Trigonometric Tables*. Ed. H.E. Slaught. AllynB. (trig., logs., tables/R)

    Lehmer, D.N. 1914. *AMM* 21 (D): 329-30.

3170. ———. 1914. *Plane Trigonometry...* Ed. H.E. Slaught. AllynB. (trig./Ts)

    Cobb, H.E. 1914. *SSM* 14 (Je): 540-1.
    Lehmer, D.N. 1914. *AMM* 21 (D): 329-30.
    Miller, G.A. 1914. *SCI* 40 (S 18): 410-1.

3171. ———. 1916. *College Algebra...* Ed. H.E. Slaught. AllynB. (alg./Ts, Tc)

    Lehmer, D.N. 1917. *AMM* 24 (My): 230-1.
    Morgan, F.M. 1918. *AMSB* 24 (Ap): 359-60.

3172. **Wildeman, Edward.** 1923. *The Teaching of Fractions*. Plymouth. (educ., arith./R, Su)

    Anon. 1923. *AE* 27 (N): 138.
    ———. 1923. *ED* 43 (My): 584.
    Hinkle, E.C. 1923. *CSJ* 6 (S): 33.
    Morton, R.L. 1923. *JER* 8 (N): 354.

3173. **Wilks, Samuel S.** 1937. *Lectures by S.S. Wilks on the Theory of Statistical Inference...* Edwards. (stat., prob./R, Su)

  Rietz, H.L. 1937. *JASA* 32 (D): 803-5.
  For additional reviews see Buros 1938, 88-9; and Buros 1941, 331-2.

3174. **Willard, Harley R., and Noah R. Bryan.** 1936. *Algebra for College Students.* Scott. (alg./Ts, Tc)

  Montgomery, D. 1937. *AMM* 44 (F): 99-100.
  Robinson, H.A. 1936. *NMM* 11 (O): 67-8.

3175. **Williams, J. Harold.** 1924. *Graphic Methods in Education.* Houghton. (stat./Tc)

  Geyer, D.L. 1926. *CSJ* 8 (Ja): 195-7.

3176. ———. 1929. *Elementary Statistics.* Heath. (stat./Tc)

  Anon. 1929. *ED* 50 (S): 64.
  Warner, G.W. 1929. *SSM* 29 (N): 894.

3177. **Williams, John H., and Kenneth P. Williams.** 1915. *Plane Geometry.* Lyons. (geom./Ts)

  Cobb, H.E. 1915. *SSM* 15 (N): 746.
  Gates, F.W. 1915. *AMM* 22 (O): 265-6.
  Morgan, F.M. 1919. *AMSB* 25 (Je): 423.

3178. **Williams, Kenneth P.** 1921. *Dynamics of the Airplane.* WileyMatMon., #21. Wiley. (dyn./Su)

  Anon. 1921. *AMM* 28 (My): 218.
  Moore, C.L.E. 1921. *AMSB* 27 (Je/Jl): 483.

3179. ———. 1928. *College Algebra.* Ginn. (alg./Ts, Tc)

  Warner, G.W. 1928. *SSM* 28 (O): 788.

3180. ———. 1934. *The Calculation of the Orbits of Asteroids and Comets.* Principia. (appl./Tc)

  Lange, L. 1935. *SSM* 35 (D): 996, 998.

3181. ———. 1935. *The Mathematical Theory of Finance.* Macmillan. (finance/Ts, Tc)

  Baten, W.D. 1936. *NMM* 11 (D): 160-2.
  Mitchell, H.H. 1937. *AMM* 44 (Ap): 241.
  Stott, W. 1936. *MG* 20 (Jl): 222-3.

3182. **Williams, William H., and William B. Kempthorne.** 1914. *Elementary Algebra Complete...* Lyons. (alg./Tj)
   Cobb, H.E. 1915. *SSM* 15 (O): 642.

3183. **Williams, William H., and Mona D. Taylor.** 1929. *Williams and Taylor First Course in Algebra.* Lyons. (alg./Tj)
   Kinney, J.M. 1929. *SSM* 29 (Ap): 438.

3184. **Willis, Clarence A.** 1922. *Plane Geometry...* Blakiston. (geom./Ts)
   Anon. 1922. *AMM* 19 (My): 220-1.
   ———. 1924. *AE* 27 (Ja): 238.
   Staley, G.C. 1923. *CSJ* 5 (Ap): 336.

3185. **Willis, Edward J.** 1925. *The Methods of Modern Navigation.* VanNos. (trig., appl./R, Su)
   Milne, R.M. 1927. *MG* 13 (My): 368-9.

3186. **Willis, Henry G.** 1905. *Elementary Modern Geometry.* Pt. 1. Oxford. (mod. geom./Tc)
   G., W.J. 1906. *MG* 3 (Mr): 302.
   Snyder, V. 1906. *AMSB* 12 (F): 263-5.

3187. **Wills, Albert P.** 1931. *Vector Analysis...* Prentice. (vector anal., tensor anal./Tc)
   Brand, L. 1932. *AMM* 39 (D): 598-9.

3188. **Willson, Frederick N.** 1897. *Theoretical and Practical Graphics.* Princeton, N.J.: b.a. (descr. geom., proj. geom., graphics/Tc)
   Halsted, G.B. 1898. *AMM* 5 (Ap): 120-2.

3189. ———. 1898. *Theoretical and Practical Graphics.* Macmillan. (descr. geom., proj. geom., graphics/Tc)
   Chittenden, J.B. 1899. *AMSB* 5 (Ap): 353-7.

3190. **Wilson, Edwin B.** 1912. *Advanced Calculus...* Ginn. (diff. eqns., adv. calc., anal./Tc)
   Byerly, W.E. 1913. *AMSB* 19 (Ap): 360-3.
   Finkel, B.F. 1912. *AMM* 19 (Mr): 62.
   Whittaker, E.T. 1913. *MG* 7 (Jl): 158-9.

3191. ———. 1920. *Aeronautics...* Wiley. (aeronautics/Tc)
   Anon. 1920. *AMM* 27 (Je): 269.
   Brown, E.W. 1921. *AMSB* 27 (My): 377-81.

3192. **Wilson, Guy M.** 1919. *A Survey of the Social and Business Usage of Arithmetic.* ContrEd., #100. Teachers. (educ./R)
   Anon. 1919. *ESJ* 20 (N): 236-7.
   ———. 1920. *SR* 28 (Je): 472.
   Monroe, W.S. 1920. *JER* 1 (Ap): 309-11.

3193. ———. 1922. *Connersville Course of Study in Mathematics for the Elementary Grades.* Rev. ed. Warwick. (educ., arith./R)
   Perrill, M. 1922. *JER* 6 (O): 262.

3194. ———. 1926. *Motivation of Arithmetic.* GPO. (educ., arith./R)
   Anon. 1926. *AE* 30 (D): 124.

3195. ———. 1926. *What Arithmetic Shall We Teach?* Houghton. (educ., arith./R)
   Anon. 1927. *ED* 47 (Ap): 512.
   Haley, J. 1927. *MT* 20 (Ap): 238-9.
   Judd, C.H. 1927. *ESJ* 27 (Mr): 547-8.
   Kinney, J.M. 1927. *SSM* 27 (Ap): 436.

3196. ———, **Mildred B. Stone, and Charles O. Dalrymple.** 1939. *Teaching the New Arithmetic...* McGraw. (educ., arith./R)
   Brueckner, L.J. 1940. *JER* 34 (S): 45-7.
   Fleming, C.M. 1939. *MG* 23 (D): 494.
   Grossnickle, F.E. 1939. *ESJ* 40 (D): 315-6.
   Munch, H.F. 1940. *HSJ* 23 (Ja): 46-7.
   Stone, C.A. 1940. *SSM* 40 (Ja): 92-3.

3197. **Wilson, James M.** 1873. *Solid Geometry and Conic Sections...* 2d ed. Macmillan. (geom./Ts, Tc)
   T., R. 1873. *NAT* 9 (D 4): 81.

3198. **Wilson, John C.** 1905. *On the Traversing of Geometrical Figures.* Oxford. (recr./R, Su)
   Young, W.H. 1905. *MG* 3 (D): 257.

3199. **Wilson, John D., and Clell M. Rogers.** 1930-. *Carpentry Mathematics.* McGraw. (arith., appl., mensur./Te, Tj)
   Smith, L.C. 1931. *SSM* 31 (F): 242.

3200. **Wilson, Norman R., and Lloyd A.H. Warren.** 1928. *College Algebra.* Oxford. (alg./Ts, Tc)
   Stetson, J.M. 1930. *AMM* 37 (Mr): 147-8.

3201. **Wilson, Philip W.** 1937. *The Romance of the Calendar.* Norton. (hist., calendars/Su)

> **Daniells, M.E.** 1938. *NMM* 12 (Ap): 363-4.
> **Guggenbuhl, L.** 1939. *SM* 6 (D): 232-4.
> **Ingalls, A.G.** 1937. *SA* 156 (Je): 418.

3202. **Wilson, Victor T.** 1909. *Descriptive Geometry.* Wiley. (descr. geom./Tc)

> **Anon.** 1909. *AMM* 16 (N): 195-6.
> **Keyser, C.J.** 1912. *SCI* 35 (F 23): 304-6.
> **Snyder, V.** 1909. *AMSB* 16 (D): 136-41.

3203. **Wilson, Wallace A., and Joshua I. Tracey.** 1915. *Analytic Geometry.* Heath. (anal. geom./Ts, Tc)

> **Anon.** 1916. *MT* 9 (S): 66.
> **Cobb, H.E.** 1916. *SSM* 16 (Ap): 384.

3204. ———. 1937. *Analytic Geometry.* Alt. ed. Heath. (anal. geom./Ts, Tc)

> **Kinney, J.M.** 1937. *SSM* 37 (My): 615.
> **Wells, V.H.** 1937. *AMM* 44 (Ag/S): 475.

3205. **Wilson, William.** 1931-1933. *Theoretical Physics.* 2 v. Dutton. (mech., vector anal., electromag., optics/Tc)

> **Cleveland, T.K.** 1934. *JFI* 218 (D): 778-9.

3206. **Winch, William H.** 1913. *Inductive versus Deductive Methods of Teaching...* Warwick. (educ./Su)

> **Anon.** 1915. *MT* 7 (Mr): 128.

3207. **Winger, Roy M.** 1923. *An Introduction to Projective Geometry.* Heath. (proj. geom./Tc)

> **Bradshaw, J.W.** 1924. *AMM* 31 (D): 488-91.
> **Emch, A.** 1924. *AMSB* 30 (Ja/F): 79-81.
> **Evans, C.W.** 1923. *MT* 16 (O): 383.
> **Neville, E.H.** 1924. *MG* 12 (My): 116-7.
> **Winger, R.M.** 1925. *AMSB* 31 (Jl): 356-8.

3208. **Winslow, Isaac O.** 1901. *The Natural Arithmetic.* 3 v. AmBk. (arith./Te, Tj)

> **Anon.** 1901. *AE* 5 (S): 53.
> ———. 1901. *ED* 22 (N): 189.

3209. **Withers, John W.** 1905. *Euclid's Parallel Postulate...* Yale U. diss. Open. (hist., geom., non-Eucl. geom./R)

    Anon. 1905. *MON* 15 (Ap): 309-10.
    Finkel, B.F. 1905. *AMM* 12 (My): 120.
    McNally, J.V. 1905. *SSM* 5 (D): 777.

3210. **Wolf, Abraham.** 1930. *Textbook of Logic.* Macmillan. (logic, prob., stat./Tc)

    Paine, E.T. 1933. *PR* 42 (Ja): 80-1.

3211. ———. 1939. *A History of Science, Technology and Philosophy in the Eighteenth Century.* Macmillan. (hist./R)

    Brasch, F.E. 1939. *SCI* 89 (Je 9): 536-7.
    Cohen, I.B. 1940. *ISIS* 31 (2): 450-1.
    Oppermann, R.H. 1939. *JFI* 227 (My): 734-5.
    Wood, L. 1940. *PR* 49 (S): 578-80.
    For additional reviews see Buros 1941, 340-6.

3212. ———, with **Friedrich Dannemann** and **Angus Armitage**. 1935. *A History of Science, Technology and Philosophy in the 16th and 17th Centuries.* Macmillan. (hist./R)

    Dampier, W.C.D. 1935. *NAT* 136 (Jl 20): 85-7.
    Gilham, C.W. 1938. *MG* 22 (O): 409-10.
    Ingalls, A.G. 1935. *SA* 153 (O): 222.
    Sarton, G. 1935. *ISIS* 24 (1): 164-7.
    Sigerist, H.E. 1936. *SCI* 83 (Mr 13): 262-4.
    For additional reviews see Buros 1941, 336-40; and Farber 1981.

3213. **Wolfe, John H.,** and **Everett R. Phelps.** 1935. *Practical Shop Mathematics.* 2 v. McGraw. (arith., alg., geom., trig., appl./Ts)

    Anon. 1936. *MT* 29 (F): 100.
    Coles, R.G. 1936. *SSM* 36 (F): 228, 230.
    ———. 1936. *SSM* 36 (Mr): 336.
    McHugh, F.D. 1936. *SA* 154 (Mr): 167.

3214. ———. 1939. *Practical Shop Mathematics.* Rev. ed. 2 v. McGraw. (arith., alg., geom., trig., appl./Ts)

    Carnahan, W. 1939. *SSM* 39 (D): 893-4.

3215. **Wolfe, John H., William F. Mueller,** and **Seibert D. Mullikin.** 1940. *Practical Algebra with Geometrical Applications.* McGraw. (alg., appl., trig./R)

    Read, C.B. 1940. *SSM* 40 (D): 897.

3216. **Wolff, Henry C.** 1914. *Mathematics for Agricultural Students.* McGraw. (alg., anal. geom./Ts, Tc)

  Anon. 1914. *MT* 7 (D): 74.
  Cobb, H.E. 1915. *SSM* 15 (Mr): 271.

3217. **Wolfle, Dael L.** 1940. *Factor Analysis to 1940.* PsyMon., #3. ChicagoPr. (stat./R)

  Ryan, T.A. 1941. *AMM* 48 (N): 629.

3218. **Wood, De Volson.** 1877. *The Elements of Analytical Mechanics.* 2d ed. Wiley. (mech./Tc)

  Anon. 1879. *MV* 1 (Ja): 85.

3219. ———. 1878. *The Principles of Elementary Mechanics.* Wiley. (mech./Tc)

  Anon. 1878. *MV* 1 (Ja): 49.

3220. ———. 1879. *The Elements of Co-ordinate Geometry.* Wiley. (anal. geom., mod. geom./Ts, Tc)

  Anon. 1879. *AN* 6 (N): 192.
  ———. 1880. *MV* 1 (Ja): 119.

3221. **Wood, Ernest R.** 1931. *A Graphic Method of Obtaining the Partial-Correlation Coefficients and the Partial-Regression Coefficients of Three or More Variables.* SuppEdMon., #37. ChicDeptEd. (stat./R)

  Tyler, R.W. 1931. *ESJ* 31 (My): 708-9.

3222. **Wood, Philip W.** 1913. *The Twisted Cubic...* CambTrM&MP., #14. Putnam. (higher plane curves/R)

  Dixon, A.C. *MG* 7 (Ja): 249-50.

3223. **Wood, Robert W.** 1919. *Researches in Physical Optics.* Pt. 2. Columbia. (optics/Tc, Su)

  Wilson, E.B. 1921. *AMSB* 27 (Ja): 186.

3224. ———. 1934. *Physical Optics.* 3d ed. Macmillan. (optics/Tc)

  Ingalls, A.G. 1934. *SA* 150 (Ap): 223.

3225. **Woodger, Joseph H.** 1937. *The Axiomatic Method in Biology.* Macmillan. (logic, biol./Tc, Su)

  Allen, E.S. 1938. *AMSB* 44 (N): 763-4.

Fitch, F.B. 1938. *JSL* 3 (Mr): 42-3.
Haldane, J.B.S. 1938. *NAT* 141 (F 12): 265-6.
Rosinger, K.E. 1938. *JP* 35 (My 12): 273-4.
Waddington, C.H. 1938. *MG* 22 (My): 192-3.
For additional reviews see Buros 1941, 347-9.

3226. ———. 1939. *International Encyclopedia of Unified Science.* V. 2, #5. *The Technique of Theory Construction.* ChicagoPr. (logic, fnds./R)

Frink, O. 1940. *MR* 1 (My): 131.

3227. **Woodring, Maxie N., and Vera Sanford.** 1938. *Enriched Teaching of Mathematics...* Rev. ed. Teachers. (educ., recr./R, Su)

Breslich, E.R. 1939. *SR* 47 (Je): 473.
Carnahan, W.H. 1939. *SSM* 39 (Je): 590.
Cooper, E.M. 1939. *SM* 6 (Mr): 47.
Hardin, V.M. 1939. *EDAS* 25 (O): 550-1.
Munch, H.F. 1939. *HSJ* 22 (Ap): 168.
Smith, P.K. 1939. *NMM* 13 (My): 401-2.
W., E. 1939. *MT* 32 (My): 240.

3228. **Woodruff, Lorande L., ed.** 1923. *The Development of the Sciences...* YalePr. (hist./R)

Anon. 1934. *MG* 18 (D): 351.

3229. **Woods, Frederick S.** 1922. *Higher Geometry...* Ginn. (alg. geom., proj. geom./Tc)

Coolidge, J.L. 1923. *AMM* 30 (Jl/Ag): 263-7.
Hudson, H.P. 1923. *MG* 11 (Jl): 347.
Owens, F.W. 1924. *AMSB* 20 (O): 468.

3230. ———. 1926. *Advanced Calculus.* Ginn. (anal., adv. calc./Tc)

Ettlinger, H.J. 1927. *AMM* 34 (Ja): 40-3.
Huntington, E.V. 1927. *AMM* 34 (Je/Jl): 320-1.
Mirick, G.R. 1926. *MT* 19 (Ap): 250.
Osgood, W.F. 1927. *AMM* 34 (Ag/S): 365-6.
Woods, F.S., W.F. Osgood, and W.B. Carver. 1927. *AMM* 34 (Ap): 204-6.

3231. ———, **and Frederick H. Bailey.** 1907-1909. *A Course in Mathematics...* 2 v. Ginn. (precalc., calc., diff. eqns., anal./Ts, Tc)

Breslich, E.R. 1921. *SR* 29 (N): 714-6.
Finkel, B.F. 1908. *AMM* 15 (Ja): 24.
———. 1910. *AMM* 17 (Ja): 23.

Jackson, C.S. 1909. *MG* 5 (Je/Jl): 111-2.
Keyser, C.J. 1908. *SCI* 27 (Je 19): 954-7.

3232. ———. 1917. *Analytic Geometry and Calculus*. Ginn. (anal. geom., calc./Ts, Tc)

Anon. 1917. *MT* 9 (Je): 219-20.
Cobb, H.E. 1917. *SSM* 17 (Je): 566.
Jourdain, P.E.B. 1918. *SP* 13 (O): 322.
Morgan, F.M. 1917. *AMSB* 24 (N): 96-7.

3233. ———. 1922. *Elementary Calculus*. Ginn. (calc./Ts, Tc)

Olson, H.L. 1923. *AMM* 30 (Mr/Ap): 143-4.
Robson, A. 1923. *MG* 11 (My): 319.

3234. ———. 1928. *Elementary Calculus*. Rev. ed. Ginn. (calc./Ts, Tc)

Seidlin, J. 1929. *MT* 22 (Ap): 242.
Warner, G.W. 1929. *SSM* 29 (F): 218.

3235. ———. 1938. *Analytic Geometry and Calculus*. New ed. Ginn. (anal. geom., calc./Ts, Tc)

Georges, J.S. 1939. *SSM* 39 (Ap): 392-3.
Pierce, J. 1939. *NMM* 14 (N): 119-20.

3236. Woods, Roscoe. 1939. *Analytic Geometry*. Macmillan. (anal. geom./Ts, Tc)

Carnahan, W.H. 1939. *SSM* 39 (My): 488.
Grove, V.G. 1939. *NMM* 13 (Ap): 352-3.
Kellaway, F.W. 1939. *MG* 23 (O): 408-9.

3237. Woodward, L.J. 1888. *Number Stories*. Ginn. (arith./Su)

Anon. 1888. *JE* 27 (Mr 22): 186.

3238. Woody, Clifford. 1916. *Measurements of Some Achievements in Arithmetic*. ContrEd., #80. Teachers. (educ., arith./R)

Ayer, F.C. 1917. *SR* 25 (My): 381-2.

3239. ———. 1932. *Nature and Amount of Arithmetic in Types of Reading Material...* MichBurEdRefRes. Bull. #145. MichSchEd. (educ., arith./R)

Wilson, G.M. 1933. *ED* 54 (N): 186-7.

3240. ———, Frederick S. Breed, and James R. Overman. 1936. *Child-Life Arithmetics...* 3 v. Lyons. (arith./Te, Tj)

J., J.T. 1937. *CSJ* 19 (N/D): 96.

3241. **Woolf, Solomon.** 1888. *An Elementary Course in Descriptive Geometry.* Wiley. (descr. geom./Tc)
   Anon. 1888. *JE* 28 (S 6): 162.
   ———. 1888. *SCI* 12 (Ag 24): 95.

3242. **Workman, Walter P.** 1912. *Memoranda Mathematica...* Oxford. (tables/R)
   Greenstreet, W.J. 1913. *MG* 7 (My): 124.

3243. **Wright, Harry N.** 1939. *First Course in the Theory of Numbers.* Wiley. (no. theory/Tc, Tg)
   Anon. 1940. *MR* 1 (F): 38.
   Campaigne, H.H. 1940. *AMM* 47 (F): 101-2.
   Cramer, G.F. 1940. *NMM* 14 (F): 294-5.
   Mordell, L.G. 1940. *MG* 24 (O): 295-8.
   Read, C.B. 1940. *SSM* 40 (F): 200.

3244. **Wright, Joseph E.** 1908. *Invariants of Quadratic Differential Forms.* CambTrM&MP., #9. Putnam. (invariants/R)
   Eisenhart, L.P. 1910. *AMSB* 17 (D): 140-50.

3245. **Wright, Thomas W.** 1884. *A Treatise on the Adjustment of Observations...* VanNos. (least squares, surv./R)
   Anon. 1884. *SCI* 4 (D 5): 520.

3246. ———. 1890. *Text-Book of Mechanics.* VanNos. (mech./Tc)
   Anon. 1890. *MMAG* 2 (O): 67.

3247. ———. 1896-1897. *Elements of Mechanics...* VanNos. (mech./Tc)
   Anon. 1896. *AMM* 3 (D): 332.
   Anon. 1897. *ED* 17 (Je): 642.

3248. ———, **with John F. Hayford.** 1906. *The Adjustment of Observations...* 2d ed. VanNos. (least squares, surv./R)
   Mitchell, S.A. 1906. *SCI* 24 (N 2): 551-2.

3249. **Wynne, Walter E., and William Spraragen.** 1916. *Handbook of Engineering Mathematics.* VanNos. (precalc., calc., diff. eqns., tables/R)
   Picolet, L.E. 1917. *JFI* 183 (Je): 794.
   Smith, C.H. 1917. *SSM* 17 (My): 472.

Y

3250. **Yntema, Theodore O.** 1932. *A Mathematical Reformulation of the General Theory of International Trade.* ChicagoPr. (econ./R)

   Angell, J.W. 1932. *JASA* 27 (D): 445-7.
   Knight, M.A., M.M. James, and D. Brown. 1933. *BRD* 29 (Ann): 1050.

3251. **Young, Benjamin F.** 1925. *Statistics as Applied in Business.* Ronald. (stat./Tc)

   Hurlin, R.G. 1927. *JASA* 22 (Mr): 122-3.

3252. **Young, George Jr., and Hubert E. Baxter.** 1921. *Descriptive Geometry.* Macmillan. (descr. geom., proj. geom./Tc)

   Anon. 1922. *AE* 25 (Ja): 232.
   ———. 1922. *ED* 43 (D): 256.

3253. **Young, Jacob W.A.** 1900. *The Teaching of Mathematics in the Higher Schools of Prussia.* Longmans. (educ./R)

   Anon. 1901. *AMM* 8 (F): 55-6.
   ———. 1903. *ED* 23 (Je): 648.
   ———. 1903. *ED* 24 (S): 60.
   Myers, G.W. 1901. *SR* 9 (Ap): 262-3.

3254. ———. 1907. *The Teaching of Mathematics in the Elementary and the Secondary School.* Longmans. (educ./R)

   Ames, A.F. 1908. *SR* 16 (Ja): 67-9.
   Anon. 1907. *ED* 27 (Mr): 438.
   Finkel, B.F. 1907. *AMM* 14 (F): 39.
   M., T.E. 1907. *SSM* 7 (O): 627-9.

3255. ———, ed. 1911. *Monographs on Topics of Modern Mathematics Relevant to the Elementary Field.* Longmans. (geom., alg., calc., no. theory, hist./R)

    Anon. 1911. *AMM* 18 (O): 191-2.
    ———. 1911. *MT* 4 (D): 77.
    Carmichael, R.D. 1914. *AMSB* 20 (Ja): 207-9.
    ———. 1915. *AMSB* 21 (Ja): 206-7.
    Cobb, H.E. 1911. *SSM* 11 (D): 866.
    Curtiss, D.R. 1912. *SR* 20 (S): 490-3.

3256. ———. 1924. *The Teaching of Mathematics in the Elementary and the Secondary School.* New ed. Longmans. (educ./R)

    Kinney, J.M. 1925. *SSM* 25 (F): 220, 222.
    Smith, D.E. 1924. *AMM* 31 (D): 491-2.

3257. ———, and Lambert L. Jackson. 1904-1905. *Arithmetic.* 3 v. Appleton. (arith./Te, Tj)

    Anon. 1904. *ED* 25 (D): 255.
    ———. 1905. *ED* 25 (Je): 639.
    Lavers, E.C. 1904. *EST* 5 (N): 191.

3258. ———. 1908. *Elementary Algebra.* Appleton. (alg./Tj)

    Anon. 1908. *AE* 11 (Je): 506.
    Cobb, H.E. 1908. *SSM* 8 (O): 614.
    Lytle, E.B. 1910. *AMSB* 16 (Ja): 215-6.
    Stark, W.E. 1909. *SR* 17 (Ja): 64-5.

3259. ———. 1909. *The Appleton Arithmetics.* 2 v. Appleton. (arith./Te, Tj)

    Anon. 1909. *AE* 12 (Mr): 327.
    ———. 1909. *AE* 12 (Ap): 377-8.
    Cobb, H.E. 1909. *SSM* 9 (Je): 626.
    Dresden, A. 1909. *EST* 9 (My): 485-6.

3260. ———. 1913. *A High School Algebra.* Appleton. (alg./Tj)

    Anon. 1913. *AE* 17 (D): 252.
    ———. 1913. *MT* 6 (D): 119.
    ———. 1916. *EDAS* 2 (N): 601.
    Brown, J.C. 1917. *EDAS* 3 (Ja): 45.
    Cobb, H.E. 1913. *SSM* 13 (O): 646.

3261. **Young, Jacob W.A., and Charles E. Linebarger.** 1900. *The Elements of the Differential and Integral Calculus.* Appleton. (calc./Ts, Tc)

    Anon. 1900. *ED* 21 (N): 190.

Colaw, J.M. 1900. *AMM* 7 (Ag/S): 205.
Dickson, L.E. 1900. *AMSB* 6 (My): 348-51.

3262. **Young, John R.** 1832. *An Elementary Treatise on Algebra...* Ed. S. Ward, Jr. Carey. (alg./Ts, Tc)

Anon. 1833. *AAEI* 3 (O): 491.

3263. ———. 1833. *Elements of Geometry...* Rev. M. Floy, Jr. CareyLB. (geom./Ts)

Anon. 1833. *AAEI* 3 (O): 491.

3264. ———. 1833. *Elements of Plane and Spherical Trigonometry...* Rev. J.D. Williams. CareyLB. (trig./Ts)

Anon. 1834. *AAEI* 4 (Ja): 52.

3265. **Young, John W.** 1930. *Projective Geometry.* CarusMon., #4. Open. (proj. geom./R)

Carver, W.B. 1931. *AMSB* 37 (Jl): 499-500.
Emch, A. 1930. *AMM* 37 (N): 506-7.
Forder, H.G. 1931. *MG* 15 (Jl): 437.
Kinney, J.M. 1930. *SSM* 30 (D): 1080, 1082.

3266. ———, and **Frank M. Morgan.** 1917. *Elementary Mathematical Analysis.* Macmillan. (alg., trig., anal. geom., calc./Ts, Tc)

Cobb, H.E. 1917. *SSM* 17 (N): 758.
Hitchcock, R.R. 1918. *AMM* 25 (Je): 257-8.
Jourdain, P.E.B. 1918. *SP* 12 (Ap): 683.
Pitcher, A.D. 1919. *AMSB* 25 (Ja): 185-7.

3267. ———. 1919. *Plane Trigonometry and Numerical Computation.* Macmillan. (trig./Ts)

Anon. 1920. *AMM* 27 (F): 71.
———. 1920. *MT* 12 (Je): 172-3.

3268. **Young, John W., and Albert J. Schwartz.** 1915. *Plane Geometry.* Holt. (geom./Ts)

Barnard, F.F. 1915. *SR* 23 (O): 566.
Cobb, H.E. 1916. *SSM* 16 (Ja): 88.
Gaber, M.G. 1917. *AMSB* 23 (My): 376.

3269. ———. 1923. *Plane Geometry.* Rev. ed. Holt. (geom./Ts)

Anon. 1923. *MT* 16 (D): 504-7.
Cobb, H.E. 1924. *SSM* 24 (F): 218.

3270. **Young, John W., with William W. Denton and Ulysses G. Mitchell.** 1911. *Lectures on Fundamental Concepts of Algebra and Geometry.* Macmillan. (alg., geom., fnds., educ./R)

    Anon. 1911. *ED* 32 (N): 194.
    Cobb, H.E. 1911. *SSM* 11 (O): 678.
    Jordan, E. 1912. *PR* 21 (N): 718-9.
    Keyser, C.J. 1912. *SCI* 35 (F 23): 304-6.
    Lytle, E.B. 1912. *AMSB* 18 (Ap): 362-4.
    Miller, G.A. 1911. *SCI* 34 (Jl 7): 25-6.
    Wilczynski, E.J. 1912. *SR* 20 (N): 632-3.

3271. **Young, John W., Tomlinson Fort, and Frank M. Morgan.** 1936. *Analytic Geometry.* Houghton. (anal. geom./Ts, Tc)

    Gehman, H.M. 1937. *AMM* 44 (Ap): 239-40.
    Kinney, J.M. 1937. *SSM* 37 (Ja): 122.
    Smith, P.K. 1936. *NMM* 11 (N): 111-2.

3272. **Young, Laurence C.** 1927. *The Theory of Integration.* CambTrM&MP., #21. Macmillan. (calc./R)

    Wilson, W.A. 1928. *AMSB* 34 (My/Je): 378.

3273. **Young, William H.** 1910. *The Fundamental Theorems of the Differential Calculus.* CambTrM&MP., #11. Putnam. (calc./R)

    Finkel, B.F. 1910. *AMM* 17 (N): 228.
    Lennes, N.J. 1911. *AMSB* 17 (Je): 488-90.

3274. ———, **and Grace C. Young.** 1906. *The Theory of Sets of Points.* Putnam. (sets/Tc, Tg, R)

    Jourdain, P.E.B. 1906. *MG* 3 (O): 373-5.
    Lennes, N.J. 1911. *AMSB* 18 (O): 24-30.

3275. **Yule, George U.** 1911. *An Introduction to the Theory of Statistics.* Lippincott. (stat./Tc)

    Bailey, W.B. 1911. *QPASA* 12 (S): 765.

3276. ———, **and Maurice G. Kendall.** 1937. *An Introduction to the Theory of Statistics.* 11th ed. Lippincott. (stat./Tc)

    Camp, B.H. 1938. *JASA* 33 (Je): 480-3.
    Neyman, J. 1938. *NAT* 141 (Ja 22): 140-1.
    Reeve, W.D. 1938. *MT* 31 (My): 254.
    For additional reviews see Buros 1938, 91-3; and Buros 1941, 354-5.

Z

3277. **Zaldari, Pierre.** 1917. *Annuities and Amortization Tables.* Bankers. (finance, tables/R)
  Grove, C.S. 1918. *AMSB* 24 (Ap): 361.

3278. **Zimmer, Ernst.** 1936. *The Revolution in Physics.* Trans. H.S. Hatfield. Harcourt. (quantum mech./R)
  Franklin, P. 1936. *AMM* 43 (O): 485-6.

3279. **Ziwet, Alexander.** 1893-1894. *An Elementary Treatise on Theoretical Mechanics.* 3 v. Macmillan. (mech./Tc)
  T., W.M. 1893-1894. *AM* 8 (2): 52.

3280. ———. 1904. *Elements of Theoretical Mechanics.* Rev. ed. Macmillan. (mech./Tc)
  Hoskins, L.M. 1905. *SCI* 21 (F 24): 302.

3281. ———, and **Peter Field.** 1912. *Introduction to Analytical Mechanics.* Macmillan. (mech./Tc)
  Finkel, B.F. 1912. *AMM* 19 (Ap): 87.
  Laves, K. 1913. *AMSB* 20 (O): 37-9.

3282. **Ziwet, Alexander, and Louis A. Hopkins.** 1913. *Analytic Geometry and Principles of Algebra.* Macmillan. (alg., anal. geom., trig./Ts, Tc)
  Anon. 1914. *AE* 18 (S): 58.
  ———. 1914. *MT* 6 (Mr): 183.
  Cobb, H.E. 1914. *SSM* 14 (Mr): 273.
  Keyser, C.J. 1914. *SCI* 40 (O 16): 559-62.
  Milne, W.P. 1914. *MG* 7 (Jl): 373.
  Snyder, V. 1914. *AMM* 21 (Mr): 86-9.

3283. ———. 1916. *Elements of Analytic Geometry*. Macmillan. (anal. geom./Ts, Tc)

Cobb, H.E. 1917. *SSM* 17 (My): 474.
Snyder, V. 1917. *AMM* 24 (Ap): 173.

PERIODICALS SURVEYED

Academy
American Annals of Education and Instruction
American Education
American Journal and Annals of Education and Instruction
American Journal of Education
American Journal of Science
American Mathematical Monthly
American Mathematical Society Bulletin
Analyst
Annals of Mathematics
Book Review Digest
Connecticut Academy of Arts and Sciences Transactions
Chicago Schools Journal
Education
Educational Administration and Supervision
Elementary School Journal
Elementary School Teacher
High School Journal
High School Quarterly
Isis
Journal of Education
Journal of Educational Research
Journal of Educational Statistics
Journal of Philosophy
Journal of Symbolic Logic
Journal of the American Statistical Association
Journal of the Franklin Institute
Mathematical Gazette
Mathematical Magazine

Mathematical Monthly
Mathematical Reviews
Mathematical Visitor
Mathematics Teacher
Mind
Monist
Nation
National Mathematics Magazine
Nature
New England Journal of Education
New York Education
New York Mathematical Society Bulletin
Philosophical Review
Philosophy
Physical Review
Publications of the American Statistical Association
Quarterly Proceedings of the American Statistical Association
School and Society
School Journal
School Review
School Science
School Science and Mathematics
Science
Science Progress
Science: A Weekly Record of Scientific Progress
Science: An Illustrated Journal
Scientific American
Scripta Mathematica
Thought
Zentralblatt für Mathematik und ihre Grenzgebiete

REFERENCES

American Antiquarian Society, Worcester, Mass. Library. 1971. 20 v. Westport, Conn.: Greenwood Pr.

American Book Publishing Record Cumulative 1876-1949. 1980. 15 v. New York: Bowker.

American Catalogue... 1876-1910. [1880-1911] 1941. 8 v. in 13. New York: Publishers' Weekly. Reprint. New York: Peter Smith.

British Library General Catalogue of Printed Books to 1975.

Buros, Oscar Krisen, ed. 1937. *Educational, Psychological, and Personality Tests of 1936...* New Brunswick, N.J.: Rutgers University Press.

———, ed. 1938. *Research and Statistical Methodology: Books and Reviews, 1933-1938.* New Brunswick, N.J.: Rutgers University Press.

———, ed. 1941. *The Second Yearbook of Research and Statistical Methodology Books and Reviews.* Highland Park, N.J.: Gryphon Press.

———, ed. 1951. *Statistical Methodology Reviews 1941-1950.* New York: Wiley.

Church, Alonzo. 1936, 1938. "A bibliography of symbolic logic." *JSL* 1 (D): 121-218; 3 (D): 178-212.

Cumulative Book Index. 1928/32-. 1933-. New York: Wilson.

Farber, Evan Ira, ed. 1981. *Combined Retrospective Index to Book Reviews in Scholarly Journals 1886-1974*. 15 v. Arlington, Va.: Carrollton Press.

Karpinski, Louis C. 1940. *Bibliography of Mathematical Works Printed in America Through 1850*. Ann Arbor, Mich.: University of Michigan Press.

Kelly, James. [1866-1871] 1938. *The American Catalogue of Books...* 2 v. New York: Wiley. Reprint. New York: Peter Smith.

National Library Service Cumulative Book Review Index, 1905-1974. 1975. Princeton, N.J.: National Library Service.

National Union Catalog, Pre-1956 Imprints.

New York Times Book Review Index (1896-1970).

Publishers' Trade List Annual, 1873-. 1873-. New York: Bowker.

Roorbach, Orville Augustus. [1852-1861] 1939. *Bibliotheca Americana...1820-61*. 4 v. New York: b.a. Reprint. New York: Peter Smith.

Rosenstein, George M. Jr. 1989. "The best method. American calculus textbooks of the nineteenth century." In *A Century of Mathematics in America*, pt. 3, edited by Peter Duren et al, 77-109. Providence, R.I.: AMS.

Shaw, Ralph Robert and Richard H. Shoemaker. 1958-1966. *American Bibliography; a Preliminary Checklist for 1801-1819*. 22 v. New York: Scarecrow Pr.

Shoemaker, Richard H. 1964-1971. *Checklist of American Imprints for 1820-1829*. 10 v. New York: Scarecrow Pr.

——— . 1972-. *A Checklist of American Imprints for 1830-*. Metuchen, N.J.: Scarecrow Pr.

Simons, Lao Genevra. *Bibliography of Early American Textbooks on*

Algebra. Scripta Mathematica Studies #1.

United States Catalog; Books in Print... Also, *Supplements*. 1899-1928. New York: Wilson.

SUBJECT INDEX

Numbers refer to entry numbers.
Abstract algebra 14-15, 151, 198, 748, 1748, 1765, 2832
actuarial science 780, 948, 1088, 1856
advanced algebra *See* algebra
advanced calculus 382, 966, 1014, 1065, 2102, 2258, 2718-2719, 2772, 3190, 3230
aerodynamics 1081, 3154
aeronautics 3191
affine geometry 428, 2967, 3114
algebra 4, 16, 19, 35, 54, 58-60, 63, 76, 87-88, 99-101, 103-104, 107, 113, 121, 135-136, 151, 157, 166, 172, 177, 186-189, 219, 224, 253, 259-260, 262, 265, 267, 269, 274, 276-277, 285-287, 289-290, 292-295, 297-299, 303, 311, 313-314, 327, 329, 342, 344, 349, 366-367, 376, 386, 408, 424-425, 452, 480-481, 488, 506-507, 513, 526, 539-540, 545, 563, 565, 569-572, 577, 579-580, 617, 626-627, 645, 692, 698, 710, 714, 716, 718, 720, 739, 765, 772, 774-775, 777, 782, 790, 797, 803, 812, 814, 818-819, 822, 825, 850-854, 880, 885-887, 898, 900-902, 931-932, 934-935, 939-940, 950-952, 963-965, 971-972, 974-975, 980-981, 1010, 1018, 1022-1024, 1026-1027, 1050, 1055, 1059, 1061, 1064, 1066-1067, 1069-1070, 1074, 1076, 1090, 1093, 1105, 1113-1114, 1116, 1139, 1145-1146, 1153, 1157, 1161, 1169-1170, 1172,

1179, 1188, 1193, 1205, 1209, 1237-1239, 1241-1242, 1244, 1246, 1248-1249, 1253-1254, 1260, 1266, 1268, 1270-1275, 1278-1280, 1283-1286, 1302, 1315-1316, 1347, 1354-1356, 1380, 1382, 1388, 1407, 1413, 1460, 1468-1469, 1485, 1495-1496, 1508, 1515-1520, 1538, 1545, 1567, 1574, 1577, 1581, 1586, 1592, 1596, 1598, 1603-1604, 1611, 1621, 1626, 1646, 1648-1652, 1661, 1679-1680, 1709, 1711-1712, 1715-1716, 1722, 1742-1743, 1759, 1762, 1793-1794, 1820, 1833, 1835, 1864, 1873, 1908, 1911, 1913, 1916-1917, 1919-1925, 1936, 1951, 1956, 1963, 1976, 2006-2011, 2024-2025, 2030, 2035, 2046, 2055, 2066-2069, 2085, 2088, 2090-2092, 2118, 2120-2121, 2127-2128, 2142, 2150, 2174, 2180, 2212, 2225, 2227, 2264, 2269, 2273, 2277, 2287, 2289- 2290, 2317, 2321-2325, 2328, 2339, 2352, 2380-2381, 2392-2393, 2395-2396, 2398, 2403, 2410-2411, 2420, 2434, 2440, 2444, 2453-2454, 2468-2470, 2472, 2474, 2476-2477, 2481-2484, 2486-2487, 2498, 2501, 2503, 2514-2515, 2522, 2529, 2535, 2545-2546, 2550, 2552, 2554, 2571, 2582, 2585, 2589, 2593, 2597-2599, 2602, 2620, 2626-2628, 2630, 2632, 2634, 2642, 2657-2658, 2663, 2667-2668, 2670, 2673, 2679, 2721-2723, 2755, 2778-2779, 2784, 2787-2788, 2790-2793, 2797, 2801, 2809, 2812, 2814, 2819, 2826-2827, 2833, 2839-2840, 2847, 2853-2854, 2856-2857, 2881, 2886, 2892, 2898, 2901, 2921-2922, 2941-2942, 2944-2945, 2947, 2960, 2962, 2984-2985, 2989, 2995, 3004, 3017, 3042, 3046, 3048, 3050-3055, 3059, 3062-3063, 3065, 3072, 3074-3075, 3081-3082, 3084-3086, 3088, 3090, 3092-3093, 3100, 3108-3109, 3111, 3122-3125, 3137-3138, 3171, 3174, 3179, 3182-3183, 3200, 3213-3216, 3255, 3258, 3260, 3262, 3266, 3270, 3282. *See also* abstract algebra, field theory, Galois theory, group theory, higher algebra, ideal theory, lattice theory, Lie groups, linear algebra, matrix theory, partially

Subject Index

ordered sets, and partition theory.
algebraic geometry 86, 547, 600-601, 848, 1341-1342, 1406, 1748, 1965, 2029, 2437, 2715, 2728, 2861, 2963, 2986, 3229
analysis 86, 154, 157, 222, 380-381, 404, 576, 706, 708, 760, 828, 846, 916, 918, 976, 1110, 1216-1217, 1219, 1375, 1407, 1439, 1574, 1576-1577, 1669, 1872, 1943, 1945-1946, 2036, 2616, 2718, 2766, 2772, 2802, 2836, 3007, 3165, 3190, 3230-3231
analytic geometry 52, 71-72, 86, 97, 116, 158-159, 189, 229, 246, 253, 268, 286, 293, 307, 309, 312, 314-315, 319, 342, 369, 395, 440-441, 447, 517, 522, 536, 539, 597, 641-642, 646-647, 667, 691, 736, 741, 761, 781, 785, 797, 799, 845, 875, 937, 985, 1115, 1207-1208, 1213, 1289, 1316, 1333, 1405, 1407, 1464, 1478, 1485, 1488, 1508, 1545, 1609, 1655, 1658, 1704, 1707, 1727-1729, 1731-1732, 1738, 1770, 1819, 1828, 1840-1841, 1898, 1963, 1971, 2029, 2039, 2041, 2064-2065, 2106, 2122, 2190, 2223, 2251, 2336, 2354-2355, 2366, 2412, 2415, 2437, 2462, 2499, 2500, 2519-2520, 2553, 2581, 2587, 2682-2685, 2689-2690, 2699, 2714, 2728, 2747, 2826, 2841-2842, 2941, 3089, 3139, 3203-3204, 3216, 3220, 3232, 3235-3236, 3266, 3271, 3282-3283
angle trisection 1085
applications of mathematics 7-8, 92, 108, 125, 133, 154, 179, 193, 201, 264, 278, 285, 318, 355, 362-363, 383, 388, 396, 453-454, 508, 520, 560, 570-571, 574, 582, 627, 669, 678, 681, 684-687, 713, 768, 772-774, 921-922, 953, 959, 961, 1031, 1040, 1078, 1136, 1161, 1189, 1201, 1255, 1262, 1289, 1314, 1317, 1338, 1349-1351, 1362-1363, 1418, 1436, 1455, 1472-1473, 1504, 1508, 1515-1517, 1586, 1593, 1650-1651, 1653, 1721, 1746, 1767, 1788-1789, 1821, 1827, 1855, 1939, 1984, 2012, 2021, 2056-2058, 2112, 2138, 2151-2152, 2172, 2221, 2264, 2267, 2275, 2282, 2307, 2376, 2418, 2493, 2550, 2610, 2763, 2786, 2807, 2831, 2879, 2981-2982, 3072, 3083-3084, 3180, 3185, 3199, 3213-3215

arithmetic 4-5, 9, 17-18, 31-32, 48, 50, 57, 63, 67-68, 70, 73-75, 79, 91-92, 99, 108, 111, 145, 147-149, 164, 171-173, 188, 232, 238, 244, 248, 272, 285, 294, 297-298, 330-331, 334-337, 343-345, 351, 353-359, 371, 383, 387-388, 398-400, 407, 415, 436, 469-470, 496, 498-499, 508, 516, 520, 526, 528, 534-535, 537-539, 545-546, 552, 560, 562, 564-566, 574-575, 590, 593, 602, 608, 614, 616, 627, 677, 679-680, 682, 689-690, 697, 701, 713, 721-722, 724, 733, 757, 763, 766, 772-778, 788, 790-791, 794, 798, 805, 813, 821, 823-825, 834-835, 855, 880, 883-884, 886, 888, 906, 923-924, 934, 939-940, 944-946, 1002, 1008-1009, 1011, 1034, 1040, 1048, 1050, 1056, 1068, 1076-1078, 1082-1083, 1130, 1139, 1145-1146, 1158, 1161-1162, 1166-1167, 1173, 1186, 1188-1193, 1203, 1228, 1230, 1237-1238, 1242, 1244, 1255-1256, 1258, 1262, 1291, 1308, 1317, 1324, 1335-1336, 1347, 1352, 1355-1356, 1378-1379, 1381, 1385, 1395-1396, 1398, 1400-1403, 1412, 1418, 1424, 1433, 1436, 1441, 1460, 1466, 1473-1475, 1492-1496, 1501-1503, 1506, 1531, 1571, 1573, 1577, 1579-1580, 1582-1583, 1591, 1602, 1604, 1613, 1621, 1626-1627, 1629-1630, 1632, 1644, 1650-1651, 1653, 1693, 1696, 1710, 1717-1718, 1720, 1733, 1740, 1759, 1767, 1772, 1777, 1780, 1792, 1795-1798, 1806-1808, 1827, 1832-1833, 1838, 1852-1853, 1900, 1909-1910, 1912, 1915, 1918, 1926, 1940-1942, 1944, 1955, 1974, 1976, 1984, 2003-2005, 2008, 2010, 2012, 2021, 2026, 2030, 2035, 2043-2045, 2047, 2056-2058, 2083-2084, 2086, 2096, 2107, 2109-2113, 2118, 2121, 2149, 2156-2157, 2160-2161, 2183, 2203-2205, 2214, 2226, 2236, 2238, 2243, 2252, 2264-2268, 2270-2271, 2274, 2285, 2287, 2290, 2298, 2302-2304, 2311, 2314, 2340-2342, 2358, 2361-2365, 2376-2377, 2399, 2404-2406, 2429, 2436, 2438, 2453-2454, 2458, 2468, 2471, 2475-2476, 2512, 2516-2518, 2531-2532, 2543, 2546, 2550-2551, 2562, 2572-2573, 2583, 2589, 2607, 2609-2610,

Subject Index

2625, 2629, 2632-2633, 2636-2637, 2639-2640, 2642, 2647, 2652, 2654, 2658, 2661-2662, 2668, 2675, 2697, 2734-2735, 2739-2740, 2748, 2752, 2755, 2760, 2770, 2776, 2782-2785, 2794, 2798, 2800-2801, 2807-2810, 2818, 2823-2824, 2845-2847, 2864-2868, 2878, 2881-2882, 2889-2891, 2898, 2933, 2940, 2943, 2947, 2960, 2976-2977, 2981, 2984-2985, 2989, 2994, 2996, 2998, 3005, 3014, 3018-3020, 3033-3034, 3037, 3058, 3064, 3069, 3070-3071, 3073, 3079-3083, 3087, 3094, 3096, 3099, 3105-3107, 3109-3111, 3120-3121, 3127, 3130, 3134-3136, 3140, 3166, 3172, 3193-3196, 3199, 3208, 3213-3214, 3237-3240, 3257, 3259
astronomy 604
astrophysics 840, 2388
atomic physics 215-216, 247, 439, 487, 587, 1037, 2147, 2725, 2887
autobiography 449

Ballistics 1292, 1351, 1428, 1980
Bessel functions 255, 576, 1127-1128, 1456, 1789, 2982, 3022

bibliography 392-393, 2400, 2659, 2951
binomial theorem 509
biography 155, 209, 283, 416, 423, 490-491, 727, 869, 1045, 1180, 1236, 1568, 1585, 1698, 1769, 1787, 1954, 2014, 2153-2154, 2578, 2606, 2635, 2651, 2817, 2838, 2939
biology 921-922, 961, 1721, 2262-2263, 3225
Bolyai-Lobachevsky geometry 1857
Brownian motion 867
business arithmetic 32, 56, 107-108, 117, 148, 160, 188, 194, 219, 242, 265, 328, 330, 355, 407, 436, 616, 713, 763, 773, 776-777, 790, 855, 930, 941-943, 1060, 1097-1098, 1145-1146, 1168, 1190, 1192, 1228, 1237, 1244, 1404, 1419, 1560-1561, 1569, 1613, 1626, 1650-1651, 1673, 1702, 1718, 1740, 1799, 1853, 1909, 1932-1933, 1948-1949, 1976, 2252, 2377, 2384-2386, 2404-2405, 2457, 2472, 2697, 2757, 2784, 2790, 2794, 2801, 2822, 2837, 2876-2878, 2895-2896, 2955-2960, 2997, 3000-3001, 3058, 3109

Calculus 4, 22-23, 97, 114, 126, 135, 141-143, 172,

193, 207, 218, 229, 253, 256, 270, 293, 302, 342, 372-373, 401-403, 405, 419, 429, 447, 450, 464-465, 473, 488, 492-493, 500, 523, 529, 539, 543, 555, 557, 577, 609, 613, 640, 646-647, 674-675, 678, 691, 699-700, 726-727, 761, 787, 797, 799, 828, 836, 860-862, 879, 910, 936, 954-955, 973, 977, 1016, 1019-1021, 1026, 1035, 1050, 1063, 1071, 1092, 1106-1107, 1112, 1118, 1120, 1122, 1124, 1134, 1142, 1147, 1176, 1178, 1214, 1216, 1219, 1223, 1289, 1306-1307, 1316, 1321, 1397, 1410, 1415, 1422, 1438, 1464, 1477, 1481-1483, 1504, 1548, 1610, 1631, 1639-1640, 1645, 1647, 1660, 1713, 1726, 1730, 1737, 1752, 1783, 1801, 1821, 1828-1830, 1854, 1859, 1864, 1876-1877, 1879, 1884, 1890, 1898, 1907, 1929, 1937, 1954, 1971, 1992, 1996, 1999-2000, 2019-2020, 2040, 2048, 2066-2067, 2082, 2094-2095, 2098-2101, 2119, 2122, 2136-2138, 2140, 2163, 2165, 2167, 2171, 2182, 2191, 2194, 2197, 2229-2230, 2239, 2301, 2346, 2374, 2387, 2412, 2417-2418, 2433, 2452, 2459, 2506, 2520, 2536, 2567, 2611, 2669, 2681, 2685, 2688, 2693, 2701, 2707, 2712-2713, 2736, 2763, 2814, 2827, 2850, 2855, 2871-2872, 2881, 2925-2926, 2941, 2952, 2969, 2980, 2987, 3003, 3015-3016, 3031, 3041, 3144, 3231-3235, 3249, 3255, 3261, 3266, 3272-3273

calculus of variations 26, 157, 221, 237, 382, 406, 455, 513-514, 523, 613, 993, 1196, 1390, 1500, 1675, 1854, 1973

calendars 3201

cardinal numbers 3150

cartography 730, 1855, 2059

celestial mechanics 339, 341, 1623, 1979

circle squaring 174

college algebra *See* algebra

college geometry 86, 597, 611, 809, 1089, 2135, 2251, 2496, 2542, 2848, 2975

combinatorics 763, 1802, 1818

complex numbers 245

complex variables 115, 127, 184, 384, 396, 598, 605, 664, 754, 756, 768, 808, 904, 968, 987, 991, 1110, 1133, 1265, 1295, 1407, 1415, 1667, 1790, 1812, 1814, 2103, 2117, 2189, 2207, 2275, 2374, 2390, 2567, 2812, 2909-2911, 2923, 2992, 2999

Subject Index

computation 109, 294, 1079-1080, 1386, 2375, 2549, 2560, 2588, 2786
conformal mapping 448, 1081
conic sections 72, 548, 810, 1064, 1399, 1440
conjugate functions 2992
continued fractions 115, 2616, 2879, 2963
cross ratio 115
crystallography 1338
cyclometry 2812

Descriptive geometry 38, 49, 120, 134, 364, 512, 524, 783, 847, 913, 928, 1177, 1233, 1499, 1534, 1622, 1738, 1874, 1880, 1889, 1983, 2260, 2368, 2397, 2492, 2692, 2702, 2706, 2927, 2935, 3008, 3012-3013, 3143, 3188-3189, 3202, 3241, 3252
determinants 11, 114, 124, 1204, 1885, 1988-1991, 2159, 2502, 2534, 2967, 3108
difference equations 127
differential equations 26, 128-130, 382, 396, 430, 543, 553-554, 556, 591, 628, 678, 768, 830, 862, 969, 988-989, 992, 1000, 1013, 1017, 1032, 1110, 1155-1156, 1349-1350, 1390, 1415, 1426, 1479, 1527-1528, 1659, 1737, 1828, 1849, 1854, 1895, 1946, 1970, 1981, 1995, 2067, 2093, 2114, 2138, 2192-2193, 2196, 2220, 2263, 2275, 2307, 2338, 2374, 2452, 2536, 2548, 2719, 2766, 2850, 2869, 2982, 3190, 3231, 3249
differential geometry 226, 382, 433, 596, 601, 870-872, 874, 876, 990, 995, 1004, 1126, 1616-1617, 1946, 2029, 2431, 2437, 2714, 2874-2875, 2967, 2970, 3028-3029
duodecimal arithmetic 2074, 2863
dynamics 200, 731, 1058, 1236, 1394, 1416, 1532, 1576, 1584, 1623, 1705, 1708, 1723, 1805, 2209, 2254, 2353, 2873, 3157, 3159-3161, 3178

Economics 26, 254, 610, 656, 694, 711, 905, 953, 956-957, 959-960, 1317, 1565, 2965, 3250
education 9, 45, 48, 62, 90, 99, 167, 212, 238, 241, 244-245, 266, 271, 278, 280-281, 298, 343, 346, 351-353, 371, 376, 391, 398-400, 409-410, 412, 417, 422, 474, 507, 515, 521, 535, 538, 552, 568, 573, 577, 589, 608, 614, 653, 697, 725, 775, 788, 798, 805, 815, 863, 901, 910, 914, 920, 1008, 1033, 1082, 1093, 1130,

1139, 1157-1158, 1162, 1186, 1195, 1203, 1256, 1259-1260, 1304, 1317, 1334-1335, 1388, 1396, 1398, 1411, 1424, 1433, 1441, 1466, 1475, 1498, 1502-1503, 1552, 1558, 1571-1573, 1575, 1579-1580, 1591, 1605, 1627-1630, 1633, 1644, 1677, 1679, 1684, 1696, 1700-1702, 1714, 1720, 1760, 1763-1764, 1774, 1792, 1798, 1807, 1817, 1832, 1842, 1852, 1934-1935, 1940-1942, 1974, 1976, 2003, 2010, 2015-2017, 2026, 2030, 2042, 2067, 2091, 2096, 2109-2111, 2113, 2198, 2202, 2227, 2240, 2274, 2279-2286, 2288, 2290, 2341-2342, 2358, 2370, 2386-2387, 2399, 2406, 2410, 2429, 2438, 2444-2445, 2451, 2456, 2458, 2466-2467, 2474-2475, 2485, 2512-2513, 2521, 2540, 2549, 2551, 2562, 2578, 2606, 2632, 2637-2639, 2647, 2650, 2658, 2662-2663, 2675, 2716, 2739, 2741, 2748, 2750-2752, 2770, 2782-2783, 2811, 2815, 2819-2820, 2824, 2833-2834, 2844-2846, 2864-2865, 2889-2890, 2892, 2920, 2934, 2996, 3004, 3033, 3073, 3120-3121, 3130, 3132, 3172, 3192-3196, 3206, 3227, 3238-3239, 3253-3254, 3256, 3270

elasticity 1725, 2234, 2732, 2862, 2904

electricity 333, 541, 1348, 1389, 1446-1447, 1624, 1697, 2166, 2201, 2222, 2228, 2257, 2608, 2631, 2762, 2888, 2964, 3152

electrodynamics 2115

electromagnetism 128, 196, 659, 796, 1791, 1839, 2089, 3205

elementary algebra *See* algebra

ellipsoidal harmonics 2843

elliptic functions 8, 81, 85, 760, 1135, 1197, 1226-1227, 1563, 2018, 2356

elliptic integrals 1198, 2719

encyclopedia 2953

equation theory 114, 124, 413, 449, 501, 716, 731, 740, 742, 745, 753, 1267, 1415, 1604, 1735, 1771, 1809, 1843, 1872, 2023, 2054, 2150, 2812, 2814, 2870, 2932, 3036, 3108, 3133

error theory 1480, 2536, 2769

exponential functions 1064, 2117, 2954

Factor analysis 1373-1374

fallacies 245

field theory 1765

Subject Index

finite differences 4, 114, 996, 1019-1021, 1415, 1737, 1927, 2548, 2759, 2982
foundations 62, 175, 210, 250-251, 370, 468, 482, 486, 513, 679-682, 698, 729, 986, 1045, 1094, 1186, 1295, 1318, 1327, 1420-1421, 1549, 1555, 1557, 1577, 1589, 1633, 1657, 1766, 1776, 1968, 2027, 2050, 2168, 2216, 2248, 2250, 2259, 2308, 2360, 2421-2423, 2426, 2478-2479, 2583, 2623, 2654, 2813, 2970, 3142-3144, 3150, 3226, 3270
Fourier analysis 184, 396, 404, 431, 471, 477-478, 829, 1430, 1439, 1584, 1659, 2117, 2982, 3167
friction 1459
functional equations 708, 903
functions 3156, 3164

Galois theory 731, 738, 740, 747, 1678, 1843, 2023
game theory 1160, 1802, 2761
general mathematics 266, 271, 595, 630, 661-662, 707, 709, 804, 856, 1054, 1243, 1760, 2072, 2278, 2367, 2473, 2660, 2786, 2826, 3030
geodesy 1102, 1866, 1868, 2224
geodynamics 1724
geography 1345-1346, 1484, 2052
geometrical calculus 1423
geometrical drawing 1931
geometry See affine geometry, algebraic geometry, analytic geometry, Bolyai-Lobachevaky geometry, college geometry, conic sections, descriptive geometry, differential geometry, higher plane curves, modern geometry, multidimensional geometry, non-Euclidean geometry, non-Riemannian geometry, plane and solid geometry, projective geometry, and Riemannian geometry.
geophysics 503, 1453, 1454
goniometric ratios 2812
graphic methods 46-47, 60, 134, 318, 489, 526, 1233, 1257, 1508, 1688, 1749, 1785, 1938, 1947, 1986, 2076, 2409, 2412, 2416-2418, 2483, 2537, 2676, 2692, 2703, 2811, 3188-3189
graphs 1317, 1984, 3109
group theory 154, 220, 389, 413, 461, 554, 731, 738, 740, 743, 748, 831, 842, 968, 1338-1339, 1678, 1690, 1765, 1826, 1844, 1887-1888, 1994, 2023, 2749, 3116, 3118

gyrodynamics 624-625, 732, 929

Harmonic analysis 184, 340, 829, 904, 1361, 1432, 1659, 1667, 1724, 2117, 2332, 2548, 3156, 3164
haversines 1174
heat *See* thermodynamics
Heaviside calculus 176, 558, 1456
higher algebra 230, 382
higher plane curves 1029, 3139, 3222
Hilbert space theory 1945, 2802
history 13, 35, 40-44, 51, 62, 93-94, 110, 118, 151, 153-157, 168, 236, 238, 240, 243, 270, 278, 283, 331, 378, 410-412, 414, 416-422, 446, 449, 494, 568, 573, 583, 601, 603-604, 615, 679-680, 682, 727-728, 734, 736, 744, 891, 897, 934, 938, 1012, 1045, 1140, 1148-1149, 1180, 1236, 1259, 1298-1301, 1309, 1315, 1330, 1337, 1359, 1363, 1383, 1386, 1441, 1443, 1465, 1500, 1506-1507, 1559, 1568, 1574-1575, 1585, 1588, 1604, 1640, 1643, 1668-1669, 1671, 1689, 1698, 1700-1701, 1769, 1787, 1837, 1842, 1850, 1866, 1872, 1878, 1886-1887, 1954, 1962, 1985, 1990, 2014, 2036, 2051, 2054, 2063, 2088, 2132, 2154, 2242, 2296, 2387, 2389, 2419, 2421, 2435, 2444-2445, 2447-2449, 2510-2511, 2540, 2576-2578, 2606, 2632, 2635-2636, 2640-2642, 2645-2647, 2649-2656, 2742, 2751, 2758, 2761, 2781, 2813, 2816-2817, 2849, 2859, 2879, 2893-2894, 2912, 2939, 2987-2988, 3121, 3128, 3141, 3153, 3158, 3168, 3201, 3209, 3211-3212, 3228, 3255
homographic transformations 115
hydraulics 1836
hydrodynamics 792, 1099, 1928
hydromechanics 258
hydrostatics 1136, 1416, 2256
hyperbolic functions 144, 435
hyperbolic ratios 2812
hypergeometric series 77
hyperspace 2028

Ideal theory 1200
index numbers 958
inequalities 1223
infinite products 717
infinite series 115, 325-326, 472, 678, 716, 756, 927, 970, 999, 1943, 2097, 2168, 2497, 2616-2617, 2963, 2999, 3150, 3156, 3164

Subject Index 441

infinity 1551, 3115
integral equations 228, 476, 703-704, 903, 1155, 1375, 1667, 1734, 2802
intermediate algebra *See* algebra
interpolation theory 2299, 2759, 3162, 3165
invariant theory 115, 230, 741, 748, 878, 1084, 1111, 2832, 3244

Kinematics 1442, 1836, 1861
kinetics 223, 504, 1836, 1861

Lattice theory 198
least squares 119, 360-361, 581, 1641, 1865, 1867-1868, 2416, 2450, 2769, 2879, 3040, 3163, 3245, 3248
Lie groups 432, 554, 874
light 84, 1058, 1392-1393, 1674, 2843, 2991
limits 901
linear algebra 230, 743, 2526
linear substitutions 1340
logarithms 22-23, 105, 144, 146, 180, 291, 509, 544, 578, 636, 899, 1064, 1088, 1119, 1123, 1159, 1165, 1303, 1305-1306, 1355-1356, 1386, 1470-1471, 1490-1491, 1513-1514, 1585, 1601, 1834, 1929, 1997, 2170, 2402, 2588, 2676, 2704, 2753, 2973, 3077, 3169
logic *See* mathematical logic

Magic squares 442-445
magnetism 10, 333, 1348, 1389, 1446-1447, 1624, 1697, 2166, 2222, 2228, 2257, 2631, 2888, 2964, 3152
mathematical induction 245, 252
mathematical logic 98, 152-153, 169-170, 175, 210, 225, 243-244, 320, 460, 467-468, 502, 525, 559, 615, 728, 737, 833, 890-891, 939-940, 1095, 1287-1288, 1294, 1318, 1325-1326, 1420-1421, 1425, 1457, 1467, 1487, 1554, 1589, 1619, 1628, 1671-1672, 1700-1701, 1754, 1766, 1782, 1962, 1967, 2050, 2063, 2073, 2168-2169, 2218, 2248-2249, 2259, 2359, 2371, 2407, 2422, 2424, 2426-2427, 2525, 2564, 2622-2623, 2674, 2756, 2774, 2946, 3035, 3150-3151, 3210, 3225-3226
mathematical physics 1-2, 130, 140, 154, 157, 207, 264, 279, 283, 304, 323, 340, 404, 406, 519, 543-544, 558, 603, 683-684, 869, 890, 1007, 1017, 1051, 1112, 1127-1128, 1132, 1151, 1155, 1231, 1310, 1361, 1390-1391, 1432, 1444, 1449, 1452, 1455-1457, 1500, 1594,

1631, 1642, 1659, 1669, 1719, 1751, 1813, 1896, 1953, 1982, 2033, 2036, 2116, 2145, 2162, 2164, 2195, 2216-2217, 2231, 2237, 2258, 2312-2313, 2521, 2528, 2547-2548, 2592, 2624, 2717, 2733, 2767, 2780-2781, 2832, 2836, 2884, 2982, 2992, 3015-3016, 3023, 3144, 3158. *See also* astrophysics, atomic physics, Brownian motion, celestial mechanics, dynamics, elasticity, electricity, electrodynamics, electromagnetism, geodynamics, gyrodynamics, heat, kinematics, kinetics, light, magnetism, mechanics, optics, photoelasticity, potential theory, quantum mechanics, radioactivity, relativity, sound, spectral theory, statics, statistical mechanics, strength of materials, thermodynamics, and wave mechanics.

mathematics of finance 136, 648-649, 663, 780, 849, 997-998, 1052, 1088, 1245, 1247, 1252, 1331, 1414, 1540-1542, 1597, 1618, 1784, 1856, 1860, 1890-1892, 1950-1951, 2181, 2244-2245, 2310, 2315, 2326-2327, 2459-2460, 2580, 2584, 2586, 2618, 2621, 2765, 2914, 3002, 3085, 3181, 3277

matrix theory 11, 154, 230, 658, 747-748, 1017, 1765, 1945, 1994, 2378, 2534, 2766, 2832, 2966, 2968, 3032

measurement 90, 505, 2472, 2549, 2790, 2937-2938

mechanical drawing 1437, 2439, 2745, 3009, 3011

mechanical integration *See* mechanical quadrature

mechanical quadrature 1314, 2299

mechanics 28, 123, 200, 257, 434, 447, 451, 542, 549, 623, 650-651, 670-672, 859, 1015, 1101, 1202, 1236, 1292, 1299, 1307, 1445, 1505, 1512, 1607, 1660, 1685, 1773, 1775, 1778, 1836, 1845-1848, 1870, 1893, 1897, 2060, 2105, 2155, 2187, 2232-2233, 2297, 2337, 2369, 2431, 2565, 2569, 2590, 2686, 2754, 3205, 3218-3219, 3246-3247, 3279-3281

mensuration 32, 107, 285, 426, 518, 520, 526, 761, 766, 800, 1050, 1159, 1161, 1175, 1228, 1237, 1244, 1355-1356, 1407, 1429, 1457, 1546-1547,

1562, 1611, 1984, 2158, 2241, 2453-2454, 2471, 2591, 2768, 2777, 2933, 2947, 2984, 3074, 3083, 3199
meteorology 362-363, 2307
metric system 111, 527, 789, 1429, 1536, 2074, 2173, 2451, 2897, 2919
modern geometry 511, 1965, 2700, 2848, 3186, 3220
mortality tables 1086-1087, 1320
multidimensional geometry 86, 994-995, 1121, 1408, 1815, 1824-1825, 2028, 2345, 2570, 2727, 2861

Nature of mathematics 151, 169, 178, 306, 544, 1487, 1962, 2389
navigation 582, 2221
nomography 21, 321, 801, 1052, 1257, 1323, 1509-1510, 1947, 2676
non-Euclidean geometry 2, 86, 151, 236, 240, 350, 448, 475, 482, 596, 786, 1408, 1669, 1674, 1691, 1776, 1822, 2216, 2421, 2435, 2726, 2963, 3209
non-Riemannian geometry 873
number theory 250-252, 324, 374, 457-458, 679-680, 682, 744, 747, 749-752, 754-755, 786, 1200-1201, 1221-1222, 1298, 1383, 1427, 1431, 1636-1637, 1947, 2018, 2178, 2294, 2430, 2761, 2832, 2909, 2941, 2949, 3119, 3153, 3243, 3255
numerical analysis 90, 837, 1292, 1563, 1688, 2054, 2416, 2455, 2536, 2763, 3040, 3162-3163
numerology 152, 1383

Operational calculus 1790
optics 1194, 1212, 1261, 1578, 2133, 2172, 2357, 2504, 2730-2731, 2771, 2835, 2851, 2991, 3205, 3223-3224
orthogonal polynomials 1659, 2544, 2836

Paradoxes 245, 1511
partially ordered sets 1857
partition theory 2832
perspective 588, 832, 1894, 2439
philosophy of mathematics 153, 175, 210, 370, 460, 483, 681, 735, 1220, 1318, 1550, 1552-1559, 1589, 1668-1669, 1782, 1881, 1967, 2042, 2063, 2217, 2248, 2259, 2423-2425, 2527, 2650, 2813, 2825, 3115, 3117, 3145, 3148-3151
photoelasticity 561
pi 728
plane and solid geometry 20, 27, 36, 40, 55, 61, 64-66, 80, 82-83, 89, 99, 102,

104-105, 108, 112, 133-135, 162-163, 165, 167, 172, 174, 181-182, 185, 188, 190-192, 201, 208, 213-214, 217, 219, 227, 245, 261, 273, 275, 278, 285, 290, 292, 294-298, 329, 332, 344, 385, 397, 408, 426, 438, 482, 485, 511, 520-521, 531-533, 536, 539, 544-545, 567, 577, 584, 592, 612, 621-622, 627, 681, 688, 712, 717, 724, 761-762, 767, 772, 774, 777, 783, 790, 803, 806-807, 816-817, 820, 825, 832, 857-858, 863, 880-881, 886, 892-897, 901, 911-912, 914, 939-940, 978-979, 982-984, 986, 1001, 1003, 1011-1012, 1030, 1034, 1043, 1050, 1075-1076, 1085, 1089, 1091, 1093, 1095-1096, 1100, 1103, 1138-1139, 1144-1146, 1161, 1171, 1181, 1184-1185, 1187-1188, 1193, 1201, 1232-1235, 1237-1238, 1240, 1242, 1244, 1260, 1269, 1276-1277, 1281-1282, 1293, 1302, 1304, 1311, 1322, 1327-1329, 1334, 1344, 1353, 1359, 1364, 1376-1377, 1384, 1405, 1415, 1440, 1460, 1462-1463, 1476, 1511-1512, 1515-1518, 1520, 1546-1547, 1562, 1566, 1570, 1574-1575, 1577, 1596, 1600, 1611, 1621, 1626, 1628, 1635, 1650-1651, 1658, 1662-1664, 1709, 1714-1716, 1741, 1751, 1755-1759, 1763-1764, 1779, 1788, 1800, 1810-1811, 1816, 1831, 1833, 1875, 1906, 1914, 1934, 1956-1958, 1969, 1987, 2006, 2008-2012, 2030-2032, 2035-2036, 2038, 2050, 2053, 2055, 2070-2071, 2073, 2087, 2118, 2121, 2129-2131, 2134, 2143, 2158, 2179, 2184, 2198, 2226, 2246-2247, 2250, 2264, 2276, 2281, 2287, 2289-2290, 2293, 2306, 2309, 2347-2348, 2350-2351, 2404, 2411, 2419, 2441-2443, 2458, 2463-2465, 2468, 2470-2471, 2476, 2488-2491, 2495, 2523-2524, 2530, 2540, 2545-2546, 2550, 2555, 2558-2560, 2571, 2589, 2594-2596, 2600-2601, 2632, 2638, 2643-2644, 2648, 2658, 2665-2666, 2668, 2671-2672, 2677, 2682, 2694-2696, 2698, 2720, 2741, 2745, 2751, 2755, 2761, 2764, 2773, 2784, 2789, 2790, 2795-2796, 2799, 2801, 2803-2805, 2809, 2819-2820, 2826-2831, 2847, 2875, 2880, 2885, 2898, 2920, 2960-2961, 2974, 2978, 2984-

Subject Index

2985, 2993, 3006, 3010, 3038-3039, 3043, 3047, 3056-3061, 3066-3068, 3081-3082, 3091, 3097-3098, 3101-3104, 3109, 3177, 3184, 3197, 3209, 3213-3214, 3255, 3263, 3268-3270
potential theory 904, 1227, 1526, 1804, 2431
precalculus 4, 33, 172, 189, 577, 879, 1035, 1053, 1092, 1112, 1142-1143, 1267, 1321, 1331-1332, 1363, 1397, 1422, 1625, 1645, 1699, 1737, 1753, 1786, 1818, 1821, 1890, 1907, 1992, 2066-2067, 2082, 2182, 2213, 2261, 2374, 2567, 2571, 2603-2605, 2612-2613, 2827, 2952, 2980, 3015-3016, 3031, 3041, 3144, 3231, 3249
prismoidal formulae 2859
probability 4, 12, 139, 239, 390, 427, 599, 629, 678, 705, 728, 842, 877, 947-949, 997, 1019-1021, 1026, 1031, 1062, 1367, 1457-1458, 1480, 1549, 1620, 1665, 1670, 1674, 1686, 1818, 1872, 2013, 2037, 2215-2216, 2305, 2564, 2719, 2769, 2879, 2930, 2941, 2948, 2983, 3023, 3040, 3163, 3173, 3210
projective geometry 6, 86, 159, 428, 600-601, 741, 779, 786, 809, 882, 933, 1117, 1125, 1182-1183, 1264-1265, 1341-1342, 1345, 1365, 1405, 1437, 1440, 1476, 1577, 1638, 1687, 1707, 1738, 1855, 1872, 2080, 2144, 2199, 2295, 2306, 2360, 2373, 2421, 2428, 2437, 2439, 2446, 2499, 2500, 2542, 2714, 2728, 2861, 2971-2972, 2975, 3021, 3139, 3142-3143, 3188-3189, 3207, 3229, 3252, 3265

Quadratic forms 230, 324
quantics 878
quantum mechanics 3, 34, 195, 204, 206, 234, 247, 439, 487, 586-587, 705, 758-759, 827, 841-844, 868, 967, 1028, 1037-1038, 1150, 1312-1313, 1448, 1533, 1595, 1615, 1674, 1681, 1686, 1977-1978, 2148, 2210, 2291-2292, 2372, 2394, 2401, 2936, 2964, 3116, 3278
quaternions 1263, 1343, 1486, 1523, 1746-1747

Radioactivity 1037, 1313, 1791, 2432
real variables 184, 513, 1109, 1199, 1215, 1218, 1226-1227, 1357, 1360, 1548, 1823, 2104, 2186, 2188, 2206, 2275, 2567, 2701,

2910-2911, 2924, 2969, 2979
recreation 27, 35, 37, 95-96, 152, 252, 442-445, 573, 728, 795, 815, 1311, 1383, 1495-1498, 1511-1512, 1676, 1803, 1862-1863, 1962, 2479, 2609, 2640, 2761, 2950, 3141, 3198, 3227
relativity 2-3, 197, 199, 202, 235, 249, 437, 456, 459, 466, 483, 486, 660, 681, 769, 838-839, 841, 843-844, 864-866, 868, 1038, 1319, 1450-1451, 1587, 1666, 1686, 1781, 1815, 1905, 1993, 2028, 2062, 2253, 2300, 2343-2345, 2394, 2461, 2534, 2566, 2568, 2570, 2764, 2825, 2838, 2915, 2917, 3114, 3146-3147
Riemannian geometry 872

Set theory 786, 2168, 2308, 3274
shop mathematics 285, 520, 574, 1078, 1368-1369, 1472, 1515, 1517, 2055-2058, 3084, 3213-3214
slide rules 284, 414, 526, 530, 802, 1112, 2200, 2549, 2676, 2937-2938
sound 631, 1606, 1882
spectral theory 233, 437
spherical harmonics 1813, 2843

statics 39, 489, 793, 1131, 1296, 1416, 1706, 1738, 1836, 1848, 1861, 1930, 2255, 2933
statistical mechanics 1005-1006, 1614, 1851, 2388, 2916, 2918
statistics 12, 46-47, 56, 69, 78, 119, 131-132, 136, 139, 211, 219, 318, 346-348, 360-361, 379, 392-393, 427, 495, 497, 594, 619-620, 629, 654-657, 673, 685-687, 694-696, 711, 719, 734, 777, 800-801, 877, 889, 909, 947-949, 958, 961-962, 996, 1021, 1031, 1035-1036, 1041-1042, 1046-1047, 1052, 1062, 1088, 1108, 1129, 1137, 1141, 1229, 1320, 1367, 1370-1374, 1457-1458, 1461, 1480, 1487, 1489, 1509-1511, 1524-1525, 1537, 1539, 1549, 1564-1565, 1588, 1590, 1599, 1665, 1682-1683, 1686, 1736, 1749, 1890, 1901-1903, 1938, 1975, 1986, 2037, 2076-2078, 2108, 2151-2154, 2175-2177, 2181, 2212, 2215, 2235, 2305, 2316, 2319, 2320, 2331, 2333-2335, 2408-2409, 2450, 2458-2459, 2469, 2480, 2507-2509, 2537-2538, 2564, 2580, 2678, 2680, 2691, 2703, 2708-2711, 2719, 2729, 2744, 2775, 2784,

2794, 2811, 2821, 2827, 2899-2900, 2902, 2908, 2928, 2930, 2937-2938, 2983, 2988, 2990, 3024-3025, 3112-3113, 3129, 3155, 3163, 3173, 3175-3176, 3210, 3217, 3221, 3251, 3275-3276
strength of materials 908, 2533, 2614-2615, 2903, 2905-2907
structure theory 1964
surveying 125, 453-454, 693, 1072-1073, 1159, 1362, 1387, 1869, 2224, 2264, 2272, 2402, 2493, 2550, 3245, 3248

Tables 22-23, 105, 109, 144, 146, 180, 291, 340, 374, 380-381, 435, 463, 543, 576, 706, 723, 801, 828, 915-919, 1079-1080, 1088, 1165, 1174, 1303, 1305-1306, 1308, 1366, 1370, 1404, 1427, 1434-1435, 1470-1471, 1490-1491, 1513-1514, 1525, 1542, 1601, 1636-1637, 1768, 1834, 1871, 1929, 1997, 2059, 2163, 2165, 2167, 2170, 2178, 2241, 2506, 2575, 2687, 2704, 2749, 2753, 2863, 2897, 2954, 2973, 3005, 3015-3016, 3077, 3169, 3242, 3249, 3277
tabulating machines 69

tensor analysis 876, 1455, 1593-1594, 1666, 1993, 2253, 2378, 2567, 2852, 2873, 2967, 3029, 3187
testing 208, 567, 614, 775, 1157, 1269, 1842, 2075, 2107, 2279, 2663, 2665, 2667, 2898
thermodynamics 25, 122, 203, 205, 305, 375, 471, 476, 606, 770-771, 1152, 1375, 1430, 1614, 1750, 1761, 1836, 1904, 2211, 2917, 2929
theta functions 547, 1408
topology 157, 222, 226, 786, 1511, 1634, 1952, 2034, 2219, 2563, 2761, 2931, 2966, 2968
transfinite numbers 446, 1420-1421, 1511
transformations 871, 874
trigonometry 7, 22-24, 27, 29-30, 53, 105-106, 125, 135, 137-138, 144, 146, 161, 179, 188, 219, 231, 253, 263, 282, 285-286, 288, 290-292, 294-295, 300-301, 308, 310, 314, 316-317, 338, 342, 365, 368, 374, 377, 394, 435, 462, 472, 475, 479, 484, 510, 520, 536, 539, 577, 585, 618, 632-635, 637-639, 643-644, 652, 665-666, 668, 702, 715, 723, 746, 761, 764, 772, 774, 777, 784, 790, 797, 811, 826, 880, 899, 907, 915, 918-919, 925-926, 1023,

1025, 1039, 1049-1050, 1064, 1072-1073, 1076, 1104, 1119, 1123, 1145-1146, 1154, 1159, 1163-1164, 1206, 1210-1211, 1224-1225, 1250-1251, 1290, 1295, 1297, 1303, 1305-1306, 1316, 1358, 1407, 1409, 1417, 1434-1435, 1468, 1471, 1485, 1508, 1513-1518, 1520-1522, 1529-1530, 1535, 1543-1545, 1585-1586, 1596, 1611-1612, 1621, 1625, 1654, 1656, 1658, 1692, 1694-1695, 1703, 1709, 1739, 1744-1745, 1751, 1759, 1833-1834, 1858, 1883, 1899, 1929, 1947, 1959-1961, 1963, 1966, 1972, 1997-1998, 2001-2002, 2022, 2035, 2049, 2055, 2061, 2079, 2081, 2092, 2118, 2121, 2123-2126, 2139, 2141, 2146, 2150, 2158, 2170, 2185, 2208, 2231, 2241, 2289, 2318, 2329-2330, 2349, 2379, 2382-2383, 2391, 2452, 2458-2459, 2470, 2476, 2493-2494, 2505-2506, 2539, 2541, 2550, 2556-2557, 2561, 2571, 2574-2575, 2579, 2587-2589, 2619, 2657-2658, 2664, 2668, 2704-2705, 2737-2738, 2743, 2746-2747, 2753, 2755, 2763, 2784, 2788, 2790, 2792, 2801, 2806, 2826-2827, 2858, 2860, 2881, 2913, 2941-2942, 2954, 2960, 2973, 3008, 3031, 3041, 3044-3045, 3049, 3063, 3076-3078, 3081-3083, 3095, 3109, 3111, 3126, 3131, 3169-3170, 3185, 3213-3215, 3264, 3266-3267, 3282

trisection 728

Vector analysis 135, 279, 382, 543, 549-551, 768, 786, 797, 859, 1057-1058, 1390, 1422, 1747, 1993, 2029, 2105, 2145, 2166, 2195, 2222, 2253, 2413-2414, 2431, 2452, 2528, 2534, 2547, 2565, 2567, 2569, 2719, 2852, 2873, 2967, 3026-3027, 3187, 3205

Wave mechanics 84, 322, 607, 1608, 2724, 2883